无 机 化 学

主　编　史文权
副主编　周萃文

WUHAN UNIVERSITY PRESS
武汉大学出版社

图书在版编目(CIP)数据

无机化学/史文权主编.—武汉:武汉大学出版社,2011.3(2019.7 重印)
ISBN 978-7-307-08542-8

Ⅰ.无…　Ⅱ.史…　Ⅲ.无机化学　Ⅳ.O61

中国版本图书馆 CIP 数据核字(2011)第 025259 号

责任编辑:谢文涛　　责任校对:刘　欣　　版式设计:马　佳

出版发行:**武汉大学出版社**　(430072　武昌　珞珈山)
(电子邮箱:cbs22@whu.edu.cn 网址:www.wdp.com.cn)
印刷:武汉中科兴业印务有限公司
开本:787×1092　1/16　印张:20.75　字数:486 千字　插页:1　插表:1
版次:2011 年 3 月第 1 版　2019 年 7 月第 6 次印刷
ISBN 978-7-307-08542-8/O · 445　定价:36.00 元

前　言

无机化学是高职高专石油化工类专业的第一门重要的专业基础课，也是环境保护、材料科学、冶金地质、轻纺食品和生物医药类专业的第一门化学基础课。本课程对于高职高专院校全面实施素质教育，培养应用型高技能专门人才具有重要作用。

根据教育部"十二五"规划确定的高等职业教育要以培养生产、建设、管理、服务第一线的高素质技能型专门人才为根本任务。各院校在专业设置上必须紧密结合地方经济和社会发展需要，根据市场对各类人才的需求和学校的办学条件，有针对性地调整和设置专业。本书结合近几年开展的国家示范性院校建设项目对石化类专业人才培养方案改革的要求，从培养技术应用型、技能型和服务型人才的需要出发，积极适应了高职高专专业教学改革的不断深入，对课程体系和教学内容进行了适当调整，在突出职业技术特点的同时，注重实践技能的培养，并加强了针对性和实用性。本书内容思路清晰，编排上重视基本概念和基本原理的叙述，并与具体实际案例紧密结合，帮助学生加深对基本知识的理解和掌握。目前许多高职院校大幅度削减无机化学课程学时，但市面上多数无机化学教材篇幅较大，难以适合少学时无机化学课程的教学需要。鉴于这种情况，我们依据知识理论"必须、够用"的原则，编写了这本适用于少学时的《无机化学》。本教材有下列特点：

(1)突出基本知识、基本理论、基本技能以应用为目的的思想。

(2)本教材篇幅大大压缩，删减了部分偏深、不常用、应用性差的内容。

(3)本教材通过阅读材料增加了有关绿色化学的一些新知识和前沿科技成果，使化学与社会、生活和生产紧密联系。旨在开阔视野、增长知识、激发学生学习的兴趣。

本书第1、2、3、5、6、7章由史文权(兰州石化职业技术学院)编写，第4、8、9、10章由周萃文(兰州石化职业技术学院)编写，部分附录内容由孙国禄(甘肃工业业技术学院)编写。全书由史文权统稿，张国福教授(兰州城市学院)主审。

本书的编写与出版得到了武汉大学出版社的支持和同行的帮助，在此谨向他们表示感谢。

高职教育发展速度很快，教学改革也在不断深化，我们在教材编写方面做了一些尝试，限于编者的水平，错误和不妥之处在所难免，恳请专家及使用本书的师生提出宝贵意见。

编　者

2011年1月

前言

目　　录

第 1 章　物质及其变化

【学习目标】

(1) 掌握理想气体状态方程、气体分压定律，理解理想气体与实际气体的区别；

(2) 掌握液体的蒸气压、液体沸点的含义及应用；

(3) 熟悉赫斯定律和标准生成焓；

(4) 会利用理想气体状态方程、气体分压定律进行有关计算；

(5) 会正确计算化学反应的反应热；

(6) 掌握溶液浓度的基本表示法。

1.1　物质的聚集状态

在常温、常压下，通常物质有气态、液态和固态三种存在形式，物质总是以一定的聚集状态存在并具有各自的特征。在一定条件下同一物质的这三种状态可以相互转变。例如固体通过加热熔化成液体，液体进一步加热可变成气体。

1.1.1　气体

气体的最基本特征是具有扩散性和可压缩性。物质处在气体状态时，分子彼此相距甚远，分子间的引力非常小，各个分子都在无规则地快速运动，所以能自动扩散而均匀地充满整个容器。通常气体的存在状态几乎和它们的化学组成无关，致使气体具有许多共同性质，这为研究其存在状态带来了方便。气体的存在状态主要决定于四个因素，即体积、压力、温度和物质的量。反映这四个物理量之间关系的方程式为气体状态方程式。

1. 理想气体状态方程式

理想气体是一种假设的气体模型，是一个科学的抽象概念，客观上并不存在理想气体，它只能看做是实际气体在压力很低时的一种极限情况。它要求气体分子之间完全没有作用力，气体分子本身也只是一个几何点，只具有位置而不占有体积。实际使用的气体都是真实气体。只有在压力不太高温度不太低的情况下，分子间的距离甚大，气体所占的体积远远超过分子本身的体积，分子间的作用力和分子本身的体积均可忽略时，存在状态才接近于理想气体，实际气体的压力、体积、温度以及物质的量之间的关系可近似地用理想气体状态方程来描述，用理想气体的定律进行计算，才不会引起显著的误差。

理想气体状态方程式的表达式为

$$pV=nRT$$

式中：p——气体压力，SI 单位为 Pa(帕)；

V——气体体积，SI 单位为 m^3(立方米)；

n——气体物质的量，SI 单位为 mol(摩)；

T——气体的热力学温度，SI 单位为 K(开)；

R——摩尔气体常数，又称气体常数。实验证明其值与气体种类无关。

气体常数可由实验测定。如测得 1.000mol 气体在 273.15K、101.325kPa 的条件下所占的体积为 $22.414\times10^{-3}m^3$，代入上式则得

$$R=\frac{pV}{nT}=\frac{101.325\times10^3\text{Pa}\times22.414\times10^{-3}\text{m}^3}{1.000\text{mol}\times273.15\text{K}}$$

$$=8.314\text{N}\cdot\text{m}\cdot\text{mol}^{-1}\cdot\text{K}^{-1}(\text{或 }8.314\text{ 牛}\cdot\text{米}\cdot\text{摩}^{-1}\cdot\text{开}^{-1})$$

$$=8.314\text{J}\cdot\text{mol}^{-1}\cdot\text{K}^{-1}(\text{或 }8.314\text{ 焦}\cdot\text{摩}^{-1}\cdot\text{开}^{-1})$$

【例 1】 一氧气贮罐体积为 $0.024m^3$，温度为25℃，压力为 1.5×10^3kPa，问罐中贮有氧气的质量为多少？

解： 因 $n=\frac{pV}{RT}$，又 $n=\frac{m(O_2)}{M(O_2)}$[$m(O_2)$为 O_2 的质量，$M(O_2)$为 O_2 的摩尔质量]，所以

$$m(O_2)=\frac{M(O_2)pV}{RT}=\frac{0.032\text{kg}\cdot\text{mol}^{-1}\times1.5\times10^6\text{Pa}\times0.024\text{m}^3}{8.314\text{N}\cdot\text{m}\cdot\text{mol}^{-1}\cdot\text{K}^{-1}\times(273+25)\text{K}}=0.46\text{kg}$$

2. 气体分压定律

在科学实验和工业生产中，实际遇到的气体大多数是由几种气体组成的气体混合物。空气就是一种混合气体，它含有 O_2、N_2、少量 CO_2 和数种稀有气体。如果混合气体的各组分之间不发生化学反应，则在高温低压下，可将其看做理想气体混合物，混合后的气体作为一个整体，仍符合理想气体定律。

气体具有扩散性。在混合气体中，每一种组分气体总是均匀地充满整个容器，对容器内壁产生压力，并且互不干扰，不受其他组分气体的影响，如同它单独存在于容器中一样。各组分气体占有与混合气体相同体积时所产生的压力叫做分压力(p_i)。1801 年英国科学家道尔顿(Dalton)从大量实验中归纳出组分气体的分压与混合气体总压之间的关系：混合气体总压等于分压之和。这一关系称为道尔顿分压定律。分压定律有如下两种表示形式：

第一种表示形式：混合气体中各组分气体的分压之和等于该混合气体的总压力。

例如，混合气体由 A，B，C 三种气体组成，则分压定律可表示为

$$p=p(\text{A})+p(\text{B})+p(\text{C})$$

式中，p 为混合气体总压；p(A)，p(B)，p(C)分别为 A，B，C 三种气体的分压。

图 1-1 是分压定律的示意图((a)，(b)，(c)，(d)为体积相同的四个容器)。

图中(a)，(b)，(c)中的砝码表示 A，B，C 三种气体单独存在时所产生的压力。(d)表示 A，B，C 混合气体所产生的总压。

理想气体定律同样适用于气体混合物。如混合气体中各气体物质的量之和为 $n_{总}$，温度 T 时混合气体总压为 $p_{总}$，体积为 V，则

$$p_{总}V=n_{总}RT$$

如以 n_i 表示混合气体中气体 i 的物质的量，P_i 表示分压，V 为混合气体体积，温度为 T，

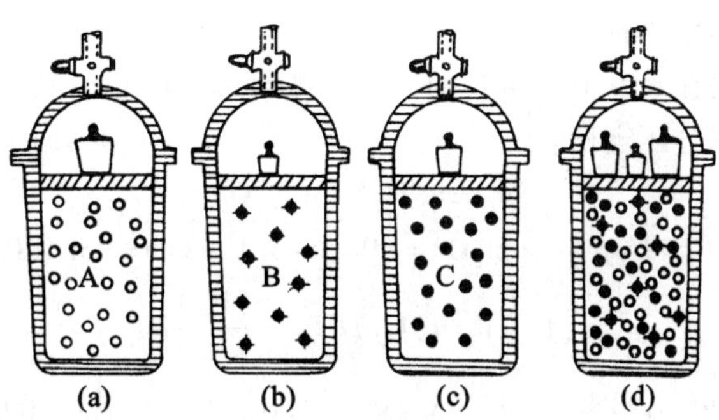

图 1-1　分压定律的示意图

则

$$p_iV=n_iRT$$

将此式除以上式，得

$$\text{压力分数}——p_i/p_{总}=n_i/n_{总}——\text{摩尔分数}$$

或

$$p_i=p_{总}\times n_i/n_{总}$$

第二种表示形式：混合气体中组分气体 i 的分压 p_i 与混合气体总压之比(即压力分数)等于混合气体中组分气体 i 的摩尔分数；或混合气体中组分气体的分压等于总压乘以组分气体的摩尔分数。

【例 2】 在 0.010m^3 容器中含有 2.5×10^{-3} molH_2，1.00×10^{-3} molHe 和 3.00×10^{-3} mol Ne，则在 35℃时总压为多少？

解：$p(H_2)=\dfrac{n(H_2)RT}{V}$

$$=\frac{2.50\times10^{-3}\text{mol}\times8.314\text{J}\cdot\text{mol}^{-1}\cdot\text{K}^{-1}\times(273+35)\text{K}}{0.0100\text{m}^3}=640\text{Pa}$$

$$p(\text{He})=\frac{n(\text{He})RT}{V}$$

$$=\frac{1.00\times10^{-3}\text{mol}\times8.314\text{J}\cdot\text{mol}^{-1}\cdot\text{K}^{-1}\times(273+35)\text{K}}{0.0100\text{m}^3}=256\text{Pa}$$

$$p(\text{Ne})=\frac{n(\text{Ne})RT}{V}$$

$$=\frac{3.00\times10^{-4}\text{mol}\times8.314\text{J}\cdot\text{mol}^{-1}\cdot\text{K}^{-1}\times(273+35)\text{K}}{0.0100\text{m}^3}=76.8\text{Pa}$$

$$p_{总}=p(H_2)+p(\text{He})+p(\text{Ne})$$

$$=(640+256+76.8)\text{Pa}$$

$$=973\text{Pa}$$

【例 3】 用锌与盐酸反应制备氢气：$Zn(s)+2H^+ = Zn^{2+}+H_2(g)$，如果在 25℃时用排水法收集氢气，总压为 98.6kPa(已知 25℃时水的饱和蒸气压为 3.17kPa)，体积为 2.50×10^{-3}m^3。求：

(1)试样中氢的分压是多少?

(2)收集到的氢的质量是多少?

解:(1)用排水法在水面上收集到的气体为被水蒸气饱和了的氢气，试样中水蒸气的分压为3.17kPa，根据分压定律:

$$p_{总}=p(H_2)+p(H_2O)$$

$$p(H_2)=p_{总}-p(H_2O)=(98.6-3.17)\text{kPa}=95.4\text{kPa}$$

(2)
$$p(H_2)V=n(H_2)RT=\frac{m(H_2)}{M(H_2)}RT$$

$$m(H_2)=\frac{p(H_2)VM(H_2)}{RT}=\frac{95.4\times10^3\text{Pa}\times0.002\ 50\text{m}^3\times2.02\text{g}\cdot\text{mol}^{-1}}{8.314\text{J}\cdot\text{mol}^{-1}\cdot\text{K}^{-1}\times298\text{K}}$$
$$=0.194\text{g}$$

在工农业生产和实验室的实际应用中，经常用体积分数来表示混合气体的组成。因为在同温、同压下，气体的物质的量与它的体积成正比。在实际工作中，进行混合气体组分分析时，常采用量取组分气体体积的方法。

当组分气体的温度和压力与混合气体相同时，组分气体单独存在时所占有的体积称为分体积，混合气体的总体积等于各组分气体的分体积之和:

$$V_{总}=V_A+V_B+V_C+\cdots$$

图1-2中(a)，(b)，(c)分别表示A，B，C三种组分气体的分体积，(d)为混合气体的总体积。

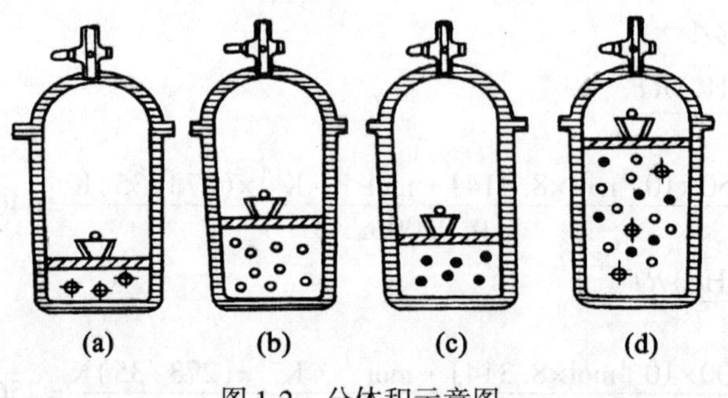

图1-2　分体积示意图

例如，在某一温度和压力下，CO和CO_2混合气体的体积为100mL。将混合气体通过NaOH溶液，其中CO_2被吸收，量得剩余的CO在同温同压下的体积为40mL，则CO_2的分体积为(100-40)mL=60mL。定义混合气体中组分气体i的体积分数为

$$体积分数(\varphi)=\frac{组合气体\ i\ 的分体积(V_i)}{混合气体的总体积(V)}$$

上述混合气体中CO的体积分数为$\frac{40}{100}=0.40$，CO_2的体积分数为$\frac{60}{100}=0.60$。

将分体积概念代入理想气体方程式得

$$p_{总}V_i=n_iRT$$

式中，$p_{总}$为混合气体总压力；V_i为组分气体 i 的分体积；n_i为其物质的量。用 $p_{总}V=n_{总}RT$ 除以上式，则得

$$\text{体积分数}——V_i/V_{总}=n_i/n_{总}$$

与上式联系得

$$p_i/p_{总}=V_i/V_{总}$$

或

$$p_i=p_{总}\times V_i/V_{总}$$

说明混合气体中某一组分的体积分数等于其摩尔分数，组分气体分压等于总压乘以该组分气体的体积分数。

混合气体的压力分数、体积分数与其摩尔分数均相等。

【例 4】 在 27℃，101.3kPa 下，取 1.00L 混合气体进行分析，各气体的体积分数：CO 为 60.0%，H_2 为 10.0%，其他气体为 30.0%。求混合气体中：(1) CO 和 H_2 的分压；(2) CO 和 H_2 的物质的量。

解：根据 $p_i=p_{总}\times V_i/V_{总}$

(1) $p(CO)=p_{总}\times\dfrac{V(CO)}{V_{总}}=101.3\text{kPa}\times0.600=60.8\text{kPa}$

$p(H_2)=p_{总}\times\dfrac{V(H_2)}{V_{总}}=101.3\text{kPa}\times0.100=10.1\text{kPa}$

(2) $n(H_2)=\dfrac{p(H_2)V_{总}}{RT}=\dfrac{10.1\times10^3\text{Pa}\times1.00\times10^{-3}\text{m}^3}{8.314\text{J}\cdot\text{mol}^{-1}\cdot\text{K}^{-1}\times300\text{K}}$

$=4.00\times10^{-3}\text{mol}$

$n(CO)=\dfrac{p(CO)V_{总}}{RT}=\dfrac{60.8\times10^3\text{Pa}\times1.00\times10^{-3}\text{m}^3}{8.314\text{J}\cdot\text{mol}^{-1}\cdot\text{K}^{-1}\times300\text{K}}$

$=2.40\times10^{-2}\text{mol}$

$n(H_2)=\dfrac{p_{总}\ V(H_2)}{RT}=\dfrac{101.3\times10^3\text{Pa}\times0.100\times10^{-3}\text{m}^3}{8.314\text{J}\cdot\text{mol}^{-1}\cdot\text{K}^{-1}\times300\text{K}}$

$=4.00\times10^{-3}\text{mol}$

$n(CO)=\dfrac{p_{总}\ V(CO)}{RT}=\dfrac{101.3\times10^3\text{Pa}\times0.600\times10^{-3}\text{m}^3}{8.314\text{J}\cdot\text{mol}^{-1}\cdot\text{K}^{-1}\times300\text{K}}$

$=2.40\times10^{-2}\text{mol}$

1.1.2　液体

液体的物理性质介于气体和固体之间。液体内部分子之间的距离比气体小得多，分子之间的作用力较强。液体具有流动性，有一定的体积而无一定形状。与气体相比，液体的可压缩性小得多。

1. 液体的蒸气压

在液体中分子运动的速度及分子具有的能量各不相同，速度有快有慢，大多处于中间状态。液体表面某些运动速度较大的分子所具有的能量足以克服分子间的吸引力而逸出液面，成为气体分子，这一过程称为蒸发。例如，水壶中的水被烧“干”，是在水沸腾的条

件下，变成水蒸气；湿衣服可以晾干，水是在没有沸腾的条件下变成水蒸气。在该过程中，液体分子变成动能较大的气体分子，需要从周围环境中吸收热量，所以蒸发过程是一个吸热过程。

在一定温度下，蒸发将以恒定速度进行。液体如处于一敞口容器中，液态分子不断吸收周围的热量，使蒸发过程不断进行，液体将逐渐减少。

若将液体置于密闭容器中，情况就有所不同，一方面，液体分子进行蒸发变成气态分子；另一方面，一些气态分子撞击液体表面会重新返回液体，这个与液体蒸发现象相反的过程称为凝聚。

初始时，由于没有气态分子，凝聚速度为零，随着气态分子逐渐增多，凝聚速度逐渐增大，直到凝聚速度等于蒸发速度，即在单位时间内，脱离液面变成气体的分子数等于返回液面变成液体的分子数，达到蒸发与凝聚的动态平衡：

$$\text{液体} \underset{\text{凝聚}}{\overset{\text{蒸发}}{\rightleftharpoons}} \text{蒸气}$$

此时，在液体上部的蒸气量不再改变，蒸气便具有恒定的压力。在恒定温度下，与液体平衡的蒸气称为饱和蒸气，饱和蒸气的压力就是该温度下的饱和蒸气压，简称蒸气压。

蒸气压是液体的特征之一，常用来表征液态分子在一定温度下蒸发成气态分子的倾向大小。在某温度下，蒸气压大的物质为易挥发物质，蒸气压小的为难挥发物质。液体的蒸气压表达了一定温度下液体蒸发的难易程度。它是液体分子间作用力大小的反映。

如25℃时，水的蒸气压为3.24kPa，酒精的蒸气压为5.95kPa，则酒精比水易挥发。皮肤擦上酒精后，由于酒精迅速蒸发带走热量而感到凉爽。

液体的蒸气压随温度的升高而增大。图1-3表示几种液体物质的蒸气压与温度的关系。

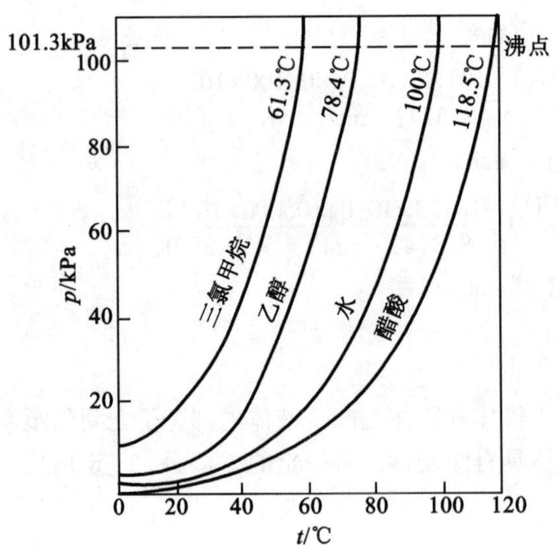

图1-3　液体物质的蒸气压与温度的关系示意图

还须指出，只要某物质处于气-液共存状态，则该物质蒸气压的大小就与液体的质量及容器的体积无关。

2. 液体的沸点

在敞口容器内加热液体，最初会看到不少细小气泡从液体中逸出，这种现象是由于溶解在液体中的气体因温度升高，溶解度减小所引起的。

当达到一定温度时，整个液体内部都冒出大量气泡，气泡上升至表面，随即破裂而逸出，这种现象称为沸腾。此时，气泡内部的压力至少应等于液面上的压力(对敞口容器即为大气压)。而气泡内部的压力为蒸气压。

液体沸腾的条件是液体的蒸气压等于外界大气压，沸腾时的温度称为该液体的沸点。或液体的蒸气压等于外界大气压时的温度即为该液体的沸点。外界压力为 101.3kPa 时液体的沸点称为正常沸点。如水的正常沸点为 100℃，乙醇的正常沸点为 78.4℃。

由图 1-3 中，从四条蒸气压曲线与一条平行于横坐标的压力为 101.3kPa 的直线的交点，就能找到四种物质的正常沸点。

显然，液体的沸点随外界压力而变化。若降低液面上的压力，液体的沸点就会降低。在我国的珠穆朗玛峰，大气压力约为 32kPa，水在 71℃就沸腾了，食品难煮熟；在压力锅里，压力可达常压锅的 2 倍，水的沸点甚至可达 120℃左右；而在气压高达 1000kPa 时，水的沸点约为 180℃。因此，在提到液体的沸点时，必须同时指明外界压力条件，否则是不明确的。一般书上或手册中所给出的液体沸点若未注明外压，指的是外界压力等于 101.3kPa 时的正常沸点。

需要指出的是，沸腾和蒸发既有联系又有区别。蒸发主要是在液体表面上发生，而沸腾是在液体表面和内部同时发生，伴随着沸腾，就可以看到液体内部逸出的气泡，即在整个液体中的分子都能发生汽化。

实验中常碰到把液体加热到沸点时并不沸腾，必须超过沸点后才能沸腾的现象，这一现象称为过热，其液体称为过热液体。过热液体一旦沸腾便相当剧烈，液体往往大量溅出，造成事故，所以过热现象对生产和实验是有害的。实验中给液体加热时，常常要加入沸石和搅拌，这些都是减少过热现象的有效措施。

工业生产和实验室中常利用沸点和外界压力的关系，将在常压下蒸馏易于分解或被空气氧化的物质进行减压蒸馏。将容器内液体表面上的压力降低，如用真空泵将水面上的压力减至 3.2kPa 时，水在 25℃就能沸腾。利用这一性质对在正常沸点下易分解的物质，可在减压下进行蒸馏，以达到分离或提纯的目的。即可使液体在较低的温度下沸腾而被蒸馏出来，这种在低于大气压下进行蒸馏的操作过程称为减压蒸馏。减压蒸馏是分离和提纯液体或低熔点固体有机物的一种主要方法。

1.1.3　固体

固体不仅具有一定体积，而且具有一定形状。固体可由原子、离子或分子等粒子组成。这些粒子排列紧密，彼此间有强烈的作用力(化学键或分子间力)，使固体表现出一定程度的坚实性。固体的可压缩性很小。固体内部的粒子不能自由移动，只能在一定的平衡位置上振动。

多数固体物质受热时能熔化成液体，但有少数固体物质并不经过液体阶段而直接变成气体，这种现象称为升华。如放在箱子里的樟脑精，过一段时间会变少或者消失，箱子里却充满其特殊气味。在寒冷的冬天，冰和雪会因升华而消失。

一些气体在一定条件下也能直接变成固体，这一过程称为凝华。晚秋降霜就是凝华过程。与液体一样，固体物质也有饱和蒸气压，并随温度升高而增大。但绝大多数固体的饱和蒸气压很小。利用固体的升华现象可以提纯一些挥发性固体物质如碘、萘等。

固体可分为晶体和非晶体（无定形体）两大类，多数固体物质是晶体。与非晶体比较，晶体有以下特征。

1. 有一定的几何外形

晶体具有规则的几何外形。例如，食盐晶体为立方体形，明矾（硫酸铝钾 $KAl(SO_4)_2 \cdot 12H_2O$）晶体为八面体形、石英（SiO_2）为六角柱体等，如图 1-4 所示。

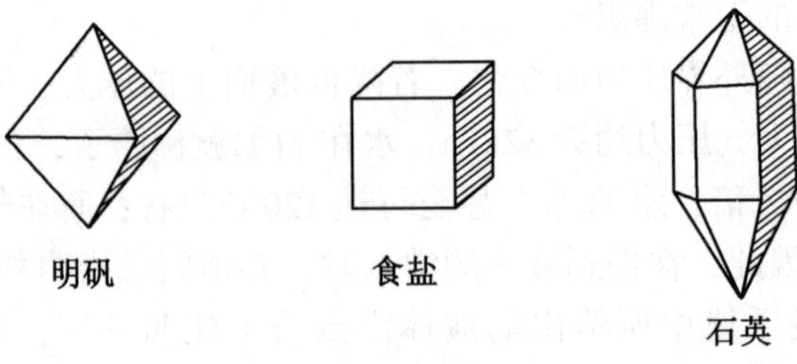

图 1-4　一些晶体的形状

有些物质在外观上并不具备整齐的外形，但经结构分析证明是由微晶体组成的，它们仍属晶体范畴。常见的炭黑就是这类物质。

2. 有固定的熔点

每种晶体在一定压力下加热到某一温度（熔点）时，就开始熔化。继续加热，在它没有完全熔化以前温度不会上升（这时外界供给的热量用于晶体从固体转变为液体），故晶体有固定的熔点。

3. 各向异性

晶体的特征之一是各向异性，许多物理性质，如像导电性、传热性、光学性质、力学性质等，在晶体的不同方向表现出明显的差别。例如，石墨晶体是层状结构，在平行各层的方向上其导电、传热性好，易滑动。又如，云母沿着某一平面的方向很容易裂成薄片。这些都是晶体各向异性表现。晶体的各向异性也是它内部粒子有规则排列的反映。

另一类固体是无定形体。有些物质如玻璃、橡胶、塑料和石蜡等从熔融状态冷却下来时，内部的粒子还来不及排列整齐，就冻结在无规则的状态之中成为过冷的液体。与晶体相反，非晶体没有固定的几何外形，又称无定形体。它们的外形是随意性的。其次，非晶体没有固定的熔点。如将玻璃加热，它先变软，然后慢慢地熔化成黏滞性很大的流体。在这一过程中温度是不断上升的，从软化到熔化，有一段温度范围。非晶体没有各向异性的特点。

但是，晶体和非晶体并非不可互相转变。在不同条件下，同一种物质可以形成晶体，也可以形成非晶体。例如，二氧化硅能形成石英晶体(也称水晶)，也能形成非晶体燧石及石英玻璃；玻璃在适当条件下，也可以转化成为晶态玻璃。

1.2　化学反应中的质量关系和能量关系

物质发生化学变化可以向人们提供具有不同性能的各种产物和提供巨大的能量。目前，世界能源 90% 以上来自化学反应，主要是煤、天然气和汽油的燃烧。化学反应中的能量变化与新物质的生成是互相联系的。同样的反应物在不同的条件下可以生成不同的产物，伴随着的能量变化产物也有所不同；要获得更多更好的产物必须考虑化学反应中能量变化的影响。本节仅讨论化学反应中的两个定律——质量守恒定律和能量守恒与转化定律，对于科学实验和生产实践有重要的指导意义。

1.2.1　质量守恒定律

从宏观上看，化学反应是由反应物转变成生成物，既有旧的物质消耗，又有新的物质生成；从微观上看，则是物质内部的分子、原子、离子或原子团的重新排列和组合，亦即化学键的重组。经过长期的科学实践得出这样的结论：参与化学反应前各种物质的总质量等于反应后全部生成物的总质量，这是化学反应的一个基本定律——质量守恒定律。质量守恒定律不仅是化学反应中的一个基本定律，也是自然界物质发生一切变化所遵循的普遍规律。在化学反应中，质量守恒定律的具体表现形式是化学反应方程式。

1.2.2　反应热效应　焓变

化学反应的实质是化学键的重组。化学键的断裂需要吸收能量，而新键的生成又会放出能量。所以，化学变化过程中必然伴随着能量的变化。若旧键断裂所吸收的能量小于新键生成所放出的能量，在反应过程中会放出能量；否则，会吸收能量。

若化学反应时，系统不做非体积功①，且反应终了(终态)时与反应初始(始态)时的温度相同，则系统吸收或放出的热量，称为该反应的热效应。

在恒容(即密闭容器)或恒压(即敞口容器)下进行的化学反应，其反应热效应分别为恒容热效应 Q_v 或恒压热效应 Q_p。

Q_v 与系统的状态函数热力学能②(过去叫内能) U 有关，即

$$Q_v = U_2 - U_1 = \Delta U$$

Q_p 与系统的另一状态函数焓 H③ 有关，即

① 系统因体积变化反抗外力所做的功称为体积功；除体积功以外，其他形式的功统称为非体积功，如机械功、电功、表面功等。

② 热力学能又称为内能，它是系统内部各种形式能量的总和，用符号 U 表示。热力学能中包括了系统中分子的平均能、转动能、振动能、电子运动及原子核内的能量以及系统内部分子与分子间的相互作用的位能等。

③ 焓具有能量的量纲。关于焓的确切含义将在后续课程物理化学中讨论。

$$Q_p = H_{生成物} - H_{反应物} = \Delta H$$

若生成物的焓小于反应物的焓，则反应过程中多余的焓将以热量形式放出，该反应为放热反应，$\Delta H<0$；

若生成物的焓大于反应物的焓，则反应过程中要吸收热量，该反应为吸热反应，$\Delta H>0$。反应系统中，ΔU 与 ΔH 有确定的关系。

1.2.3　热化学方程式

表示化学反应及其热效应的化学方程式称为热化学方程式。它的写法一般是在配平的化学反应方程式的右面加上反应的热效应。例如：

$$H_2(g) + \frac{1}{2}O_2(g) \longrightarrow H_2O(g); \quad \Delta_r H_m^{\ominus}(298K) = -241.8kJ \cdot mol^{-1} \tag{1}$$

$$HgO(s) \longrightarrow Hg(s) + \frac{1}{2}O_2(g); \quad \Delta_r H_m^{\ominus}(298K) = +90.7kJ \cdot mol^{-1} \tag{2}$$

其中，式(1)表示反应放出热量$-241.8kJ \cdot mol^{-1}$；式(2)表示反应吸收热量 $90.7kJ \cdot mol^{-1}$。

当焓变紧跟在反应之后写时，也可省去 r 和 m，简写作 ΔH。

必须指出，不论反应是否可逆反应，如反应式(1)，$\Delta_r H_m$都是指完成了的反应即反应物全部转变为生成物时系统的热量得失。

反应的热效应与反应所处的温度有关，当反应在 298K 下进行时，则表示为 $\Delta_r H_m(298K)$。由于反应通常都是在 298K 下进行的，故不注明温度的 $\Delta_r H_m$，一般也指反应温度为 298K(不是 298K 下的反应，应指明温度)。

严格注明条件的 $\Delta_r H_m(298K)$，紧跟在反应之后写时，也可简化为 $\Delta_r H_m$，$\Delta_r H$ 甚至 ΔH。

$\Delta_r H_m^{\ominus}(298K)$ 读作温度在 298K 时的标准摩尔反应焓变。①

“$\ominus$”读作标准，表示反应系统中各物质都处于标准状态(简称标准态)。

请注意标准态并未对温度作出规定，标准符号$\ominus$不能省略、简化，至少写作 $\Delta H^{\ominus}$。

书写和使用热化学方程式时要注意以下几点。

(1)需注明反应的温度和压力条件，如果反应是在 298K 下进行的，习惯上也可不予注明。

(2)反应的焓变值与反应式中的化学计量数值有关。同一反应以不同的计量数表示时，则 ΔH 值也不相同。如将上述反应式(1)的计量数乘以 2，则其 ΔH 值也加倍。

$$2H_2(g) + O_2(g) \longrightarrow 2H_2O(g); \quad \Delta_r H_m^{\ominus}(298K) = -483.6kJ \cdot mol^{-1} \tag{3}$$

① 纯理想气体的标准态是该气体处于标准压力 $p^{\ominus}$($p^{\ominus}$ = 100kPa)下状态，混合理想气体中任意组分的标准态是指该气体组分的分压力为 $p^{\ominus}$状态；纯液体(或固体)物质的标准态就是标准压力 $p^{\ominus}$下的液体(固体)纯物质。溶液的标准态是指该溶液的浓度为 $c^{\ominus}$ = 1mol/L。在标准态中只规定了压力为 $p^{\ominus}$($p^{\ominus}$ = 100kPa)，而没有指定温度。处于 $p^{\ominus}$下的各种物质，如温度改变时，标准态就会改变。

可见，ΔH 数值是与具体反应相联系的，笼统地说 $H_2(g)$ 和 $O_2(g)$ 反应生成 $H_2O(g)$ 的反应热是多少，或只写 $\Delta_r H_m^{\ominus}(298K)$ 值为多少，而不与具体反应相联系，都是没有意义的。

此外，化学反应式中的配平系数只表示该反应的化学计量数，不表示分子数，因此也可以写成分数。

(3)需在反应式中注明物质的聚集状态。反应物或生成物的聚集状态改变时，总是伴随有相变的焓变，所以物质处于不同的聚集状态时，其反应的 $\Delta_r H_m^{\ominus}(298K)$ 也应该不同。例如：

$$2H_2(g)+O_2(g) \longrightarrow 2H_2O(l); \quad \Delta_r H_m^{\ominus}(298K)=-572.0kJ \cdot mol^{-1} \tag{4}$$

由于 H_2O 的聚集状态不同，使反应式(3)和(4)的 $\Delta_r H_m^{\ominus}$ 值也不同，差值恰为反应中 2molH_2O 由气态变为液态的焓变值。常用“s”表示固态，“l”表示液态，“g”表示气态。

(4)逆反应的热效应与正反应的热效应数值相同而符号相反，如反应式(4)与下面的反应式(5)即是

$$2H_2O(l) \longrightarrow 2H_2(g)+O_2(g); \quad \Delta_r H_m^{\ominus}(298K)=572.0kJ \cdot mol^{-1} \tag{5}$$

1.2.4　热化学定律

化学反应热效应最直接的方法是实验测定，但是有不少反应的反应热无法直接测定。那么，怎样才能得知这类难以直接测定的化学反应的热效应数据呢？倘若化学反应热效应之间存在一定的联系，人们就可以利用计算的方法，由一些已知的化学反应热效应求出未知的化学反应的热效应。

1840 年瑞士化学家赫斯(Hess G. H.)通过总结的大量热化学实验数据证明：任一化学反应，不论是一步完成还是分几步完成，其总的热效应是完全相同的。换言之，化学反应热效应就只取决于反应物的始态和生成物的终态，而与过程的途径无关，这就是著名的赫斯定律。赫斯定律的实质是焓是状态函数，其变化与途径无关。也可叙述为以下内容：

(1)在相同条件下，正反应与逆反应的 ΔH 数值相等，符号相反。如在 298K 时：

$$H_2(g)+\frac{1}{2}O_2(g) \longrightarrow H_2O(g); \ \Delta_r H_m^{\ominus}=-241.8kJ \cdot mol^{-1}$$

$$H_2O(g) \longrightarrow H_2(g)+\frac{1}{2}O_2(g); \ \Delta_r H_m^{\ominus}=241.8kJ \cdot mol^{-1}$$

这说明 H_2 和 O_2 合成 1 mol$H_2O(g)$时放出 241.8kJ 的热量。反之，欲将 1 mol$H_2O(g)$分解成 $H_2(g)$和 $O_2(g)$，需要吸收 241.8kJ 的热量。

(2)一个反应若能分成两步或多步实现，则总反应的 ΔH 等于各步反应 ΔH 之和。换言之，化学反应的热效应只与反应的始态和终态有关，而与反应的途径无关。例如：

(a) $Sn(s)+Cl_2(g) \longrightarrow SnCl_2(s); \ \Delta_r H_{m,1}^{\ominus}=-349.8kJ \cdot mol^{-1}$

(b) $SnCl_2(s)+Cl_2(g) \longrightarrow SnCl_4(l); \ \Delta_r H_{m,2}^{\ominus}=-195.4kJ \cdot mol^{-1}$

(a)和(b)两式相加，得到由单质 Sn 生成 $SnCl_4(l)$的方程式(c)：

(c) $$Sn(s)+2Cl_2(g)\longrightarrow SnCl_4(l);$$

$$\Delta_r H_m^{\ominus}=\Delta_r H_{m,1}^{\ominus}+\Delta_r H_{m,2}^{\ominus}=-545.2\text{kJ}\cdot\text{mol}^{-1}$$

Sn(s),2Cl₂(g)
349.8 kJ·mol⁻¹
−545.2 kJ·mol⁻¹
SnCl₂(s),Cl₂(g)
195.4 kJ·mol⁻¹
SnCl₄(l)

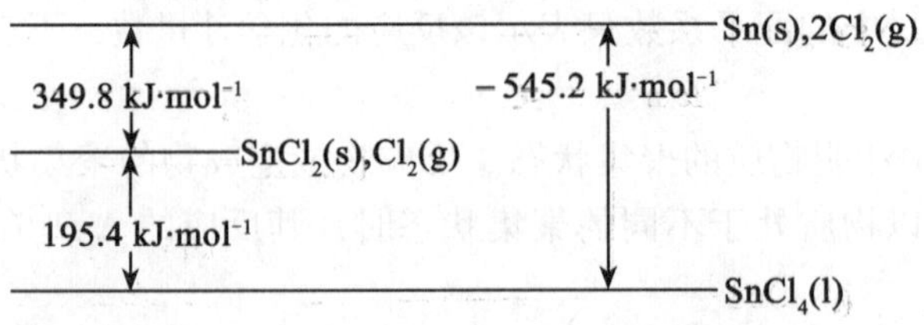

图 1-5 总反应的焓变为分步反应的焓变之和

运用赫斯定律，可以通过间接计算求得一些无法直接测定的反应的热效应。例如，反应 $C(s)+\frac{1}{2}O_2(g)\longrightarrow CO(g)$ 的热效应是冶金工业中很有用的数据。但碳燃烧时不可能完全变成 CO，故该反应的热效应不能直接测定，只能通过间接计算得到。

图 1-6 中，实线箭号表示的数据由实验直接测定，虚线箭号为从计算间接得到的热效应。

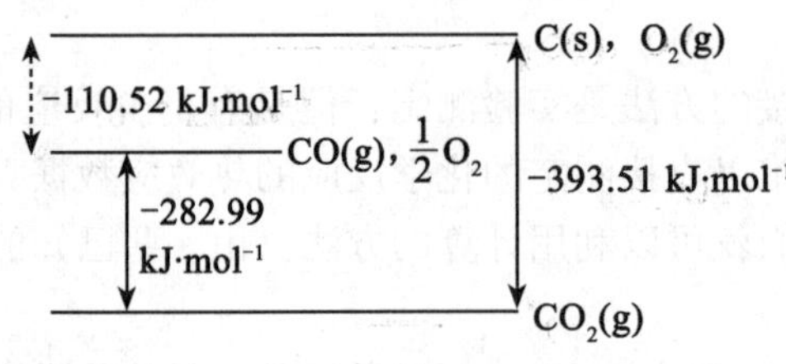

图 1-6 反应热的间接计算

1.2.5 标准摩尔生成热(生成焓)

化学反应的热效应是重要的数据，但化学反应成千上万，每个反应都对应着一定的热效应，要把全部数据列出颇为不易。如果知道各种物质的生成热，根据赫斯定律，只要恰当地选择一些化学反应并把它们的热效应数据作为基本数据，就很容易计算出各种化学反应的热效应。通常用得较多的是物质的标准摩尔生成焓。生成焓是针对某种化合物而言的。

在一定温度(通常选定 298K)及标准压力下，由元素的稳定单质生成单位物质的量的某化合物时的焓变，称为该化合物的标准摩尔生成热，简称生成热或生成焓。

表示方法：$\Delta_f H_m^{\ominus}$，其 SI 单位为 $kJ\cdot mol^{-1}$，下角"f"表示生成反应。

显然，此处也必须是完全生成单位物质的量的化合物，而不考虑此生成反应是否可逆或化合物是否稳定。与前述反应热的要求是一样的。

例如，由下列反应的焓变：

$$Ag(s)+\frac{1}{2}Cl_2(g) \longrightarrow AgCl(s);\ \Delta_r H_m^{\ominus}=-127.0kJ \cdot mol^{-1}$$

$$C(\text{石墨，}s)+\frac{1}{2}O_2(g)+2H_2(g) \longrightarrow CH_3OH(g);$$

$$\Delta_r H_m^{\ominus}=-200.7kJ \cdot mol^{-1}$$

得知 AgCl 和 CH_3OH 的生成热：$\Delta_f H_m^{\ominus}(AgCl,\ s)=-127.0kJ \cdot mol^{-1}$

$\Delta_f H_m^{\ominus}(CH_3OH,\ g)=-200.7kJ \cdot mol^{-1}$

某些元素有几种结构不同的单质，如碳有金刚石和石墨两种，其中石墨为稳定单质。根据生成热定义，稳定单质的标准摩尔生成热等于零。

由稳定单质转化成其他形态单质时要吸收热量，如石墨转化成金刚石：

$$C(\text{石墨}) \longrightarrow C(\text{金刚石});\ \Delta_r H_m^{\ominus}=1.897kJ \cdot mol^{-1}$$

$1.897kJ \cdot mol^{-1}$ 即为金刚石的生成热 $\Delta_f H_m^{\ominus}$。

化合物的标准摩尔生成焓是很重要的基础数据，可用于间接计算化学反应的热效应。从化学手册上可以查到几千种化合物的生成热，用于反应热的计算十分方便。在理解标准摩尔生成焓时需注意以下几点。

(1)在生成焓的定义中暗含着处于标准状态下的最稳定单质的标准生成焓为零。任何物质的焓的绝对值都是未知的，所以化合物的标准生成焓实际上是一个相对值。

(2)1mol 某化合物分解为组成它的元素的最稳定单质时，其标准反应焓与化合物的标准摩尔生成焓相差一个负号，这是因为生成与分解反应的初、终状态正好相反。

(3)当物质的聚集状态不同时，其标准摩尔生成焓也不同。

【例】 从手册上查得 $\Delta_f H_m^{\ominus}(CO,\ g)=-110.5kJ \cdot mol^{-1}$，$\Delta_f H_m^{\ominus}(CO_2,\ g)=-393.5kJ \cdot mol^{-1}$，$\Delta_f H_m^{\ominus}(H_2O,\ g)=-241.8kJ \cdot mol^{-1}$，计算反应 $CO_2(g)+H_2(g) \longrightarrow CO(g)+H_2O(g)$ 的热效应 $\Delta_r H_m^{\ominus}$。

解：假设上述反应分几步进行，则 $CO_2(g)$ 先分解为 C(s) 和 $O_2(g)$，然后由 C(s)、$O_2(g)$ 和 $H_2(g)$ 再生成 CO(g) 和 $H_2O(g)$：

$$\boxed{CO_2(g)+H_2(g)} \longrightarrow \boxed{CO(g)+H_2O(g)}$$

$$\searrow \qquad \nearrow$$

$$\boxed{C(s)+O_2(g)+H_2(g)}$$

有关的热化学方程式为

(1) $CO_2(g) \longrightarrow C(s)+O_2(g)$；

$\Delta_{r1} H_m^{\ominus}=-\Delta_f H_m^{\ominus}(CO_2,\ g)=393.5kJ \cdot mol^{-1}$

(2) $H_2(g) \longrightarrow H_2(g)$；

$\Delta_{r2} H_m^{\ominus}=-\Delta_f H_m^{\ominus}(H_2,\ g)=0$

(3) $C(s)+\frac{1}{2}O_2(g) \longrightarrow CO(g)$；

$\Delta_{r3} H_m^{\ominus}=\Delta_f H_m^{\ominus}(CO,\ g)=-110.5kJ \cdot mol^{-1}$

(4) $H_2(g)+\frac{1}{2}O_2(g) \longrightarrow H_2O(g)$；

$\Delta_{r4}H_m^\ominus=\Delta_f H_m^\ominus(H_2O, g)=-241.8 kJ\cdot mol^{-1}$

将上面各式相加得

$$CO_2(g)+H_2(g)\longrightarrow CO(g)+H_2O(g);\ \Delta_r H_m^\ominus$$

根据赫斯定律：

$$\begin{aligned}\Delta_r H_m^\ominus &=\Delta_{r1}H_m^\ominus+\Delta_{r2}H_m^\ominus+\Delta_{r3}H_m^\ominus+\Delta_{r4}H_m^\ominus\\ &=\Delta_f H_m^\ominus(CO, g)+\Delta_r H_m^\ominus(H_2O, g)-\Delta_f H_m^\ominus(CO_2, g)-\Delta_f H_m^\ominus(H_2, g)\\ &=(-110.5-241.8+393.5-0)kJ\cdot mol^{-1}=41.20 kJ\cdot mol^{-1}\end{aligned}$$

大量计算结果表明：化学反应的热效应，等于生成物生成热的总和减去反应物生成热的总和。对于反应：

$$aA+bB\longrightarrow yY+zZ$$

反应的热效应 $\Delta_r H_m^\ominus$ 可按下式求得

$$\Delta_r H_m^\ominus=y\Delta_f H_m^\ominus(Y)+z\Delta_f H_m^\ominus(Z)-a\Delta_f H_m^\ominus(A)-b\Delta_f H_m^\ominus(B)$$

或表示为 $\Delta H^\ominus=\sum\Delta_f H_m^\ominus$(生成物) $-\sum\Delta_f H_m^\ominus$(反应物)

1.3 溶 液

物质以分子、原子或离子状态分散于另一种物质中所组成的均匀分散体系称为溶液。它可分为固态溶液(如某些合金)、气态溶液(如空气)和液态溶液，本节主要讨论液态溶液。

溶液在工农业生产、科学实验和日常生活中都有十分重要的作用。许多化工产品的生产在溶液中进行，有的化肥和农药只有配成一定浓度的溶液才能使用。人体中的血液、组织液也都以溶液形式存在。学习和掌握有关溶液的基本知识有非常重要的实践意义。水是最重要、最常用的溶剂，不特别指明的情况下都是指以水为溶剂的水溶液。

1.3.1 溶液浓度表示法

溶液浓度是指在一定量溶剂或溶液中所含溶质的量，表示方法大致可分为两类：用溶质和溶剂的相对量表示和用一定体积溶液中所含溶质的量来表示。由于溶质、溶剂或溶液使用的单位不同，浓度的表示方法也不同，最常用的有以下几种。

1. 质量分数

溶液中某组分 B 的质量 m_B 与溶液总质量 m 的比值，用符号 w_B 表示。其表达式为

$$w_B=\frac{m_B}{m}$$

这种表示方法比较简便，在工农业生产和医学中经常使用。

许多盐类的晶体中含有结晶水，当我们用它们的结晶水合物配制这些盐的溶液时，第一步先计算出溶液中应含无水盐的质量，然后再换算出含结晶水盐的质量，最后计算出加入水的量(扣除含水盐中结晶水的量)，否则求出的质量分数就会出错。

2. 摩尔分数

溶液中某组分的物质的量 n_B 与溶液总物质的量 n 的比值，用符号 x_B 表示。表达式为

$$x_B = \frac{n_B}{n}$$

溶液中各组分的摩尔分数之和等于1。在化学中，物质的质量是比较复杂的，而物质的量比较简单，所以用摩尔分数表示浓度可以和化学反应直接联系起来。

3. 物质的量浓度

单位体积溶液中所含溶质的物质的量称为该物质的物质的量浓度，用符号 c_B 表示。表达式为

$$c_B = \frac{n_B}{V}$$

式中，c_B 表示物质的量浓度，国际标准单位为 $mol \cdot m^{-3}$，但工作中常用 $mol \cdot L^{-1}$。

这种浓度表示法在实验室中使用最多，其优点是体积容易量取，一定体积溶液中的溶质的量很容易计算。其缺点是溶液的体积质量随温度略有变化。

4. 质量摩尔浓度

溶液中溶质的物质的量 n_B 与溶剂质量 m_A 的比值，用符号 b_B 表示。表达式为

$$b_B = \frac{n_B}{m_A}$$

式中，b_B 表示溶质的质量摩尔浓度，国际标准单位为 $mol \cdot kg^{-1}$。

这种浓度表示法的优点是浓度数值不随温度而变化，缺点是用天平量取液体不太方便。

1.3.2 溶液配制原则

溶液配制可分三种情况，一是将纯物质溶于溶剂，二是将浓溶液稀释，三是将不同浓度溶液混合。但不管是哪种情况，都必须遵循一条原则，“溶液配制前后溶质的量保持不变”。

1.3.3 溶液浓度换算

1. 质量分数和物质的量浓度的换算

一定体积的溶液，无论是用质量分数表示浓度或者是用物质的量表示浓度，所含溶质的质量是相同的。溶液的体积与体积质量和溶质质量分数的连乘积，应该和物质的量浓度与体积、物质的摩尔质量的连乘积是相等的。因此知道溶液的体积质量是进行换算的必要条件。若溶液中某溶质的质量分数为 w_B，物质的量浓度为 c_B，物质 B 的摩尔质量为 M_B，溶液的体积质量为 ρ，那么有

$$c_B \cdot M_B = \rho \cdot w_B$$

2. 浓溶液稀释

用物质的量浓度表示的溶液，进行浓溶液稀释时，由于稀释前后溶质的量不变，所以溶液的浓度和体积之间存在着反比关系。若稀释前溶液浓度为 c_1，体积为 V_1；稀释后的浓度为 c_2，体积为 V_2，就存在下面的稀释公式：

$$c_1 \cdot V_1 = c_2 \cdot V_2$$

质量分数表示的浓度不能直接代入上面的稀释公式，因为质量分数与体积的乘积不能表示溶质的量。

【阅读材料 1】

环境保护与绿色化学

人类的生存和发展是利用和消耗自然资源的过程，这个过程的科学基础之一就是化学。近 20 年来，化学化工的发展为人类生活的改善提供了源源不断的能源和物质基础，但同时又是造成能源和环境问题的罪魁祸首之一。随着工农业的迅速发展，废气、废水、废渣的排放量日益增多，严重危害人类生存的环境，影响着人们的身心健康。

我国能源以煤为主，空气受二氧化硫和氮氧化物的严重污染，这些酸性污染物与雨滴形成酸雨，对人体的危害比二氧化硫高 10 倍，会引起肺水肿，使水体酸化，鱼类绝迹，尤其是重金属和一些致癌物质的污染，严重威胁着人类的生存。经专家研究已确认，化肥和农药的使用是当今癌症发病率提高的主要原因。

化学工业是对环境中的各种资源进行化学处理和转化加工的生产部门，其产品和废弃物从化学组成上讲是多样化的，而且数量也相当大，这些废弃物含量在一定浓度时大多是有害的，有的还是剧毒物质，进入环境就会造成污染。有些化工产品在使用过程中也会引起一些污染，甚至比生产本身所造成的污染更为严重、更为广泛。

我国经济生产的特点是工业技术水平整体不高，工业生产的能源和资源消耗及污染排放量高，乡镇企业比重逐渐增大。就化工企业来说，主要是在生产经营过程中排放出来的废气、废水、废渣，简称工业“三废”，基本没有经过任何处理而四处排放，给环境造成了严重的污染。化工企业“三废”污染物主要来源于原料开采、加工和贮存，生产和辅助生产过程，成品的运输和使用过程以及各类事故等。凡是有化工生产的地方，就有污染存在，废水就近排放江河，造成大片水域严重污染。氯、酚、砷、汞、镉和铅都有剧毒以及致癌、致畸、致突变的作用，并多数具有长期影响。另外，一旦发生事故，易造成大面积污染和严重的火灾、爆炸、中毒事件。

随着全球性环境污染的加剧、能源的匮乏，人类对环境保护和可持续发展日益关注。怎样才能实现人与自然的和谐发展呢？

“绿色化学”的出现，为人类最终从化学的角度解决环境和能源问题带来了新希望。“绿色化学”这个名称最早出现在美国环保署的官方文件中，以突出化学对环境的友好。绿色化学是设计研究没有或尽可能少的环境副作用，并在技术上、经济上可行的化学品和化学过程，就是利用化学的技术和方法减少或消灭那些对人类健康、社区安全、生态环境有害的原料、催化剂、溶剂、试剂和产物、副产物等的使用和产生。它是实现污染预防基本的和重要的科学手段，包括合成、催化、工艺、分离等许多化学领域和分析监测手段。

绿色化学的最大特点在于它是在源头上就采用预防污染的科学手段，因而过程和终端均为零排放或零污染。它研究污染的根源即污染的本质在哪里，而不是去对终端或过程污染进行控制或处理。绿色化学关注的是在现今科技手段和条件下，能降低对人类健康和环境有负面影响的各个方面、各种类型的化学过程，主张在通过化学转换获取新物质的过程中充分利用每个原子，具有“原子经济性”，因此它既能够充分利用资源，又能够实现防止污染。倡导“绿色化学”，是人与自然和谐相处的渴望。

“环境保护”是21世纪的首要课题。在长期的生活和生产中，人们认识到既不能走“先污染、破坏，后治理、恢复”的道路，也不应该走“边污染，边治理”的道路；而是应该采取积极的态度，根据当地的自然条件，按照污染物的产生、变迁和归宿的各个环节，采取法律、行政、经济和工程技术相结合的措施，防治结合，以防为主，以期最大限度地合理利用资源、减少污染物的产生和排放，用最经济的方法获取最佳的防治效果，以实现资源、环境与发展的良性循环。

因此，人类生产、生活中都应贯穿“绿色化学”的思想，每位公民都应具备环境保护的意识，在生活中对废弃物也要妥善处理，绝不能随意倾倒，造成环境污染，有的甚至可以变废为宝。如使用环保节能电池、太阳能热水器、节能灯、绿色电冰箱、无磷洗衣粉；不食用野生保护的动植物；不使用难降解的一次性饭盒、塑料袋；不乱扔废旧电池等。一氧化氮的污染源主要是汽车尾气，因此大家多骑自行车，少用机动车，也是减少对大气污染的一条途径。

环境污染的治理归根结底要依靠科学技术的进步。探索污染物的防治、转化、处理及综合利用的途径，积极改革旧工艺，探寻无污染或低排放的“绿色”新工艺。“三废”的处理过程不应产生新的污染，这样才能实现减少或消除污染。

要预防化学污染，最关键的问题应该是培养人类具有环境保护意识，树立可持续发展的观念。每位公民要自觉地保护环境，作为高等学校培养的高技能人才，应努力学习有关知识，包括污染成分、污染物的含量、污染物产生的化学机理等，这些都要在具备化学知识的基础上开展研究。同时要增强对保护环境、改善环境质量的责任感，从自身做起，创造一个清洁美好的生活环境。只有这样，才能实现人与自然的可持续发展，为子孙后代留下一个良好的生存环境，这是每位公民所必须履行的道德责任！

相信随着科学的进步和人们绿色意识的提高，人类赖以生存的地球环境会变得更加美好，生活质量会继续提高。

◎ 思考题

1. 什么是气体的分压力？什么是气体的分体积？什么是气体的分压定律？分压、分体积与摩尔分数之间有什么关系？压力分数之间的关系又如何？

2. 在气体状态方程中如何运用分压力、分体积概念进行计算。

3. 在298K下，由相同质量的CO_2，H_2，N_2，He组成的混合气体总压力为p，各组分气体分压力由大到小的顺序为__________________。

4. 何谓饱和蒸气压？饱和蒸气压与液体的沸点有什么关系？

5. 晶体有哪些特征？

6. 判断下列说法是否正确。

(1)单质的标准生成焓都为零。

(2)反应的热效应就是反应的焓变。

7. 选择题

(1)将100kPa压力下的氢气150mL和45kPa压力下的氧气75mL装入250mL的真空瓶，则氢气分压力为(　　)kPa。

A. 13.5　　B. 127　　C. 60　　D. 72.5

(2)下列说法正确的是(　　)。

A. 1mol任何气体的体积都是22.4L

B. 1mol任何气体的体积都约是22.4L

C. 标准状态下，1mol任何气体的体积都约是22.4L

D. 标准状态下，1mol任何气体的体积都是22.4L

(3)一定量的某气体，压力增为原来的4倍，绝对温度是原来的2倍，那么气体体积变化的倍数是(　　)。

A. 8　　B. 2　　C. $\frac{1}{2}$　　D. $\frac{1}{8}$

(4)下列叙述错误的是(　　)。

A. 一种气体产生的压力，与其他气体的存在有关

B. 一种气体产生的压力，与其他气体的存在无关

C. 混合气体的总压力为各气体的分压力之和

D. 各组分气体的分压力等于总压与该组分的摩尔分数之积

(5)一敞开烧瓶在280K时充满气体，要使$\frac{1}{3}$的气体逸出，则应将温度升高到(　　)。

A. 400K　　B. 300K　　C. 420K　　D. 450K

(6)下列方程错误的是(　　)。

A. $p_{总}V_{总}=n_{总}RT$　　B. $p_iV_i=n_iRT$　　C. $p_iV_{总}=n_iRT$　　D. $p_{总}V_i=n_iRT$

(7)下列反应中，表示CO_2生成热的反应是(　　)。

A. $CO(g)+\frac{1}{2}O_2(g) \longrightarrow CO_2(g)$；$\Delta_r H_m^{\ominus}=-283.0kJ \cdot mol^{-1}$

B. C(金刚石)$+O_2(g) \longrightarrow CO_2(g)$；$\Delta_r H_m^{\ominus}=-395.4kJ \cdot mol^{-1}$

C. 2C(石墨)$+2O_2(g) \longrightarrow 2CO_2(g)$；$\Delta_r H_m^{\ominus}=-787.0kJ \cdot mol^{-1}$

D. C(石墨)$+O_2(g) \longrightarrow CO_2(g)$；$\Delta_r H_m^{\ominus}=-393.5kJ \cdot mol^{-1}$

8. 98%浓硫酸($\rho=1.84g \cdot cm^{-3}$)的物质的量浓度是多少？

9. 38%盐酸溶液的质量摩尔浓度是多少？

习　题

1. 在30℃时，于一个10.0L的容器中，O_2，N_2和CO_2混合气体的总压力为93.3kPa。分析结果得$p(O_2)=26.7kPa$，CO_2的质量为5.00g，求：

(1)容器中的$p(CO_2)$；

(2)容器中的$p(N_2)$；

(3) O_2 的摩尔分数。

2. 0℃时将同一初压的 4.00L N_2 和 1.00L O_2 压缩到一个体积为 2.00L 的真空容器中，混合气体的总压为 255.0kPa，试求：

(1)两种气体的初压；

(2)混合气体中各组分气体的分压；

(3)各气体的物质的量。

3. 在 25℃和 103.9kPa 下，1.308g 锌与过量稀盐酸作用，可以得到干燥氢气多少升？如果上述氢气在相同条件下于水面上收集，它的体积应为多少升(25℃时水的饱和蒸气压为 3.17kPa)？

4. 1.34gCaC_2 与 H_2O 发生如下反应：

$$CaC_2+2H_2O(l)=\!=\!=C_2H_2(g)+Ca(OH)_2(s)$$

产生的 C_2H_2 气体用排水集气法收集，体积为 0.471L。若此时温度为 23℃，大气压力为 99.0kPa，该反应的产率为多少？（已知 23℃时水的饱和蒸气压为 2.8kPa）

5. 在 27℃，将电解水所得的 H_2，O_2 混合气体干燥后贮于 60.0L 容器中，混合气体总质量为 40.0g，求 H_2，O_2 的分压。

6. 甲烷(CH_4)和丙烷(C_3H_8)的混合气体在温度 T 下置于体积为 V 的容器中，测得压力为 32.0kPa。该气体在过量 O_2 中燃烧，所有的 C 都变成 CO_2，使生成的 H_2O 剩余的 O_2 全部除去后，将 CO_2 收集在体积为 V 的容器内，在相同温度 T 时，压力为 44.8kPa。计算在原始气体中 C_3H_8 的摩尔分数(假定所有气体均为理想气体)。

7. 已知在 250℃时 PCl_5 能全部汽化，并部分解离为 PCl_3 和 Cl_2。现将 2.98g PCl_5 置于 1.00L 容器中，在 250℃时全部汽化后，测定其总压为 113.4kPa。其中有哪几种气体？它们的分压各是多少？

8. 今将压力为 99.8kPa 的 $H_2$150mL，压力为 46.6kPa 的 $O_2$75.0mL 和压力为 33.3kPa 的 $N_2$50.0mL，压入 250mL 的真空瓶内。试求：

(1)混合物中各气体的分压；

(2)各气体的摩尔分数。

9. 利用下面两个反应的反应热，求 NO 的生成热：

(1) $4NH_3(g)+5O_2(g)\longrightarrow 4NO(g)+6H_2O(l)$；$\Delta_r H_m^{\ominus}=-1170\text{kJ}\cdot\text{mol}^{-1}$

(2) $4NH_3(g)+3O_2(g)\longrightarrow 2N_2(g)+6H_2O(l)$；$\Delta_r H_m^{\ominus}=-1530\text{kJ}\cdot\text{mol}^{-1}$

10. 已知：

(1) $Fe_2O_3(s)+3CO(g)=\!=\!=2Fe(s)+3CO_2(g)$；$\Delta_r H_m^{\ominus}(1)=-24.7\text{kJ. mol}^{-1}$

(2) $3Fe_2O_3(s)+CO(g)=\!=\!=2Fe_3O_4(s)+CO_2(g)$；$\Delta_r H_m^{\ominus}(2)=-46.4\text{kJ. mol}^{-1}$

(3) $Fe_3O_4(s)+CO(g)=\!=\!=3FeO(s)+CO_2(g)$；$\Delta_r H_m^{\ominus}(3)=36.1\text{kJ. mol}^{-1}$

试求反应 $FeO(s)+CO(g)=\!=\!=Fe(s)+CO_2(g)$ 的 $\Delta_r H_m^{\ominus}$。

11. 现需 2.2L，浓度为 2.0mol · L^{-1}的盐酸。试问：

(1)应该取多少毫升 20%、体积质量 1.10g · cm^{-3}的浓盐酸来配制？

(2)现有 $550cm^3$ $1.0mol \cdot L^{-1}$的稀盐酸，应该加多少毫升20%浓盐酸后再冲稀？

12. $400gH_2O$中，加入95%的H_2SO_4 100g，测得该溶液的体积质量为$1.13g \cdot cm^{-3}$，试计算硫酸(B)溶液的质量分数(w_B)、物质的量浓度(c_B)、质量摩尔浓度(b_B)、摩尔分数(x_B)各是多少？

第 2 章　化学反应速率和化学平衡

【学习目标】

(1) 熟悉化学反应速率的基本概念和表示方法；

(2) 掌握化学平衡的概念、化学平衡移动原理及有关计算；

(3) 了解化学平衡移动原理在化工生产中的应用；

(4) 能用化学反应速率理论和平衡移动原理进行适宜反应条件的选择。

对于化学反应，人们除了关心前面讨论过的质量关系和能量关系外，还有化学反应进行的快慢和完全程度，即化学反应速率和化学平衡问题。这两方面的内容在生产上直接关系着产品的质量、产量和原料的转化率等，在科学研究和人类生活各个领域也都具有重要意义。

在生产和科研中，化学工作者所关心的问题是：用什么样的原料能得到期望的产品，即反应向什么方向进行；怎样在最短的时间内，利用最少的原料生产出最多产品，而面对一些不利反应，则希望阻止或尽可能延缓其发生，即反应的快慢和限度。

2.1　化学反应速率

各种化学反应的速率极不相同，有些反应进行得很快，如炸药的爆炸；有些反应进行得很慢，例如，反应釜中乙烯的聚合过程则需几小时或几天。氢和氧的混合物在常温下几十年甚至几百年都觉察不到有水的生成。也就是说，不同的化学反应，其反应速率也各不相同，为了比较反应的快慢，必须明确反应速率的概念，并规定它的单位。

在一定条件下，化学反应一旦开始，在反应过程中，参加反应的各种物质的量总是在不断变化着，其中反应物的量逐渐减少，生成物的量逐渐增多。

设某一反应：　　$A+B \longrightarrow Y+Z$

反应物 A 和 B 的浓度不断减少，生成物 Y 和 Z 的浓度不断增加。

化学反应速率通常以单位时间内反应物或生成物浓度变化的正值来表示。

如以反应物 A 表示，则反应速率：

$$v=-\Delta c(\mathrm{A})/\Delta t$$

由于 $\Delta c(\mathrm{A})$ 为负值，为了保持反应速率为正值，需在前面加上负号。如以生成物 Y 表示，则反应速率：

$$v=\Delta c(\mathrm{Y})/\Delta t$$

式中：v——反应速率，$\mathrm{mol \cdot L^{-1} \cdot s^{-1}}$ 或 $(\mathrm{mol \cdot L^{-1} \cdot min^{-1}})$ 或 $(\mathrm{mol \cdot L^{-1} \cdot h^{-1}})$；

Δt——时间间隔，s(秒)，min(分钟)或 h(小时)；

$\Delta c(A)$——在 Δt 时间间隔内 A 物质浓度的变化，mol · moL^{-1}。

例如：N_2O_5在 CCl_4 溶液中按下式分解：

$$2N_2O_5 = 4NO_2 + O_2$$

分解反应的数据列于表 2-1。

表 2-1　　**在 CCl_4 溶液中 N_2O_5 的分解速率(25℃)**

t/s	Δt/s	$\frac{c(N_2O_5)}{mol \cdot L^{-1}}$	$\frac{\Delta c(N_2O_5)}{mol \cdot L^{-1}}$	$\frac{\bar{v}(N_2O_5)}{mol \cdot L^{-1} \cdot s^{-1}}$
0	0	2.10	—	—
100	100	1.95	−0.15	1.5×10^{-3}
300	200	1.70	−0.25	1.3×10^{-3}
700	400	1.31	−0.39	9.9×10^{-4}
1000	300	1.08	−0.23	7.7×10^{-4}
1700	700	0.76	−0.32	4.5×10^{-4}
2100	400	0.56	−0.20	3.5×10^{-4}
2800	700	0.37	−0.19	2.7×10^{-4}

平均速率 $\bar{v}$ 的计算：如在第一个时间间隔 100s 内，

$$\bar{v} = -\frac{\Delta c(N_2O_5)}{\Delta t} = -\frac{(1.95-2.10)\,mol \cdot L^{-1}}{(100-0)\,s} = 1.5\times10^{-3}\,mol \cdot L^{-1} \cdot s^{-1}$$

以下类推。

从表 2-1 可以看出随着反应的进行，反应物 N_2O_5的浓度在不断减小，各时间段内反应的平均速率在不断减小。如果将时间间隔取无限小，则平均速率的极限值即为在某时间反应的瞬时速率。

当有两种或两种以上物质发生反应时，反应速率可任选一物质浓度的变化来表示，因为反应时各物质之间量的关系是与化学方程式反应物的系数间比例是一致的。采用哪种物质浓度变化来表示反应速率，可以任意选择，一般根据实验测定的方便而定。

图 2-1 中曲线上某一点的斜率，即为该时间反应的瞬时速率，由图中可看出，随着反应的进行瞬时速率也在逐渐减小。

表 2-1 及图 2-1 均以 N_2O_5 浓度的减小来表示该反应的速率。该反应的速率也可用 N_2O_5 或 O_2 浓度的增加来表示。反应方程式表明，2 分子 N_2O_5分解将生成 4 分子 NO_2 和 1 分子 O_2，故 NO_2 的生成速率必然是 N_2O_5分解速率的 2 倍，而 O_2 的生成速率则为 N_2O_5分解速率的$\frac{1}{2}$。由此可得到分别用这三种物质表示的反应速率之间的关系为

$$\bar{v}(N_2O_5) = \frac{1}{2}v(NO_2) = 2v(O_2)$$

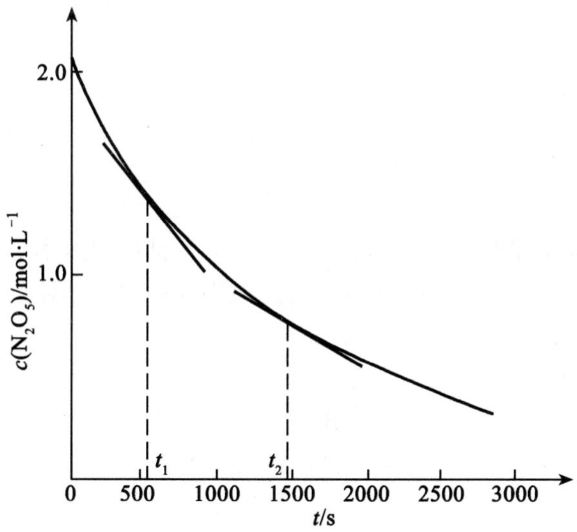

图 2-1　在 CCl_4 中 N_2O_5 浓度随时间的变化

这种简单比例关系与化学反应的计量数有关。因此在表示反应速率时必须指明具体物质，以免混淆。通常用易于测定其浓度的物质来表示。还需指出，以后提到的反应速率均指瞬时速率的影响。

2.2　影响反应速率的因素

化学反应速率的大小，首先决定于反应物本身。此外还受浓度、温度、催化剂等外界条件的影响。

2.2.1　浓度对反应速率的影响　经验速率方程

物质在氧气中燃烧比在空气中燃烧快得多，这是因为空气中约含 20% 的氧气。可见，恒温下化学反应的速度，主要决定于反应物的浓度，浓度越大，反应的速度越快。

1. *元反应和非元反应*

反应物分子间相互作用直接变成生成物，没有可用宏观实验方法检测到中间产物，这类反应称为元反应(也称为基元反应)，也可说一步就能完成的反应称为元反应。

实验表明，绝大多数化学反应并不是简单地一步完成，往往是分步进行的。

例如元反应：

$$2NO_2(g) \longrightarrow 2NO(g) + O_2(g)$$

$$NO_2(g) + CO(g) \xrightarrow{>327℃} NO(g) + CO_2(g)$$

在元反应中，反应物分子碰撞后可直接得到生成物分子。

分几步进行的反应称为非元反应。例如反应：

$$2NO(g)+2H_2(g)\xlongequal{800℃}N_2(g)+2H_2O(g)$$

实际上是分两步进行的：

第一步 $2NO+H_2 \longequal N_2+H_2O_2$

第二步 $H_2O_2+H_2 \longequal 2H_2O$

每一步为一个元反应，总反应即为两步反应的加和。

2. 质量作用定律

化学家在大量实验的基础上总结出：对于元反应，其反应速率与各反应物浓度幂的乘积成正比。浓度指数在数值上等于元反应中各反应物前面的化学计量数。这种定量关系可用一速率方程(亦称质量作用定律)来表示。

例如，对于元反应：

$$aA+bB \longrightarrow yY+zZ$$

反应速率为

$$v \propto \{c(A)\}^a \cdot \{c(B)\}^b$$
$$=k\{c(A)\}^a \cdot \{c(B)\}^b$$

上式称为速率方程。式中 $c(A)$ 和 $c(B)$ 分别为反应物 A 和 B 的浓度，其单位通常采用 $mol \cdot L^{-1}$ 表示，是用浓度表示的反应速率常数。如为气体反应，因体积恒定时，各组分气体的分压与浓度成正比，故速率方程也可表示为

$$v=k'\{p(A)\}^a \cdot \{p(B)\}^b$$

式中，$p(A)$ 和 $p(B)$ 分别为反应物 A 和 B 的分压，是为用分压表示时的反应速率常数。

k 或 k'，称为反应速率常数，是化学反应在一定温度下的特征常数。在给定条件下，当反应物浓度都是 $1mol \cdot L^{-1}$ 时，$v=k$，因此，速率常数在数值上等于单位浓度时的反应速率。k 不随浓度而变化，但与温度有关。对于一定的反应，在一定条件(如温度、催化剂的应用)下，k 是一个恒定值；不同的反应，在一定条件下，k 值具有不同的恒定值。k 值越大，这个反应的速率越大，反之则小。速率常数 k 的值，一般是通过实验测得的。

对于指定的反应来说，k 值与温度、催化剂等因素有关，而与浓度无关。

对于非元反应，由实验得到的速率方程中浓度(或分压)的指数，往往与反应式中的化学计量数不一致。速率方程大多是由实验确定的，故被称为经验速率方程。

2.2.2 温度对反应速率的影响

一般情况下，温度不影响反应的级数，温度对反应速率的影响主要反映在温度对反应速率系数的影响。对大多数化学反应，反应速率系数增大，反应速率增加。温度是影响反应速率的重要因素之一。各种化学反应的速率和温度的关系比较复杂，一般的化学反应速率随温度的升高而加快，如氧气和氢气化合成水的反应，常温下作用很慢，以致几年都观察不出有反应发生，如果温度升到600℃时，它们立即迅速反应并发生猛烈爆炸。以如炭在常温下与空气作用非常缓慢，但加热到高温时则会剧烈燃烧。

温度升高会加速反应的进行；温度降低又会减慢反应的进行。

例如，食物在夏天腐败变质要比冬天快得多；高压锅煮饭要比常压下快，是由于在高压锅内沸腾的温度比常压下高出10℃左右。

实验事实表明，对多数反应来说，温度升高 10℃，反应速率增加到原来的 2 ~ 4 倍。表 2-2 列出了温度对 H_2O_2 与 HI 反应速率的影响。

表 2-2　　**温度对 H_2O_2 与 HI 反应速率的影响**

t/℃	0	10	20	30	40	50
相对反应速率	1.00	2.08	4.32	8.38	16.19	39.95

对于每升高 10℃，反应速率增大 1 倍的反应，100℃ 时的反应速率约为 0℃ 时的 2^{10} 倍，即在 0℃需要 7d 才能完成的反应，在 100℃ 只需 10min 左右。

2.2.3　催化剂与反应速率

催化剂(又称触媒)是一种能改变化学反应速率的物质，而其自身在反应前后的组成、质量和化学性质不发生改变的物质。催化剂能改变反应速率的作用称为催化作用。在现代化工生产中，催化剂担负着一个重要角色，据统计化工生产中 80% 以上的反应都采用了催化剂。

例如，接触法生产硫酸的关键步骤是将 SO_2 转化为 SO_3。自从采用了 V_2O_5 作催化剂后，反应速率竟增加 1.6 亿倍。甲苯为重要的化工原料，可从大量存在于石油中的甲基环己烷脱氢而制得。但因该反应极慢，以致长时间不能用于工业生产，直到发现能显著加速反应的 Cu，Ni 催化剂后，它才有了工业价值。

有些催化剂也能延缓某些反应的速率，叫负催化剂或阻催化剂。例如，为防止亚硫酸盐在空气中被氧化，可以加入一些甘油作负催化剂；六次甲基四胺 $(CH_2)_6N_4$ 可以减缓钢铁腐蚀的速率；为防止塑料的老化，要加入少量阻化剂等等。以后我们提到催化剂，如果没有加以说明，都是指增大反应速率的正催化剂。

催化剂具有选择性。这里包括两方面的意思，一是某种催化剂常对某些特定的反应有催化作用，例如，V_2O_5 宜于 SO_2 的氧化，铁宜于合成氨等等；其二是指同样的反应物用不同的催化剂，则可能进行不同反应，例如，以乙醇为原料，在不同条件下采用不同催化剂可以得到下列不同的产物：

$$2C_2H_5OH \xrightarrow[550℃]{Ag} 2CH_3CHO + 2H_2$$

$$C_2H_5OH \xrightarrow[350℃]{Al_2O_3} CH_2 = CH_2 + H_2O$$

$$2C_2H_5OH \xrightarrow[450℃]{ZnO \cdot Cr_2O_3} CH_2 = CHCH = CH_2 + 2H_2O + H_2$$

$$2C_2H_5OH \xrightarrow[140℃]{H_2SO_4} C_2H_5OC_2H_5 + H_2O$$

根据催化剂的这一特性，可由一种原料制取多种产品。

值得一提的是在生命过程中，生物体内的催化剂——酶，起着重要的作用。据研究，人体内的部分能量是由蔗糖氧化产生的。蔗糖在纯的水溶液中几年也不与氧发生反应，但在特殊酶的催化下，只需几小时就能完成反应。人体内有许多种酶，它们不但选择性高，而且能在常温、常压和近于中性的条件下加速某些反应的进行。酶催化剂的催化效能比非酶催化剂一般高10万倍以上。现代工业上应用的普通催化剂，一般都是金属或非金属氧化物，也有少数金属配合物，它们往往要求在高温、加压，强酸或强碱的条件下进行反应。而酶催化剂则不同，在通常条件下即可起到催化作用。因此，为了适应发展新技术的需要，模拟酶的催化作用成为近年来工业生产的新技术和催化剂重要的研究课题。在技术上，一种新的高效催化剂出现，往往能引起某种产品生产上革命性的变化。我国科学工作者在化学模拟生物固氮酶的研究方面已处于世界前列。

在采用催化剂的反应中，少量杂质往往会使催化剂的催化活性大为降低，这种现象称为催化剂的中毒。因此，在使用催化剂的反应中，必须保持原料的纯净。

2.2.4 影响反应速率的其他因素

在非均匀系统中进行的反应，如固体和液体、固体和气体或液体和气体的反应等，除了上述几种影响因素外，还与反应物接触面的大小和接触机会有关。

对固液反应来说，如将大块固体破碎成小块或磨成粉末，将液态物料处理成微小液滴，如喷雾淋洒等，可以增大相间的接触面，提高反应速率。

对于气液反应，可将液态物质采用喷淋的方式以扩大与气态物质的接触面。当然，对反应物进行搅拌，同样可以增加反应物的接触机会。此外，让生成物及时离开反应界面，也能增大反应速率。

超声波、紫外光、激光和高能射线等会对某些反应的速率产生影响。

由以上讨论可知，影响反应速率的因素除反应物的本性、反应温度、反应物的浓度及催化剂外，还包括反应物的接触面积、扩散等因素。

2.3 活 化 能

上节讨论的影响化学反应速率的因素，主要是对实验事实的总结，属于感性认识，是在实验基础上归纳出的化学反应速率的宏观规律。生产与科学技术的发展要求人们能从本质上了解浓度、温度和催化剂等对反应速率的影响，因此提出了反应速率理论，主要有碰撞理论。这里，主要围绕活化能这一重要概念，对影响反应速率的因素作定性的讨论。

2.3.1 碰撞理论 活化能

发生化学反应，首先必须有反应物分子相互碰撞，反应速率与分子间的碰撞频率有关。根据气体分子运动论的理论计算表明，单位时间内分子间的碰撞可达10^{32}次或甚至更多(碰撞频率与温度、分子大小、分子量以及浓度等因素有关)。碰撞频率如此之大，显然不可能每次碰撞都发生反应，否则反应就会瞬间完成。实际上，在无数次碰撞中，大多数碰撞并不导致反应发生，只有少数分子间的碰撞才能发生化学反应。碰撞是分子间发生反应的必要条件，但不是充分条件。

发生化学反应时，反应物分子转化为生成物分子，原子本身并没有发生根本的变化，主要是原子相互结合的方式有所改变——反应物分子中原子间的化学键破裂，而形成生成物分子中化学键。在化学键“破”与“立”的过程中，伴随着能量的变化。其中重要的是必须有足够的能量使旧键削弱或破裂，才能转化而形成新键，为此，反应物分子就必须具有足够的能量，只有这样的分子相互碰撞时，才能发生化学反应。这种能够发生反应的碰撞称为有效碰撞。有效碰撞是比较激烈的碰撞，能够发生有效碰撞的分子称活化分子。

例如，25℃时氧和氮分子的反应 $O+N_2 \longrightarrow NO+N$，反应速率常数很大，达到 $10^{30} \sim 10^{12}\,L \cdot mol^{-1} \cdot s^{-1}$；$H^+$和 OH^-离子在水中的反应，速率常数为 $1.4\times10^{11}\,L \cdot mol^{-1} \cdot s^{-1}$。这些反应瞬间即能完成。

由于反应物粒子之间的绝大多数碰撞都是无效的，它们碰撞后立即分开，并无反应发生，因此，大多数反应要慢得多。只有极少数碰撞能导致发生反应，分子间要发生有效碰撞必须满足以下两个条件：

(1)在碰撞时反应物分子必须有恰当的取向，使相应的原子能相互接触而形成生成物。

(2)反应物分子必须具有足够的能量，这样在碰撞时原子的外电子层才能相互穿透，成键电子重新排列，使旧键破裂，形成新键(即形成生成物)。

以气相反应：$NO_2+CO \longrightarrow NO+CO_2$ 为例，如图 2-2 和图 2-3 所示。

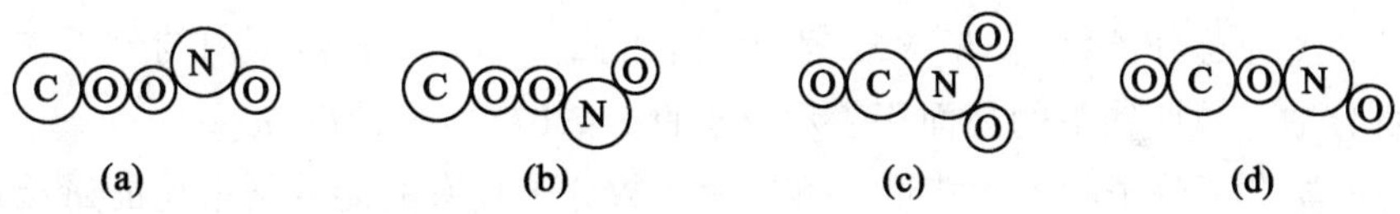

图 2-2　NO_2 和 CO 分子间几种可能的碰撞

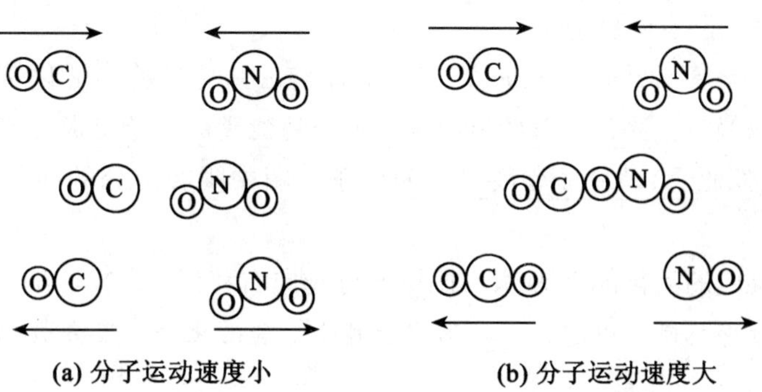

图 2-3　不同运动速度的 CO 分子和 NO_2 分子碰撞示意图

反应中必须有一个氧原子从 NO_2 分子转移到 CO 分子上去。但是两种分子在碰撞时的多种取向都是无效的，不可能实现这种转移，如图 2-2(a)，(b)，(c)所示。只有在(d)的情况下，NO_2 中的一个氧原子碰到 CO 的碳原子上才有可能引起反应。

还需指出，当 NO_2 的氧原子向 CO 的碳原子靠拢时，两者的外电子层有相互排斥作用，致使它们在靠近到一定的距离之前就分开了，如图 2-3(a)所示。只有当分子运动速度足够快，它们的动能超过了某一限定值，电子之间的排斥不足以使它们分开时才可能有反应发生，如图 2-3(b)所示。这种具有足够能量、能够发生有效碰撞的分子称为活化分子。

一定温度下气体分子的能量分布情况如图 2-4 所示。

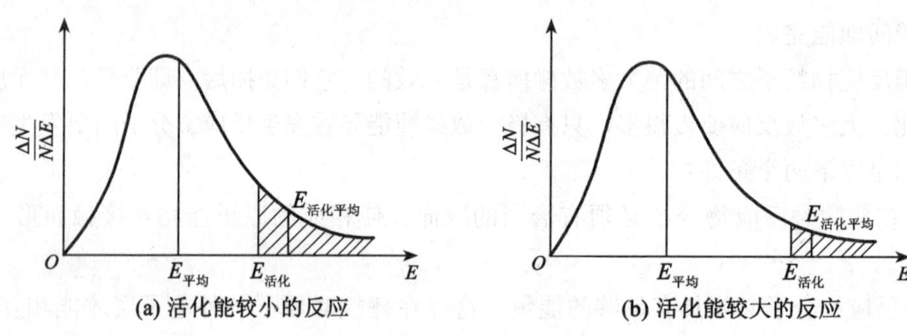

图 2-4　气体分子能量分布曲线

图中横坐标为气体分子的能量，纵坐标为 $\Delta N/N\Delta E$。其中 ΔN 为能量在 E 和 $E+\Delta E$ 之间的分子数，N 为总分子数，$\Delta N/N\Delta E$ 表示具有能量 $E\sim E+\Delta E$ 范围内的分子在总的分子中所占的百分数。故曲线下的总面积表示分子百分数的总和为 100%。

$E_{平均}$为该温度下分子的平均能量，可见大多数分子具有的能量与平均能量接近，能量特别大的或特别小的分子都较少。

$E_{活化}$是活化分子应具有的最低能量，$E_{活化平均}$是活化分子的平均能量，只有能量大于 $E_{活化}$的分子碰撞后才能发生反应。

$E_{活化平均}$与 $E_{平均}$之差称为活化能 E。(或把 $E_{活化}$与 $E_{平均}$之差称为活化能)。

活化能可以理解为：要使单位物质的量具有平均能量的分子变成具有活化分子平均能量(或活化分子最低能量)的分子需要吸收的能量。图中阴影部分的面积，表示活化分子所占的百分数。

显然，如果反应的活化能 E_a越大，阴影部分越向右移(见图 2-4(b))，活化分子百分数越小，反应进行得越慢；反之，反应活化能越小，其活化分子百分数越大，反应进行得越快。

反应活化能的大小决定于反应的本性，是不同化学反应的速率相差悬殊的主要原因。

活化能可由实验测定，一般化学反应的活化能在 40～400kJ · mol^{-1}之间，活化能小于 40kJ · mol^{-1}的反应可在瞬间完成；活化能大于 400kJ · mol^{-1}的反应，其速率非常慢；大多数反应的活化能为 60～250kJ · mol^{-1}。表 2-3 列出了一些反应的活化能。

表 2-3　**某些反应的活化能**

化学反应方程式	E_a/kJ · mol^{-1}
$3H_2(g)+N_2(g) \longrightarrow 2NH_3(g)$	~330
$2SO_2(g)+O_2(g) \longrightarrow 2SO_3(g)$	251
$2N_2O(g) \longrightarrow 2N_2(g)+O_2(g)$	245
$2HI(g) \longrightarrow H_2(g)+I_2(g)$	183
$H_2(g)+Cl_2(g) \longrightarrow 2HCl(g)$（光化学反应）	25
$HCl(aq)+NaOH(aq) \longrightarrow NaCl(aq)+H_2O(l)$	13~25

对一指定反应，在一定温度下反应物中活化分子的百分数是一定的。因此，单位体积内的活化分子数目与反应物分子总数成正比。对于溶液，活化分子数与物质的量浓度成正比；对于气体活化分子数则与该气体的分压成正比。

温度升高时，分子运动加快，分子间碰撞频率增加，反应速率随之增大。根据气体分子运动论计算，温度每升高 10℃，碰撞次数增加并不多（小于 10%），但实际上反应速率却增加了 100% ~300%。可见，简单地用分子碰撞次数的增加来解释温度升高会加速反应这一事实，不能令人满意。实际是由于温度的升高，有较多的分子获得了能量而成为活化分子，致使单位体积内的活化分子百分数增加了，有效碰撞次数增加很多，从而大大加快了反应速率。

在反应系统中加入催化剂，会改变反应历程，降低反应的活化能，同样大大增加了活化分子的百分数，致使反应加速进行。

2.3.2　过渡状态理论

过渡状态理论又称活化配合物理论。这个理论是 1930 年 H. Eyring 在统计力学和量子力学的基础上提出来的。它考虑了反应分子的内部结构及运动状况，从分子角度更为深刻地说明了化学反应过程及能量变化。这里的势能是指分子间的相互作用以及分子内原子的相互作用等，这些作用与粒子间的相对位置有关。现以反应 $A+BC \longrightarrow AB+C$ 为例予以说明（见图 2-5）。最初，反应物 A+BC 处于状态（Ⅰ），所具有的势能为 E(Ⅰ)。反应开始后，一些动能足够大的分子相互靠拢并发生碰撞，分子所具有的动能转变为分子间相互作用的势能。同时由于分子间的相互作用，使 BC 之间的键减弱，而 A 与 BC 之间开始形成一种新的、不太牢固的联系，即旧键削弱而新键开始形成。此时生成了一种活化配合物（又称过渡状态）A…B…C，其势能为 E_{ac}。该活化配合物并不稳定，很快就分解为生成物分子 AB+C（即旧键断裂，新键完全形成，当然也有可能仍分解为原来的反应物），同时，生成物分子释放能量其势能降为 E(Ⅱ)。

由此可见，活化配合物的势能高于始态也高于终态，反应分子必须具有足够高的能量，才能越过活化配合物的能峰而转化为产物分子。也就是说只有那些具有足够能量的分子才能克服这一能峰，由反应物转化为生成物。

过渡状态理论中把活化配合物具有的最低能量与反应物能量之差称为活化能。显然，

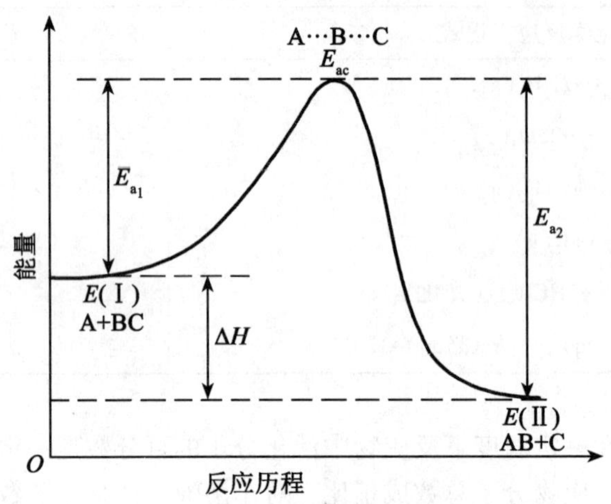

图 2-5 活化配合物势能示意图

反应的活化能越大，能峰越高，超过这一能峰的分子百分数就越少，反应速率也越小。

在催化反应中，由于加入催化剂，改变了反应历程，降低了反应的活化能，使更多的分子可越过能峰并形成活化配合物，因此大大增加了反应速率(见图 2-6)。

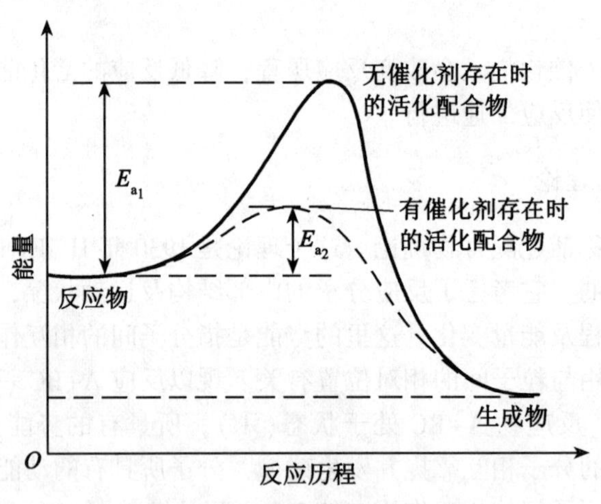

图 2-6 催化剂改变反应途径示意图

2.4 化 学 平 衡

对于一个化学反应，我们不仅关心它在一定条件下能否发生，如果这个反应能够发生，还必须知道它能进行到什么程度。一定条件下不同的化学反应进行的程度是不同的，有些反应进行之后反应物几乎完全变成了产物，但大多数反应进行到一定程度即达到了平衡状态，此时还剩下不少反应物。研究化学平衡的规律，从理论上掌握一定条件下反应的限度，具有重要的意义。

2.4.1　化学反应的可逆性与化学平衡

各种化学反应中，反应物转化为生成物的程度各有不同，或者说反应程度不同。在众多的化学反应中，有些反应几乎能进行“到底”，即使在密闭容器中，这类反应的反应物实际上全部转化为生成物。例如：

$$2KClO_3 \xrightarrow[\Delta]{MnO_2} 2KCl+3O_2$$

$$C_6H_{12}O_6+6O_2 \longrightarrow 6CO_2+6H_2O$$

$$HCl+NaOH \longrightarrow NaCl+H_2O$$

这种只能向一个方向进行的反应，称为不可逆反应。

但是，对大多数化学反应来说，在一定条件下反应既能按反应方程式从左向右进行(正反应)，也能从右向左进行(逆反应)，这种同时能向正逆两个方向进行的反应，称为可逆反应。

一般说来，反应的可逆性是化学反应的普遍特征。由于正、逆反应共处于同一体系内，在密闭容器中可逆反应不能进行到底，即反应物不能全部转化为产物。

例如 NO 和 O_2 相互作用生成 NO_2，同样条件下 NO_2 也可分解为 NO 和 O_2，这两个反应可用方程式表示为：

$$2NO(g)+O_2(g) \rightleftharpoons 2NO_2(g)$$

在一定温度下把定量的 NO 和 O_2 置于一密闭容器中，反应开始后，每隔一定时间取样分析，会发现反应物 NO 和 O_2 的分压逐渐减小，而生成物 NO_2 的分压逐渐增大。若保持温度不变，待反应进行到一定时间，将发现混合气体中各组分的分压不再随时间而改变，维持恒定，此时即达到化学平衡状态。这一过程可用反应速率解释。

反应刚开始，反应物浓度或分压最大，具有最大的正反应速率 $v_{正}$，此时尚无生成物，故逆反应速率为零，$v_{逆}=0$。随着反应进行，反应物不断消耗，浓度或分压不断减小，正反应速率随之减小。另外，生成物浓度或分压不断增加，逆反应速率逐渐增大，至某一时刻 $v_{正}=v_{逆}\neq 0$(见图 2-7)，即单位时间内因正反应使反应物减小的量等于因逆反应使反应物增加的量。此时宏观上，各种物质的浓度或分压不再随时间改变，达到平衡状态；微观上，反应并未停止，正、逆反应仍在进行，只是两者速率相等而已，故化学平衡是一种动态平衡。

必须指出，化学平衡是有条件的、相对的和可以改变的。当平衡条件改变时，系统内各物质的浓度或分压就会发生变化，原平衡状态随之破坏。

化学平衡状态有以下几个特征：

(1)当可逆反应进行到一定程度时才可达到平衡状态。

(2)化学平衡是一个动态平衡。即从微观上看，正、逆反应以相等的速率进行，只是反应结果无变化。

(3)平衡状态是封闭体系中可逆反应进行的最大限度，各物质浓度都不再随时间而

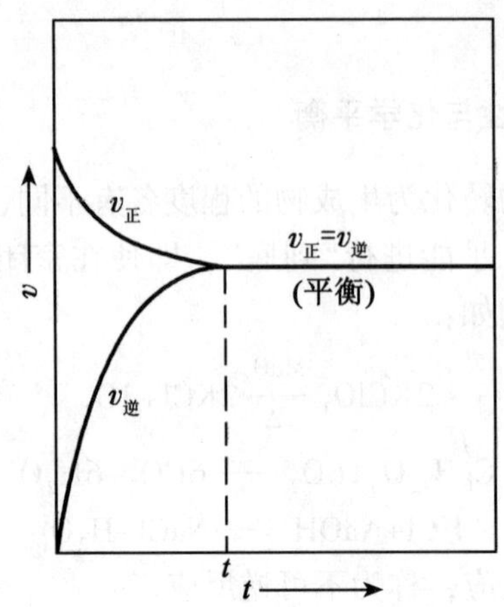

图 2-7　可逆反应的正逆反应速率变化示意图

变。这是建立平衡的标志。

(4)化学平衡是有条件的平衡。当外界因素改变时，正、逆反应速率发生变化，原有的化学平衡将受到破坏，直到建立新的动态平衡。

2.4.2　标准平衡常数

热力学中的平衡常数称为标准平衡常数。以 $K^{\ominus}$ 表示，又称热力学平衡常数，它是温度的函数。最新的国家标准中将标准压力 $p^{\ominus}$ 定为 100kPa。本书进行有关计算时均采用 100kPa 下的热力学数据。

1. 标准平衡常数表达式

对于既有固相 A，又有 B 和 D 的水溶液，以及气体 E 和 H_2O 参与的一般反应，其通式为

$$a\mathrm{A(S)}+b\mathrm{B(aq)}\rightleftharpoons d\mathrm{D(aq)}+f\mathrm{H_2O}+e\mathrm{E(g)}$$

系统达到平衡时，其标准平衡常数表达式为

$$K^{\ominus}=\frac{\{c(\mathrm{D})/c^{\ominus}\}^{d}\cdot\{p(\mathrm{E})/p^{\ominus}\}^{e}}{\{c(\mathrm{B})/c^{\ominus}\}^{b}}$$

即以配平后的化学计量数为指数的反应物的 $c/c^{\ominus}$(或 $p/p^{\ominus}$)的乘积除以生成物的 $c/c^{\ominus}$(或 $p/p^{\ominus}$)的乘积所得的商(对于溶液的溶质取 $c/c^{\ominus}$，对于气体取 $p/p^{\ominus}$)。

标准平衡常数 $K^{\ominus}$，无压力平衡常数和浓度平衡常数之分。

对于标准平衡常数表达式，应注意以下几点：

(1)在标准平衡常数表达式中，各组分的浓度或分压是反应达到平衡时的浓度或分压。

(2)在标准平衡常数表达式中，各物种均以各自的标准态为参考态。所以，对于气体

其分压除以 $p^{\ominus}$(100kPa)；对于溶液中的某物质，其浓度要除以 $c^{\ominus}$($1\text{mol}\cdot\text{L}^{-1}$)；对于液体或固体，其标准为相应的纯液体或纯固体，因此，其相应物理量不出现在标准平衡表达式中(称其活度为1)。

2. 书写和应用平衡常数须注意以下几点

(1)在平衡常数表达式中，平衡时各生成物相对压力或相对浓度的乘积是分子，各反应物相对压力或相对浓度是分母，它们的指数与反应方程式相应物种的计量系数一致。气体只可用分压表示，而不能用浓度表示，这与气体规定的标准状态有关。

(2)平衡常数表达式必须与计量方程式相对应，同一化学反应以不同计量方程式表示时，平衡常数表达式不同，其数值也不同。

例如：

$$2SO_2+O_2 \rightleftharpoons 2SO_3$$

$$K_1^{\ominus}=\frac{\{p(SO_3)/p^{\ominus}\}^2}{\{p(SO_2)/p^{\ominus}\}^2\cdot\{p(O_2)/p^{\ominus}\}}$$

如将反应方程式改写成：

$$SO_2+\frac{1}{2}O_2 \rightleftharpoons SO_3$$

$$K_2^{\ominus}=\frac{\{p(SO_3)/p^{\ominus}\}}{\{p(SO_2)/p^{\ominus}\}\cdot\{p(O_2)/p^{\ominus}\}^{1/2}}$$

两者之间存在以下关系：

$$K_1^{\ominus}=(K_2^{\ominus})^2 \quad 或 \quad K_2^{\ominus}=\sqrt{K_1^{\ominus}}$$

因此在使用平衡常数的数据时，必须注意它所对应的反应方程式。

(3)反应式中若有纯固态、纯液态，它们的浓度在平衡常数表达式中不必列出，例如：

$$CaCO_3(s) \rightleftharpoons CaO(s)+CO_2$$

$$K^{\ominus}=p(CO_2)/p^{\ominus}$$

$$Fe_3O_4(s)+4H_2(g) \rightleftharpoons 3Fe(s)+4H_2O(g)$$

$$K^{\ominus}=\frac{\{p(H_2O)/p^{\ominus}\}^4}{\{p(H_2)/p^{\ominus}\}^4}$$

在稀溶液中进行的反应，如反应有水参加，由于作用掉的水分子数与总的水分子数相比微不足道，故水的浓度可视为常数，合并入平衡常数，不必出现在平衡关系式中。例如：

$$NH_3+H_2O \rightleftharpoons NH_4^++OH^-$$

$$K^{\ominus}=\frac{\{c(NH_4^+)/c^{\ominus}\}\cdot\{c(OH^-)/c^{\ominus}\}}{\{c(NH_3)/c^{\ominus}\}}$$

$$\underset{蔗糖}{C_{12}H_{22}O_{11}}+H_2O \xrightleftharpoons{H^+} \underset{葡萄糖}{C_6H_{12}O_6}+\underset{果糖}{C_6H_{12}O_6}$$

$$K^{\ominus}=\frac{\{c(C_6H_{12}O_6)/c^{\ominus}\}\cdot\{c(C_6H_{12}O_6)/c^{\ominus}\}}{\{c(C_{12}H_{12}O_{11})/c^{\ominus}\}}$$

(4)化学反应的平衡常数随温度而改变，使用时须注意相应的温度。

3. 平衡常数的意义

平衡常数是温度的函数，不随浓度的改变而变化，它是反应的特性常数。平衡常数可以用来衡量反应进行的程度和判断反应进行的方向。

(1)衡量反应进行的程度。平衡常数是衡量反应进行程度的特征常数，在一定条件下，每个反应可都有其特有的平衡常数 $K^{\ominus}$。对同类反应而言，$K^{\ominus}$ 值越大，反应朝正向进行的程度越大，反应进行得越完全。

(2)判断反应进行的方向。一个反应是处于平衡状态还是处于非平衡状态，可用以下方法比较得出结论。若在一容器中置入任意量的 A，B，Y，Z 四种物质，在一定温度下进行下列可逆反应：

$$aA+bB \rightleftharpoons yY+zZ$$

此时系统是否处于平衡态？如处于非平衡态，则反应进行的方向如何？为了回答这一问题，引入反应商 Q 的概念。在一定温度下对于任一可逆反应(包括平衡态或非平衡态)，将其各物质的浓度或分压按平衡常数的表达式列成分式，即得到反应商 Q。

对溶液中的反应：

$$Q=\frac{\{c(Y)/c^{\ominus}\}^{y}\cdot\{c(Z)/c^{\ominus}\}^{z}}{\{c(A)/c^{\ominus}\}^{a}\cdot\{c(B)/c^{\ominus}\}^{b}}$$

对气体反应：

$$Q=\frac{\{p(Y)/p^{\ominus}\}^{y}\cdot\{p(Z)/p^{\ominus}\}^{z}}{\{p(A)/p^{\ominus}\}^{a}\cdot\{p(B)/p^{\ominus}\}^{b}}$$

当 $Q<K^{\ominus}$ 时，反应将正向进行，说明生成物的浓度(或分压)小于平衡浓度(或分压)，反应处于不平衡状态。

当 $Q>K^{\ominus}$ 时，反应逆向进行，系统也处于不平衡状态，生成物将转化为反应物。

当 $Q=K^{\ominus}$ 时，反应达平衡状态，系统处于平衡状态。

这就是化学反应进行方向的反应商判断依据。

【例 1】 目前我国合成氨工业多采用中温(500℃)，中压(2.03×10^{4} kPa)下操作。已知此条件下反应 $N_2+3H_2 \rightleftharpoons 2NH_3$，$K^{\ominus}=1.57\times10^{-5}$。若反应进行至某一阶段时取样分析，其组分为 14.4% NH_3，21.4% N_2，64.2% H_2(体积分数)，试判断此时合成氨反应是否已完成(是否达到平衡状态)。

解：要预测反应方向，需将反应商 Q 与 $K^{\ominus}$ 进行比较。

由分压定律可求出该状态下系统中各组分的分压：

$$p_i=p_{总}\times\frac{V_i}{V_{总}} \qquad p_{总}=2.03\times10^{4}\text{ kPa}$$

$$p(NH_3)=2.03\times10^{4}\text{ kPa}\times14.4\%=2.92\times10^{3}\text{ kPa}$$

$$p(N_2)=2.03\times10^{4}\text{ kPa}\times21.4\%=4.34\times10^{3}\text{ kPa}$$

$$p(H_2)=2.03\times10^{4}\text{ kPa}\times64.2\%=1.30\times10^{4}\text{ kPa}$$

$$Q = \frac{\{p(NH_3)/p^{\ominus}\}^2}{\{p(N_2)/p^{\ominus}\} \cdot \{p(H_2)/p^{\ominus}\}^3}$$

$$= \frac{\left(\frac{2.92\times10^3 kPa}{100kPa}\right)^2}{\left(\frac{4.34\times10^3 kPa}{100kPa}\right)\left(\frac{1.30\times10^4 kPa}{100kPa}\right)^3}$$

$$= 8.94\times10^{-6}$$

$$Q<K^{\ominus}$$

说明系统未达到平衡状态，反应还需进行一段时间才能完成。

2.4.3　多重平衡的平衡常数

在一个化学过程中若有多个平衡同时存在，并且一种物质同时参与几种平衡，这种现象称为多重平衡。有时某一个(总)化学反应计量式可由多个反应的计量式经过组合得到，例如气态 SO_2，SO_3，O_2，NO 和 NO_2 共存于同一反应器中，此时至少有三种平衡同时存在：

$$SO_2(g)+\frac{1}{2}O_2(g) \rightleftharpoons SO_3(g); \tag{1}$$

$$K_1^{\ominus} = \frac{\{p(SO_3)/p^{\ominus}\}}{\{p(SO_2)/p^{\ominus}\} \cdot \{p(O_2)/p^{\ominus}\}^{1/2}}$$

$$NO_2(g) \rightleftharpoons NO(g)+\frac{1}{2}O_2(g); \tag{2}$$

$$K_2^{\ominus} = \frac{\{p(O_2)/p^{\ominus}\}^{1/2} \cdot \{p(NO)/p^{\ominus}\}}{\{p(NO_2)/p^{\ominus}\}}$$

$$SO_2(g)+NO_2(g) \rightleftharpoons SO_3(g)+NO(g); \tag{3}$$

$$K_3^{\ominus} = \frac{\{p(SO_3)/p^{\ominus}\} \cdot \{p(NO)/p^{\ominus}\}}{\{p(SO_2)/p^{\ominus}\} \cdot \{p(NO_2)/p^{\ominus}\}}$$

可见反应(3)=反应(1)+反应(2)。若将反应(1)、反应(2)的平衡常数相乘：

$$K_1^{\ominus}\times K_2^{\ominus} = \frac{\{p(SO_3)/p^{\ominus}\}}{\{p(SO_2)/p^{\ominus}\} \cdot \{p(O_2)/p^{\ominus}\}^{1/2}} \times \frac{\{p(O_2)/p^{\ominus}\}^{1/2} \cdot \{p(NO)/p^{\ominus}\}}{\{p(NO_2)/p^{\ominus}\}}$$

因为在同一系统中，同一种物质的分压是相同的，上式中相同的项 $\{p(O_2)/p^{\ominus}\}^{1/2}$ 可消去，即得

$$K_1^{\ominus}\times K_2^{\ominus} = \frac{\{p(SO_3)/p^{\ominus}\} \cdot \{p(NO)/p^{\ominus}\}}{\{p(SO_2)/p^{\ominus}\} \cdot \{p(NO_2)/p^{\ominus}\}} = K_3^{\ominus}$$

由此得出多重平衡的规则：在相同条件下，如有两个反应方程式相加(或相减)得到第三个反应方程式，则第三个反应方程式的平衡常数为前两个反应方程式平衡常数之积(或商)。多重平衡规则在各种平衡系统计算中应用广泛。

2.4.4　平衡常数与平衡转化率

有关平衡的计算大体分为两类：一类是由平衡组成求平衡常数，另一类是由平衡常数

求平衡组成或转化率。

平衡转化率有时也简称为转化率，它是指反应达到平衡时，反应物转化为生成物的百分率，以α来表示：

$$\alpha=\frac{\text{反应物已转化的量}}{\text{反应物未转化前的总量}}\times100\%$$

若反应前后体积不变，反应物的量又可用浓度表示：

$$\alpha=\frac{\text{反应物起始浓度}-\text{反应物平衡浓度}}{\text{反应物起始浓度}}\times100\%$$

转化率越大，表示反应向右进行的程度越大。从实验测得的转化率，可用来计算平衡常数；反之，由平衡常数也可计算各物质的转化率。平衡常数和转化率虽然都能表示反应进行的程度，但两者有差别，平衡常数与系统的起始状态无关，只与反应温度有关；转化率除与温度有关外还与系统起始状态有关，并须指明是哪种反应物的转化率，反应物不同，转化率的数值往往不同(见表2-4)。

表2-4　**反应 $C_2H_5OH+CH_3COOH \rightleftharpoons CH_3COOC_2H_5+H_2O$ 的转化率与平衡常数(100℃)**

起始浓度 c/mol·L^{-1}		α/%		$K^{\ominus}$
C_2H_5OH	CH_3COOH	以 C_2H_5OH 计	以 CH_3COOH 计	
3.0	3.0	67	67	4.0
3.0	6.0	83	42	4.0
6.0	3.0	42	83	4.0

【例2】 $AgNO_3$ 和 $Fe(NO_3)_2$ 两种溶液会发生下列反应：$Fe^{2+}+Ag^+ \rightleftharpoons Fe^{3+}+Ag$
在25℃时，将 $AgNO_3$ 和 $Fe(NO_3)_2$ 溶液混合，开始时溶液中 Ag^+ 和 Fe^{2+} 离子浓度各为 0.100mol·L^{-1}，达到平衡时 Ag^+ 的转化率为19.4%。求：(1)平衡时 Fe^{2+}，Ag^+ 和 Fe^{3+} 各离子的浓度；(2)该温度下的平衡常数。

解：(1)

	Fe^{2+} +	Ag^+ ⇌	$Fe^{3+}+Ag$
起始浓度 c_0/mol·L^{-1}	0.100	0.100	0
变化浓度 $c_{变}$/mol·L^{-1}	−0.1×19.4% =−0.0194	−0.1×19.4% =−0.0194	0.1×19.4% =0.0194
平衡浓度 c/mol·L^{-1}	0.1−0.0194 =0.0806	0.1−0.0194 =0.0806	0.0194

平衡时：　$c(Fe^{2+})=c(Ag^+)=0.0806$mol·L^{-1}

$c(Fe^{3+})=0.0194$mol·L^{-1}

(2)

$$K^{\ominus}=\frac{c(Fe^{3+})/c^{\ominus}}{\{c(Fe^{2+})/c^{\ominus}\}\cdot\{c(Ag^+)/c^{\ominus}\}}=\frac{0.0194}{(0.0806)^2}$$

$$=2.99$$

【例 3】 水煤气的转化反应为 $CO(g)+H_2O(g) \rightleftharpoons CO_2(g)+H_2(g)$
在 850℃时，平衡常数 $K^{\ominus}$ 为 1.00。在该温度下于 5.0L 密闭容器中加入 0.040mol CO 和 0.040mol 的 H_2O，求条件下 CO 的转化率和达到平衡时各组分的分压。

解：设 CO 的转化率为 α

	CO	+	H_2O	$\rightleftharpoons$	CO_2	+	H_2
起始物质的量 n_0/mol	0.040		0.040		0		0
平衡时物质的量 n/mol	0.040−0.040α		0.040−0.040α		0.040α		0.040α

$$p(CO)=\frac{n(CO)RT}{V}$$

$$p(H_2O)=\frac{n(H_2O)RT}{V}$$

$$p(CO_2)=\frac{n(CO_2)RT}{V}$$

$$p(H_2)=\frac{n(H_2)RT}{V}$$

将分压代入 $K^{\ominus}$ 表达式：

$$K^{\ominus}=\frac{\{p(CO_2)/p^{\ominus}\}\cdot\{p(H_2)/p^{\ominus}\}}{\{p(CO)/p^{\ominus}\}\cdot\{p(H_2O)/p^{\ominus}\}}=\frac{\left\{\frac{n(CO_2)RT}{V}\right\}\cdot\left\{\frac{n(H_2)RT}{V}\right\}}{\left\{\frac{n(CO)RT}{V}\right\}\cdot\left\{\frac{n(H_2O)RT}{V}\right\}}$$

$$=\frac{n(CO_2)n(H_2)}{n(CO)n(H_2O)}=\frac{(0.040\alpha)^2}{\{0.040(1-\alpha)\}^2}=\frac{\alpha^2}{(1-\alpha)^2}$$

则

$$\alpha=50\%$$

平衡时各组分的分压为

$$p(CO)=p(H_2O)=\frac{0.040(1-0.50)\text{mol}\times 8.314\text{J}\cdot\text{mol}^{-1}\cdot\text{K}^{-1}\times 1\ 123\text{K}}{5.0\times 10^{-3}\text{m}^3}$$

$$=37.3\text{kPa}$$

$$p(CO_2)=p(H_2)=\frac{0.040\times 0.5\text{mol}\times 8.314\text{J}\cdot\text{mol}^{-1}\cdot\text{K}^{-1}\times 1\ 123\text{K}}{5.0\times 10^{-3}\text{m}^3}$$

$$=37.3\text{kPa}$$

2.5　化学平衡的移动

化学平衡是在一定条件下达到的动态平衡。宏观上反应不再进行，但是微观上正、逆反应仍在进行，并且两者的速率相等。可逆反应在一定条件下达到平衡时，其特征是 $v_{正}=v_{逆}\neq 0$，反应系统中各组分的浓度(或分压)不再随时间而改变。化学平衡状态是在一定条件下的一种暂时稳定状态，一旦外界条件(如温度、压力、浓度等)发生改变，这种平衡状态就会被破坏，直到在新的条件下建立起新的平衡状态。这种因外界条件改变，使可逆反应从原来的平衡状态转变到新的平衡状态的过程叫做化学平衡的移动。

下面分别讨论影响平衡移动的几种因素。

2.5.1 浓度对化学平衡的影响

在一定温度下，可逆反应：$aA+bB \rightleftharpoons yY+zZ$ 达到平衡时，若增加 A 的浓度，正反应速率将增加，$v_{正}>v_{逆}$(见图 2-8)，反应向正方向进行。随着反应的进行，生成物 Y 和 Z 的浓度不断增加，反应物 A 和 B 的浓度不断减小。因此，正反应速率随之下降，而逆反应速率随之上升，当正、逆反应速率再次相等，即 $v_{正}'=v_{逆}'$时，系统又一次达到平衡。显然在新的平衡中，各组分的浓度均已改变，但比值：

$$\frac{\{c(Y)/c^{\ominus}\}^{y}\cdot\{c(Z)/c^{\ominus}\}^{z}}{\{c(A)/c^{\ominus}\}^{a}\cdot\{c(B)/c^{\ominus}\}^{b}}$$

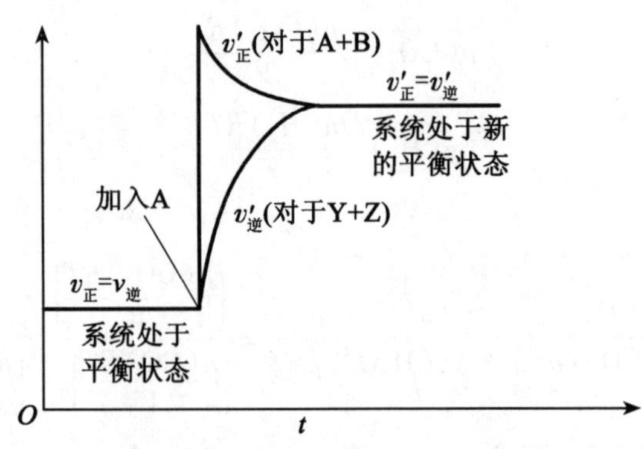

图 2-8 增大反应物浓度对平衡系统的影响

仍保持不变。

在上述新的平衡系统中，生成物 Y 和 Z 的浓度有所增加，反应物 A 的浓度比增加后的有所减小，而比未增加前也有一定增加，但反应物 B 的浓度有所减小，反应向增加生成物的方向移动，即平衡向右移动。若增加生成物 Y 或 Z 的浓度，反应会向增加反应物 A 和 B 的方向移动，即平衡向左移动。若将生成物从平衡系统中取出，这时逆反应速率下降，平衡向右移动。

用反应商来判断平衡移动的方向：

$Q=K^{\ominus}$　　系统处于平衡状态

$Q<K^{\ominus}$　　平衡向右移动(增大反应物浓度或减小生成物的浓度)

$Q>K^{\ominus}$　　平衡向左移动(减小反应物浓度或增加生成物的浓度)

【例 4】 在例 2 的平衡系统中，如再加入一定量的 Fe^{2+}，使加入后 Fe^{2+}离子浓度达到 $0.181mol\cdot L^{-1}$，维持温度不变。问：(1)平衡将向什么方向移动；(2)再次建立平衡时各物质的浓度；(3)Ag^{+}总的转化率。

解：(1)欲知平衡向什么方向移动，需将 Q 与 $K^{\ominus}$进行比较。因温度不变，$K^{\ominus}$与例 2 相同，为 2.99。刚加入 Fe^{2+}时，溶液中各种离子的瞬时浓度为

$$c(Fe^{2+}) = 0.181\text{mol} \cdot L^{-1}$$
$$c(Fe^{3+}) = 0.0194\text{mol} \cdot L^{-1}$$
$$c(Ag^{+}) = 0.0806\text{mol} \cdot L^{-1}$$
$$Q = \frac{\{c(Fe^{3+})/c^{\ominus}\}}{\{c(Fe^{2+})/c^{\ominus}\} \cdot \{c(Ag^{+})/c^{\ominus}\}} = \frac{0.0194}{0.181 \times 0.0806} = 1.33$$

由于 $Q<K^{\ominus}$ 所以平衡向右移动。

(2)	Fe^{2+}	+	Ag^{+}	$\rightleftharpoons$	Fe^{3+}	+	Ag
起始浓度 $c_0/\text{mol} \cdot L^{-1}$	0.181		0.0806		0.0194		
平衡浓度 $c/\text{mol} \cdot L^{-1}$	$0.181-x$		$0.0806-x$		$0.0194+x$		

$$K^{\ominus} = \frac{\{c(Fe^{3+})/c^{\ominus}\}}{\{c(Fe^{2+})/c^{\ominus}\} \cdot \{c(Ag^{+})/c^{\ominus}\}}$$
$$\frac{0.0194+x}{(0.181-x)(0.0806-x)} = 2.99$$
$$x = 0.0139$$
$$c(Fe^{2+}) = (0.181-0.0139)\text{mol} \cdot L^{-1} = 0.167\text{mol} \cdot L^{-1}$$
$$c(Ag^{+}) = (0.0806-0.0139)\text{mol} \cdot L^{-1} = 0.0667\text{mol} \cdot L^{-1}$$
$$c(Fe^{3+}) = (0.0194+0.0139)\text{mol} \cdot L^{-1} = 0.0333\text{mol} \cdot L^{-1}$$

(3)
$$\alpha(Ag^{+}) = \frac{(0.100-0.0667)\text{mol} \cdot L^{-1}}{0.100\text{mol} \cdot L^{-1}} \times 100\% = 33.3\%$$

加入 Fe^{2+} 后，Ag^{+} 的转化率由 19.4% 提高到 33.3%。

从上例可以得到这样的启示，在化工生产中，为了充分利用某一反应物，常常让另一反应物过量，以提高前者的转化率。若从平衡系统中不断移出生成物，也能使平衡向右移动，提高转化率。例如煅烧石灰石制造生石灰的反应：

$$CaCO_3(s) \rightleftharpoons CaO(s) + CO_2(g)$$

2.5.2　压力对化学平衡的影响

压力的变化对液态或固态反应的平衡影响很小，对有气体参加的化学反应影响较大。压力变化不改变标准平衡常数的数值，但可以改变反应商的数值，引起化学平衡移动。

若可逆反应：$aA(g)+bB(g) \rightleftharpoons yY(g)+zZ(g)$ 在一密闭容器中达到平衡，维持温度恒定，如果将系统的体积缩小至原来的 $1/x(x>1)$，则系统的总压为原来的 x 倍。这时各组分气体的分压也分别增至原来的 x 倍，反应商为

$$Q = \frac{\{xp(Y)/p^{\ominus}\}^{y} \cdot \{xp(Z)/p^{\ominus}\}^{z}}{\{xp(A)/p^{\ominus}\}^{a} \cdot \{xp(B)/p^{\ominus}\}^{b}}$$
$$= \frac{\{p(Y)/p^{\ominus}\}^{y} \cdot \{p(Z)/p^{\ominus}\}^{z}}{\{p(A)/p^{\ominus}\}^{a} \cdot \{p(B)/p^{\ominus}\}^{b}} x^{(y+z)-(a+b)}$$
$$= K^{\ominus} x^{\Delta\nu}$$
$$\Delta\nu = (y+z) - (a+b)$$

(1) 当 $\Delta\nu>0$，即生成物分子数大于反应物分子数时，$Q>K^{\ominus}$，平衡向左移动。例如

反应：

$$\underset{\text{无色}}{N_2O_4(g)} \rightleftharpoons \underset{\text{红棕色}}{2NO_2(g)}$$

增大压力，平衡向左移动，系统的红棕色变浅。

(2)当 $\Delta v<0$，即生成物分子数小于反应物分子数时，$Q<K^{\ominus}$，平衡向右移动。例如合成氨反应：

$$N_2+3H_2 \rightleftharpoons 2NH_3$$

增大压力有利于 NH_3 的合成。

(3)当 $\Delta v=0$，反应前后分子数相等，$Q=K^{\ominus}$，平衡不移动。例如反应：

$$H_2(g)+I_2(g) \rightleftharpoons 2HI(g)$$

上述讨论可以得出以下结论：

(1)压力变化只对反应前后气体分子数有变化的反应平衡系统有影响；

(2)在恒温下，增大压力，平衡向气体分子数减少的方向移动；减小压力，平衡向气体分子数增加的方向移动。

在恒温条件下向一平衡系统加入不参与反应的其他气态物质(如稀有气体)，对化学平衡的影响要视具体情况而定。

(1)若体积不变，但系统的总压增加，这种情况下无论 $\Delta v>0$，$\Delta v=0$ 或 $\Delta v<0$，平衡都不移动。这是因为平衡系统的总压虽然增加，但反应物和生成物的分压不变，Q 和 $K^{\ominus}$ 仍相等，平衡不移动。

(2)若总压维持不变，则系统体积增大(相当于系统原来的压力减小)，此时若 $\Delta v\neq 0$，$Q\neq K^{\ominus}$，平衡向气体分子数增加的方向移动。

【例5】 在1000℃及总压力为3000kPa下，反应：$CO_2(g)+C(s) \rightleftharpoons 2CO(g)$达到平衡时，$CO_2$ 的摩尔分数为0.17。求当总压减至2000kPa时，CO_2 的摩尔分数为多少？由此可得出什么结论。

解：设达到新的平衡时，CO_2 的摩尔分数为 x，CO 的摩尔分数为 $1-x$，则

$$p(CO_2)=p_{总}\,x(CO_2)=2000x\text{kPa}$$

$$p(CO)=p_{总}\,x(CO)=2000(1-x)\text{kPa}$$

将以上各值代入平衡常数表达式：

$$K^{\ominus}=\frac{\{p(CO)/p^{\ominus}\}^2}{\{p(CO_2)/p^{\ominus}\}}=\frac{\{2000(1-x)/100\}^2}{2000x/100}$$

若已知 $K^{\ominus}$，即可求得 x。因系统温度不变，降低压力时 $K^{\ominus}$ 值不变，故 $K^{\ominus}$ 可由原来的平衡系统求得。

原来平衡系统中：$p(CO)=3000(1-0.17)\text{kPa}=2490\text{kPa}$

$$p(CO_2)=3000\times 0.17\text{kPa}=510\text{kPa}$$

$$K^{\ominus}=\frac{\{p(CO)/p^{\ominus}\}^2}{\{p(CO_2)/p^{\ominus}\}}=\frac{(2494/100)^2}{510/100}=122$$

将 $K^{\ominus}$ 值代入上式：

$$\frac{\{2000(1-x)/100\}^2}{2000x/100}=122$$

$$x = 0.126 \approx 0.13$$

CO_2 的摩尔分数比原来减少，说明反应向右移动。此例又一次证实当气体总压降低时，平衡将向气体分子数增多的方向移动。

2.5.3　温度对化学平衡的影响

与浓度和压力对化学平衡的影响不同，温度对化学平衡的影响是因为温度的改变引起标准平衡常数变化，从而使化学平衡移动。参看表 2-5 和表 2-6。

表 2-5　**温度对放热反应的平衡常数的影响**

$2SO_2(g) + O_2(g) \rightleftharpoons 2SO_3(g)$；$\Delta_r H_m^\ominus = -197.7 kJ \cdot mol^{-1}$

t/℃	400	425	450	475	500	525	550	575	600
$K^\ominus$	434	238	136	80.8	49.6	31.4	20.4	13.7	9.29

表 2-6　**温度对吸热反应的平衡常数的影响**

$CaCO_3(s) \rightleftharpoons CaO(s) + CO_2(g)$；$\Delta_r H_m^\ominus = 178.2 kJ \cdot mol^{-1}$

t/℃	500	600	700	800	900	1000
$K^\ominus$	9.7×10^{-5}	2.4×10^{-3}	2.9×10^{-2}	2.2×10^{-1}	1.05	3.70

无论从实验测定或热力学计算，都能得到下述结论：

对于放热反应($\Delta H<0$，升高温度，会使平衡常数变小。此时，反应商大于平衡常数，平衡将向左移动(见表 2-5)。

对于吸热反应($\Delta H>0$)，升高温度，会使平衡常数增大。此时，反应商小于平衡常数，平衡将向右移动(见表 2-6)。

总之，升高温度平衡向吸热反应方向移动，降低温度平衡向放热反应方向移动。

2.5.4　催化剂与化学平衡

对于可逆反应来说，由于反应前后催化剂的化学组成、质量不变，因此无论是否使用催化剂，反应的始态和终态都是一样的，催化剂能降低反应的活化能，加快反应速率，缩短达到平衡的时间。由于它以同样倍数加快正、逆反应速率，平衡常数 $K^\ominus$ 不会发生变化。

2.5.5　平衡移动原理——吕 · 查德里原理

总结以上浓度、压力、温度对化学平衡的影响可知，系统处于平衡状态时，如果增大反应物浓度，平衡就会向着减小反应物浓度的方向移动；在有气体参加反应的平衡系统中，增大系统的压力，平衡就会向着减少气体分子数，即向减小系统压力的方向移动；升高温度，平衡向着吸热反应方向，即向降低系统温度的方向移动。

这些结论于1884年由法国科学家吕·查德里(Le Chêtelier)归纳为一普遍规律：如以某种形式改变一个平衡系统的条件(如浓度、压力、温度)，平衡就会向着减弱这个改变的方向移动。这个规律称为吕·查德里原理。

该原理不仅适用于化学平衡系统，也适用于所有的动态平衡系统。它只适用于已达平衡的系统，不适用于尚未达到平衡的系统。

2.6 反应速率与化学平衡的综合应用

在化工生产中，反应速率和化学平衡是两个同等重要的问题，既要保证一定的速率，又要尽可能使转化率最高，因此必须综合考虑，采取最有利的工艺条件，以达到最高的经济效益。下面以合成氨为例，讨论选择工艺条件的一般原则。

合成氨反应

$$N_2(g)+3H_2(g) \rightleftharpoons 2NH_3(g)$$

$$\Delta H^{\ominus}=-96.4\text{kJ/mol} \qquad E_a=326\text{kJ/mol}$$

(1)合成氨反应是放热反应，由式

$$\ln\frac{K_2^{\ominus}}{K_1^{\ominus}}=\frac{\Delta H^{\ominus}}{R}\left(\frac{T_2-T_1}{T_2T_1}\right)$$

可知，温度升高，反应速率加快，但对合成氨化学平衡不利；温度降低，对合成氨化学平衡有利，但反应速率慢。氨合成塔内有一个最适宜的温度分布。最适宜的温度就是单位时间内生成氨最多的温度。

在选择温度时必须考虑催化剂的存在。由于合成氨反应的活化能较高，为了提高反应速率，需使用催化剂。最适宜的温度与反应气体的组成、压力及所用催化剂的活性有关，所选择的温度不应超过催化剂的使用温度，在我国工业装置中一般控制在470℃左右。

(2)从合成氨的反应式可知，其正反应方向为气体物质的量减少的方向，根据平衡移动原理，提高压力有利于氨的合成。在选择压力时还要考虑能量消耗、原料费用、设备投资在内的所谓综合费用。因此，压力高虽然有利于氨的合成，但其选择主要取决于技术经济条件。从能量综合费用分析，3×10^7 Pa左右是合成氨较适宜的操作压力。

由以上分析可知，合成氨反应合适的条件是中温、中压、使用催化剂。

由合成氨反应推广到一般，选择反应条件时应综合考虑反应速率和化学平衡，既要有适宜的速率，又要有尽可能大的转化率。当反应物(即原料)可循环使用时，以考虑反应速率为主，而在反应物不能循环利用时则应侧重考虑转化率。

(3)任何反应都可以通过增加反应物的浓度或降低产物的浓度来提高转化率。通常，使价格相对较低的反应物适当过量，起到增加反应物的目的。但原料比不能失当，否则会将其他原料冲淡。对于气相反应，更要注意原料气的性质，有的原料配比一旦进入爆炸范围将会造成不良后果。

(4)相同的反应物，若同时可能发生几种反应，而其中只有一个反应是生产需要的(如多数有机反应)，则必须首先保证主反应的进行的同时，尽可能地抑制副反应的发生。如选择合适的催化剂，尽量满足主反应所需要的条件。

【阅读材料 2】

催化剂在石油化工生产中的应用

据报道石油化工工艺 90% 以上是催化反应过程，催化技术已成为石化工业的核心技术。

催化剂是工业中的一类重要产品，用于石油化工产品生产中的化学加工过程。这类催化剂的品种繁多。按催化作用功能分，主要有氧化催化剂、加氢催化剂、脱氢催化剂、氢甲酰化催化剂、聚合催化剂、水合催化剂、脱水催化剂、烷基化催化剂、异构化催化剂、歧化催化剂等，前五种用量较大。石油化工制造含氧产品的过程绝大多数为选择性氧化过程。选择性氧化产品占有机化工产品总量的 80%，所用的催化剂首先要求有高催化选择性。选择性氧化催化剂可分为气固相氧化催化剂和液相氧化催化剂。

1. 气固相氧化催化剂

主要有如下几种：①乙烯氧化制环氧乙烷用的银催化剂，以碳化硅或 γ-氧化铝为载体(加少量氧化钡为助催化剂)。经过对催化剂和工艺条件的不断改进，以乙烯计的质量收率已超过 100%。②以钒-钛系氧化物为活性组分，喷涂于碳化硅或刚玉上制成的催化剂，用于从邻二甲苯氧化制邻苯二甲酸酐。以钒-钼系氧化物活性组分喷涂于刚玉上制成的催化剂，用于苯或丁烷氧化制顺丁烯二酸酐。③醇氧化成醛或酮(如甲醇氧化成甲醛)用的银-浮石(或氧化铝)、氧化铁-氧化钼及电解银催化剂。④氨化氧化催化剂，20 世纪 60 年代开发了以铋-钼-磷系复合氧化物催化组分载于氧化硅上的催化剂，在此催化剂上通入丙烯、氨、空气，可一步合成丙烯腈。为了提高选择性和收率，减少环境污染，各国均对催化剂不断改进，有的新催化剂所含元素可达 15 种。⑤氧氯化催化剂，20 世纪 60 年代开发了氯化铜-氧化铝催化剂，往沸腾床反应器中通乙烯、氯化氢和空气或氧气可得二氯乙烷。二氯乙烷经热裂解得氯乙烯单体。此法对在电力昂贵而石油化工发达的地区发展聚氯乙烯很有利。

2. 液相氧化催化剂

主要有如下几种：①乙烯、丙烯氧化制乙醛、丙酮(瓦克法)用的含少量氯化钯的氯化铜溶液催化剂，通入烯烃、空气或氧气，经一步或两步反应后得到所需含氧化合物。缺点是对反应设备腐蚀严重。②芳烃侧链氧化为芳基酸用的催化剂，如对二甲苯在醋酸溶液中加醋酸钴及少量溴化铵加热，通空气氧化生产对苯二甲酸，但对反应设备腐蚀严重。

3. 加氢催化剂

加氢催化剂除用于产品生产过程外，也广泛用于原料和产品的精制过程。根据加氢情况的不同分为三类：①选择性加氢催化剂，如石油烃裂解所得乙烯、丙烯用作聚合原料时，须先经选择加氢，除去炔、双烯、一氧化碳、二氧化碳、氧气等微量杂质，而对烯没有损耗。所用催化剂一般是钯、铂或镍、钴、钼等载于氧化铝上。控制活性物质的用量、载体和催化剂的制造方法，可得不同性能的选择性加氢催化剂。其他如裂解汽油的精制、硝基苯加氢还原为苯胺，也用选择性加氢催化剂。②非选择性加氢催化剂，即深度加氢成饱和化合物用的催化剂。如苯加氢制环己烷用的镍-氧化铝催化剂，苯酚加氢制环己醇、己二腈加氢制己二胺用的骨架镍催化剂。③氢解催化剂，如用亚铬酸铜催化剂使油脂加氢氢解生产高级醇等。

4. 脱氢催化剂

例如氧化铁-氧化铬-氧化钾可使乙苯(或正丁烯)在高温及大量水蒸气存在下脱氢生成苯乙烯(或丁二烯)。由于脱氢一般需在高温、减压或大量稀释剂存在下进行，能量消耗大。近年来，发展了在较低温度下进行氧化脱氢催化技术。如正丁烯用铋-钼系金属氧化物催化剂经氧化脱氢制得丁二烯。

近年来，用羰基铑膦络合物催化剂，反应压力由原来的20MPa降到5MPa，而且提高了正构醛的选择性，节省了能量，降低了成本。目前，在研究铑的回收方法及寻找代替铑的其他价廉易得的高效催化剂，并研究负载型络合催化剂，以简化分离工艺。

5. 聚合催化剂

近年来开发了新型高效催化剂，虽各厂有其独特的新催化剂，但多用以镁化合物为载体的钛-铝体系催化剂，目前已达到每克钛可制得数十万克以上聚乙烯的水平，由于聚合物中残留催化剂极少，可以免去聚合物的净化处理，降低了成本。此外，还开发了在低压下生产线性低密度聚乙烯的过程。

聚丙烯生产也开发了负载型的钛-铝体系高效催化剂，每克钛可制得1000kg以上的聚丙烯。

此外，还有烯烃水合(如乙烯制乙醇)用的硫酸或磷酸催化剂；醇脱水(如乙醇脱水为乙烯)用的γ-氧化铝催化剂；烷基化(如苯与乙烯反应生成乙苯)用的无水三氯化铝-氯化氢催化剂；异构化(如环氧丙烷转化为烯丙基醇)用的磷酸锂催化剂；歧化(如甲苯转化为苯、二甲苯)用的丝光沸石型分子筛催化剂。

◎ **思考题**

1. 影响反应速率的因素有哪些?

2. 比较下列各化学术语的含义。

(1)元反应与总反应

(2)反应速率与反应速率常数

(3)瞬时反应速率和平均反应速率

(4)反应级数和反应分子数

(5)标准平衡常数和反应商

(6)标准平衡常数和实验平衡常数

3. 今有A和D两种气体参加反应，若A的分压增大1倍，反应速率增加3倍；若D的分压增加1倍，反应速率只增加1倍：

(1)试写出该反应的速率方程。

(2)将总压减小1倍，反应速率做何改变?

4. 反应系统达到平衡时的特征是什么？怎样可使平衡移动?

5. 反应$2A(g)+B(g)\rightleftharpoons 2C(g)$，$\Delta_r H_m^{\ominus}<0$，下列说法你认为对吗?

(1)由于$K^{\ominus}=\dfrac{[p(C)/p^{\ominus}]^2}{[p(A)/p^{\ominus}]^2[p(B)/p^{\ominus}]}$，随着反应的进行，C的分压不断增大，A和

B 的分压不断减小，标准平衡常数不断增大。

(2)增大总压力，使 A 和 B 的分压增大，正反应速率($v_{正}$)增大，因而平衡向右移动。

(3)升高温度，使逆反应速率($v_{逆}$)增大，正反应速率($v_{正}$)减小，因而平衡向左移动。

6. 欲使下列平衡向正反应方向移动，可采取哪些措施？并考虑其对 $K^{\ominus}$ 有何影响。

(1) $CO_2(g)+C(s) \rightleftharpoons 2CO(g)$　　　$\Delta_r H_m^{\ominus}>0$

(2) $CO_2(g)+H_2(g) \rightleftharpoons CO(g)+H_2O(g)$　　　$\Delta_r H_m^{\ominus}>0$

(3) $N_2(g)+3H_2(g) \rightleftharpoons 2NH_3(g)$　　　$\Delta_r H_m^{\ominus}<0$

7. 若下列反应在 700℃时的 $K^{\ominus}=2.92\times10^{-2}$，900℃时的 $K^{\ominus}=1.05$，由此说明其正反应是吸热还是放热？为什么？

$$CaCO_3(s) \rightleftharpoons CaO(s)+CO_2(g)$$

8. 根据吕·查德里原理，讨论下列反应：

$$2Cl_2(g)+2H_2O(g) \rightleftharpoons 4HCl(g)+O_2;\quad \Delta_r H_m^{\ominus}>0$$

将 Cl_2，$H_2O(g)$，HCl 和 O_2 四种气体置于一容器中，反应达到平衡后，如按下列各题改变条件，即各题的前半部分所指的改变(其他条件不变)，各题后半部分所指项目将有何变化？

(1)增大容器体积　　$n(H_2O, g)$__________

(2)加入 O_2　　$n(H_2O, g)$__________，$n(HCl)$__________

(3)减小容器体积　$n(Cl)$__________，$p(Cl_2)$__________

(4)升高温度　　$K^{\ominus}$__________

(5)加入 N_2(总压不变)　　$n(HCl)$__________

(6)加入催化剂　　$n(HCl)$__________

9. 工业上用乙烷裂解制乙烯，反应式为

$$C_2H_6(g) \rightleftharpoons C_2H_4(g)+H_2(g)$$

试解释工业上为什么通常在高温、常压下，为提高乙烯的产率而加入过量水蒸气(水蒸气在此条件下不参加化学反应)。

10. 反应 $C(s)+H_2O(g) \rightleftharpoons CO(g)+H_2(g)$，$\Delta_r H_m^{\ominus}>0$，下列陈述是否正确？

(1)达平衡时，各反应物和生成物的分压一定相等；

(2)由于反应式前后分子总数相等，故体积缩小时对平衡没有影响；

(3)加入催化剂后，正反应速率增加，平衡向右移动；

(4)升高温度平衡向右移动。

11. 选择题。

(1)气体反应 $A(g)+B(g) \rightleftharpoons C(g)$ 在密闭容器中建立化学平衡，如果温度不变，但体积缩小了 2/3，则平衡常数 $K^{\ominus}$ 为原来的(　　)。

A. 3 倍　　B. 9 倍　　C. 2 倍　　D. 不变

(2)已知下列反应的平衡常数：

$$H_2(g)+S(s) \rightleftharpoons H_2S(g);\quad K_1^{\ominus}$$

$$S(s)+O_2(g) \rightleftharpoons SO_2(g);\quad K_2^{\ominus}$$

则反应 $H_2(g)+SO_2(g) \rightleftharpoons O_2(g)+H_2S(g)$ 的平衡常数为(　　)。

A. $K_1^{\ominus}+K_2^{\ominus}$　　B. $K_1^{\ominus}-K_2^{\ominus}$　　C. $K_1^{\ominus} \cdot K_2^{\ominus}$　　D. $K_1^{\ominus}/K_2^{\ominus}$

(3)反应 $NO(g)+CO(g) \rightleftharpoons \frac{1}{2}N_2(g)+CO_2(g)$，$\Delta_r H_m^{\ominus}=-427kJ \cdot mol^{-1}$，下列条件有利于使 NO 和 CO 取得较高转化率的是(　　)。

A. 低温、高压　　B. 高温、高压　　C. 低温、低压　　D. 高温、低压

(4)在 850℃时，反应 $CaCO_3(s) \rightleftharpoons CaO(s)+CO_2(g)$ 的 $K^{\ominus}=0.50$，下列情况不能达到平衡的是(　　)。

A. 有 CaO 和 $CO_2[p(CO_2)=100kPa]$

B. 有 $CaCO_3$ 和 CaO

C. 有 CaO 和 $CO_2[p(CO_2)=10kPa]$

D. 有 $CaCO_3$ 和 $CO_2[p(CO_2)=10kPa]$

(5)若有一元反应，$X+2Y \rightleftharpoons Z$，其速率常数为 k，各物质在某瞬间的浓度：$c(X)=2mol \cdot L^{-1}$，$c(Y)=3mol \cdot L^{-1}$，$c(Z)=2mol \cdot L^{-1}$，则 v 为(　　)

A. $12k$　　B. $18k$　　C. $20k$　　D. $6k$

(6)下列叙述错误的是(　　)。

A. 催化剂不能改变反应的始态和终态

B. 催化剂不能影响产物和反应物的相对能量

C. 催化剂不参与反应

D. 催化剂同等程度地加快正逆反应的速率

(7)使用质量作用定律的条件是(　　)。

A. 基元反应　　B. 非基元反应

C. 基元反应，非基元反应均可　　D. 恒温下发生的

(8)反应 $mA+nB=pC+qD$ 的反应速率间的关系为 $v_A : v_B : v_C : v_D=1:3:2:1$，则 $m:n:p:q=$(　　)

A. 1∶1/3∶1/2∶1　B. 1∶3∶2∶1　　C. 3∶1∶2∶3　　D. 6∶2∶3∶6

(9)某温度下，一个可逆反应的平衡常数为 K，同温下，经测定并计算得 $Q<K$，则此反应(　　)。

A. 处于平衡状态　　B. 正向进行

C. 逆向进行　　D. 没有具体数据，无法判断

(10)已知：$2SO_2+O_2 \rightleftharpoons 2SO_3$ 反应达平衡后，加入 V_2O_5 催化剂，则 SO_2 的转化率(　　)。

A. 增大　　B. 不变　　C. 减小　　D. 无法确定

习　题

1. 在某一容器中 A 与 B 反应，实验测得数据如下：

$c(A)/(mol\cdot L^{-1})$	$c(B)/(mol\cdot L^{-1})$	$v/(mol\cdot L^{-1}\cdot s^{-1})$	$c(A)/(mol\cdot L^{-1})$	$c(B)/(mol\cdot L^{-1})$	$v/(mol\cdot L^{-1}\cdot s^{-1})$
1.0	1.0	1.2×10^{-2}	1.0	1.0	1.2×10^{-2}
2.0	1.0	2.3×10^{-2}	1.0	2.0	4.8×10^{-2}
4.0	1.0	4.9×10^{-2}	1.0	4.0	1.9×10^{-2}
8.0	1.0	9.6×10^{-2}	1.0	8.0	7.6×10^{-2}

写出该反应的速率方程。

2. 反应 $2NO(g)+2H_2(g) \longrightarrow N_2+2H_2O(g)$ 的速率方程为 $v=k[p(NO)]^2\cdot p(H_2)$，试讨论下列条件变化时对初始速率有何影响？

(1) NO 的分压增加　　(2) 有催化剂存在

(3) 升高温度　　(4) 反应容器的体积增大

3. 写出下列反应标准平衡常数 $K^{\ominus}$ 的表达式。

(1) $CH_4(g)+2O_2(g) \rightleftharpoons CO_2(g)+H_2O(g)$

(2) $Al_2O_3(s)+3H_2(g) \rightleftharpoons 2Al(s)+3H_2O(g)$

(3) $NO(g)+\frac{1}{2}O_2(g) \rightleftharpoons NO_2(g)$

(4) $BaCO_3(s) \rightleftharpoons BaO(s)+CO_2(g)$

(5) $NH_3(g) \rightleftharpoons \frac{1}{2}N_2(g)+\frac{3}{2}H_2(g)$

4. 反应 $S_2O_8^{2-}+3I^- \longrightarrow 2SO_4^{2-}+I^-$ 在室温下实验测得如下数据：

编号	起始浓度		$V/(mol\cdot L^{-1}\cdot s^{-1})$
	$c(S_2O_8^{2-})/(mol\cdot L^{-1})$	$c(I^-)/(mol\cdot L^{-1})$	
1	0.038	0.060	1.4×10^{-5}
2	0.076	0.060	2.8×10^{-5}
3	0.076	0.030	1.4×10^{-5}

写出反应的速率方程，指出该反应是否是元反应。

5. 对于下述已达平衡的反应 $A(g)+B(s) \rightleftharpoons D(g)+2E(g)$，$\Delta_r H_m^{\ominus}<0$，当改变下列平衡条件时，表中各项将如何变化。

平衡条件改变	单位体积中 A 的活化分子数	单位体积中 A 的活化分子数分数	$K_{正}$	$V_{正}$	$K_{逆}$	$V_{逆}$	平衡移动方向	$K^{\ominus}$
$p(A)$增加					/	/		
系统总压增加								
加入催化剂								
升高系统温度								

6. 乙酸和乙醇生成乙酸乙酯的反应在室温下按下式达到平衡：

$$CH_3COOH+C_2H_5OH \rightleftharpoons CH_3COOC_2H_5+H_2O$$

若起始时乙酸乙醇的浓度相等，平衡时乙酸乙酯的浓度是 0.4mol·L^{-1}，求平衡时乙醇的浓度(已知室温下该反应的平衡常数 $K^{\ominus}=4$)。

7. 已知在25℃下，反应：

$$2HCl(g) \rightleftharpoons H_2(g)+Cl_2(g);\ K_1^{\ominus}=4.17\times10^{-34}$$

$$I_2(g)+Cl_2(g) \rightleftharpoons 2ICl(g);\ K_2^{\ominus}=2.4\times10^{5}$$

计算反应 $2HCl(g)+I_2(g) \rightleftharpoons 2ICl(g)+H_2(g)$ 的 $K_3^{\ominus}$。

8. 向一密闭真空容器中注入 NO 和 O_2，使系统始终保持在400℃，反应开始的瞬间测得 $p(NO)=100.0$kPa，$p(O_2)=286.0$kPa，当反应 $2NO(g)+O_2(g) \rightleftharpoons 2NO_2(g)$ 达到平衡时，$p(NO_2)=79.2$kPa，试计算该反应在400℃时的 $K^{\ominus}$。

9. 反应 $H_2(g)+I_2(g) \rightleftharpoons 2HI(g)$ 在350℃时的 $K^{\ominus}=17.0$，若在该温度下将 H_2，I_2，HI 三种气体在一密闭容器中混合，测得其初始分压分别为 405.2kPa，405.2kPa 和 202.6kPa，问反应将向何方向进行？

10. 反应 $Sn+Pb^{2+} \rightleftharpoons Sn^{2+}+Pb$ 在25℃时的平衡常数的2.18，若：

(1)反应开始时只有 Pb^{2+}，其浓度 $c(Pb^{2+})=0.1000$mol·L^{-1}，求达到平衡时溶液中剩下的 Pb^{2+}浓度为多少？

(2)反应开始时 $c(Pb^{2+})=c(Sn^{2+})=0.1000$mol·L^{-1}，达平衡时剩下的 Pb^{2+}浓度又是多少？

11. 在一密闭容器中，反应 $CO(g)+H_2O(g) \rightleftharpoons CO_2(g)+H_2(g)$ 的平衡常数 $K^{\ominus}=2.6$(476℃)，试求：

(1)当 H_2O 和 CO 的物质的量之比为1时，CO 的转化率为多少？

(2)当 H_2O 和 CO 的物质的量之比为3时，CO 的转化率为多少？

(3)根据计算结果，能得到什么结论？

12. SO_2 转化为 SO_3 的反应式为 $2SO_2(g)+O_2(g) \rightleftharpoons 2SO_3(g)$。在630℃和101.3kPa，将1.000mol SO_2 和1.000mol O_2 的混合物缓慢通过 V_2O_5，达平衡后测得剩余的 O_2 为0.615mol。试求在该温度下反应的平衡常数 K。

13. 体积比为1∶3的 N_2 和 H_2 混合气体于催化剂存在下，在400℃1.00×10^3kPa 时达到平衡，此时生成 NH_3 的体积分数为3.85%。试计算：

(1)此时反应的 $K^{\ominus}$值。

(2)如欲使生成 NH_3 的体积分数为5.00%，总压应为多少(温度不变)。

(3)当总压为 5.00×10^3kPa 时，NH_3 的体积分数又为多少(温度不变)。

14. 已知反应 $NO(g)+\frac{1}{2}Br_2(l) \rightleftharpoons NOBr(g)$(溴化亚硝酰)，25℃时的平衡常数 $K_1^{\ominus}=3.6\times10^{-15}$；液体溴在25℃时的饱和蒸气压为28.4kPa。求25℃时反应 $NO(g)+\frac{1}{2}Br_2(g) \rightleftharpoons NOBr(g)$ 的平衡常数 $K_3^{\ominus}$。

15. HI 的分解反应为 $2HI(g) \rightleftharpoons H_2(g)+I_2(g)$，在425.6℃下于密闭容器中三种气体

混合物达到平衡时的分压分别为 $p(H_2)=p(I_2)=2.78$kPa，$p(HI)=20.5$kPa。在恒定温度下，假如向容器内加入 HI 使 $p(HI)$ 突然增加到 81.0kPa。当系统重新建立平衡时，各种气体的分压是多少？

16. 1000℃时，下述反应在一盛有 2.00mol FeO(s)的密闭容器中进行：

$$FeO(s)+CO(g) \rightleftharpoons Fe(s)+CO_2(g)$$

已知 $K^{\ominus}=0.403$，问欲制得 1.00mol 的 Fe(s)，需通入多少摩尔的 CO。

17. 气体 NH_3 和 HCl 反应生成固体 NH_4Cl 的方程式为 $NH_3(g)+HCl(g) \rightleftharpoons NH_4Cl(s)$。已知 300℃时该反应的平衡常数为 17.8。在同温下若将 NH_3 和 HCl 气体导入一真空容器，假如两组物质起始压力如下所列，判断各是否有 NH_4Cl 固体生成。

(1) $p(NH_2)=91.2$kPa；　$p(HCl)=121.6$kPa

(2) $p(NH_2)=4.05$kPa；　$p(HCl)=3.04$kPa

18. 反应 $NH_4Cl(s) \rightleftharpoons NH_3(g)+HCl(g)$ 在 275℃时的平衡常数为 0.0104。将 0.980g 固体 NH_4Cl 样品放入 1.00L 密闭容器中，加热到 275℃，试计算：

(1)达平衡时，NH_3 和 HCl 的分压各为多少？

(2)达平衡时，在容器中固体 NH_4Cl 的质量为多少？

19. 在 5.0L 容器中含有相等物质的量的 PCl_3 和 Cl_2，进行合成反应为 $PCl_3(g)+Cl_2(g) \rightleftharpoons PCl_5(g)$。在 250℃达平衡($K^{\ominus}=0.533$)时，$PCl_5$ 的分压为 100kPa，问原来 PCl_3 和 Cl_2 物质的量为多少？

20. SO_2Cl_2 是一种高度活性的气体化合物，加热时将按下式分解：$SO_2Cl_2(g) \rightleftharpoons SO_2(g)+Cl_2(g)$。现将 3.509g SO_2Cl_2 样品放入 1.00L 真空球形容器中，温度升至 102℃。

(1)当系统在 102℃达到平衡时，容器中的总压力为 144.8kPa，试计算 SO_2，Cl_2 和 SO_2Cl_2 在该温度下的分压。

(2)试计算该温度下的平衡常数 $K^{\ominus}$ 值。

第3章 电解质溶液和离子平衡

【学习目标】

(1)熟悉弱电解质、强电解质的特点；

(2)掌握一元弱酸、弱碱电离平衡及有关计算，了解多元弱电解质的电离平衡；

(3)熟悉同离子效应的概念、缓冲溶液的缓冲作用原理及相关计算；

(4)会进行各类溶液酸碱性的计算。

许多化学反应是在溶液中进行的，参加反应的物质主要是酸、碱和盐，这些物质的特点是在水溶液中，能够离解成自由移动的离子，所以都是电解质。本章将应用化学平衡的原理着重讨论溶液中均相离子平衡。均相离子平衡包括弱电解质水溶液中的离解(又称电离或解离)平衡以及盐类的水解平衡。对强电解质溶液及质子理论仅作简单介绍。

3.1 强电解质溶液

一般强电解质为离子型化合物，在其晶体中是以离子形式存在(如 KCl，NaOH 等)，溶于水时理应全部离解成相应的离子。此外，强极性键的共价化合物(如 HCl 等)溶于水时，受极性水分子的作用，也会发生强烈离解。强电解质在水溶液中，理论上应是100%离解成离子，但对其溶液导电性的测定结果表明，它们的离解度都小于100%。

这种由实验测得的离解度称为表观离解度(见表3-1)。

表3-1　强电解质溶液的表观离解度(25℃，0.1mol·L^{-1})

电解质	离解式	表观离解度/%
氯化钾	$KCl \longrightarrow K^+ + Cl^-$	86
硫酸锌	$ZnSO_4 \longrightarrow Zn^{2+} + SO_4^{2-}$	40
盐酸	$HCl \longrightarrow H^+ + Cl^-$	92
硝酸	$HNO_3 \longrightarrow H^+ + NO_3^-$	92
硫酸	$H_2SO_4 \longrightarrow 2H^+ + SO_4^{2-}$	61
氢氧化钠	$NaOH \longrightarrow Na^+ + OH^-$	91
氢氧化钡	$Ba(OH)_2 \longrightarrow Ba^{2+} + 2OH^-$	81

为了解释上述矛盾现象，1923年德拜(P. J. W. Debye)和休克尔(E. Hückel)提出了强电解质溶液离子互吸理论。该理论认为强电解质在水中是完全离解的，但由于在溶液中的

离子浓度较大，阴、阳离子之间的静电作用比较显著，在阳离子周围吸引着较多的阴离子；在阴离子周围吸引着较多的阳离子。这种情况好似阳离子周围有阴离子氛，在阴离子周围有阳离子氛(见图3-1)。离子在溶液中的运动受到周围离子氛的牵制，并非完全自由。因此在导电性实验中，阴、阳离子向两极移动的速度比较慢，好似电解质没有完全离解。显然，这时所测得的“离解度”并不代表溶液的实际离解情况，故称为表观离解度。

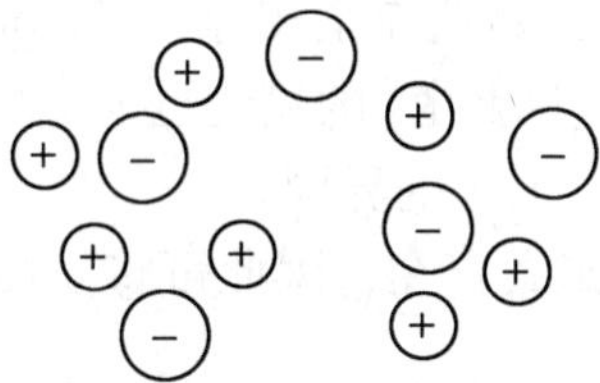

图3-1　离子氛示意图

由于离子间的相互牵制，致使离子的有效浓度表现得比实际浓度要小，如0.1mol·L^{-1}的KCl溶液，K^+和Cl^-的浓度都应该是0.1mol·L^{-1}，但根据表观离解度计算得到的离子有效浓度只有0.086mol·L^{-1}。

有效浓度称为活度(α)，活度与实际浓度(c)的关系为

$$\alpha = fc$$

式中，f为活度系数。一般情况下，$\alpha < c$，故f常常小于1。

溶液中离子浓度越大，离子间相互牵制程度越大，f越小。离子所带的电荷数越大，离子间的相互作用也越大，同样会使f减小。

以上两种情况都会引起离子活度减小。而在弱电解质及难溶强电解质溶液中，由于离子浓度很小，离子间的距离较大，相互作用较弱。此时，活度系数$f \to 1$，离子活度与浓度几乎相等，故在近似计算中用离子浓度代替活度，不会引起大的误差，所以一般都采用离子浓度进行计算。

3.2　水的离解和溶液的 pH

水是最重要最常用的溶剂。电解质在水溶液中建立的离子平衡都与水的离解平衡有关，本节将讨论水的离解和溶液的酸碱性所遵循的规律。

3.2.1　水的离解平衡与水的离子积

当用精密仪器测定纯水时，发现纯水有微弱的导电能力，说明水是一种极弱的电解质，绝大部分以水分子形式存在，仅能离解出极少量的H^+和OH^-。水的离解平衡可表示为

$$H_2O \rightleftharpoons H^+ + OH^-$$

其标准平衡常数：

$$K^{\ominus}=\frac{\{c(H^+)/c^{\ominus}\}\{c(OH^-)/c^{\ominus}\}}{c(H_2O)/c^{\ominus}}$$

$$=\frac{c'(H^+)\cdot c'(OH^-)}{c'(H_2O)}$$

式中 c'为系统中物种的浓度，c 与标准浓度 $c^{\ominus}$的比值，

即 $c'(A)=C(A)/c^{\ominus}$ 或 $c(A)=c'(A)\cdot c^{\ominus}$

由于 $c^{\ominus}=1\text{mol}\cdot L^{-1}$，故 c 和 c'数值完全相等，只是量纲不同，c 量纲为 $\text{mol}\cdot L^{-1}$，c'量纲为 1，或者说 c'只是个数值。因此 $K^{\ominus}$的量纲也为 1。以后关于其他平衡常数的表示将经常使用这类表示方法。请注意 c'与 c 的异同。

由于绝大部分水仍以水分子形式存在，因此可将 $c'(H_2O)$看作一个常数，合并入 $K^{\ominus}$项，得

$$c'(H^+)\cdot c'(OH^-)=K^{\ominus}\cdot c'(H_2O)=K_w^{\ominus}$$

在一定温度下，水中 $c'(H^+)$和 $c'(OH^-)$的乘积为一个常数，叫做水的离子积，用 $K_w^{\ominus}$表示。$K_w^{\ominus}$ 可从实验测得，也可由热力学计算求得。25℃时，由实验测得纯水中 H^+ 和 OH^- 浓度均为 $10^{-7}\text{mol}\cdot L^{-1}$，因此 $K_w^{\ominus}=10^{-14}$从表 3-2 可以看出，温度升高，$K_w^{\ominus}$ 值显著增大。在室温下做一般计算时，可不考虑温度的影响。

表 3-2　　不同温度下水的离子积常数

t/℃	0	10	20	25	40	50	90	100
$K_w^{\ominus}/10^{-14}$	0.1138	0.2917	0.6808	1.009	2.917	5.470	38.02	54.95

水的离子积是一个很重要的常数，$K_w^{\ominus}$ 反映了水溶液中 H^+浓度和 OH^-浓度间的相互制约关系，水的离子积不仅适用于纯水，对于电解质的稀溶液同样适用。

若在水中加入少量盐酸，H^+浓度增加，水的离解平衡向左移动，OH^-浓度减少。达到新的平衡时，溶液中 $c(H^+)>c(OH^-)$，但 $c'(H^+)\cdot c'(OH^-)=K_w^{\ominus}$ 的关系仍然存在。并且 $c(H^+)$越大，$c(OH^-)$越小，但 $c(OH^-)$不会等于零。

若在水中加入少量氢氧化钠，OH^-浓度增加，平衡亦向左移动，此时 $c(H^+)<c(OH^-)$，仍满足 $c'(H^+)\cdot c'(OH^-)=K_w^{\ominus}$。同样，$c(OH^-)$越大，$c(H^+)$越小，但 $c(H^+)$也不会等于零。

3.2.2 溶液的酸碱性和 pH

由上所述，可以把水溶液的酸碱性和 H^+、OH^-浓度的关系归纳如下：

$c(H^+)=c(OH^-)=10^{-7}\text{mol}\cdot L^{-1}$　　溶液为中性

$c(H^+)>c(OH^-)$　$c(H^+)>10^{-7}\text{mol}\cdot L^{-1}$　　溶液为酸性

$c(H^+)<c(OH^-)$　$c(H^+)<10^{-7}\text{mol}\cdot L^{-1}$　　溶液为碱性

溶液中的 H^+或 OH^-浓度可以表示溶液的酸碱性，但因水的离子积是一个很小的数值（10^{-14}），在稀溶液中 $c(H^+)$或 $c(OH^-)$也很小，直接使用十分不便，1909 年索伦森

(S. P. L. Sörensen)提出用 pH 表示。pH 是溶液中 $c'(H^+)$ 的负对数：

$$pH=-\lg c'(H^+)$$

溶液的酸碱性与 pH 的关系为

$$\text{酸性溶液}\quad c'(H^+)>10^{-7}\quad pH<7$$

$$\text{中性溶液}\quad c'(H^+)=10^{-7}\quad pH=7$$

$$\text{碱性溶液}\quad c'(H^+)<10^{-7}\quad pH>7$$

pH 越小，溶液的酸性越强；pH 越大，溶液的碱性越强(见表 3-3)。

表 3-3　**一些常见水溶液的 pH**

溶液	pH	溶液	pH	溶液	pH
柠檬汁	2.2～2.4	番茄汁	3.5	饮用水	6.5～8.5
葡萄酒	2.8～3.8	牛　奶	6.3～6.6	人的血液	7.35～7.45
食　醋	3.0	乳　酪	4.8～6.4	人的唾液	6.5～7.5
啤　酒	4～5	海　水	8.3	人　尿	4.8～8.4
咖啡	5			胃　酸	～2.8

同样，也可以用 pOH 表示溶液的酸碱度。定义为

$$pOH=-\lg c'(OH^-)$$

常温下，在水溶液中：

$$c'(H^+)\cdot c'(OH^-)=K_w^{\ominus}$$

在等式两边分别取负对数：

$$-\lg\{c'(H^+)\cdot c'(OH^-)\}=-\lg K_w^{\ominus}$$

$$-\lg c'(H^+)-\lg c'(OH^-)=-\lg K_w^{\ominus}$$

$$pH+pOH=pK_w^{\ominus}$$

因为 $K_w^{\ominus}=10^{-14}$，所以 pH+pOH=14。以上关系应用在计算中十分方便。

还需指出，pH 和 pOH 一般用在溶液中 $c(H^+)\leqslant 1mol\cdot L^{-1}$ 或 $c(OH^-)\leqslant 1mol\cdot L^{-1}$ 的情况，即 pH 在 0～14 范围内。如果 $c(H^+)$ 和 $c(OH^-)$ 在该范围外，采用物质的量浓度表示更为方便。

【例 1】 计算 $0.05mol\cdot L^{-1}$ HCl 溶液的 pH 和 pOH 值。

解：盐酸为强酸，在溶液中全部离解：

$$HCl\longrightarrow H^++Cl^-$$

$$c(H^+)\leqslant 0.05mol\cdot L^{-1}$$

$$pH=-\lg c'(H^+)=-\lg 0.05=1.3$$

$$pOH=pK_w^{\ominus}-pH=14-1.3=12.7$$

3.2.3　酸碱指示剂

测定溶液 pH 方法很多，常用的酸碱指示剂、pH 试纸及 pH 计(酸度计)。用 pH 试纸

测定溶液的 pH 方便快捷。pH 试纸是用多种酸碱指示剂的混合溶液浸制而成的，在化学分析中，酸碱滴定法要选用酸碱指示剂，以便准确地控制滴定终点。

酸碱指示剂多是一些有机染料，它们属于有机弱酸或弱碱。溶液 pH 改变时，由于质子转移引起指示剂的分子或离子结构发生变化，使其在可见光范围内发生了吸光谱的改变。因而呈现不同的颜色。每一种指示剂都有一定的变色范围(见图 3-2)。

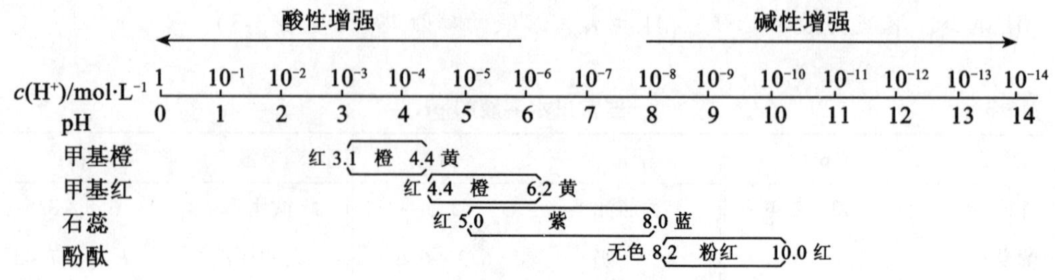

图 3-2 溶液酸碱性及指示剂变色范围

图中可见，甲基橙和甲基红的变色范围在酸性溶液中；酚酞变色范围在碱性溶液中；石蕊则接近中性。利用这一特性可以指示溶液的 pH 的范围。例如，甲基橙在溶液中呈红色，说明该溶液 pH<3.1；呈黄色，说明 pH>4.4；呈橙色，说明 pH 在 3.1 ~ 4.4 范围内。如果采用复合指示剂(两种或多种指示剂)，指示的 pH 范围可以更窄、更精确。

pH 试纸是利用复合指示剂制成的，将试纸用多种酸碱指示剂的混合溶液浸透后经晾干制成。它对不同 pH 的溶液能显示不同的颜色(称色阶)，据此可以迅速地判断溶液的酸碱性。常用的 pH 试纸有广泛 pH 试纸和精密 pH 试纸。前者的 pH 范围为 1 ~ 14 或 0 ~ 10，可以识别的差值约为 1；后者的 pH 范围较窄，可以判别 0.2 或 0.3 的 pH 差值。此外，还有用于酸性、中性或碱性溶液中的专用 pH 试纸。

pH 计是通过电学系统用数码管直接显示溶液 pH 的电子仪器，由于快速、准确，已广泛用于科研和生产中。更多的常用酸碱指示剂的变色范围可查化学化工手册。

3.3 弱酸、弱碱的离解平衡

3.3.1 一元弱酸、弱碱的离解平衡

1. 离解常数

弱酸、弱碱在溶液中部分离解，在已离解的离子和未离解的分子之间存在着离解平衡。

HA 表示一元弱酸，离解平衡式为

$$HA \rightleftharpoons H^+ + A^-$$

标准离解常数 $K_a^{\ominus}$：

$$K_a^\ominus = \frac{\{c(H^+)/c^\ominus\}\{c(A^-)/c^\ominus\}}{c(HA)/c^\ominus} = \frac{c'(H^+)\cdot c'(A^-)}{c'(HA)}$$

以 BOH 表示一元弱碱，离解平衡式为

$$BOH \rightleftharpoons B^+ + OH^-$$

标准离解常数 $K_b^\ominus$：

$$K_b^\ominus = \frac{\{c(B^+)/c^\ominus\}\{c(OH^-)/c^\ominus\}}{c(BOH)/c^\ominus} = \frac{c'(B^+)\cdot c'(OH^-)}{c'(BOH)}$$

$K_a^\ominus$，$K_b^\ominus$ 分别表示弱酸、弱碱的离解常数。对于具体的酸或碱的离解常数，则在 $K^\ominus$ 的后面注明酸或碱的分子式或化学式，例如 $K^\ominus(HAc)$，$K^\ominus(NH_3)$ 和 $K^\ominus\{Mg(OH)_2\}$ 分别表示醋酸、氨水和 $Mg(OH)_2$ 的离解常数。

离解常数与温度有关，与浓度无关。但温度对离解常数的影响不太大，在室温下可不予考虑。

离解常数的大小表示弱电解质的离解程度，$K^\ominus$ 值越大，离解程度越大，该弱电解质相对地较强。如 25℃时醋酸的离解常数为 1.75×10^{-5}，次氯酸的离解常数为 2.8×10^{-8}，可见在相同浓度下，醋酸的酸性较次氯酸为强。

$K^\ominus$ 在 $10^{-2} \sim 10^{-3}$ 之间的称为中强电解质；

$K^\ominus<10^{-4}$ 为弱电解质；

$K^\ominus<10^{-7}$ 为极弱电解质。

附录列出了一些常见弱酸和弱碱的离解常数。如弱酸的离解常数可以通过实验测定，即用 pH 计测定一定浓度弱酸溶液的 pH 值，再经过计算来确定。

2. 离解度

对于弱电解质，还可以用离解度(α)表示其离解的程度：

$$\alpha = \frac{\text{已离解的弱电解质浓度}}{\text{弱电解质的起始浓度}}\times100\%$$

在温度、浓度相同的条件下，离解度大，表示该弱电解质相对较强。

离解度与溶液的浓度有关。故在表示离解度时必须指出酸或碱的浓度。

离解度、离解常数和浓度之间有一定的关系。以一元弱酸 HA 为例，设浓度为 c，离解度为 α，推导如下：

	HA	$\rightleftharpoons$	H^+	+	A^-
起始浓度 c_0	c		0		0
平衡浓度 c	$c(1-\alpha)$		$c\alpha$		$c\alpha$

代入平衡常数表达式中：

$$K_a^\ominus = \frac{c'(H^+)\cdot c'(A^-)}{c'(HA)} = \frac{c'\alpha\cdot c'\alpha}{c'(1-\alpha)} = \frac{c'\alpha^2}{(1-\alpha)}$$

$$c'\alpha^2+K_a^\ominus\alpha-K_a^\ominus=0$$

$$\alpha=\frac{-K_a^\ominus+\sqrt{(K_a^\ominus)^2+4c'K_a^\ominus}}{2c'}$$

$$c(H^+)=c\alpha=c\,\frac{-K_a^\ominus+\sqrt{(K_a^\ominus)^2+4c'K_a^\ominus}}{2c'}=\frac{-K_a^\ominus+\sqrt{(K_a^\ominus)^2+4c'K_a^\ominus}}{2}c$$

当电解质很弱(即对应的 $K^\ominus$ 较小)时，离解度很小，可认为 $1-\alpha\approx1$，做近似计算时，得以下简式：

$$K_a^\ominus=c'\alpha^2$$

$$\alpha=\sqrt{\frac{K_a^\ominus}{c'}}$$

$$c'(H^+)=\sqrt{K_a^\ominus c'}$$

同样对于一元弱碱溶液，得到

$$K_b^\ominus=c'\alpha^2$$

$$\alpha=\sqrt{\frac{K_b^\ominus}{c'}}$$

$$c'(OH^-)=\sqrt{K_b^\ominus c'}$$

两式是针对某一指定的弱电解质而言，因此，$K_a^\ominus$ 或 $K_b^\ominus$ 为定值。

当浓度越稀时，离解度越大，该关系称为稀释定律。但 $c(H^+)$ 或 $c(OH^-)$ 并不因浓度稀释、离解度增加而增大。

需要指出的是：在弱酸或弱碱溶液中，同时，还存在着水的离解平衡，两个平衡相互联系、相互影响。但当 $K_a^\ominus$ 或 $K_b^\ominus \gg K_w^\ominus$，而弱酸(弱碱)又不是很稀时，溶液中 H^+ 或 OH^- 主要是由弱酸或弱碱离解产生的，计算时可忽略水的离解。

3. 一元弱酸、弱碱溶液中离子浓度及 pH 的计算

【例 2】 (1)已知 25℃时，$K^\ominus(HAc)=1.75\times10^{-5}$。计算该温度下 $0.10mol\cdot L^{-1}$ 的 HAc 溶液中 H^+、Ac^- 离子的浓度以及溶液的 pH，并计算该浓度下 HAc 的离解度；(2)如将此溶液稀释至 $0.010mol\cdot L^{-1}$，求此时溶液的 H^+ 离子浓度及离解度。

解：(1)HAc 为弱电解质，离解平衡式为

	HAc	⇌	H^+	+	Ac^-
起始浓度 $c_0/mol\cdot L^{-1}$	0.10		0		0
平衡浓度 $c/mol\cdot L^{-1}$	$0.10-x$		x		x

$$K_a^\ominus=\frac{c'(H^+)\cdot c'(Ac^-)}{c'(HAc)}=\frac{x\cdot x}{0.10-x}$$

$$1.75\times10^{-5}=x^2/(0.10-x)$$

$K^\ominus(HAc)$ 很小，可近似地认为 $0.10-x\approx0.10$

$$x=\sqrt{1.75\times10^{-5}\times0.10}=1.3\times10^{-3}$$

$$c(H^+)=c(Ac^-)=1.3\times10^{-3}mol\cdot L^{-1}$$

$$pH = -\lg c'(H^+) = -\lg 1.3\times10^{-3} = 2.89$$
$$\alpha = (1.3\times10^{-3}/0.10)\times100\% = 1.3\%$$

(2)溶液稀释后

$$c'(H^+) = \sqrt{1.75\times10^{-5}\times0.010} = 4.2\times10^{-4}\,mol\cdot L^{-1}$$
$$\alpha' = (4.2\times10^{-4}/0.010)\times100\% = 4.2\%$$

从此例可看出，当弱酸溶液被稀释时，该溶液的离解度虽然增大，但 H^+ 离子浓度反而减小。所以不能错误地认为随着离解度的增大，溶液的 H^+ 离子浓度必然增加(见表 3-4)。

表 3-4　　**不同浓度时 HAc 的 α 与 $c(H^+)$ (25℃)**

$c(HAc)/mol\cdot L^{-1}$	0.20	0.10	0.01	0.005	0.001
α/%	0.93	1.3	4.2	5.8	12
$c(H^+)/mol\cdot L^{-1}$	1.86×10^{-3}	1.3×10^{-3}	4.2×10^{-4}	2.9×10^{-4}	1.2×10^{-4}

【例 3】 25℃时，实验测得 $0.020mol\cdot L^{-1}$的氨水溶液的 pH 为 10.78，求它的离解常数及离解度。

解：pH = 10.78，　pOH = 14 − 10.78 = 3.22

$$c(OH^-) = 6.0\times10^{-4}\,mol\cdot L^{-1}$$

氨水为弱电解质，解离平衡式为	NH_3	+ H_2O $\rightleftharpoons$	NH_4^+	+ OH^-
起始浓度 $c_0/mol\cdot L^{-1}$	0.020		0	0
平衡浓度 $c/mol\cdot L^{-1}$	$0.020-6.0\times10^{-4}$		6.0×10^{-4}	6.0×10^{-4}

$$\alpha = \frac{c'(OH^-)}{c'(NH_3)}\times100\% = \frac{6.0\times10^{-4}}{0.020}\times100\% = 3.0\%$$

$$K_b^{\ominus}(NH_3) = \frac{c'(NH_4^+)\cdot c'(OH^-)}{c'(NH_3)} = 6.0\times10^{-4}\times\frac{6.0\times10^{-4}}{0.020}$$
$$= 1.8\times10^{-5}$$

3.3.2　多元弱酸的离解平衡

多元弱酸在水中的离解是分步进行的。例如，氢硫酸是二元弱酸，分两步离解：

第一步离解　　$H_2S \rightleftharpoons H^+ + HS^-$

$$K_{a1}^{\ominus}(H_2S) = \frac{c'(H^+)\cdot c'(HS^-)}{c'(H_2S)} = 1.32\times10^{-7}$$

第二步离解　　$HS^- \rightleftharpoons H^+ + S^{2-}$

$$K_{a2}^{\ominus}(H_2S) = \frac{c'(H^+)\cdot c'(S^{2-})}{c'(HS^-)} = 7.10\times10^{-15}$$

磷酸分三步离解：

第一步离解　　$H_3PO_4 \rightleftharpoons H^+ + H_2PO_4^-$

$$K_{a1}^{\ominus}(H_3PO_4)=\frac{c'(H^+)\cdot c'(H_2PO_4^-)}{c'(H_3PO_4)}=7.1\times10^{-3}$$

第二步离解　　　　　　$H_2PO_4^- \rightleftharpoons H^+ + HPO_4^{2-}$

$$K_{a2}^{\ominus}(H_3PO_4)=\frac{c'(H^+)\cdot c'(HPO_4^{2-})}{c'(H_2PO_4^-)}=6.3\times10^{-8}$$

第三步离解　　　　　　$HPO_4^{2-} \rightleftharpoons H^+ + PO_4^{3-}$

$$K_{a3}^{\ominus}(H_3PO_4)=\frac{c'(H^+)\cdot c'(PO_4^{3-})}{c'(HPO_4^{2-})}=4.2\times10^{-13}$$

从所列数据看出，分步离解常数 $K_{a1}^{\ominus} \gg K_{a2}^{\ominus} \gg K_{a3}^{\ominus}$。这是由于第二步离解需从带有一个负电荷的离子中再离解出一个阳离子 H^+，显然比中性分子困难；此外，由第一步离解出的 H^+ 将抑制第二步的离解。同理第三步离解比第二步更困难。由于各级离解常数相差甚大(达到好几个数量级)，若在对多元弱酸或弱碱的相对强弱进行比较时，只需比较它们的第一级离解常数即可，与一元弱酸或弱碱相似。

【例 4】 室温下 H_2S 饱和溶液的浓度为 0.10mol · L^{-1}，求 H^+ 和 S^{2-} 的浓度。

第一步离解　　　　　　$H_2S \rightleftharpoons H^+ + HS^-$

平衡浓度 c/mol · L^{-1}　　$0.10-x$　　x　　x

近似认为　　　　　　$0.10-x\approx0.10$

故　　　　　　$x=\sqrt{1.32\times10^{-7}\times0.10}=1.10\times10^{-4}$

$$c(H^+)=1.10\times10^{-4}\text{mol}\cdot L^{-1}$$

溶液中 S^{2-} 是由第二步离解产生，根据第二步离解平衡：

$$HS^- \rightleftharpoons H^+ + S^{2-}$$

$$K_{a2}^{\ominus}(H_2S)=\frac{c'(H^+)\cdot c'(S^{2-})}{c'(HS^-)}=7.10\times10^{-15}$$

$$c'(S^{2-})=K_{a2}^{\ominus}(H_2S)\times c'(HS^-)/c'(H^+)$$

因为 $K_{a1}^{\ominus} \gg K_{a2}^{\ominus}$，所以　　$c'(HS^-)\approx c'(H^+)$

故　　　　　　$c'(S^{2-})=K_{a2}^{\ominus}(H_2S)=7.10\times10^{-15}$

$$c(S^{2-})=7.1\times10^{-15}\text{mol}\cdot L^{-1}$$

可见，二元弱酸的溶液中的酸根浓度值近似等于其 $K_{a2}^{\ominus}$，它小于溶液中的 H^+ 离子浓度。若需用较高浓度的酸根时，应由其盐提供。

3.4 同离子效应和缓冲溶液

3.4.1 酸碱平衡移动——同离子效应

酸碱平衡和其他平衡一样，当改变平衡离子的浓度时，会破坏酸碱平衡，从而引起离解平衡的移动，在新的条件下建立新的平衡。例如，在 HAc 溶液中加入 HCl 或 NaAc，都会使 HAc 的离解平衡向左移动，从而降低了 HAc 的离解度。

一定温度下的弱酸，如 HAc 在溶液中存在以下离解平衡：

$$HAc \rightleftharpoons H^+ + Ac^-$$

若在此平衡系统中加入 NaAc，由于它是易溶强电解质，在溶液中溶解度大且能全部离解，因此，溶液中的 Ac^-浓度大为增加，使 HAc 的离解平衡向左移动。结果，H^+浓度减小，HAc 的离解度降低。如果在 HAc 溶液中加入强酸 HCl，则 H^+浓度增加，平衡也向左移动。此时，Ac^-浓度减小，HAc 的离解度也降低。同样，在弱碱溶液中加入含有相同离子的易溶强电解质(盐类或强碱)时，也会使弱碱的离解平衡向左移动，降低弱碱的离解度。

这种在弱电解质的溶液中，加入含有相同离子的易溶强电解质，使弱电解质离解度降低的现象叫做同离子效应。

【例 5】 向 1.0L、浓度为 0.10mol · L^{-1}的 HAc 溶液中加入固体 NaAc 0.10mol(假定溶液体积不变)，计算此时溶液中的 H^+ 浓度为多少？HAc 的离解度为多少？将结果与例 2(1) 比较，可得出什么结论？

解： 已知 NaAc 在溶液中全部离解，由 NaAc 离解所提供的 Ac^-浓度为 0.10mol · L^{-1}，设此时由 HAc 离解出来的 Ac^-浓度为 $x$mol · L^{-1}，则

	HAc	⇌	H^+	+	Ac^-
平衡浓度 c/mol · L^{-1}	$0.10-x$		x		$0.1+x$

$$K_a^{\ominus}(HAc)=\frac{c'(H^+)\cdot c'(Ac^-)}{c'(HAc)}=\frac{x(0.1+x)}{0.10-x}$$

由于 HAc 的 $K_a^{\ominus}$ 值很小，加之存在同离子效应，HAc 离解出来的 H^+和 Ac^-浓度很小，且与 NaAc 离解出的 Ac^-浓度相比，可以忽略不计，因此，

$$0.10+x\approx 0.1 \qquad 0.10-x\approx 0.1$$

代入上式得
$$K_a^{\ominus}(HAc)=x=1.75\times10^{-5}$$

则
$$c(H^+)=1.75\times10^{-5}\text{mol}\cdot L^{-1}$$

$$\alpha=\{c(H^+)/c(HAc)\}\times100\%=(1.75\times10^{-5}/0.10)\times100\%=0.0175\%$$

与例 2(1) 中的离解度 1.3% 相比，降低为原来的 1/74。

3.4.2　缓冲溶液

缓冲溶液是一种对溶液的酸度起稳定作用的溶液。这种溶液能调节和控制溶液的酸度，当溶液中加入少量强酸或强碱，或稍加稀释时，其 pH 不发生明显的变化。

缓冲溶液在工农业生产和生物化学、分析化学中有着广泛的应用。如金属器件电镀就是利用缓冲溶液使电镀液维持在一定的 pH 范围内。又如人体的血液中，依赖于缓冲作用，使血液的 pH 保持在 7.35～7.45 之间。当 pH<7.2 或 pH>7.6 时，人就会有生命危险。那么，缓冲溶液为什么会有缓冲能力呢？如何配制缓冲溶液？

1. 缓冲溶液及缓冲作用的原理

许多化学反应(包括生物化学反应)需要在一定的 pH 范围内进行，然而某些反应有 H^+或 OH^-的生成或消耗，溶液的 pH 会随反应的进行而发生变化，从而影响反应的正常进行。在这种情况下，就要借助缓冲溶液来稳定溶液的 pH，以维持反应的正常进行。

为了说明缓冲作用，首先参看下列几组数据：

		加入 1.0mL 1.0mol · L^{-1} 的 HCl 溶液	加入 1.0mL 1.0mol · L^{-1} 的 NaOH 溶液
1	1.0L 纯水	pH 从 7.0 变为 3.0，改变 4 个单位	pH 从 7.0 变为 11，改变 4 个单位
2	1.0L 溶液中含有 0.10mol HAc 和 0.10mol NaAc	pH 从 4.76 变为 4.75，改变 0.01 个单位	pH 从 4.76 变为 4.77，改变 0.01 个单位
3	1.0L 溶液中含有 0.10mol NH_3 和 0.10mol NH_4Cl	pH 从 9.26 变为 9.25，改变 0.01 个单位	pH 从 9.26 变为 9.27，改变 0.01 个单位

以上数据说明，纯水中加入少量的酸或碱；其 pH 发生显著的变化；而由 HAc 和 NaAc 或者 NH_3 和 NH_4Cl 组成的混合溶液，当加入纯水或加入少量的酸或碱时，其 pH 改变很小。

这种能保持 pH 相对稳定的溶液称为缓冲溶液，这种作用称为缓冲作用。缓冲溶液通常由弱酸及其盐或弱碱及其盐所组成。

现以 HAc-NaAc 混合溶液为例说明缓冲作用的原理。在 HAc-NaAc 混合溶液中存在以下离解过程：

$$HAc \rightleftharpoons H^+ + Ac^-$$

$$NaAc \longrightarrow Na^+ + Ac^-$$

由于 NaAc 完全离解，所以溶液中存在着大量的 Ac^-离子。弱酸 HAc 只有较少部分离解，加上由 NaAc 离解出的大量 Ac^-离子产生的同离子效应，使 HAc 的离解度变得更小，因此溶液中除大量的 Ac^-离子外，还存在大量 HAc 分子。

这种在溶液中同时存在大量弱酸分子及该弱酸酸根离子(或大量弱碱分子及该弱碱的阳离子)，就是缓冲溶液组成上的特征。缓冲溶液中的弱酸及其盐(或弱碱及其盐)称为缓冲对。

当向此混合溶液中加入少量强酸时，溶液中大量的 Ac^-离子将与加入的 H^+离子结合而生成难离解的 HAc 分子，以致溶液的 H^+浓度几乎不变。换句话说，Ac^-起了抗酸作用。当加入少量强碱时，由于溶液中的 H^+将与 OH^-结合并生成 H_2O，使 HAc 的离解平衡向右移动，继续离解出的 H^+仍与 OH^-结合，致使溶液中的 OH^-浓度也几乎不变，因而 HAc 分子在这里起了抗碱的作用。

由此可见，缓冲溶液同时具有抵抗外来少量酸或碱的作用，其抗酸、抗碱作用是由缓冲对的不同部分来担负的。

2. 缓冲溶液 pH 的计算

由于缓冲溶液的浓度都很大，所以计算其 pH 时，一般不要求十分准确，故可以用近似方法处理。

设缓冲溶液由一元弱酸 HA 和相应的盐 MA 组成，一元弱酸的浓度为 c(酸)，盐的浓度为 c(盐)，由 HA 解离得 $c'(H^+)=x\ mol\cdot L^{-1}$。

则由盐

$$\begin{array}{lccccc} & MA & \longrightarrow & M^+ & + & A^- \\ c_0/mol\cdot L^{-1} & & & c'(\text{盐}) & & c'(\text{盐}) \end{array}$$

$$\begin{array}{lccccc} & HA & \rightleftharpoons & H^+ & + & A^- \\ \text{平衡时}\quad c/mol\cdot L^{-1} & c'(\text{酸})-x & & x & & c'(\text{盐})+x \end{array}$$

$$K_a^{\ominus}=\frac{c'(H^+)\cdot c'(A^-)}{c'(HA)}=\frac{x\{c'(\text{盐})+x\}}{c'(\text{酸})-x}$$

$$x=K_a^{\ominus}\frac{c'(\text{酸})-x}{c'(\text{盐})+x}$$

由于 $K_a^{\ominus}$ 值较小，且因存在同离子效应，此时 x 很小，因而 $c(\text{酸})-x\approx c(\text{酸})$，$c(\text{盐})+x\approx c(\text{盐})$，则

(1) $$c'(H^+)=x=K_a^{\ominus}c'(\text{酸})/c'(\text{盐})=K_a^{\ominus}c(\text{酸})/c(\text{盐})$$

(2) $$pH=-\lg c'(H^+)=-\lg K_a^{\ominus}-\lg\{c(\text{酸})/c(\text{盐})\}$$
$$=pK_a^{\ominus}-\lg\{c(\text{酸})/c(\text{盐})\}$$

这就是计算一元弱酸及其盐组成的缓冲溶液 H^+ 浓度及 pH 的简单公式，也是常用公式。

同样，也可以推导出一元弱碱及其盐组成的缓冲溶液 pH 的通式(其缓冲对中，何者抗酸，何者抗碱?)：

(3) $$c'(OH^-)=K_b^{\ominus}c'(\text{碱})/c'(\text{盐})=K_b^{\ominus}c(\text{碱})/c(\text{盐})$$

(4) $$pOH=-\lg c'(OH^-)=-\lg K_b^{\ominus}-\lg\{c(\text{碱})/c(\text{盐})\}$$
$$=pK_b^{\ominus}-\lg\{c(\text{碱})/c(\text{盐})\}$$

实际上这种计算方法与同离子效应的计算是相同的。

【例 6】 0.10L 0.10mol · L^{-1}的 HAc 溶液中含有 0.010mol 的 NaAc，求该缓冲溶液的 pH。(已知 $K_a^{\ominus}(HAc)=1.75\times10^{-5}$。)

解： 此为一元弱酸 HAc 及其盐 NaAc 组成的缓冲溶液，其 pH 可按式(2)进行计算。

$$c(\text{酸})=0.10mol\cdot L^{-1},\ c(\text{盐})=0.010mol/0.10L=0.1mol\cdot L^{-1}$$

$$pH=-\lg K_a^{\ominus}-\lg\{c(\text{酸})/c(\text{盐})\}$$
$$=-\lg(1.75\times10^{-5})-\lg(0.10/0.10)=4.76$$

除了弱酸—弱酸盐、弱碱—弱碱盐的混合溶液可作为缓冲溶液外，某些正盐和它的酸式盐(如 $NaHCO_3$-Na_2CO_3)、多元酸和它的酸式盐(如 H_2CO_3-$NaHCO_3$)，或者同一种多元酸的两种酸式盐，如 KH_2PO_4-K_2HPO_4 等，也可以组成缓冲溶液。

【例 7】 在 1.0L 浓度为 0.10mol · L^{-1}的氨水溶液中加入 0.050mol 的$(NH_4)_2SO_4$ 固体，问该溶液的 pH 为多少？将该溶液平均分成两份，在每份溶液中各加入 1.0mL 1.0mol · L^{-1}的 HCl 和 NaOH 溶液，问 pH 各为多少？

解： 这是一个弱碱 NH_3 与其盐$(NH_4)_2SO_4$ 组成的混合溶液，其中

$c(\text{碱})=0.10mol\cdot L^{-1}$

c(盐) = 2×0.050mol/1.0L = 0.10mol · L^{-1}

查表得 $K_b^{\ominus}(NH_3) = 1.8\times10^{-5}$

根据式(4)：

$$\begin{aligned}pH &= 14-pOH = 14+\lg K_b^{\ominus}+\lg\{c(碱)/c(盐)\}\\ &= 14+\lg(1.8\times10^{-5})+\lg(0.10/0.10)\\ &= 9.26\end{aligned}$$

加入 HCl 后，H^+与氨水作用生成 NH_4^+，使氨水浓度降低，而 NH_4^+浓度增加，即

$$H^+ + NH_3 = NH_4^+$$

$$c(碱) = \{(0.50\times0.10-0.001\times1.0)/0.501\}\,mol\cdot L^{-1} = 0.098mol\cdot L^{-1}$$

$$c(盐) = \{(0.50\times0.10+0.001\times1.0)/0.501\}\,mol\cdot L^{-1} = 0.102mol\cdot L^{-1}$$

$$\begin{aligned}pH &= 14-pOH = 14+\lg(1.8\times10^{-5})+\lg(0.098/0.102)\\ &= 9.24\end{aligned}$$

加入碱后，OH^-与 NH_4^+结合生成氨水，使 NH_4^+浓度降低，NH_3 浓度增加，即

$$OH^- + NH_4^+ = NH_3\cdot H_2O$$

$$c(碱) = \{(0.50\times0.10+0.001\times1.0)/0.501\}\,mol\cdot L^{-1} = 0.102mol\cdot L^{-1}$$

$$c(盐) = \{(0.50\times0.10-0.001\times1.0)/0.501\}\,mol\cdot L^{-1} = 0.098mol\cdot L^{-1}$$

$$\begin{aligned}pH &= 14-pOH = 14+\lg(1.8\times10^{-5})+\lg(0.102/0.098)\\ &= 9.28\end{aligned}$$

从例 6 和例 7 的计算可以看出：

(1)缓冲溶液本身的 pH 主要取决于组成缓冲溶液的弱酸或弱碱的离解常数 $K_a^{\ominus}$ 或 $K_b^{\ominus}$。必须根据缓冲溶液的 pH 要求来选择缓冲对，使 $pK_a^{\ominus}$(或 $pK_b^{\ominus}$)值尽量接近其 pH(或 pOH)。

(2)缓冲溶液 pH 的控制主要体现在 $\lg\{c(酸)/c(盐)\}$ 或 $\lg\{c(碱)/c(盐)\}$ 这一项。通过对 c(酸)/c(盐)[或 c(碱)/c(盐)]比值的调整，使缓冲溶液的 pH 达到与要求控制的 pH 相同。当加入少量酸或碱时，c(酸)/c(盐)[或 c(碱)/c(盐)]比值改变不大，故溶液 pH 变化也就不大。

(3)缓冲溶液的缓冲能力主要与弱酸(或弱碱)及其盐的浓度有关。弱酸(或弱碱)及其盐的浓度越大，外加酸、碱后，c(酸)/c(盐)[或 c(碱)/c(盐)]改变越小，pH 变化也越小。此外，缓冲能力还与 c(酸)/c(盐)[或 c(碱)/c(盐)]比值有关，在比值接近于 1 时缓冲能力最大。通常缓冲溶液中 c(酸)/c(盐)[或 c(碱)/c(盐)]的比值在 0.1～10 的范围内，比值过小或过大，都将大大降低缓冲能力。

需要指出，缓冲作用或能力是有一定限度的，只有外加酸、碱量与缓冲对的量相比较小时，溶液才有缓冲作用，否则将会使缓冲溶液受到破坏并失去缓冲能力。

(4)各种缓冲溶液只能在一定范围内(即 $pK_a^{\ominus}\pm1$)发挥缓冲作用，如例 6 的 HAc-NaAc 缓冲溶液的缓冲范围一般为 pH = 4.76±1。而例 7 中的 NH_3-NH_4^+缓冲溶液的缓冲范围为 pH = 9.26±1。故在选用缓冲溶液时应注意其缓冲范围。

(5)将缓冲溶液适当稀释时，由于 c(酸)/c(盐)[或 c(碱)/c(盐)]比值不变，故溶液 pH 不变。

3. 缓冲溶液的应用

缓冲溶液在工业、农业、生物学、医学、化学等方面都有很重要有作用，例如在土壤中，由于含有 H_2CO_3-$NaHCO_3$ 和 NaH_2PO_4-Na_2HPO_4 以及其他有机酸及其盐类组成的复杂的缓冲溶液体系，所以能使土壤维持一定的 pH 值，从而保证了植物的正常生长。在化学上缓冲溶液的应用颇为广泛，如离子的分离、提纯以及分析检验，经常需要控制溶液的 pH 值。例如，欲除去镁盐中的杂质 Al^{3+}，可采用氢氧化物沉淀的方法。但因 $Al(OH)_3$ 具有两性，如果加入 OH^- 过多，不仅 $Al(OH)_3$ 会溶解，达不到分离的目的，而且 $Mg(OH)_2$ 也可能沉淀，造成损失；反之，若加入 OH^- 太少，则 Al^{3+} 沉淀不完全。这时，如采用 NH_3-NH_4Cl 的混合溶液作为缓冲溶液，保持溶液 pH 在 9 左右，就能使 Al^{3+} 沉淀完全，而 Mg^{2+} 仍留在溶液中，达到分离的目的。

在自然界特别是生物体内缓冲作用更至关重要。如适合于大部分作物生长的土壤，其 pH 在 5～8 的范围内，正是由于土壤中存在的多种弱酸以及相应的盐，维持了土壤的酸碱性变化不大。又如人体血液的酸碱度能经常保持恒定（$pH=7.4\pm0.05$）的原因，固然大部分依靠各种排泄器官，将过多的酸、碱物质排出体外，但也因血液具有多种缓冲机构保持其本身和机体的酸碱平衡。在人体血液中主要缓冲体系是：H_2CO_3-$NaHCO_3$，$HHbO_2$（带氧血红蛋白）——$KHbO_2$，HHb（血红蛋白）——KHb，NaH_2PO_4-Na_2HPO_4 等。由于这几对缓冲体系的相互作用，相互制约，以保证人体正常生理活动在相对稳定的酸碱度下进行，如果酸碱度突然发生改变，就会引起“碱中毒”或“酸中毒”症，若 pH 值的改变超过 0.4 单位，就会有生命危险。

3.5　盐类的水解

我们已经知道，水溶液的酸碱性，主要取决于溶液中 H^+ 离子浓度和 OH^- 离子浓度的相对大小。NaAc，Na_2CO_3，NH_4Cl，NH_4Ac 和 NaCl 等盐类物质，在水中既不能电离出 H^+ 离子，也不能电离出 OH^- 离子，它们的水溶液似乎都应该是中性的，但事实并非如此。

实验告诉我们，强酸强碱形成的盐，水溶液呈中性（pH＝7）；强酸弱碱形成的盐，水溶液呈酸性（如 $0.1mol\cdot L^{-1}NH_4Cl$ 水溶液的 pH≈5）；强碱弱酸形成的盐，水溶液呈碱性（如 $0.1mol\cdot L^{-1}Na_2CO_3$ 水溶液的 pH≈11）。为什么它们溶于水时会显出酸碱性呢？这是因为盐类的阴离子或阳离子和水所离解出来的 H^+ 或 OH^- 结合生成了弱酸或弱碱，使水的离解平衡发生移动，导致溶液中 H^+ 或 OH^- 浓度不相等，而表现出酸、碱性。这种作用称为盐的水解作用。实际上，水解反应是中和反应的逆反应，并且这种中和反应中的酸或碱之一或二者都是弱的。所以把盐的离子与溶液中水电离出的 H^+ 离子或 OH^- 离子作用产生弱电解质的反应，叫做盐的水解。

本节将推导水解常数 $K_h^{\ominus}$ 和水解度 h，还据此对一元弱碱强酸盐或弱酸强碱盐溶液的 pH 进行计算。但是实际工作中遇到的常常不是单一盐的溶液，且高价金属离子的水解也往往不是按常规逐步进行的，因而实测溶液的 pH 要比计算更为简便、实用和可靠，故有关水解的定性讨论更为有用。

3.5.1 盐的水解 水解常数 水解度

1. 弱酸强碱生成的盐

NaAc，KCN，NaClO 等属于这一类盐。根据化学平衡移动的原理，以 NaAc 为例说明这类盐的水解。NaAc 在水溶液中的 Ac^- 和由水所离解出来的 H^+ 结合，生成弱酸 HAc。由于 H^+ 浓度的减少，使水的离解平衡向右移动：

$$\begin{array}{l} \mathrm{NaAc} \longrightarrow \mathrm{Na^+} + \mathrm{Ac^-} \\ \qquad\qquad\qquad\qquad\quad + \\ \mathrm{H_2O} \rightleftharpoons \mathrm{OH^-} + \ \mathrm{H^+} \\ \qquad\qquad\qquad\qquad\quad \Updownarrow \\ \qquad\qquad\qquad\qquad\ \mathrm{HAc}. \end{array}$$

当同时建立起 H_2O 和 HAc 的离解平衡时，溶液中 $c(OH^-)>c(H^+)$，即 pH>7，因此，溶液呈碱性。

Ac^- 的水解方程式为 $\qquad Ac^-+H_2O \rightleftharpoons HAc+OH^-$

强碱弱酸盐的水解，实质上是阴离子(酸根离子)发生水解。水解平衡的标准水解常数 $K_h^{\ominus}$，其表达式为

$$K_h^{\ominus}=\frac{c'(\mathrm{HAc})\cdot c'(\mathrm{OH^-})}{c'(\mathrm{Ac^-})}$$

上述水解反应，实际上是下列两个反应的加和：

(1) $H_2O \rightleftharpoons H^+ + OH^-$；$K_1^{\ominus}=c'(H^+)\cdot c'(OH^-)=K_w^{\ominus}$

(2) $Ac^- + H^+ \rightleftharpoons HAc$；$K_2^{\ominus}=\dfrac{c'(\mathrm{HAc})}{[c'(\mathrm{Ac^-})\cdot c'(\mathrm{H^+})]}=\dfrac{1}{K_a^{\ominus}}$

由(1)+(2)式得水解方程式：

$$Ac^-+H_2O \rightleftharpoons HAc+OH^-$$

$K_h^{\ominus}$ 可由多重平衡规则求得

$$K_h^{\ominus}=K_1^{\ominus}\cdot K_2^{\ominus}=\frac{K_w^{\ominus}}{K_a^{\ominus}}$$

这样，我们找到了 $K_h^{\ominus}$ 与 $K_w^{\ominus}$ 和 $K_a^{\ominus}$ 之间的关系。常温时 $K_w^{\ominus}$ 是常数，故弱酸强碱盐的水解常数 $K_h^{\ominus}$ 与弱酸的电离常数 $K_a^{\ominus}$ 成反比。形成盐的酸越弱，$K_a^{\ominus}$ 越小，则 $K_h^{\ominus}$ 越大，水解趋势大，溶液的碱性也越强。

可见，组成盐的酸越弱($K_a^{\ominus}$ 越小)，水解常数越大，相应盐的水解程度也越大。

盐的水解程度可用水解度 h 来表示：

$$h=\frac{\text{已分解盐的浓度}}{\text{盐的起始浓度}}\times 100\%$$

水解度 h、水解常数 $K_h^{\ominus}$ 和盐浓度 c 之间有一定关系，仍以 NaAc 为例：

	Ac^-	+ H_2O $\rightleftharpoons$	HAc	+ OH^-
起始浓度 c_0	c		0	0
平衡浓度 c	$c(1-h)$		ch	ch

$$K_h^\ominus = \frac{c'(\mathrm{HAc}) \cdot c'(\mathrm{OH^-})}{c'(\mathrm{Ac^-})}$$

$$= (c'h \cdot c'h)/c'(1-h)$$

若 $K_h^\ominus$ 较小，1-h≈1，则

$$K_h^\ominus = c'h^2$$

$$h = \sqrt{K_h^\ominus / c'} = \sqrt{K_w^\ominus / (K_a^\ominus \cdot c')}$$

可见水解度除了与组成盐的弱酸强弱（$K_a^\ominus$）有关外，还与盐的浓度有关。同一种盐，浓度越小，其水解程度越大。

2. 强酸弱碱盐的水解

以 NH_4Cl 为例。它在溶液中的 NH_4^+ 与水离解出的 OH^- 结合并生成弱碱氨水，使水的离解平衡向右移动：

$$\begin{array}{lccc}
NH_4Cl \longrightarrow & NH_4^+ & + & Cl^- \\
 & + & & \\
H_2O \rightleftharpoons & OH^- & + & H^+ \\
 & \Updownarrow & & \\
 & NH_3 \cdot H_2O & &
\end{array}$$

当溶液中水和氨水的离解平衡同时建立时，溶液中 $c(H^+) > c(OH^-)$，即 $pH<7$，溶液呈酸性。

NH_4^+ 的水解方程式为　　$NH_4^+ + H_2O \rightleftharpoons NH_3 \cdot H_2O + H^+$

强酸弱碱盐的水解实质上是其阳离子发生水解，与弱酸强碱盐同样处理，得到强酸弱碱盐的水解常数及水解度：

$$K_h^\ominus = K_w^\ominus / K_b^\ominus$$

$$h = \sqrt{K_w^\ominus / (K_b^\ominus \cdot c')}$$

属于这类盐的还有 NH_4NO_3，$Al_2(SO_4)_3$，$FeCl_3$ 等。从上两式看出组成盐的碱越弱，即 $K_b^\ominus$ 越小，该盐水解常数 $K_h^\ominus$、水解度 h 越大，水解程度就越大。同一种盐，浓度越小，水解度也越大。

在化学手册上能查到弱酸、弱碱的离解常数，而查不到水解常数，根据上两式可由 $K_a^\ominus$，$K_b^\ominus$ 值方便地计算出 $K_h^\ominus$。

3. 弱酸弱碱盐的水解

弱酸弱碱盐溶于水时，它的阳离子和阴离子都发生水解，以 NH_4Ac 为例：

$$\begin{array}{lccc}
NH_4Ac \longrightarrow & NH_4^+ & + & Ac^- \\
 & + & & + \\
H_2O \rightleftharpoons & OH^- & + & H^+ \\
 & \Updownarrow & & \Updownarrow \\
 & NH_3 \cdot H_2O & & HAc
\end{array}$$

NH_4Ac 离解出的 NH_4^+，与水离解出的 OH^- 结合生成弱碱 $NH_3 \cdot H_2O$，而 Ac^- 与水离解出的 H^+ 结合成弱酸 HAc。由于 H^+ 和 OH^- 都在减少，水的离解平衡更向右移，可见弱酸弱碱盐的水解程度较弱酸强碱盐或弱碱强酸盐要大。

NH_4Ac 的水解方程式为

$$NH_4^+ + Ac^- + H_2O \rightleftharpoons NH_3 \cdot H_2O + HAc$$

与上面同样处理，可以得到弱酸弱碱盐的水解常数：

$$K_h^{\ominus} = K_w^{\ominus}/(K_a^{\ominus} \cdot K_b^{\ominus})$$

由此可见，弱酸弱碱盐水溶液的酸、碱性取决于生成的弱酸、弱碱的相对强弱。如果弱酸、弱碱的离解常数 $K_a^{\ominus}$ 与 $K_b^{\ominus}$ 近于相等，则溶液近于中性，NH_4Ac 溶液属于此例。

若 $K_a^{\ominus} > K_b^{\ominus}$，溶液呈酸性，如 $HCOONH_4$；若 $K_a^{\ominus} < K_b^{\ominus}$，溶液呈碱性，如 NH_4CN。

还需指出，尽管弱酸弱碱盐水解的程度往往比较大，但无论所生成的弱酸和弱碱的相对强弱如何，溶液的酸、碱性总是比较弱的。例如，根据计算，0.1mol·L^{-1} NH_4CN 约有51%发生了水解，溶液的 pH 仅为9.2。与之相比，0.1mol·L^{-1} NaCN 虽仅有1.3%发生了水解，而 pH 高达11.1。所以不能认为水解的程度越大，溶液的酸性或碱性必然越强。

4. 强酸强碱盐

强酸强碱盐中的阴离子、阳离子不能与水离解出的 H^+ 或 OH^- 结合成弱电解质，水的离解平衡未被破坏，故溶液呈中性，即强酸强碱盐在溶液中不发生水解。

5. 多元弱酸盐的水解

同多元弱酸或弱碱分步离解一样，多元弱酸盐和多元弱碱盐也是分步水解的。以二元弱酸盐 Na_2CO_3 为例：

第一步水解 $CO_3^{2-} + H_2O \rightleftharpoons HCO_3^- + OH^-$；

$$K_{h1}^{\ominus} = K_w^{\ominus}/K_{a2}^{\ominus}$$

第二步水解 $HCO_3^- + H_2O \rightleftharpoons H_2CO_3 + OH^-$；

$$K_{h2}^{\ominus} = K_w^{\ominus}/K_{a1}^{\ominus}$$

其中，$K_{a1}^{\ominus}$，$K_{a2}^{\ominus}$分别为二元弱酸 H_2CO_3 的分步离解常数。由于 $K_{a1}^{\ominus} \ll K_{a2}^{\ominus}$，因此 $K_{h1}^{\ominus} \gg K_{h2}^{\ominus}$。可见多元弱酸盐的水解也以第一步水解为主，在计算溶液酸碱性时，可按一元弱酸盐处理。

除了碱金属及部分碱土金属外，几乎所有金属阳离子组成的多元弱碱盐都会发生不同程度的水解，其水解也是分步进行的。如 Fe^{3+} 的水解可表示为

$$Fe^{3+} + H_2O \rightleftharpoons Fe(OH)^{2+} + H^+$$

$$Fe(OH)^{2+} + H_2O \rightleftharpoons Fe(OH)_2^+ + H^+$$

$$Fe(OH)_2^+ + H_2O \rightleftharpoons Fe(OH)_3 \downarrow + H^+$$

并非所有多价金属离子的盐都需水解到最后一步才会析出沉淀，有时一级或二级水解即析出沉淀。此外，在水解反应的同时，还有聚合和脱水作用发生，因此水解产物也并非都是氢氧化物，所以多元弱碱盐的水解要比多元弱酸盐的水解复杂得多。

3.5.2 盐溶液 pH 的简单计算

由于盐类的水解反应，常使溶液呈现酸性或碱性。实际应用中，需要知道盐溶液的 pH 值，我们可以根据盐的水解平衡，计算其 pH。

【例8】 计算0.10mol·L^{-1} $(NH_4)_2SO_4$ 溶液的 pH。

解：$(NH_4)_2SO_4$ 为强酸弱碱盐，水解方程式为

$$NH_4^+ \quad + \quad H_2O \rightleftharpoons NH_3 \cdot H_2O \quad + \quad H^+$$

起始浓度 $c_o/mol \cdot L^{-1}$　　0. 10×2　　　　0　　0

平衡浓度 $c/mol \cdot L^{-1}$　　0. 20−x　　　　x　　x

$$K_h^\ominus = K_w^\ominus / K_b^\ominus(NH_3) = 1.0\times10^{-14}/1.8\times10^{-5} = 5.6\times10^{-10}$$

$$= \frac{c'(NH_3 \cdot H_2O) \cdot c'(H^+)}{c'(NH_4^+)}$$

$$= x^2/(0.20-x)$$

$K_h^\ominus$ 很小，可作近似计算，$0.20-x\approx0.20$

$$\sqrt{K_h^\ominus\times0.20} = \sqrt{5.6\times10^{-10}\times0.20} = 1.1\times10^{-5}$$

$$c(H^+) = 1.1\times10^{-5} mol \cdot L^{-1}$$

$$pH = -\lg c'(H^+) = -\lg(1.1\times10^{-5}) = 4.96$$

【例 9】　比较 $0.10mol \cdot L^{-1}$ NaAc 与 $0.10mol \cdot L^{-1}$ NaCN 溶液的 pH 和水解度。

解：NaAc 为弱酸强碱盐，水解方程式为

起始浓度 $c_o/mol \cdot L^{-1}$　　$Ac^- \quad + \quad H_2O \rightleftharpoons HAc \quad + \quad OH^-$

平衡浓度 $c/mol \cdot L^{-1}$　　0. 10　　0　　0

　　0. 10−x　　x　　x

$$K_h^\ominus = K_w^\ominus / K_a^\ominus(HAc) = 1.0\times10^{-14}/(1.75\times10^{-5}) = 5.7\times10^{-10}$$

$$= \frac{c'(HAc) \cdot c'(OH^-)}{c'(Ac^-)}$$

$$= x^2/(0.10-x)$$

因为 $K_h^\ominus$ 很小，可作近似计算，$0.10-x\approx0.1$

所以

$$x = \sqrt{5.7\times10^{-10}\times0.10} = 7.5\times10^{-6}$$

$$c_1(OH^-) = 7.5\times10^{-6} mol \cdot L^{-1}$$

$$pH_1 = 14 - pOH = 14 + \lg 7.5\times10^{-6} = 8.88$$

$$h_1 = \frac{7.5\times10^{-6}}{0.10}\times100\% = 7.5\times10^{-3}\%$$

NaCN 也是弱酸强碱盐，水解方程式为

$$CN^- + H_2O \rightleftharpoons HCN + OH^-$$

$$c_2'(OH^-) = \sqrt{K_h^\ominus \cdot c'} = \sqrt{\{K_w^\ominus / K_a^\ominus(HCN)\} c}$$

$$c_2(OH^-) = (\sqrt{1.0\times10^{-14}\div(6.2\times10^{-10})\times0.10}) mol \cdot L^{-1}$$

$$= 1.3\times10^{-3} mol \cdot L^{-1}$$

$$pH_2 = 14 - pOH = 14 + \lg(1.3\times10^{-3}) = 11.11$$

$$h_2 = \frac{1.3\times10^{-3}}{0.10}\times100\% = 1.3\%$$

由此看出，当盐的浓度相同时，组成弱酸强碱盐的酸越弱，水解程度越大。

由例8、例9可以得到盐类水解的另两个通式，即

一元弱酸强碱盐 $c'(OH^-)=\sqrt{K_h^{\ominus}\cdot c'(\text{盐})}=\sqrt{(K_w^{\ominus}/K_a^{\ominus})c'(\text{盐})}$

一元强酸弱碱盐 $c'(H^+)=\sqrt{K_h^{\ominus}\cdot c'(\text{盐})}=\sqrt{(K_w^{\ominus}/K_b^{\ominus})c'(\text{盐})}$

弱酸弱碱盐水解的计算较复杂，再不作讨论。

3.5.3 影响水解平衡的因素

盐类水解程度的大小，除与盐的本性有关外，还受温度、浓度、酸度等影响。现分别讨论如下。

(1)盐的本性。盐类水解产生的弱酸或弱碱的离解常数越小，水解程度就越大。若水解产物为沉淀，则其溶解度越小，水解程度也就越大。

(2)浓度。从水解度的通式 $h=\sqrt{K_w^{\ominus}/[K^{\ominus}\cdot c'(\text{盐})]}$ 可以看出，对于同一种盐($K^{\ominus}$相同)，其浓度越小，水解度就越大。换句话说，将溶液进行稀释，会促进盐的水解。

(3)温度。酸碱中和反应是放热反应，盐的水解是中和反应的逆过程，因此是吸热反应。根据平衡移动原理，升高温度会促进盐的水解。

(4)酸碱度的影响。盐类水解通常会引起水中的 H^+ 或 OH^- 浓度的变化。根据平衡移动原理，调节溶液的酸碱度，能促进或抑制盐的水解。

3.5.4 盐类水解平衡的移动及其应用

许多金属氢氧化物的溶解度都很小，当相应的盐溶于水时，由于水解作用会析出氢氧化物而出现浑浊。如 $Al_2(SO_4)_3$，$FeCl_3$ 水解后产生胶状氢氧化物，具有很强的吸附作用，可用作净水剂。有些盐如 $SnCl_2$，$SbCl_3$，$Bi(NO_3)_3$，$TiCl_4$ 等，水解后会产生大量的沉淀，生产上可利用这种作用来制备有关的化合物。例如，TiO_2 的制备反应如下：

$$\underset{\text{无色液体}}{T_iCl_4}+H_2O \rightleftharpoons \underset{\text{黄绿色}}{TiOCl_2}+2HCl$$

$$T_iOCl_2+H_2O(\text{过量}) \rightleftharpoons TiO_2\cdot xH_2O\downarrow+2HCl$$

操作时加入大量的水(增加反应物)，同时进行蒸发，赶出 HCl(减少生成物)，促使水解平衡彻底向右移动，得到水合二氧化钛，再经焙烧即得无水 TiO_2。

有时为了配制溶液或制备纯的产品，需要抑制水解。例如，实验室配制 $SnCl_2$ 或 $SbCl_3$ 溶液时，实际上是用一定浓度的 HCl 来配制的，否则，因水解析出难溶的水解产物后，即使再加酸，也很难得到清澈的溶液：

$$SnCl_2+H_2O \longrightarrow Sn(OH)Cl\downarrow+HCl$$

$$SbCl_3+H_2O \longrightarrow SbOCl\downarrow+2HCl$$

又如，Fe^{3+}，Al^{3+}，Bi^{3+}，Zn^{2+}，Cu^{2+}等易水解的盐类，在制备过程中，也需加入一定浓度的相应酸，保持溶液有足够的酸度，以免水解产物混入，而使产品不纯。

3.6 酸碱质子理论

随着科学的发展，人们对酸碱的性质、组成和结构的认识不断深入，提出了不同的酸

碱理论。如离解理论、溶剂理论、质子理论、电子理论以及软硬酸碱原则等。本章前面讨论的都是基于酸碱的离解理论。下面对酸碱的质子理论作简单介绍。

3.6.1　酸碱定义

酸碱质子理论由丹麦化学家布朗斯特德（J. N. Brφnsted）和英国化学家劳瑞（T. M. Lowry）于 1923 年分别提出。

质子理论认为凡能给出质子的物质是酸，凡能接受质子的物质是碱。故酸又叫质子酸或布朗斯特德酸，碱又叫质子碱或布朗斯特德碱。

质子酸可以是分子、阳离子或阴离子。分子酸如 HCl，H_2SO_4，H_3PO_4，CH_3COOH，H_2S 等；阴离子酸如 HCO_3^-，HSO_4^-，HS^-，$H_2PO_4^-$，HPO_4^{2-} 等；阳离子酸如 NH_4^+，$[Cu(H_2O)_4]^{2+}$，$[Al(H_2O)_6]^{3+}$，$[Fe(H_2O)_6]^{3+}$等，它们都能给出质子。例如：

$$H_2SO_4 \longrightarrow HSO_4^- + H^+$$

$$HSO_4^- \longrightarrow SO_4^{2-} + H^+$$

$$NH_4^+ \longrightarrow NH_3 + H^+$$

$$[Cu(H_2O)_4]^{2+} \longrightarrow [Cu(H_2O)_3(OH)]^+ + H^+$$

质子碱可以是分子、阳离子或阴离子。分子碱如 NH_3，CH_3NH_2；阴离子碱如 OH^-，HS^-，NH_2^-，CO_3^{2-}，Cl^-，HCO_3^-，HSO_4^-，PO_4^{3-}，HPO_4^{2-} 等；阳离子碱如$[Cu(H_2O)_3(OH)]^+$，$[Fe(H_2O)_4(OH)_2]^+$等，它们都能接受质子。例如：

$$NH_3 + H^+ \longrightarrow NH_4^+$$

$$CO_3^{2-} + H^+ \longrightarrow HCO_3^-$$

$$[Cu(H_2O)_3(OH)]^+ + H^+ \longrightarrow [Cu(H_2O)_4]^{2+}$$

其中如 HCO_3^-，HSO_4^-，HS^-，$H_2PO_4^-$，HPO_4^{2-} 等既能作为酸提供质子，也能作为碱接受质子，它们为酸碱两性物质。H_2O 也是一种两性物质。

3.6.2　酸碱共轭关系

根据质子理论，酸给出质子后剩余的部分就称为碱，因为它具有接受质子的能力；碱接受质子后就变成了酸。此即谓“酸中有碱，碱能变酸”。这种酸和碱的相互依存关系称为酸碱共轭关系。

$$酸 \rightarrow 碱 + H^+$$

左边的酸是右边碱的共轭酸，而右边的碱则是左边酸的共轭碱。左边的酸和右边的碱也被称为共轭酸碱对。

3.6.3　酸碱的强弱

酸给出质子的能力越强，其酸性越强；碱接受质子的能力越强，其碱性越强。酸性强的酸给出质子后，其对应碱接受质子的能力就相对地弱，换句话说，强酸所对应的共轭碱为弱碱；碱性越强的碱，其共轭酸的酸性就越弱。

3.6.4 酸碱反应

上面提到的酸碱共轭关系，只有在酸(或碱)与其他的碱(或酸)作用时，才能体现出来。例如：

$$\underset{酸(1)}{HCl} + \underset{酸(2)}{NH_3} \longrightarrow \underset{酸(2)}{NH_4^+} + \underset{碱(1)}{Cl^-}$$

HCl能给出质子是一质子酸，NH_3接受质子是碱。当HCl与NH_3作用时，HCl把质子传递给了NH_3，本身就变成了相应的共轭碱Cl^-离子；NH_3接受了一个质子变成了相应的共轭酸NH_4^+离子。可见在质子理论中，酸碱反应的实质就是质子的传递，即质子由酸传递给碱。

判断反应进行的方向：较强的酸与较强的碱反应，生成较弱的酸和较弱的碱。

例如，HCl与NH_4^+相比是较强的酸，NH_3与Cl^-相比较强的碱，因此该反应为强酸HCl与强碱NH_3作用，生成弱酸NH_4^+和弱碱Cl^-。

酸碱质子理论扩大了酸碱的范围，但它只限于质子的给予和接受，对于无质子参加的酸碱反应不能解释，因此质子理论仍具有局限性。

【阅读材料3】

盐类水解的应用规律

盐类的水解：盐的离子和水解离出来的H^+或OH^-结合，生成弱电解质的反应。其一般规律是“谁弱谁水解，谁强显谁性；两强不水解；两弱更水解，越弱越水解”。

在下列情况下可考虑盐类的水解：

(1)分析判断盐溶液酸碱性时要考虑盐类的水解。

(2)确定盐溶液中的离子种类和浓度时要考虑盐类的水解。如Na_2S溶液中含的离子，按浓度由大到小的顺序排列：

$$c(Na^+)>c(S^{2-})>(OH^-)>c(HS^-)>c(H^+)$$

(3)配制某些盐溶液时要考虑盐类的水解。如配制$FeCl_3$，$SnCl_4$，Na_2CO_3等盐溶液时应分别将其溶解在相应的酸或碱溶液中。

(4)制备某些盐时要考虑盐类的水解。如Al_2S_3，MgS，Mg_3N_2等物质极易与水作用，它们在溶液中不能稳定存在，所以制取这些物质时，不能用复分解反应的方法在溶液中制取，而只能用干法制备。

(5)某些活泼金属与强酸弱碱溶液反应，要考虑盐类的水解。如Mg，Al，Zn等活泼金属与NH_4Cl，$CuSO_4$，$AlCl_3$等溶液反应。

$$3Mg+2AlCl_3+6H_2O \rightleftharpoons 3MgCl_2+2Al(OH)_4\downarrow+3H_2\uparrow$$

(6)判断中和滴定终点时溶液酸碱性，选择指示剂以及当pH=7时酸或碱过量的判断等问题时，要考虑盐类的水解。如CH_3COOH与NaOH刚好反应时pH>7；若二者反应后溶液pH=7，则CH_3COOH过量。

(7)制备氢氧化铁胶体时要考虑盐类的水解。例如：

$$FeCl_3+3H_2O \longrightarrow Fe(OH)_3(胶体)+3HCl$$

(8)分析盐与盐反应时要考虑盐类的水解。两种盐溶液反应时应分三个步骤分析考虑：

①能否发生氧化还原反应。

②能否发生双水解互促反应。

③若以上两反应均不发生，则考虑能否发生复分解反应。

(9)加热蒸发和浓缩盐溶液时，对最后残留物的判断应考虑盐类的水解。

①加热浓缩不水解的盐溶液时一般得原物质。

②加热浓缩 Na_2CO_3 型的盐溶液一般得原物质。

③加热浓缩 $FeCl_3$ 型的盐溶液，最后得到 $FeCl_3$ 和 $Fe(OH)_3$ 的混合物，灼烧得 Fe_2O_3。

④加热蒸干 $(NH_4)_2CO_3$ 或 NH_4HCO_3 型的盐溶液时，得不到固体。

⑤加热蒸干 $Ca(HCO_3)_2$ 型的盐溶液时，最后得相应的正盐。

⑥加热 $Mg(HCO_3)_2$，$MgCO_3$ 的盐溶液最后得到 $Mg(OH)_3$ 固体。

(10)其他方面。

①净水剂的选择。如 Al^{3+}，$FeCl_3$ 等均可作净水剂，应从水解的角度解释。

②化肥的使用时应考虑水解。如草木灰不能与铵态氮肥混合使用。

③小苏打片可治疗胃酸过多。

④纯碱液可洗涤油污。

⑤磨口试剂瓶不能盛放 Na_2SiO_3，Na_2CO_3 等试剂。

◎ 思考题

1. 试述下列化学术语的意义。

(1)水的离子积　(2)离解常数　(3)离解度　(4)水解常数

(5)水解度　(6)缓冲溶液　(7)同离子效应　(8)盐效应

2. 什么是稀释定律？将弱电解质溶液稀释，对离解常数、离解度和溶液 pH 有何影响？

3. pH，pOH 及 $pK_w^\ominus$ 三者之间的关系是什么？

4. 在 HAc 溶液中分别加入下列物质时，对它的离解度和溶液 pH 值有何影响？

物　质	NaAc	HCl	NaOH	H_2O
解离度变化				
pH 变化				

5. 举例说明缓冲溶液的组成及缓冲溶液的抗酸、抗碱与抗稀释性并保持溶液 pH 几乎不变的原因。

6. 以 NH_4Ac 为例，运用多重平衡规则，试推导一元弱酸弱碱盐水解常数的计算公式。

7. 影响盐类水解度大小的因素有哪些？增大或抑制盐类的水解作用在实际工作中有些什么应用？举例说明。

8. 下列说法是否正确？若有错误请纠正，并说明理由？

(1)将 NaOH 和 NH_3 的溶液各稀释一倍，前者的 OH^-浓度也是后者的2倍；

(2)设盐酸的浓度为醋酸的两倍，则前者的 H^+浓度也是后者的两倍；

(3)根据 $\alpha=\sqrt{K_a^{\ominus}/c'}$，弱酸溶液浓度越小，离解度就越大，溶液酸性就越强；

(4)将 $1\times10^{-6}mol\cdot L^{-1}$的 HCl 稀释1000倍后，溶液中的 $c(H^+)=1\times10^{-9}mol\cdot L^{-1}$；

(5)使甲基橙显黄色的溶液一定是碱性的；

9. 描述下列过程中溶液 pH 的变化，并解释之：

(1)将 $NaNO_2$ 溶液加到HNO_2 溶液中；

(2)将 $NaNO_3$ 溶液加到HNO_3 溶液中；

(3)将 NH_4NO_3 溶液加到氨水中。

10. 回答下列问题，简述理由：

(1)NaHS 溶液呈弱碱性，Na_2S 溶液呈较强碱性。

(2)如何配制 $SnCl_2$，$Bi(NO_3)_3$，Na_2S 溶液。

(3)为何不能在水溶液中制备 Al_2S_3。

(4)$CaCO_3$ 在下列哪种试剂中溶解度基本不变？

纯水，$0.1mol\cdot L^{-1}Na_2CO_3$，$0.1mol\cdot L^{-1}Ca_2Cl_3$，$0.5mol\cdot L^{-1}KNO_3$

(5)同是酸式盐，为什么 NaH_2PO_4 溶液为酸性，而 Na_2HPO_4 溶液为碱性？

11. 现有等浓度的 HCl 和氨水，在下列情况下如何计算溶液的 pH？

(1)两种溶液等体积混合；

(2)两种溶液以二比一的体积混合；

(3)两种溶液以一比二的体积混合。

12. 选择题：

(1)等浓度、等体积 NaOH 溶液和 HAc 溶液混合后，混合溶液中有关离子浓度间和关系正确的是(　　)

A. $c(Na^+)>c(Ac^-)>c(OH^-)>c(H^+)$

B. $c(Na^+)>c(Ac^-)>c(H^+)>c(OH^-)$

C. $c(Na^+)>c(H^+)>c(Ac^-)>c(OH^-)$

B. $c(Na^+)>c(OH^-)>c(Ac^-)>c(H^+)$

(2)已知一种 H^+浓度为 $1\times10^{-3}mol\cdot L^{-1}$的酸和一种 OH^-浓度为 $1\times10^{-3}mol\cdot L^{-1}$碱溶液等体积混合后溶液呈酸性，其原因可能是(　　)。

A. 强酸与浓度为其一半的二元强碱溶液反应

B. 浓的弱酸和稀的强碱溶液反应

C. 等浓度的强酸和弱碱溶液反应

D. 生成了一种强酸弱碱盐

(3)向 1L $0.1mol\cdot L^{-1}$的氨水中加入一些 NH_4Cl 晶体，会使(　　)。

A. 氨水的解离常数增大　　B. 氨水的解离常数减小

C. 溶液的 pH 增大　　D. 溶液的 pH 减小

(4) pH=6 的溶液的酸度是 pH=3 的溶液的(　　)倍。

A. 3　　B. 1/3　　C. 300　　D. 1/1000

(5) 下列几组溶液具有缓冲作用的是(　　)。

A. $H_2O \longrightarrow NaAc$　　B. $HCl \longrightarrow NaCl$

C. $NaOH \longrightarrow Na_2SO_4$　　D. $NaHCO_3 \longrightarrow Na_2CO_3$

(6) 关于 Na_2CO_3 的水解下列说法错误的是(　　)。

A. Na_2CO_3 水解，溶液显碱性

B. 加热溶液使 Na_2CO_3 水解度增大

C. Na_2CO_3 的一级水解比二级水解程度大

D. Na_2CO_3 水解溶液显碱性，是因为 NaOH 是强碱

(7) 对于缓冲能力较大的缓冲溶液，它们的 pH 最主要取决于下列因素中的(　　)。

A. 共轭对之间的电离常数　　B. 共轭对双方的浓度比率

C. 溶液的温度　　D. 溶液的总浓度

(8) 有一弱酸 HR，在 $0.1mol \cdot L^{-1}$ 的溶液中有 2% 电离，则该酸在 $0.05mol \cdot L^{-1}$ 溶液中的电离度为(　　)。

A. 4.1%　　B. 4%　　C. 2.8%　　D. 3.1%

习　题

1. 完成下列换算：

(1) 将 pH 值，pOH 值换算成 H^+，OH^- 浓度：

$$pH=0.25, \quad pH=7.80$$

$$pOH=4.6, \quad pOH=10.2$$

(2) 将 H^+，OH^- 浓度换算成 pH 值：

$$c(H^+)/(mol \cdot L^{-1})：3.2\times10^{-5}，7.8\times10^{-12}$$

$$c(OH^-)/(mol \cdot L^{-1})：2.0\times10^{-6}，1.7\times10^{-9}$$

2. 试计算：

(1) pH=1.00 与 pH=3.00 的 HCl 溶液等体积混合后溶液的 pH 和 $c(H^+)$；

(2) pH=2.00 的 HCl 溶液与 pH=13.00 的 NaOH 溶液的等体积混合后溶液的 pH 和 $c(H^+)$。

3. 写出下列弱酸在水中的离解方程式与 $K_a^{\ominus}$ 的表达式：

(1) 亚硫酸　　(2) 草酸($H_2C_2O_4$)　　(3) 氢硫酸

(4) 氢氰酸(HCN)　　(5) 亚硝酸(HNO_2)

4. 已知 25℃时，某一元弱酸 $0.010mol \cdot L^{-1}$ 溶液的 pH 为 4.00，试求：

(1) 该酸的 $K_a^{\ominus}$　　(2) 该浓度下酸的离解度 α

5. 白醋是质量分数为 5.0% 的醋酸(CH_3COOH)溶液，假定白醋的体积质量 ρ 为

$1.007g \cdot mL^{-1}$，它的 pH 为多少？

6. 设 $0.10mol \cdot L^{-1}$ 氢氰酸（HCN）溶液的离解度为 0.0079%，试求此时溶液的 pH 和 HCN 的标准离解常数 $K_a^{\ominus}$。

7. 将 1.0mL $0.20mol \cdot L^{-1}$ 的 HAc 溶液稀释到多大体积时才能使 HAc 的电离度比原溶液增大 1 倍。

8. 已知质量分数为 2.06% 的氨水的体积质量 ρ 为 $0.998g \cdot mL^{-1}$，试求：

（1）该氨水的 pH。

（2）若将其稀释 1 倍，pH 又为多少？

9. （1）在 1.0L $0.10mol \cdot L^{-1}$ HAc 溶液中通入 0.10molHCl 气体（且不考虑溶液体积改变），试求 HAc 的离解度，并与未通入 HCl 前比较。

（2）在 1.0L $0.10mol \cdot L^{-1}$ $NH_3 \cdot H_2O$ 溶液中，加入 0.20mol NaOH（设加入后，溶液体积无变化），试求 $NH_3 \cdot H_2O$ 的离解度，并与未加入 NaOH 前做比较。

10. 计算下列缓冲溶液的 pH（设加入固体后，下列溶液体积无变化）：

（1）在 100mL $1.0mol \cdot L^{-1}$ HAc 加入 2.8g KOH；

（2）6.6g $(NH_4)_2SO_4$ 溶于 0.50L 浓度不 $1.0mol \cdot L^{-1}$ 的氨水。

11. 静脉血液中于溶解了 CO_2 而建立下列平衡：

$$H_2CO_3 \rightleftharpoons H^+ + HCO_3^-$$

上述反应是维持血液 pH 稳定的反应之一，假如血液的 pH=7.40，那么缓冲对 $c(HCO_3^-)/c(H_2CO_3)$ 之比应为多少？

12. 欲配制 pH=5.00 的缓冲溶液，在 300mL $0.50mol \cdot L^{-1}$ HAc 溶液中需加入多少克固体 $NaAc \cdot 3H_2O$（忽略加入固体所引起的体积变化）？

13. 现有一由 NH_3 和 NH_4Cl 组成的缓冲溶液，试计算：

（1）若 $c(NH_3)/c(NH_4^+)=4.5$，该缓冲溶液的 pH 等于多少？

（2）当该缓冲溶液的 pH=9.00 时，$c(NH_3)/c(NH_4^+)$ 等于多少？

14. 现有 125mL $0.10mol \cdot L^{-1}$ NaAc 溶液，欲配制 250mL pH=5.00 的缓冲溶液，需加入 $6.0mol \cdot L^{-1}$ HAc 多少毫升？

15. 欲配制 0.5L pH=9.00，其中 $c(NH_4^+)=1.00mol \cdot L^{-1}$ 的缓冲溶液，需体积质量为 $0.904g \cdot mL^{-1}$，含氨质量分数为 26.0% 的浓氨水多少升？固体 NH_4Cl 多少克？

16. 取 50.0mL $0.100mol \cdot L^{-1}$ 某一元弱酸溶液与 25.0mL $0.100mol \cdot L^{-1}$ KOH 溶液混合，将混合溶液稀释至 100mL，测得此溶液 pH 为 5.25，求此一元弱酸的标准离解常数。

17. 下列各组溶液都以等体积混合，指出哪些可作为缓冲溶液？为什么？并计算缓冲溶液的 pH。

（1）$0.100mol \cdot L^{-1}$ HCl 与 $0.200mol \cdot L^{-1}$ NaAc 溶液；

（2）$0.100mol \cdot L^{-1}$ HCl 与 $0.050mol \cdot L^{-1}$ $NaNO_2$ 溶液；

（3）$0.200mol \cdot L^{-1}$ HCl 与 $0.100mol \cdot L^{-1}$ NaOH 溶液；

（4）$0.300mol \cdot L^{-1}$ HNO_2 与 $0.150mol \cdot L^{-1}$ NaOH 溶液；

18. 分别计算下列各混合溶液的 pH（设无体积效应）；

(1)0.25L 0.200mol · L^{-1} NH_4Cl 溶液与 0.500L 0.200mol · L^{-1} NaOH 溶液混合;

(2)0.50L 0.20mol · L^{-1} NH_4Cl 溶液与 0.50L 0.20mol · L^{-1} NaOH 溶液混合;

(3)0.500L 0.200mol · L^{-1} NH_4Cl 溶液与 0.250L 0.200mol · L^{-1} NaOH 溶液混合。

19. 下列各溶液的浓度为 0.10mol · L^{-1}，试按 pH 由小到大的次序排列(不要求计算):

NH_4Ac，$NaHSO_4$，$Ba(OH)_2$，HCl，NH_4Cl，NaOH，HAc，NaAc，H_2SO_4

20. 写出下列主要的水解产物:

(1) $Al_2S_3+H_2O \longrightarrow$

(2) $NaHCO_3+Al_2(SO_4)_3 \longrightarrow$

(3) $SnCl_2+H_2O \longrightarrow$

(4) $AlCl_3+H_2O \longrightarrow$

(5) $SbCl_3+H_2O \longrightarrow$

21. 计算下列盐溶液的 pH:

(1)0.50mol · L^{-1} NH_4NO_3　　(2)0.040mol · L^{-1} NaCN

22. 0.010mol · L^{-1} $NaNO_2$ 的 $c(H^+)=2.7\times10^{-8}$ mol · L^{-1}，试计算:

(1) $NaNO_2$ 的水解常数　　(2) HNO_2 的离解常数

第4章 沉淀反应

【学习目标】

(1)掌握溶度积 $K_{sp}^{\ominus}$ 意义及有关计算。

(2)熟悉溶度积规则，能运用溶度积规则判断沉淀的生成或溶解。

(3)掌握分步沉淀和沉淀转化的原理，并熟练掌握有关计算。

在实际工作中，经常会遇到利用沉淀反应来制取某些物质，或鉴定和分离某些离子，那么，如何判断沉淀反应是否发生？什么条件下沉淀可以溶解？怎样才能使沉淀更完全？如果溶液中同时存在几种离子，如何控制条件实现指定的离子产生沉淀？本章将针对上述有关问题讨论难溶电解质在溶液中建立的沉淀溶解平衡。引出溶度积的概念，然后运用沉淀溶解平衡理论解决上述问题。

根据溶解度的大小，大体上可将电解质分为易溶电解质和难溶电解质。但它们之间没有明显的界限。一般把溶解度小于 0.01g/100gH_2O 的电解质称为难溶电解质。在含有难溶电解质固体的饱和溶液中存在着固体电解质与由它溶解所生成的离子之间的平衡，这是涉及固液相离子两相间的平衡，称为多相离子平衡。下面仍以平衡原理为基础，讨论难溶电解质的沉淀-溶解之间的平衡及其应用。

4.1 沉淀溶解平衡

4.1.1 溶度积

氯化银虽是难溶物，在一定温度下，如将它的晶体放入水中，或多或少仍有所溶解。这是由于晶体表面的 Ag^+ 及 Cl^- 在水分子的作用下，逐渐离开晶体表面进入水中，成为自由运动的水合离子，此过程称为溶解。与此同时，进入水中的 Ag^+ 和 Cl^-，在不断的运动过程中会碰到固体表面，受到表面离子的吸引，重新回到固体表面，此过程称为结晶(或沉淀)。当溶解和结晶的速率相等时，建立起平衡，即为沉淀和溶解平衡，此时溶液为饱和溶液。沉淀-溶解平衡是一种动态平衡，即固体在不断溶解，沉淀也在不断生成。固体氯化银和氯化银饱和溶液之间的平衡可表示为

$$AgCl(s) \underset{沉淀}{\overset{溶解}{\rightleftharpoons}} Ag^+ + Cl^-$$

这是一种多相离子平衡。与化学平衡一样，固体物质的浓度不列入平衡常数表达式中。其标准平衡常数为

$$K_{sp}^{\ominus}(AgCl)=\{c(Ag^+)/c^{\ominus}\}\{c(Cl^-)/c^{\ominus}\}$$
$$=c'(Ag^+)\cdot c'(Cl^-)$$

式中：$K_{sp}^{\ominus}$称为溶度积常数，简称溶度积。溶度积反映了物质的溶解能力。

现用通式来表示难溶电解质的溶度积常数：

$$A_mB_n(s)\rightleftharpoons mA^{n+}+nB^{m-}$$
$$K_{sp}^{\ominus}(A_mB_n)=\{c(A^{n+})/c^{\ominus}\}^m\{c(B^{m-})/c^{\ominus}\}^n$$
$$=\{c'(A^{n+})\}^m\{c'(B^{m-})\}^n$$

式中：m，n分别代表沉淀-溶解方程式中A，B的化学计量数。例如：

$$Ag_2CrO_4(s)\rightleftharpoons 2Ag^++CrO_4^{2-}$$
$$K_{sp}^{\ominus}(Ag_2CrO_4)=\{c'(Ag^+)\}^2\{c'(CrO_4^{2-})\}\quad m=2,\ n=1$$
$$Ca_3(PO_4)_2(s)\rightleftharpoons 3Ca^{2+}+2PO_4^{3-}$$
$$K_{sp}^{\ominus}\{Ca_3(PO_4)_2\}=\{c'(Ca^{2+})\}^3\{c'(PO_4^{3-})\}^2\quad m=3,\ n=2$$

溶度积常数可用实验方法测定。一些常见难溶电解质的溶度积常数见本书附录表2。和其他平衡常数一样，$K_{sp}^{\ominus}$也受温度的影响，但影响不太大，通常可采用常温下测得的数据。

应当注意，在多相离子平衡系统中，必须有未溶解的固相存在，否则就不能保证系统处于平衡状态。溶度积常数仅适用于难溶电解质的饱和溶液，对中等或易溶的电解质不适用。

4.1.2　溶解度与溶度积的相互换算

1. 由溶解度计算溶度积

溶解度和溶度积都可以用来表示难溶电解质溶解性，它们之间可以相互换算。换算时应注意溶度积中所采用的浓度单位为mol·L^{-1}，而从手册上查到的溶解度常以g/100gH_2O表示，所以首先需要进行单位换算。计算时考虑到难溶电解质饱和溶液中溶质的量很少，溶液很稀，溶液的密度近似等于纯水的密度(1g·cm^{-3})。

【例1】　已知25℃时，AgCl的溶解度为1.92×10^{-3}g·L^{-1}，试求该温度下AgCl的溶度积。

解：首先需将溶解度单位由g·L^{-1}换算成mol·L^{-1}。

已知AgCl的摩尔质量为143.4g·mol^{-1}，设AgCl溶解度为x mol·L^{-1}。

AgCl饱和溶液的沉淀-溶解平衡如下：

$$AgCl(s)\rightleftharpoons Ag^+ + Cl^-$$

平衡浓度c/mol·L^{-1}　　　x　　x

$$K_{sp}^{\ominus}(AgCl)=c'(Ag^+)\cdot c'(Cl^-)$$
$$=x^2=(1.34\times10^{-5})^2=1.80\times10^{-10}$$

2. 由溶度积计算溶解度

【例2】　已知室温下Ag_2CrO_4的溶度积为1.1×10^{-12}，试求Ag_2CrO_4在水中的溶解度(以mol·L^{-1}表示)。

解：设 Ag_2CrO_4 的溶解度为 x mol·L^{-1}，且溶解的部分全部离解，因此

$$Ag_2CrO_4(s) \rightleftharpoons 2Ag^+ + CrO_4^{2-}$$

平衡浓度 c/mol·L^{-1}　　　　$2x$　　　x

$$K_{sp}^{\ominus}(Ag_2CrO_4)=\{c'(Ag^+)\}^2\{c'(CrO_4^{2-})\}=(2x)^2x=4x^3$$

$$x=\sqrt[3]{K_{sp}^{\ominus}/4}=\sqrt[3]{1.1\times10^{-12}/4}=6.5\times10^{-5}$$

Ag_2CrO_4 的溶解度为 6.5×10^{-5} mol·L^{-1}。

【**例 3**】　已知室温下 $Mn(OH)_2$ 的溶解度为 3.6×10^{-5} mol·L^{-1}，求室温时 $Mn(OH)_2$ 的溶度积。

解：溶解的 $Mn(OH)_2$ 全部离解，溶液中 $c(OH^-)$ 是 $c(Mn^{2+})$ 的 2 倍，因此

$$c(Mn^{2+})=3.6\times10^{-5}\text{mol}\cdot\text{L}^{-1}$$

$$c(OH^-)=7.2\times10^{-5}\text{mol}\cdot\text{L}^{-1}$$

$$K_{sp}^{\ominus}\{Mn(OH)_2\}=c'(Mn^{2+})\cdot\{c'(OH^-)\}^2$$

$$=(3.6\times10^{-5})(7.2\times10^{-5})^2$$

$$=1.3\times10^{-13}$$

将以上三例中 AgCl，Ag_2CrO_4，$Mn(OH)_2$ 及 AgBr 的溶解度和溶度积列于表 4-1，其中 AgBr 中阴、阳离子的个数比为 1∶1，称为 AB 型难溶电解质。Ag_2CrO_4 和 $Mn(OH)_2$ 阴、阳的个数之比分别为 2∶1 及 1∶2，称为 A_2B 型可 AB_2 型难溶电解质，它们属于相同类型。

表 4-1　　**几种难溶电解质的溶度积与溶解度(298K)**

电解质类型	难溶物	溶解度 s/mol·L^{-1}	$K_{sp}^{\ominus}$	溶度积表达式
AB	AgCl	1.3×10^{-5}	1.8×10^{-10}	$K_{sp}^{\ominus}=c'(Ag^+)\cdot c'(Cl^-)$
	AgBr	7.1×10^{-7}	5.0×10^{-13}	$K_{sp}^{\ominus}=c'(Ag^+)\cdot c'(Br^-)$
A_2B	Ag_2CrO_4	6.5×10^{-5}	1.1×10^{-12}	$K_{sp}^{\ominus}=\{c'(Ag^+)\}^2\cdot c'(CrO_4^{2-})$
AB_2	$Mn(OH)_2$	3.6×10^{-5}	1.9×10^{-13}	$K_{sp}^{\ominus}=c'(Mn^{2+})\cdot\{c'(OH^-)\}^2$

从表中数据看出，对于相同类型的电解质，通过溶度积数据可以直接比较溶解度的大小。溶度积越大，溶解度也越大。对于不同类型的电解质，AgCl 与 Ag_2CrO_4，前者溶度积大而溶解度反而小，不能通过溶度积的数据直接比较溶解度的大小。

必须指出，上述溶解度与溶度积之间的简单换算，在某些情况下往往会出现偏差，甚至完全不适用。

(1)不适用于难溶的弱电解质和某些在溶液中易形成离子对的难溶电解质。难溶电解质并非都是强电解质，某些难溶弱电解质如 MA 在溶液中还有不少未离解的分子存在，故有下列平衡关系：

$$MA(s)\rightleftharpoons MA(aq)\rightleftharpoons M^++A^-$$

此外，在此饱和溶液中，还可能存在离子对(M^+A^-)。如，实验测得在 $CaSO_4$ 饱和溶

液中有40%以上是离子对($Ca^{2+}SO_4^{2-}$)的形式存在。显然$CaSO_4$的溶解度并不等于溶液中Ca^{2+}或SO_4^{2-}离子的浓度。

(2)不适用于显著水解的难溶物。如PbS溶于水时，溶解的部分虽然完全解离，由于Pb^{2+}和S^{2-}，特别是S^{2-}会发生显著的水解：

$$S^{2-}+H_2O \rightleftharpoons HS^-+OH^- \quad (\text{忽略二级水解})$$

致使S^{2-}的浓度大大低于溶解度。

总之，溶解度与溶度积的关系是很复杂的。为了简便起见，在计算中对上述影响都未予考虑。

4.2 溶度积规则及其应用

4.2.1 溶度积规则

在实际工作中，应用沉淀平衡可以判断某难溶电解质在一定条件能否生成沉淀，已有的沉淀能否发生溶解。下面以$CaCO_3$为例予以说明。

在一定温度下，把过量的$CaCO_3$固体放入纯水中，溶解达到平衡时，在$CaCO_3$的饱和溶液中$c(Ca^{2+})=c(CO_3^{2-})$，$c'(Ca^{2+})\cdot c'(CO_3^{2-})=K_{sp}^{\ominus}(CaCO_3)$。

(1)在上述平衡系统中，如果再加入Ca^{2+}或CO_3^{2-}，此时$c'(Ca^{2+})\cdot c'(CO_3^{2-})>K_{sp}^{\ominus}(CaCO_3)$，沉淀-溶解平衡被破坏，平衡向生成$CaCO_3$的方向移动，故有$CaCO_3$析出。与此同时，溶液中$Ca^{2+}$或$CO_3^{2-}$浓度不断减少，直至$c'(Ca^{2+})\cdot c'(CO_3^{2-})=K_{sp}^{\ominus}(CaCO_3)$时，沉淀不再析出，在新的条件下重新建立起平衡[注意此时$c(Ca^{2+})\neq c(CO_3^{2-})$]：

$$CaCO_3 \rightleftharpoons Ca^{2+}+CO_3^{2-}$$

$$\xleftarrow{\hspace{3em}}$$

平衡移动方向

(2)在上述平衡系统中，设法降低Ca^{2+}或CO_3^{2-}的浓度，或者两者都降低，使平衡将向$c'(Ca^{2+})\cdot c'(CO_3^{2-})<K_{sp}^{\ominus}$溶解方向移动。如在平衡系统中加入HCl，则$H^+$与$CO_3^{2-}$结合生成故$H_2CO_3$，$H_2CO_3$立即分解为$H_2O$和$CO_2$，从而大大降低了$CO_3^{2-}$的浓度，致使$CaCO_3$逐渐溶解，并重新建立起平衡[此时$c(Ca^{2+})\neq c(CO_3^{2-})$]：

$$CaCO_3 \rightleftharpoons Ca^{2+}+CO_3^{2-}$$

$$\xrightarrow{\hspace{3em}}$$

平衡移动方向

根据上述的沉淀与溶解情况，可以归纳出沉淀的生成和溶解规律。

将溶液中阳离子和阴离子的浓度(不管它们的来源)与标准浓度$c^{\ominus}$相比后，代入$K_{sp}^{\ominus}$表达式，得到的乘积称为离子积，用Q表示。

把Q和$K_{sp}^{\ominus}$相比较，有以下三种情况：

(1)$Q>K_{sp}^{\ominus}$，溶液呈过饱和状态，有沉淀从溶液中析出，直到溶液呈饱和状态。

(2)$Q<K_{sp}^{\ominus}$，溶液是不饱和状态，无沉淀析出。若系统中原来有沉淀，则沉淀开始溶解，直到溶液饱和。

(3) $Q = K_{sp}^{\ominus}$，溶液为饱和状态，沉淀和溶解处于动态平衡。

以上情况是难溶电解质多相离子平衡移动的规律，称为溶度积规则。它是判断沉淀的生成和溶解的重要依据。从中不难看出，通过控制离子的浓度，便可使沉淀溶解平衡发生移动，从而平衡向着人们需要的方向转化。

4.2.2 溶度积规则的应用

1. 判断沉淀的生成或溶解

根据溶度积规则，在难溶电解质溶液中生成沉淀的条件是离子积大于溶度积。

【例4】 根据溶度积规则，判断将 $0.020\text{mol} \cdot L^{-1}$ 的 $CaCl_2$ 溶液与等体积同浓度的 Na_2CO_3 溶液混合，是否有沉淀生成？

解：两种溶液等体积混合后，体积增大1倍，浓度各自减小至原来的1/2。

$$c(Ca^{2+}) = 0.020\text{mol} \cdot L^{-1}/2 = 0.010\text{mol} \cdot L^{-1}$$

$$c(CO_3^{2-}) = 0.020\text{mol} \cdot L^{-1}/2 = 0.010\text{mol} \cdot L^{-1}$$

$CaCO_3$ 的溶解-沉淀平衡为 $CaCO_3(s) \rightleftharpoons Ca^{2+} + CO_3^{2-}$

$$Q = c'(CO_3^{2-}) \cdot c'(Ca^{2+}) = 0.010 \times 0.010 = 1.0 \times 10^{-4}$$

查得 $K_{sp}^{\ominus}(CaCO_3) = 6.7 \times 10^{-9}$ 则 $Q > K_{sp}^{\ominus}$，故有 $CaCO_3$ 沉淀生成。

【例5】 向0.50L的 $0.10\text{mol} \cdot L^{-1}$ 的氨水中加入等体积 $0.50\text{mol} \cdot L^{-1}$ 的 $MgCl_2$，问：(1)是否有 $Mg(OH)_2$ 沉淀生成？(2)欲控制 $Mg(OH)_2$ 沉淀不产生，问至少需加入多少克固体 NH_4Cl（设加入固体 NH_4Cl 后溶液体积不变）？

解：(1)0.50L的 $0.10\text{mol} \cdot L^{-1}$ $NH_3 \cdot H_2O$ 与等体积 $0.50\text{mol} \cdot L^{-1}$ 的 $MgCl_2$ 混合后，Mg^{2+} 和 $NH_3 \cdot H_2O$ 的浓度都减至原来的一半。即

$$c(Mg^{2+}) = 0.25\text{mol} \cdot L^{-1}, \quad c(NH_3) = 0.05\text{mol} \cdot L^{-1}$$

溶液中 OH^- 由 $NH_3 \cdot H_2O$ 离解产生：

$$c'(OH^-) = \sqrt{K_b^{\ominus}(NH_3) \cdot c'(NH_3)} = \sqrt{1.8 \times 10^{-5} \times 0.05} = 9.5 \times 10^{-4}$$

$$c(OH^-) = 9.5 \times 10^{-4}\text{mol} \cdot L^{-1}$$

$Mg(OH)_2$ 的沉淀-溶解平衡为

$$Mg(OH)_2(s) \rightleftharpoons Mg^{2+} + 2OH^-$$

$$Q = c'(Mg^{2+}) \cdot \{c'(OH^-)\}^2 = 0.25 \times (9.5 \times 10^{-4})^2 = 2.3 \times 10^{-7}$$

查得

$$K_{sp}^{\ominus}\{Mg(OH)_2\} = 1.8 \times 10^{-11}$$

则 $Q > K_{sp}^{\ominus}$，故有 $Mg(OH)_2$ 沉淀析出。

(2)若在上述系统中加入 NH_4Cl，由于同离子效应使氨水离解度降低，从而降低了 OH^- 的浓度，有可能不产生沉淀。

系统中有两个平衡同时存在： $Mg(OH)_2(s) \rightleftharpoons Mg^{2+} + 2OH^-$；

(1) $$K_{sp}^{\ominus}\{Mg(OH)_2\} = c'(Mg^{2+}) \cdot \{c'(OH^-)\}^2$$

$$NH_3 \cdot H_2O \rightleftharpoons NH_4^+ + OH^-;$$

(2) $$K_b^{\ominus}(NH_3) = c'(NH_4^+) \cdot c'(OH^-)/c'(NH_3)$$

欲使 $Mg(OH)_2$ 不沉淀，所允许的最大 OH^- 浓度，可以根据(1)式进行计算：

$$c'(OH^-)=\sqrt{K_{sp}^{\ominus}\{Mg(OH)_2\}/c'(Mg^{2+})}=\sqrt{1.8\times10^{-11}/0.25}=8.5\times10^{-6}$$

$$c(OH^-)=8.5\times10^{-6}mol\cdot L^{-1}$$

需加入 NH_4^+ 的最低浓度，可以根据(2)式进行计算：

$$c'(NH_4^+)=K_b^{\ominus}(NH_3)\cdot c'(NH_3)/c'(OH^-)$$

$$=1.8\times10^{-5}\times0.050/(8.5\times10^{-6})=0.11$$

$$c(NH_4^+)=0.11mol\cdot L^{-1}$$

又 $M(NH_4Cl)=53.5g\cdot mol^{-1}$，溶液总体积为 1.0L，则至少需加入 NH_4Cl 的质量为

$$m(NH_4Cl)=1.0L\times53.5g\cdot mol^{-1}\times0.11mol\cdot L^{-1}=5.9g$$

本题也可利用多重平衡进行计算。

(1)式-2×(2)式，得沉淀溶解的反应式：

$$Mg(OH)_2(s)+2NH_4^+\rightleftharpoons Mg^{2+}+2NH_3\cdot H_2O$$

该反应平衡常数为

$$K^{\ominus}=K_{sp}^{\ominus}\{Mg(OH)_2\}/\{K_b^{\ominus}(NH_3)\}^2=1.8\times10^{-11}/(1.8\times10^{-5})^2$$

$$=5.6\times10^{-2}$$

根据反应式：

$$K^{\ominus}=c'(Mg^{2+})\cdot\{c'(NH_3)\}^2/\{c'(NH_4^+)\}^2$$

$$\{c'(NH_4^+)\}^2=c'(Mg^{2+})\cdot\{c'(NH_3)\}^2/K^{\ominus}$$

$$=0.25\times0.050^2/(5.6\times10^{-2})$$

$$=0.011$$

$$c'(NH_4^+)=0.11$$

$$c(NH_4^+)=0.11mol\cdot L^{-1}$$

则

$$m(NH_4Cl)=1.0L\times0.11mol\cdot L^{-1}\times53.5g\cdot mol^{-1}=5.9g$$

2. 判断沉淀的完全程度

当用沉淀反应制备产品或分离杂质时，沉淀是否完全是人们最关心的问题。由于难溶电解质溶液中存在着沉淀-溶解平衡，一定温度下 $K_{sp}^{\ominus}$ 为常数，故溶液中没有哪一种离子的浓度会完全等于零。所谓"沉淀完全"并不是说溶液中某种离子完全不存在，而是其含量极少，换句话说，没有一种沉淀反应是绝对完全的。在定性分析中一般要求离子浓度小于 $1.0\times10^{-5}mol\cdot L^{-1}$ 时，沉淀就达完全，即该离子被认为已除尽。

3. 同离子效应

在已达沉淀-溶解平衡的系统中，加入含有相同离子的易溶强电解质而使沉淀的溶解度降低的效应，叫做沉淀-溶解平衡中的同离子效应。

【例6】 欲除去溶液中的 Ba^{2+}，常加入 SO_4^{2-} 作为沉淀剂。问溶液中 Ba^{2+} 在下面两种情况下是否沉淀完全？

(1)将 0.10L 0.020mol·L^{-1} $BaCl_2$ 与 0.10L 0.020mol·L^{-1} Na_2SO_4 溶液混合；

(2)将 0.10L 0.020mol·L^{-1} $BaCl_2$ 与 0.10L 0.040mol·L^{-1} Na_2SO_4 溶液混合。

解：(1)已知反应前两溶液中的 Ba^{2+} 与 SO_4^{2-} 的物质的量相等，二者作用后，可认为生

成等物质的量的 $BaSO_4$ 沉淀。当反应达到平衡时溶液中残留的 Ba^{2+}，SO_4^{2-} 也可看做全部是由 $BaSO_4$ 溶解得到，二者浓度相同，可由 $K_{sp}^{\ominus}$ 求得

$$BaSO_4 \rightleftharpoons Ba^{2+} + SO_4^{2-};\quad K_{sp}^{\ominus}(BaSO_4) = 1.1\times10^{-10}$$

$$c'(Ba^{2+})\cdot c'(SO_4^{2-}) = \sqrt{K_{sp}^{\ominus}(BaSO_4)} = 1.1\times10^{-5}$$

$$c(Ba^{2+}) = c(SO_4^{2-}) = 1.1\times10^{-5}\,mol\cdot L^{-1}$$

所得浓度大于 $1.0\times10^{-5}\,mol\cdot L^{-1}$，说明此时 Ba^{2+} 未能沉淀完全。

(2)此题中 SO_4^{2-} 过量。先考虑 Ba^{2+} 与 SO_4^{2-} 以等物质的量互相作用，然后计算剩余的 SO_4^{2-} 浓度为

$$c(SO_4^{2-}) = \{(0.040\times0.10-0.020\times0.10)/0.20\}\,mol\cdot L^{-1}$$

$$=0.010\,mol\cdot L^{-1}$$

$$BaSO_4 \rightleftharpoons Ba^{2+} + SO_4^{2-}$$

平衡浓度 $c/mol\cdot L^{-1}$

$$K_{sp}^{\ominus}(BaSO_4) = c'(Ba^{2+})\cdot c'(SO_4^{2-}) = x(x+0.010)$$

由题(1)的计算得知 x 很小，可认为 $x+0.010\approx0.010$

$$c'(Ba^{2+}) = K_{sp}^{\ominus}(BaSO_4)/c'(SO_4^{2-}) = 1.1\times10^{-10}/0.010 = 1.1\times10^{-8}$$

$$c(Ba^{2+}) = 1.1\times10^{-8}\,mol\cdot L^{-1}$$

求得离子浓度小于 $1.0\times10^{-5}\,mol\cdot L^{-1}$，说明此时 Ba^{2+} 离子已沉淀完全。

从上例看，Ba^{2+} 是由 $BaSO_4$ 溶解产生的，故溶液中 Ba^{2+} 浓度代表 $BaSO_4$ 的溶解度。

上例中(2)相当于在(1)中再加入过量的 SO_4^{2-}。计算结果表明，当 SO_4^{2-} 过量时，残留的 Ba^{2+} 浓度减小，其结果导致 $BaSO_4$ 溶解度降低。

由例 6 可进一步推断，欲使某种离子沉淀完全，可让另一种离子(即沉淀剂)过量。这正是实际生产中常用的一种方法。例如，由硝酸银和盐酸为原料生产 AgCl 时，考虑到硝酸银来自金属银，银为贵重金属，应充分利用。因此常加入适当过量的盐酸，促使 Ag^+ 离子沉淀完全。又如从溶液中析出的沉淀因吸附有杂质而需要洗涤，为了减少洗涤时沉淀的溶解损失，根据同离子效应，常采用含有相同离子的溶液代替纯水洗涤沉淀。如洗涤 CaC_2O_4 常用稀 $(NH_4)_2C_2O_4$ 作为洗涤液。

在易溶电解质的沉淀-溶解系统中，同离子效应同样起作用。例如，在饱和 NaCl 溶液中通入 HCl 气体，也能析出 NaCl 晶体，并因与杂质分离较好得到较纯净的产品。

从同离子效应的角度看，加入沉淀剂越多，可使被沉淀的离子沉淀得越完全。但需指出，过多的沉淀剂反而会使溶解度变大，盐效应就是造成这种现象的原因之一。

4. 盐效应

实验证明，当含有其他易溶强电解质(无共同离子)时，难溶电解质的溶解度比在纯水中的要大。如 $BaSO_4$ 和 AgCl 在 KNO_3 溶液中的溶解度都大于在纯水中的，而且 KNO_3 的浓度越大，其溶解度越大。这种由于加入易溶强电解质而使难溶电解质溶解度增大的效应称为盐效应。从图 4-1 可以看出，无论 $BaSO_4$ 或 AgCl 在 KNO_3 存在下的溶解度都比在纯水中大。产生盐效应的原因是由于易溶强电解质的存在，使溶液中阴、阳离子的浓度大大增加，离子间的相互吸引和相互牵制的作用加强，妨碍了离子的自由运动，使离子与沉

淀表面相互碰撞的次数减少，有效浓度减小，导致沉淀速率变慢。破坏了原来的沉淀-溶解平衡，使平衡向溶解方向移动。当建立起新的平衡时，沉淀的溶解度必然有所增大。

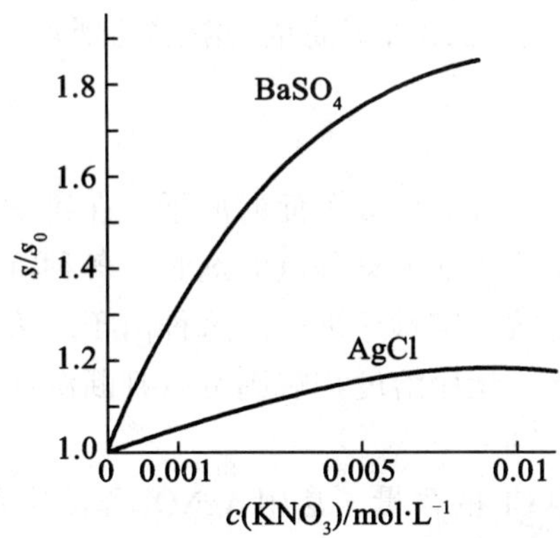

图 4-1　盐效应对 $BaSO_4$ 和 AgCl 溶解度的影响

（s_0 为沉淀在纯水中的溶解度；s 为沉淀在 KNO_3 溶液中的溶解度）

不难理解，在沉淀操作中利用同离子效应的同时也存在盐效应。故应注意所加沉淀剂不要过量太多，否则由于盐效应反而会使溶解度增大。表 4-2 列出了 $PbSO_4$ 在 Na_2SO_4 溶液中的溶解度。

表 4-2　　**$PbSO_4$ 在 Na_2SO_4 溶液中的溶解度**

$c(Na_2SO_4)$/mol·L^{-1}	0	0.001	0.01	0.02
$s(PbSO_4)$/mol·L^{-1}	1.5×10^{-4}	2.4×10^{-5}	1.6×10^{-5}	1.4×10^{-5}
$c(Na_2SO_4)$/mol·L^{-1}	0.04	0.10	0.20	
$s(PbSO_4)$/mol·L^{-1}	1.3×10^{-5}	1.5×10^{-5}	2.3×10^{-5}	

从表中看出，当 Na_2SO_4 浓度由零增加到 0.04mol·L^{-1} 时，$PbSO_4$ 溶解度不断降低，此时，同离子效应起主导作用。但当 Na_2SO_4 浓度超过 0.04mol·L^{-1} 时，溶解度又有所增加，说明此时盐效应的作用已很明显。在实际工作中沉淀剂的用量一般以过量 20% ~ 50% 为宜。表 4-2 的数据还表明在沉淀剂过量不多时同离子效应对难溶电解质溶解度的影响大于盐效应。因此，在有同离子效应的计算中，忽略盐效应所引起的误差不大，对于近似计算来说是允许的。

盐效应实际上普遍存在。在无机试剂的制备中，若在浓溶液中使杂质沉淀，往往得不到预期的效果。例如，在硝酸盐溶液中以 Ba^{2+} 沉淀 SO_4^{2-} 时，留在溶液中的 Ba^{2+} 及 SO_4^{2-} 的浓度之积远远超过 $BaSO_4$ 的溶度积。

过量的沉淀剂除了产生盐效应外，有时还会与沉淀发生化学反应，不仅浪费试剂，而且易造成试剂中杂质的污染，导致沉淀的溶解度增加，甚至完全溶解。

例如，在沉淀 Ag^+时，加入过量的 Cl^-会因生成$[AgCl_2]^-$配离子，使 AgCl 溶解度增大。在沉淀 Hg^{2+}时，加入过量 I^-会因生成无色$[HgI_4]^-$配离子而使红色的 HgI_2 沉淀溶解；在 $Ca(OH)_2$ 的饱和溶液中通入 CO_2，有 $CaCO_3$ 沉淀生成，若继续通入 CO_2，则因生成可溶性的酸式盐 $Ca(HCO_3)_2$，反而会出现沉淀重新溶解的现象。

4.2.3 分步沉淀

以上讨论的是溶液中只有一种能生成沉淀的离子。在科学实验和实际生产中，常常会遇到溶液中同时存在多种离子，当加入某种沉淀剂时，各种沉淀会相继生成，由于不同沉淀的溶解度不同，沉淀反应将按一定顺序进行。这种由于难溶电解质的溶解度不同而出现先后沉淀的现象称为分步沉淀。运用溶度积规则可以判断沉淀生成的次序，以及使混合离子达到分离。

【例7】 工业上分析水中 Cl^-的含量，常用 $AgNO_3$ 作滴定剂，K_2CrO_4 作为指示剂。在水样中逐滴加入 $AgNO_3$ 时，有白色 AgCl 沉淀析出。继续滴加 $AgNO_3$，当开始出现砖红色 Ag_2CrO_4 沉淀时，即为滴定的终点。

(1)试解释为什么 AgCl 比 Ag_2CrO_4 先沉淀；

(2)假定开始时水样中 $c(Cl^-)=7.1\times10^{-3}mol\cdot L^{-1}$，$c(CrO_4^{2-})=5.0\times10^{-3}mol\cdot L^{-1}$，计算当 Ag_2CrO_4 开始沉淀时，水样中的 Cl^-是否已沉淀完全？

解：(1)欲使 AgCl 或 Ag_2CrO_4 沉淀生成，溶液中离子积应大于溶度积。设生成 AgCl 和 Ag_2CrO_4 沉淀所需的最低 Ag^+的浓度分别为 $c_1(Ag^+)$和 $c_2(Ag^+)$，AgCl 和 Ag_2CrO_4 的沉淀-溶解平衡式为

$$AgCl(s)\rightleftharpoons Ag^++Cl^-;\qquad K_{sp}^{\ominus}(AgCl)=1.8\times10^{-10}$$

$$Ag_2CrO_4(s)\rightleftharpoons 2Ag^++CrO_4^{2-};\qquad K_{sp}^{\ominus}(Ag_2CrO_4)=1.1\times10^{-12}$$

$$c_1'(Ag^+)=K_{sp}^{\ominus}(AgCl)/c'(Cl^-)=1.8\times10^{-10}/(7.1\times10^{-3})=2.5\times10^{-8}$$

$$c_1(Ag^+)=2.5\times10^{-8}mol\cdot L^{-1}$$

$$c_2'(Ag^+)=\sqrt{K_{sp}^{\ominus}(Ag_2CrO_4)/c'(CrO_4^{2-})}=\sqrt{1.1\times10^{-12}/(5.0\times10^{-3})}$$

$$=1.5\times10^{-5}$$

$$c_2(Ag^+)=1.5\times10^{-5}mol\cdot L^{-1}$$

从计算得知，沉淀 Cl^-所需 Ag^+最低浓度比沉淀 CrO_4^{2-} 小得多，故加入 $AgNO_3$ 时，AgCl 应先沉淀。随着 Ag^+的不断加入，溶液中 Cl^-的浓度逐渐减少，Ag^+的浓度逐渐增加。当达到 $1.5\times10^{-5}mol\cdot L^{-1}$时，$Ag^+$与 CrO_4^{2-} 的离子积达到了 Ag_2CrO_4 的 $K_{sp}^{\ominus}$，随即析出砖红色 Ag_2CrO_4 沉淀。

(2)当 Ag_2CrO_4 开始析出时，溶液中 Cl^-浓度为

$$c'(Cl^-)=K_{sp}^{\ominus}(AgCl)/c'(Ag^+)=1.8\times10^{-10}/(1.5\times10^{-5})=1.2\times10^{-5}$$

$$c(Cl^-)=1.2\times10^{-5}mol\cdot L^{-1}$$

Cl^-浓度接近 $10^{-5}mol\cdot L^{-1}$，故 Ag_2CrO_4 开始析出时，可认为溶液中 Cl^-已基本沉淀完全。

【例8】 已知某溶液中含有 $0.10mol\cdot L^{-1}$ Ni^{2+} 和 $0.10mol\cdot L^{-1}$ 的 Fe^{3+}，试问能否通过控制 pH 的方法达到分离二者的目的。

解：查附录表2得 $K_{sp}^{\ominus}\{Ni(OH)_2\}=2.0\times10^{-15}$，$K_{sp}^{\ominus}\{Fe(OH)_3\}=4\times10^{-33}$，欲使 Ni^{2+} 沉淀所需 OH^- 的最低浓度为

$$c_1'(OH^-)=\sqrt{K_{sp}^{\ominus}\{Ni(OH)_2\}/c'(Ni^{2+})}=\sqrt{2.0\times10^{-15}/0.10}=1.4\times10^{-7}$$

$$c_1(OH^-)=1.4\times10^{-7}mol\cdot L^{-1},\ pH=7.2$$

欲使 Fe^{3+} 沉淀所需 OH^- 的最低浓度为

$$c_2'(OH^-)=\sqrt[3]{K_{sp}^{\ominus}\{Fe(OH)_3\}/c'(Fe^{3+})}=\sqrt[3]{4\times10^{-33}/0.10}=7.4\times10^{-13}$$

$$c_2(OH^-)=7.4\times10^{-13}mol\cdot L^{-1},\ pH=1.87$$

可见当混合溶液中加入 OH^- 时，Fe^{3+} 首先沉淀。
设当 Fe^{3+} 的浓度降为 $1.0\times10^{-5}mol\cdot L^{-1}$ 时，它已被沉淀完全，此时溶液中的 OH^- 的浓度为

$$c_3'(OH^-)=\sqrt[3]{K_{sp}^{\ominus}[Fe(OH)_3]/c'(Fe^{3+})}=\sqrt[3]{4\times10^{-33}/(1.0\times10^{-5})}$$

$$=1.6\times10^{-11}$$

$$c_3(OH^-)=1.6\times10^{-11}mol\cdot L^{-1},\ pH=3.20$$

pH=3.20 时 $Ni(OH)_2$ 沉淀尚不致生成。因此只要控制在 3.2<pH<7.2，就能使二者达到分离的目的。

从上面两例看出：当一种试剂能沉淀溶液中几种离子时，生成沉淀所需试剂离子浓度最小者首先沉淀。即是说，离子积首先达到其溶度积的难溶物先沉淀，这就是分步沉淀的基本原理。如果各离子沉淀所需试剂离子的浓度相差较大，借助分步沉淀就能达到分离的目的。对于那些同类型的难溶电解质，溶度积相差越大，离子分离的效果越好。

化工生产中，利用控制溶液 pH 的方法对金属氢氧化物进行分离，就是分步沉淀原理的重要应用。

4.2.4 沉淀的溶解

根据溶度积规则，要使沉淀溶解，需降低该难溶电解质饱和溶液中离子的浓度，使离子积小于溶度积，即 $Q<K_{sp}^{\ominus}$，为了达到这个目的，有以下几种途径。

1. 沉淀转化成弱电解质

(1)生成弱酸。一些难溶的弱酸盐，如碳酸盐、醋酸盐、硫化物，由于它们能与强酸作用生成相应的弱酸，降低了平衡系统中弱酸根离子的浓度，致使 $Q<K_{sp}^{\ominus}$。

例如，FeS 溶于盐酸的反应可表示如下：

$$\begin{array}{rl} FeS(s)\rightleftharpoons & Fe^{2+}+S^{2-} \\ & \qquad\quad + \\ 2HCl\longrightarrow & 2Cl^-+2H^+ \\ & \qquad\quad \Updownarrow \\ & \qquad\quad H_2S \end{array}$$

H^+ 与 S^{2-} 结合生成的 H_2S 为弱酸，又易于挥发，有利于 S^{2-} 浓度的降低，结果使 FeS 溶解。$CaCO_3$ 溶于 HCl 也是由于生成了易分解的弱酸 H_2CO_3。实验室中常利用这两个反应

制取 H_2S 和 CO_2：

$$FeS+2HCl \longrightarrow FeCl_2+H_2S\uparrow$$

$$CaCO_3+2HCl \longrightarrow CaCl_2+H_2O+CO_2\uparrow$$

(2)生成弱碱。$Mg(OH)_2$ 能溶于铵盐是由于生成了难离解的弱碱，降低了 OH^- 的浓度，使平衡向右移动：

$$\begin{array}{r}Mg(OH)_2(s) \rightleftharpoons Mg^{2+}+2OH^- \\ + \\ 2NH_4Cl \longrightarrow 2Cl^- + \quad 2NH_4^+ \\ \Updownarrow \\ 2NH_3 \cdot H_2O\end{array}$$

即 $$Mg(OH)_2(s)+2NH_4Cl \longrightarrow MgCl_2+2NH_3 \cdot H_2O$$

(3)生成水。一些难溶金属氢氧化物和酸作用，因生成水而溶解。例如，$Mg(OH)_2$ 溶于盐酸：

$$\begin{array}{r}Mg(OH)_2(s) \rightleftharpoons Mg^{2+}+2OH^- \\ + \\ 2HCl \longrightarrow 2Cl^- + 2H^+ \\ \Updownarrow \\ 2H_2O\end{array}$$

即 $$Mg(OH)_2(s)+2HCl \longrightarrow MgCl_2+2H_2O$$

分析溶解反应的平衡常数，可对上述反应有进一步的认识。以 FeS 溶于 HCl 为例，该系统中同时存在着两种平衡，即 FeS 的沉淀-溶解平衡及 H_2S 的离解平衡：

$FeS(s) \rightleftharpoons Fe^{2+}+S^{2-}$　　(1)；$K_1^{\ominus}=K_{sp}^{\ominus}$

$S^{2-}+2H^+ \rightleftharpoons H_2S$　　(2)；$K_2^{\ominus}=1/(K_{a1}^{\ominus} \cdot K_{a2}^{\ominus})$

溶解反应　$FeS(s)+2H^+ \rightleftharpoons Fe^{2+}+H_2S$　　(3)；$K_3^{\ominus}$

因为溶解反应平衡实际是一多重平衡。即(1)+(2)=(3)，所以

$$K_3^{\ominus}=K_1^{\ominus} \cdot K_2^{\ominus}=K_{sp}^{\ominus}/(K_{a1}^{\ominus} \cdot K_{a2}^{\ominus})$$

溶解反应的平衡常数与难溶电解质的溶度积及弱电解质的离解常数有关。难溶电解质的溶度积越大，或生成弱电解质的离解常数 $K_a^{\ominus}$ 或 $K_b^{\ominus}$ 越小，越易溶解。例如，FeS 和 CuS 虽然同是弱酸盐，但 CuS 的 $K_{sp}^{\ominus}$ 比 FeS 的小得多，故 FeS 能溶于 HCl，而 CuS 不溶。又如，溶度积很小的金属氢氧化物 $Fe(OH)_3$，$Al(OH)_3$ 不能溶于铵盐，但能溶于酸。这是因为加酸后生成水，加 NH_4^+ 后生成 $NH_3 \cdot H_2O$，而水是比氨水更弱的电解质。

2. 发生氧化还原反应

上面提到的 CuS 不能溶于盐酸，但能溶于硝酸。因为 HNO_3 能将 S^{2-} 氧化成单质 S，S^{2-} 的浓度降得更低，使 $Q<K_{sp}^{\ominus}$。溶解反应式为

$$3CuS+8HNO_3 \longrightarrow 3Cu(NO_3)_2+3S\downarrow+2NO\uparrow+4H_2O$$

同理，Ag_2S 也能用硝酸溶解。

3. 生成难离解的配离子

当简单离子生成配离子后，由于配离子具有一定的稳定性，使离解出来的简单离子的

浓度远低于原来的浓度，从而达到 $Q<K_{sp}^{\ominus}$ 的目的(关于配合理论见第八章)。如 AgBr 不溶于水也不溶于强酸和强碱，却能溶于硫代硫酸钠溶液。这是由于 Ag^+ 与 $S_2O_3^{2-}$ 结合，生成了稳定的配离子 $[Ag(S_2O_3)_2]^{3-}$，从而大大降低了 Ag^+ 的浓度之故。

$$AgBr+2S_2O_3^{2-} \longrightarrow [Ag(S_2O_3)_2]^{3-}+Br^-$$

该反应广泛应用于照相技术中。

4. 转化为另一种沉淀再行溶解

某些难溶盐如 $BaSO_4$，$CaSO_4$ 用上述方法都不能溶解，这时可采用沉淀转化的方法。以 $CaSO_4$ 转化成 $CaCO_3$ 为例，在 $CaSO_4$ 饱和溶液中加入 Na_2CO_3，反应式如下：

$$\begin{array}{rcl} CaSO_4 & \rightleftharpoons & Ca^{2+}+SO_4^{2-} \\ & & + \\ Na_2CO_3 & \longrightarrow & CO_3^{2-} \quad +2Na^+ \\ & & \Updownarrow \\ & & CaCO_3 \downarrow \end{array}$$

由于 $K_{sp}^{\ominus}(CaCO_3)$ 小于 $K_{sp}^{\ominus}(CaSO_4)$，Ca^{2+} 与 CO_3^{2-} 能生成 $CaCO_3$ 沉淀，从而使溶液中 Ca^{2+} 的浓度降低。这时，溶液对 $CaSO_4$ 来说变为不饱和，故逐渐溶解。只要加入足够量的 Na_2CO_3，提供所需要的 CO_3^{2-} 浓度，就能使 $CaSO_4$ 全部转化成 $CaCO_3$，而 $CaCO_3$ 是一种弱酸盐，极易溶于强酸中。当然要完成上述反应，$CaSO_4$ 沉淀还要足够细，反应时间也要足够长！且要不断搅拌，使反应充分。

由此可见，借助适当的试剂，可将许多难溶电解质转化为更难溶的电解质，沉淀转化的难易程度取决于这两种沉淀物溶解度的相对大小。一般来说，由一种难溶电解质转化为另一种更难溶的电解质的过程容易实现。但是将溶解度较小的电解质转化为溶解度较大的电解质也并非不是可能的，不过这要困难得多。对于两种化合物溶解度相差不大的沉淀，采取一定的措施，可实现这种转化，这里不再详述。

【阅读材料4】

水污染和水体富营养化

水是生命之源。虽然地球表面70%以上都是水，但其中97.3%都是海水，常年不化的冰帽、冰川占2.14%。人类所能利用的淡水资源仅占总水量的0.63%。其中地下水占0.61%，大气中水蒸气占0.01%，包括江、河、湖泊在内的全部地面水约占总水量的0.02%。随着人口增长及工农业的发展，一方面用水量迅速增加；另一方面大量的废水排入水体造成污染，又使可用水量急剧减少。目前，全世界有1/3的人口面临供水紧张问题，2003年世界环境日的主题就是：水——二十亿人生命之所系。

1984年颁布的中华人民共和国水污染防治法中为“水污染”下了明确的定义，即水体因某种物质的介入，而导致其化学、物理、生物或者放射性等方面特征的改变，从而影响水的有效利用，危害人体健康或者破坏生态环境，造成水质恶化的现象称为水污染(water pollution)。

水的污染有两类：一类是自然污染，另一类是人为污染，而后者危害更大。根据污染杂质的不同，水污染主要分为化学性污染、物理性污染和生物性污染三大类。

1. 化学性污染

化学性污染是污染杂质为化学物品所造成的水体污染。化学性污染又根据具体污染源的不同可分为6类：

(1)无机污染物质。污染水体的无机污染物质有酸、碱和一些无机盐类。酸碱污染使水体的pH发生变化，当pH小于6.5或大于8.5时，水中微生物受到抑制，妨碍水体自净作用，还会腐蚀船舶和水下建筑物，影响渔业。无机污染物中，氰化物是毒性很强的一种，人中毒后会呼吸困难，全身细胞缺氧，而后窒息死亡。规定饮用水中含氰(以 CN^- 计)不得超过 $0.01mg\cdot dm^{-3}$，氰化物主要来自于电镀废水、冶炼厂废水等。

(2)重金属污染物。污染水体的重金属中以汞毒性最大，镉次之，铅、铬也有相当毒性。此外，砷的毒性也与重金属相似。震惊世界的日本水俣病事件，就是由于汞的污染造成的。而骨痛病是由铬的污染导致的。

(3)有机有毒物质。污染水体的有机有毒物质主要是各种有机农药、多环芳烃、芳香烃等。它们大多是人工合成的物质，化学性质很稳定，在水中很难被生物所分解，且会通过食物链逐步被累积造成危害。

(4)耗氧污染物质。生活污水和某些工业废水中所含的碳水化合物、蛋白质、脂肪酚、醇等有机物质可在微生物的作用下进行分解。在分解过程中需要消耗大量氧气，故称之为耗氧污染物质。

(5)植物营养物质。主要是生活与工业污水中的含氮、磷等植物营养物质，以及农田排水中残余的氮和磷。这两种元素的过量会引起会使水中的藻类和其他浮游生物迅速繁殖过分生长，抢占了水体中有限的氧气与阳光。从而导致水体缺氧，使其他水生动、植物不能生存，破坏了水体中的生态平衡，并最后导致整个水体也包括它们自身的“死亡”。这种情况称为水的富营养化。这也是一种水体污染。

(6)油类污染物质。主要指石油对水体的污染，尤其海洋采油和油轮事故污染最甚。石油比水轻，在水面形成薄膜，会大大减少水中的溶解氧；另外，油膜还会堵塞鱼类的腮，使鱼呼吸困难致死，或能使海鸟羽毛粘结成块，失去飞翔能力甚至死亡。

2. 物理性污染

(1)悬浮物质污染。悬浮物质是指水中含有的不溶性物质，包括固体物质和泡沫塑料等。它们是由生活污水、垃圾和采矿、采石、建筑、食品加工、造纸等产生的废物泄入水中或农田的水土流失所引起的。太多的悬浮物质能截断光线，妨碍水中植物的光合作用，减少氧气的溶入，对水生生物极为不利。

(2)热污染。主要来自各种工业过程的冷却水，若不采取措施，直接将冷却水排入环境的自然水体中，会引起这些水体的水温升高。这不仅会直接杀死某些水中生物，还使水中溶解氧含量降低，使水中存在的某些有毒物质的毒性增加，从而危及水中生态系统的平衡。

(3)放射性污染。由于原子能工业的发展，放射性矿藏的开采，核试验和核电站的建立以及同位素在医学、工业、研究等领域的应用，使放射性废水、废物显著增加。若直接排入环境，不仅会影响环境的水质，还会污染水生生物和流经的土壤，并会通过食物链对人产生内照射，引起各种辐射病。

3. 生物性污染

生物性污染主要是生活污水，特别是医院污水，常带有细菌或病原微生物。例如，某些原来存在于人畜肠道中的病原细菌，如伤寒、副伤寒、霍乱细菌等，以及2003年流行的SARS病毒都可以通过人畜粪便的污染而进入水体，随水流动而传播。有一些病毒，如肝炎病毒、腺病毒等也常在污染水中发现。某些寄生虫病，如阿米巴痢疾、血吸虫病、钩端螺旋体病等也可通过水进行传播。防止病原微生物对水体的污染也是保护环境，保障人体健康的一大课题。

◎ **思考题**

1. 如何应用溶度积规则来判断沉淀的生成和溶解？

2. 什么是分步沉淀？判断沉淀生成次序的依据是什么？

3. 反应 $Mg(OH)_2+2HAc \rightleftharpoons Mg^{2+}+2Ac^-+2H_2O$ 的 $K^{\ominus}$ 可以由下列3个反应求得，试根据多重平衡规则求算总反应的 $K^{\ominus}$ 值，推断 $Mg(OH)_2$ 是否可溶于HAc。

(1) $Mg(OH)_2 \rightleftharpoons Mg^{2+}+2OH^-$；　$K_1^{\ominus}=K_{sp}^{\ominus}\{Mg(OH)_2\}$

(2) $HAc \rightleftharpoons H^++Ac^-$；　$K_2^{\ominus}=K_a^{\ominus}(HAc)$

(3) $H^++OH^- \rightleftharpoons H_2O$；　$K_3^{\ominus}=\dfrac{1}{K_w^{\ominus}}$

4. 同离子效应和盐效应对弱电解质的解离及难溶电解质的溶解各有什么影响？

5. 解释下列问题：

(1)在洗涤 $BaSO_4$ 沉淀时，不用蒸馏水而用稀 H_2SO_4。

(2) CuS 不溶于 HCl 但可溶于 NHO_3。

(3)虽然 $K_{sp}^{\ominus}(PbCO_3)=7.4\times10^{-14}<K_{sp}^{\ominus}(PbSO_4)=1.6\times10^{-8}$，但 $PbCO_3$ 能溶于 HNO_3，而 $PbSO_4$ 不溶。

(4) $Mg(OH)_2$ 可溶于铵盐而 $Fe(OH)_3$ 不溶。

(5) CaF_2 和 $BaCO_3$ 的溶度积常数很接近(分别为 5.3×10^{-9} 和 5.1×10^{-9})，两者的饱和溶液中 Ca^{2+} 和 Ba^{2+} 浓度是否也很接近？

(6) AgCl 可溶于弱碱氨水，却不溶于强碱氢氧化钠。

(7)当溶液的pH降低时，下列哪一种物质的溶解度基本不变？

$Al(OH)_3$，AgAc，$ZnCO_3$，$PbCl_2$

6. 试推导下列各类难溶电解质 AgCl，$Mg(OH)_2$，$Fe(OH)_3$ 的溶解度 s 与其溶度积 $K_{sp}^{\ominus}$ 之间的关系。

7. 将 AgCl 与 AgI 的饱和溶液等体积混合，再加入足量固体 $AgNO_3$，其现象为(　　)。

A. 只有 AgI 沉淀

B. AgCl 和 AgI 沉淀等量析出

C. AgCl 和 AgI 沉淀都有，但以 AgCl 沉淀为主

D. AgCl 和 AgI 沉淀都有，但以 AgI 沉淀为主

8. 下列说法正确的是(　　)。

A. 溶度积小的物质一定比溶度积大的物质溶解度小

B. 对同类型的难溶物，溶度积小的一定比溶度积大的溶解度小

C. 难溶物质的溶度积与温度无关

D. 难溶物的溶解度仅与温度有关

习　题

1. 写出下列各难溶电解质的溶度积 $K_{sp}^{\ominus}$ 的表达式(假设完全解离)：

$PbCl_2$，　Ag_2S，　$AgBr$，　$Ba_3(PO_4)_2$

2. 已知下列物质的溶解度，试计算其溶度积常数。

(1) $CaCO_3$；$s(CaCO_3)=5.3\times10^{-3}g\cdot L^{-1}$；

(2) Ag_2CrO_4；$s(Ag_2CrO_4)=2.2\times10^{-2}g\cdot L^{-1}$。

3. 已知下列物质的溶度积常数，试计算其饱和溶液中各离子的浓度。

(1) CaF_2；$K_{sp}^{\ominus}(CaF_2)=5.3\times10^{-9}$；

(2) $PbSO_4$；$K_{sp}^{\ominus}(PbSO_4)=1.6\times10^{-8}$。

4. 向 $ZnSO_4$ 溶液中加入 NaOH，试通过计算[$K_{sp}^{\ominus}(Zn(OH)_2)=1.2\times10^{-17}$]：

(1) 控制反应终点 pH 值为 7.00，$Zn(OH)_2$ 能否沉淀完全?

(2) pH=9.00 又如何?

5. 某溶液中含有 Zn^{2+} 和 Fe^{2+}，起始浓度均为 $0.10mol\cdot L^{-1}$，往溶液中通入 H_2S 至饱和，并维持溶液的 $c(H^+)=0.10mol\cdot L^{-1}$，试计算是否都能析出硫化物沉淀?

6. 通过计算说明将下列各组溶液以等体积混合时，哪些可以生成沉淀? 哪些不能? 各混合溶液中 Ag^+ 和 Cl^- 的浓度分别是多少?

(1) $1.5\times10^{-6}mol\cdot L^{-1}AgNO_3$ 和 $1.5\times10^{-5}mol\cdot L^{-1}NaCl$；

(2) $1.5\times10^{-4}mol\cdot L^{-1}AgNO_3$ 和 $1.5\times10^{-4}mol\cdot L^{-1}NaCl$；

(3) $1.5\times10^{-2}mol\cdot L^{-1}AgNO_3$ 和 $1.0\times10^{-3}mol\cdot L^{-1}NaCl$；

(4) $8.5mg\cdot L^{-1}AgNO_3$ 和 $5.85mg\cdot L^{-1}NaCl$(各溶于 1.0L H_2O 中)。

7. 将密度为 $1.12g\cdot mL^{-1}$(质量分数为 0.238)的 HCl 1.00mL 冲稀 1000 倍后，与等体积 $0.100mol\cdot L^{-1}$ 的 $Pb(NO_3)_2$ 溶液相混合，试计算有无 $PbCl_2$ 沉淀析出。将 HCl 换为密度为 $1.15g\cdot mL^{-1}$(质量分数为 0.209)的 H_2SO_4，同样处理后，有无 $PbSO_4$ 沉淀析出?

8. 现用两种不同方法洗涤 $BaSO_4$ 沉淀：

(1) 用 0.10L 蒸馏水；

(2) 用 0.10L 0.010 $mol\cdot L^{-1}H_2SO_4$。

假设两种洗涤液都被 $BaSO_4$ 所饱和，计算在不同洗涤液的洗涤中损失的 $BaSO_4$ 各为多少克?

9. 由下面给定条件计算 $K_{sp}^{\ominus}$：

(1) $Mg(OH)_2$ 饱和溶液的 pH=10.52；

(2) $Ni(OH)_2$ 在 pH=9.00 溶液中的溶解度为 $2.0\times10^{-5}mol\cdot L^{-1}$。

10. 在100mL 0.0200mol·L^{-1} $MnCl_2$ 中，加入浓度为0.0100mol·L^{-1}氨水100mL，计算在氨水中含有多少克 NH_4Cl 时才不致生成 $Mn(OH)_2$ 沉淀(设溶液混合时无体积效应)?

11. 在0.30mol·L^{-1} HCl 溶液中，Cd^{2+}浓度为0.010mol·L^{-1}，于其中持续通入 H_2S，Cd^{2+}是否能沉淀完全?

12. 某溶液中含有0.10mol·L^{-1} Ba^{2+}和0.10mol·L^{-1} Ag^+，在滴加 Na_2SO_4 溶液时(忽略体积变化)，哪种离子首先沉淀出来?当第二种沉淀析出时，第一种析出的离子是否沉淀完全?两种离子有无可能用沉淀法分离?

13. 在含有 Ba^2 和 Sr^{2+}的溶液中，已知其离子浓度均为0.10mol·L^{-1}，如果滴入稀 H_2SO_4(设滴入后不改变原溶液的体积和浓度)，试由计算说明:

(1)从溶液中首先析出的沉淀是 $BaSO_4$ 还是 $SrSO_4$?

(2)能否将这两种离子分离?

14. 粗制 $CuSO_4\cdot5H_2O$ 晶体中常含有杂质 Fe^{2+}。在提纯 $CuSO_4$ 时，为了除去 Fe^{2+}，常加入少量 H_2O_2，使 Fe^{2+}氧化为 Fe^{3+}，然后再加少量碱至溶液 pH=4.00。假设溶液中 $c(Cu^{2+})=0.50$mol·L^{-1}，$c(Fe^{2+})=0.010$mol·L^{-1}，试通过计算解释:

(1)为什么必须将 Fe^{2+}转化为 Fe^{3+}后再加入碱。

(2)在 pH=4.00 时能否达到将 Fe^{3+}除尽而 $CuSO_4$ 不损失的目的。

15. 当 $CaSO_4$ 溶于水后，建立如下平衡:

(1)$CaSO_4(s) \rightleftharpoons CaSO_4(aq)$; $K_1^{\ominus}=6\times10^{-3}$

(2)$CaSO_4(aq) \rightleftharpoons Ca^{2+}(aq)+SO_4^{2-}(aq)$; $K_2^{\ominus}=5\times10^{-3}$

试:(1)求 $CaSO_4(aq)$和 $Ca^{2+}(aq)$，$SO_4^{2-}(aq)$的平衡浓度;

(2)求固体 $CaSO_4$ 溶于1L水中的物质的量;

(3)将(1)的答案与从 $CaSO_4$ 的 $K_{sp}^{\ominus}=9.1\times10^{-6}$直接计算得到的溶解度进行比较。

第5章 氧化和还原

【学习目标】

(1)掌握原电池的组成、原理、电极反应及电池反应关系。

(2)掌握氧化还原反应方程式的配平方法，会配平氧化还原反应方程式。

(3)了解电极电势的概念，会根据电极电势判断反应的方向，比较氧化剂、还原剂的相对强弱。

(4)掌握能斯特方程式的应用和电极电势的应用，会根据能斯特方程进行有关计算。

化学反应可分为两大类：一类是非氧化还原反应，如酸碱反应和沉淀反应；另一类是广泛存在的氧化还原反应。氧化还原反应过程中有电子的转移(或电子对的偏移)，某些元素的氧化值发生了变化。这类反应涉及面很广，并和电化学有密切联系，对于制取新物质，获得能源(化学热能和电能)都具有重要意义。本章在原电池的基础上，引出电极电势这一重要概念，作为比较氧化剂和还原剂相对强弱、判断氧化还原反应方向的依据，并介绍元素电势图及其应用。

5.1 氧化还原反应的基本概念

人们经过对化学反应的不断研究，认识到氧化还原反应实质上是一类有电子转移(或得失)的反应。在氧化还原反应中，得到电子的物质叫做氧化剂，失去电子的物质叫做还原剂。还原剂是电子的给予体，氧化剂是电子的接受体。还原剂失去电子的过程叫做氧化，氧化剂得到电子的过程叫做还原，氧化和还原是同时发生的。

5.1.1 氧化值

在氧化还原反应中，由于发生电子转移(或共用电子对偏移)引起某些原子的价层电子结构发生变化，导致了这些原子的带电状态改变。为了描述元素的原子被氧化的程度，人们提出了氧化态的概念。表示元素氧化态的代数值称为元素的氧化值，又称氧化数。1970年国际纯粹和应用化学联合会(IUPAC)定义：氧化值是指某元素一个原子的荷电数，该荷电数是假定把每一个化学键中的电子指定给电负性大的原子而求得的。对于以共价键结合的多原子分子或离子，原子间共用电子对指定给电子对靠近电负性大的原子，而偏离电负性小的原子。可以认为，电子对偏近的原子带负电荷，电子对偏离的原子带正电荷。这样，原子所带电荷实际上是人为指定的形式电荷。原子所带形式电荷就是其氧化值。确定氧化值的规则如下：

确定氧化值的一般原则如下：

1. 具体确定氧化值的方法

(1)任何形态的单质中元素氧化值为零。

(2)在单原子离子的氧化值等于它所带的电荷数；多原子离子中所有元素的氧化值之和等于该离子所带的电荷数。

(3)在化合物中各元素氧化数的代数和等于零。

(4)氢在化合物中的氧化值一般为+1，只有在与活泼金属生成的氢化物中，氢的氧化值为-1，如 NaH、CaH_2 等。氧在化合物中的氧化值一般为-2，在过氧化物(如 H_2O_2，Na_2O_2)中为-1；在氟氧化合物中为+2，如 OF_2。

(5)在共价化合物中，将属于两原子的共有电子对指定给两原子中电负性较大的原子以后，在两原子上的“形式”电荷数就是其氧化值。

(6)氟在化合物中的氧化值均为-1。

2. 使用氧化数时应注意的问题

(1)在共价化合物中氧化数和化合价两者常不一致。例如，在 CH_4，$CHCl_3$，CH_3Cl 和 CCl_4 中，碳的化合价(共价数)为 4，而氧化数分别为-4，+2，-2 和+4。

(2)氧化数可为整数，也可为分数或小数。如 Fe_3O_4 中 Fe 的平均氧化数为+8/3；$Na_2S_4O_6$中 S 的平均氧化数为+2.5。而化合价指元素在化合态时原子的个数比，只能是整数。

(3)在离子化合物中，元素的氧化数等于离子的电荷数。

例如，在 NaCl 分子中，Cl 电负性比 Na 大，成键时氯原子夺取了钠原子的一个电子，变成带一个单位负电荷的氯离子 Cl^-，氧化值为-1；钠原子变成带一个单位正电荷的钠离子，Na^+，氧化值为+1。与 IUPAC 规定把 NaCl 中离子键的电子指定给电负性大的 Cl 原子是一致的，故在离子化合物离子所带的电荷数就等于其氧化值。在共价化合物如 HCl 中，H 原子与 Cl 原子成键时虽然没有电子得失，但有电子对的偏移，由于这一对共用电子偏向电负性大的氯原子，故指定 Cl 原子带一个单位负电荷，H 原子带一个单位正电荷，实际是形式电荷，它们的氧化值分别为-1 和+1。

一种元素在化合物中的氧化值，通常是在该元素符号的右上方用$+x$ 和$-x$ 来表示，如 $Fe^{+2}SO_4$，$Fe_2{}^{+3}O_3$。有时也写成罗马数字加上括号放在元素符号之后，如 $FeSO_4$ 中的 Fe(Ⅱ)；Fe_2O_3 中的 Fe(Ⅲ)。

【例 1】 计算 $K_2Cr_2O_7$，Fe_3O_4 中 Cr 及 Fe 的氧化值。

解：设在 $K_2Cr_2O_7$中 Cr 的氧化值为 x，氧的氧化值为-2，K 的氧化值为+1，则

$$2\times1+2\times x+7\times(-2)=0 \qquad x=+6$$

设在 Fe_3O_4 中 Fe 的氧化值为 y，则

$$3\times y+4\times(-2)=0 \qquad y=+8/3$$

5.1.2 氧化还原电对

在氧化还原反应中，失电子的过程称为氧化，失电子物种为还原剂，还原剂失电子后即为其氧化产物；得到电子的过程称为还原，得电子物种为氧化剂，氧化剂得电子后即为

其还原产物。

氧化与还原必然同时发生。例如：

$$Fe+Cu^{2+} \longrightarrow Fe^{2+}+Cu$$

此反应可表示为两部分：(a) $Fe \longrightarrow Fe^{2+}+2e^-$

(b) $Cu^{2+}+2e^- \longrightarrow Cu$

反应式(a)、式(b)都称为半反应。式(a)中 Fe 失去 2 个电子，氧化值由 0 升至+2，此过程称为氧化，Fe 为还原剂，Fe^{2+}为其氧化产物；式(b)中 Cu^{2+}得到 2 个电子，氧化值由+2 降至 0，此过程称为还原，Cu^{2+}为氧化剂，Cu 为其还原产物。氧化还原反应则是两个半反应之和。

从上式看出，每个半反应中包括同一种元素的两种不同氧化态物种，如 Fe^{2+}和 Fe；Cu^{2+}和 Cu。它们被称为氧化还原电对，简称电对。电对中氧化值较大的物种为氧化型，氧化值较小的物种为还原型，用氧化型/还原型表示电对。上例的电对为 Fe^{2+}/Fe 和 Cu^{2+}/Cu。

半反应式可表示为：　　氧化型$+ne^-$$\rightleftharpoons$还原型

任一氧化还原反应至少包含 2 个电对，有时多于 2 个。

5.1.3 常见的氧化剂和还原剂

在氧化剂中应含有高氧化态的元素，还原剂中必含低氧化态的元素。若元素处于中间氧化态，则既可作氧化剂又可作还原剂，视与其作用的物质及反应条件而定。如 H_2O_2 与 I^-作用时，H_2O_2 作为氧化剂而被还原成 H_2O，氧的氧化值由−1 降至−2；而 H_2O_2 与 $KMnO_4$ 作用时，则作为还原剂而被氧化成 O_2，氧的氧化值由−1 升至 0。

常见的氧化剂、还原剂及其产物列于表 5-1 中。

表 5-1　常见氧化剂、还原剂及其在酸性介质中的产物

氧化剂		还原剂	
(1)活泼非金属单质		(1)活泼金属单质和 H_2	
氧化剂	产物	还原剂	产物
X_2^*	X^-	M^{**}	M^{z+}
O_2	H_2O	H_2	H^+
(2)元素具有高氧化值的物种		(2)元素具有低氧化值的物种	
氧化剂	产物	还原剂	产物
XO_n^-(n=1，2，3，4)	X^-	I^-	I_2
MnO_4^-***	Mn^{2+}		
$Cr_2O_7^{2-}$	Cr^{3+}		
$S_2O_8^{2-}$	SO_4^{2-}	S^{2-}	S，SO_4^{2-}
$NaBiO_3$	Bi^{3+}		
PbO_2	Pb^{2+}	Sn^{2+}	Sn^{4+}

续表

氧　化　剂		还　原　剂	
(2)元素具有高氧化值的物种		(2)元素具有低氧化值的物种	
MnO_2	Mn^{2+}		
Fe^{3+}	Fe^{2+}	Fe^{2+}	Fe^{3+}
(3)元素具有中间氧化值的物种		(3)元素具有中间氧化值的物种	
氧化剂	产物	还原剂	产物
H_2O_2	H_2O	H_2O_2	O_2
H_2SO_3	S	H_2SO_3	SO_4^{2-}
HNO_2	NO	HNO_2	NO_3^-
		$H_2C_2O_4$	CO_2
(4)氧化性酸		(4)还原性酸	
氧化剂	酸的产物	还原剂	产物
浓 H_2SO_4	SO_2，S，H_2S	H_2S	S，SO_4^{2-}
浓 HNO_3	NO_2，NO	HX	X_2
稀 HNO_3	NO，N_2O，NH_4^+		
王水	NO		

* X=Cl，Br，I，下同。

** M 为“金属电位序”在 H_2 以前的活泼金属。

*** MnO_4^-(紫红色)在酸性介质中被还原成 Mn^{2+}(浅粉红色)。在近中性介质中被还原成 MnO_2(棕色)；在强碱性介质中被还原成 MnO_4^{2-}(绿色)。

5.1.4　氧化还原反应方程式的配平

氧化还原反应方程式一般比较复杂，除氧化剂和还原剂外，常有酸和碱作为介质参加反应(介质在反应中氧化数不发生变化)。此外，反应物和生成物的计量系数有时较大，用直接法往往不易配平，此外，H_2O 也常常作为反应物或生成物存在于反应方程式中。反应式中的反应物与生成物的计量数有时较大，因此需按一定的方法将其配平。最常用的配平方法有氧化值法和离子-电子法。

1. 氧化值法

此法中学已经学过，不再重复。此处配平几个反应作为复习。

Zn的氧化值升高2×4

$$(1)\ \overset{0}{Zn}+H\underset{+5}{N}O_3(\text{稀})\longrightarrow \overset{+2}{Zn}(NO_3)_2+\underset{-3}{N}H_4NO_3+H_2O$$

N的氧化值降低8×1

$$4Zn+HNO_3(\text{稀})\longrightarrow 4Zn(NO_3)_2+NH_4NO_3+H_2O$$

$$4Zn+10HNO_3(\text{稀})=\!=\!=4Zn(NO_3)_2+NH_4NO_3+3H_2O$$

$$\text{(2)}\ \overset{+7}{\underset{\smile}{K\text{Mn}O_4}}+H_2\overset{-1\times2}{O_2}+H_2SO_4 \longrightarrow \overset{+2}{\text{Mn}SO_4}+K_2SO_4+\overset{0}{O_2}+H_2O$$

(上方标注：$(1\times2)\times5$；下方标注：5×2)

$$2KMnO_4+5H_2O_2+H_2SO_4 \longrightarrow 2MnSO_4+K_2SO_4+5O_2\uparrow+H_2O$$

$$2KMnO_4+5H_2O_2+3H_2SO_4 = 2MnSO_4+K_2SO_4+5O_2\uparrow+8H_2O$$

从以上实例可以总结出，氧化数法配平氧化还原反应方程式的原则：

(1)氧化剂中元素氧化数降低的总数等于还原剂中元素氧化数升高的总数。

(2)方程式两边各种元素的原子总数相等。

2. 离子-电子法

离子-电子法配平的基本原则是：

(1)反应中氧化剂得到的电子总数与还原剂失去的电子总数必须相等。

(2)根据质量守恒定律，方程式两边各种元素的原子总数相等。方程式左右两边的离子电荷总数也应相等。

需要指出，反应物或生成物若为难溶物或难离解的物质，应写成分子式或化学式而不能写成离子。如 $NaBiO_3$，PbO_2(都是难溶物)和 $H_2C_2O_4$(弱电解质)等。

下面用实例说明离子-电子法的配平步骤。

【例 2】 配平反应方程式：

$$KMnO_4+K_2SO_3 \xrightarrow{\text{酸性溶液}} MnSO_4+K_2SO_4$$

解：(1)用离子式写出主要的反应物和生成物。

$$MnO_4^-+SO_3^{2-} \longrightarrow Mn^{2+}+SO_4^{2-}$$

(2)将上式分解为两个半反应式，一个代表氧化剂的还原反应，另一个代表还原剂的氧化反应。

氧化剂被还原　　$MnO_4^- \longrightarrow Mn^{2+}$

还原剂被氧化　　$SO_3^{2-} \longrightarrow SO_4^{2-}$

(3)分别配平两个半反应式，使两边的原子数和电荷数都相等。

前一半反应：MnO_4^- 还原成 Mn^{2+}时，要减少 4 个 O 原子，在酸性介质中可以加入 8 个 H^+，使之结合成 4 个分子 H_2O：

$$MnO_4^-+8H^+ \longrightarrow Mn^{2+}+4H_2O$$

再配平电荷数。左边正、负电荷抵消后净剩正电荷数为+7，右边为+2，因此需在左边加上 5 个电子，达到左右两边电荷相等：

(a)　　$$MnO_4^-+8H^+5e^- \longrightarrow Mn^{2+}+4H_2O$$

后一半反应：SO_3^{2-} 氧化成 SO_4^{2-} 时需增加一个 O 原子，酸性溶液中可由 H_2O 提供，同时生成 2 个 H^+：

$$SO_3^{2-}+H_2O \longrightarrow SO_4^{2-}+2H^+$$

上式中左边的电荷数为-2，右边正、负电荷抵消为 0，因此需在右边加上 2 个电子：

(b)　　$$SO_3^{2-}+H_2O \longrightarrow SO_4^{2-}+2H^++2e^-$$

(4)根据整个反应得失电子总数应相等的原则，找出两个半反应中电子得失的最小公倍数，然后将两式相加并消去电子，有些反应还应抵消参与反应的某些介质，如 H_2O，H^+等，即得配平的离子方程式。

式(a)和式(b)中电子得失的最小公倍数为 10，将 2×(a)+5×(b)则得

$$2MnO_4^- + 16H^+ + 10e^- = 2Mn^{2+} + 8H_2O$$

(c)
$$5SO_3^{2-} + 5H_2O = 5SO_4^{2-} + 10H^+ + 10e^-$$

$$2MnO_4^- + 5SO_3^{2-} + 6H^+ = 2Mn^{2+} + 5SO_4^{2-} + 3H_2O$$

检查方程式(c)两边的原子数和电荷数均相等，式(c)即为配平的离子方程式。

将离子方程式改写为分子或化学式的方程式时，由于该反应在酸性介质中进行，对于所引入的酸，首先应考虑该酸的酸根离子不会参与氧化还原反应；其次，尽量不引进其他杂质。故此例中宜选用稀 H_2SO_4 作为介质，最后的配平方程式如下：

$$2KMnO_4 + 5K_2SO_3 + 3H_2SO_4 = 2MnSO_4 + 6K_2SO_4 + 3H_2O$$

【例 3】 将氯气通入热的氢氧化钠溶液中，生成氯化钠与氯酸钠(氯既作氧化剂，又作还原剂)，配平此反应方程式。

解： $Cl_2 + NaOH \xrightarrow{\Delta} NaCl + NaClO_3$

离子方程式 $Cl_2 + OH^- \longrightarrow Cl^- + ClO_3^-$

Cl_2 作氧化剂被还原 $Cl_2 \longrightarrow 2Cl^- - 2e$

半反应式 $Cl_2 + 2e^- \longrightarrow 2Cl^-$ (a)

Cl_2 作还原剂被氧化 $Cl_2 \longrightarrow 2ClO_3^-$

从 Cl_2 生成 2 个 ClO_3^- 要增加 6 个氧原子，若按例 2 同样加入 6 个 H_2O，则得

$$Cl_2 + 6H_2O \xrightarrow{\Delta} 2ClO_3^- + 12H^+ + 10e^-$$

反应式中出现了 H^+，显然与题意强碱性介质不符，故上式不正确，增加的 O 原子也可从 OH^-中得到，因个 OH^-提供一个 O 原子后生成一分子 H_2O，因此提供的 OH^-数目应为所需 O 原子数的两倍，且在右边加 $10e^-$，以配平两边的电荷，即得

$$Cl_2 + 12OH^- = 2ClO_3^- + 6H_2O + 10e^- \quad \text{(b)}$$

将 5×(a)+(b)得

$$5Cl_2 + 10e = 10Cl^-$$

$$Cl_2 + 12OH^- = 2ClO_3^- + 6H_2O + 10e^- \quad \text{(c)}$$

$$6Cl_2 + 12OH^- = 10Cl^- + 2ClO_3^- + 6H_2O$$

约简式(c) $3Cl_2 + 6OH^- = 5Cl^- + ClO_3^- + 3H_2O$

化为分子式或化学式的反应方程式：

$$3Cl_2 + 6NaOH = 5NaCl + NaClO_3 + 3H_2O$$

需要强调：在考虑产物时，酸性介质中进行的反应，产物中不能出现 OH^-；碱性介质中进行的反应，产物中则不应有 H^+出现。

在离子-电子法中，自始至终不必知道任何元素的氧化值，它是通过氧化或还原半反应的前后电荷应相等来配平的，这是该法的一个优点或特点。

氧化数法和离子-电子法各有优缺点。氧化法不仅适用于在水溶液中进行的反应，在非水溶液中和高温下进行的反应及熔融态物质间的反应更为适用，也可用于有机化合物参与氧化还原反应的配平。因此，氧化数法配平适用范围较广。离子-电子法突出了化学计量数的变化是电子得失的结果，能反映出水溶液中反应的实质，特别是对于有介质参加的复杂反应的配平比较方便。但是，离子-电子法仅适用于配平水溶液中的反应。

5.2 氧化还原反应与原电池

氧化还原反应的本质是伴随有电子的得失或转移，那么，能否通过电子的转移产生电流而服务于人类呢?

5.2.1 原电池的组成

1. 原电池

将一块锌片放入 $CuSO_4$ 溶液中，立即发生反应：

$$Zn+Cu^{2+}\longrightarrow Zn^{2+}+Cu$$

在该反应中，Zn 失去电子为还原剂，Cu^{2+} 得到电子为氧化剂，Zn 把电子直接传递给了 Cu^{2+}。在反应过程中，溶液温度有所上升，这是化学能转变成热能的结果。由于分子热运动没有一定的方向，因此不会形成电子的定向运动——电流。

如果设计一种装置，使还原剂失去的电子通过导体间接地传递给氧化剂，那么在外电路中就可以观察到电流产生。这种借助于氧化还原反应产生电流的装置称为原电池。在原电池反应中化学能转变成电能。

下面以铜锌原电池为例。原电池装置如图 5-1 所示，在一个烧杯中装有 $ZnSO_4$ 溶液，并插入锌片。另一个烧杯中装有 $CuSO_4$ 溶液，插入铜片。两个烧杯之间用一个“盐桥”联通起来。盐桥为一倒置的 U 形管，其中盛有电解质溶液(一般用饱和 KCl 溶液和琼脂做成胶冻，溶液不致流出，而离子又可以在其中自由流动)。将铜片和锌片用导线连接，其间串联一个检流计。

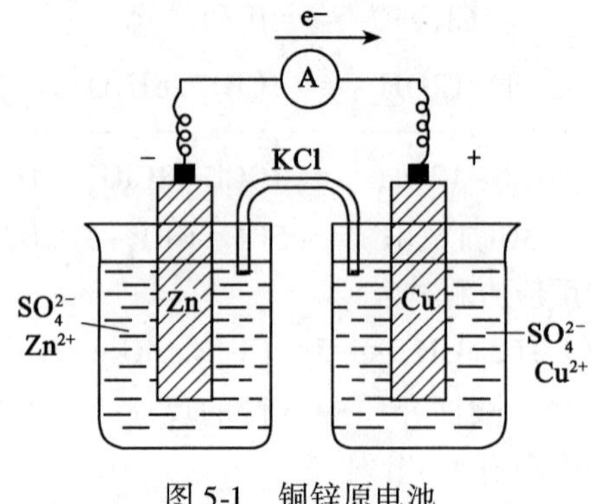

图 5-1　铜锌原电池

当电路接通后，可以看到检流计的指针发生了偏转，证明有电流产生。根据指针偏转的方向，得知电子由锌片流向铜片(与电流方向相反)。同时观察到锌片逐渐溶解，铜片上有铜沉积。铜锌原电池之所以能产生电流，主要是由于 Zn 比 Cu 活泼。因此，在这两个烧杯中发生的反应分别为

$Zn \longrightarrow Zn^{2+}+2e^-$，锌变成 Zn^{2+} 进入溶液；

$Cu^{2+}+2e \longrightarrow Cu$，$Cu^{2+}$ 变成单质 Cu 析出。

该装置中电子是通过导线由锌片流向铜片，而不是在 Zn 和 Cu^{2+} 之间直接传递的，故外电路中产生了电流。

上述原电池由两个半电池组成，每个半电池包含一个氧化还原电对。在铜锌原电池中电对分别为 Zn^{2+}/Zn 和 Cu^{2+}/Cu；*半反应中应有一固体物质作为导体，称为电极。*有些电极既起导电作用，又参与氧化还原反应。如铜、锌原电池中的铜片、锌片。另有些固体物质只起导电作用，而不与电池系统中的物质发生反应，这种物质称为*惰性电极*，常用的有金属铂和石墨。如对 Fe^{3+}/Fe^{2+} 和 Cl_2/Cl^- 等无固体电极的电对，可采用惰性电极。

半电池所发生的反应称为半电池反应或电极反应。在原电池中，给出电子的电极为负极，发生氧化反应，对应于电池氧化还原反应的还原剂与其氧化产物；接受电子的电极为正极，发生还原反应，对应于电池氧化还原反应的氧化剂与其还原产物。

在铜锌原电池中，锌为负极，反应为 $Zn \longrightarrow Zn^{2+}+2e^-$；

铜为正极，反应为 $Cu^{2+}+2e \longrightarrow Cu$。

原电池的总反应为两个电极反应之和：$Zn+Cu^{2+} \longrightarrow Zn^{2+}+Cu$。

随着反应的进行，Zn^{2+} 不断进入溶液，过剩的 Zn^{2+} 将使电极附近的 $ZnSO_4$ 溶液带正电，这样就会阻止锌的继续溶解；另一方面，由于铜的析出，将使铜电极附近的 $CuSO_4$ 溶液因 Cu^{2+} 减少而带负电。这样就会阻碍铜的析出，从而使电流中断。盐桥的作用就是使整个装置形成一个回路，使锌盐和铜盐溶液一直维持电中性，从而使电子不断地从锌极流向铜极而产生电流，直到锌片完全溶解或 $CuSO_4$ 溶液中的 Cu^{2+} 完全沉淀为止。

2. 原电池的表示方法

原电池装置可以用电池符号来表示，如

$$(-)Zn \mid ZnSO_4(c_1) \parallel CuSO_4(c_2) \mid Cu(+)$$

习惯上把负极写在左边，(-)表示由 Zn 和 $ZnSO_4$ 溶液组成负极；正极写在右边，(+)表示由 Cu 和 $CuSO_4$ 溶液组成正极。其中“ | ”表示两相(此处为固相和液相)之间的界面，正、负两极之间的“ ¦¦ ”表示两极用盐桥连接，通常还需注明电极中离子的浓度。若溶液中含有两种离子参与电极反应，可用逗号把它们分开。有气体参与的反应，需注明气体的压力。若外加惰性电极也须注明。例如，由 H^+/H_2 电对和 Fe^{3+}/Fe^{2+} 电对组成的原电池，电池符号为

$$(-)Pt \mid H_2(p) \mid H^+(c_1) \parallel Fe^{3+}(c_2),\ Fe^{2+}(c_3) \mid Pt(+)$$

负极反应　$H_2 = 2H^+ + 2e^-$

正极反应　$Fe^{3+} + e^- = Fe^{2+}$

原电池反应　$H_2 + 2Fe^{3+} = 2H^+ + Fe^{2+}$

5.2.2 原电池的电动势

原电池的两极当用导线连接时就有电流通过，说明两极之间存在着电势差，用电位差计所测得的正极与负极间的电势差就是原电池的电动势，电动势用符号 E 表示。例如，铜锌电池的标准电动势经测定为1.10V。原电池电动势的大小主要取决于组成原电池物质的本性。如果改变溶液中离子的浓度，也会引起电动势的变化。此外，电动势还与温度有关，一般是在25℃(即室温)下测定。为了比较各种原电池电动势的大小，通常在标准状态下测定，所测得的电动势为标准电动势，标准电动势以 $E^{\ominus}$ 表示。

5.3 电 极 电 势

5.3.1 标准电极电势及其测定

原电池的电动势是两个电极(电对)之间的电势差。如果已知各电极的电势值，即可方便地计算出原电池的电动势。但是到目前为止，电极电势的绝对值尚无法测定。通常选定一个电极作为参比标准(就如测定海拔高度用海平面作基准一样)，人为地规定该电极的电势数值，然后与其他电极进行比较，得出各种电极的电势值(用符号 E 表示)。目前采用的参比电极是标准氢电极。

标准氢电极的装置如图5-2所示。将镀有海绵状铂黑的铂片(图中阴影部分，它能吸附氢气)插入 $c(H^+)=1\ mol \cdot L^{-1}$ 的硫酸溶液中，不断通入压力为100kPa的纯氢气，此时被铂黑表面吸附的 H_2 与溶液中的 H^+ 建立起一个 H^+/H_2 电对，该电对的平衡式为

$$2H^+ + 2e^- \rightleftharpoons H_2(g)$$

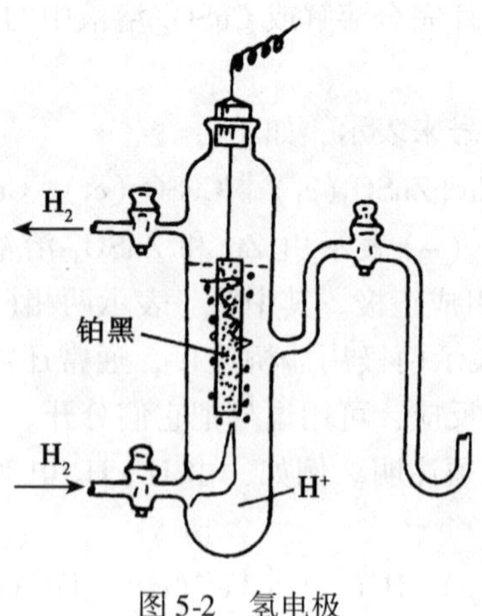

图5-2 氢电极

由于此时电对中的物质都处于标准状态，此电极即为标准氢电极，规定在298.15K时，

标准氢电极的电极电势为零(零的有效数字无限制，随测定值的有效数字而定)，即

$$E^{\ominus}_{298.15K}(H^+/H_2)=0V$$

任何电对处于标准状态时的电极电势，称为该电对的标准电极电势，符号也为 $E^{\ominus}$。

欲测定某电极的标准电极电势，可以将处在标准态下的该电极与标准氢电极组成一个原电池，测定该原电池的电动势。由电流方向判断出正、负极，再按 $E^{\ominus}=E^{\ominus}_{正}-E^{\ominus}_{负}$ 的关系式，即可求出被测电极的标准电极电势。

例如，欲测定锌电极(Zn^{2+}/Zn)的标准电极电势，可组成下列原电池：

$$(-)Zn\,|\,Zn^{2+}(1\ mol\cdot L^{-1})\ \vdots\vdots\ H^+(1\ mol\cdot L^{-1})\,|\,H_2(100kPa)\,|\,Pt(+)$$

实验测得该原电池的电动势 $E^{\ominus}=0.763V$，并知电流是由氢电极通过导线流向锌电极所以氢电极为正极，锌电极为负极。

由 $$E^{\ominus}=E^{\ominus}_{正}-E^{\ominus}_{负}=E^{\ominus}(H^+/H_2)-E^{\ominus}(Zn^{2+}/Zn)$$

$$0.763V=0-E^{\ominus}(Zn^{2+}/Zn)$$

得 $$E^{\ominus}(Zn^{2+}/Zn)=-0.763V$$

如以标准铜电极代替锌电极，则原电池为

$$(-)Pt\,|\,H_2(100kPa)\,|\,H^+(1\ mol\cdot L^{-1})\ \vdots\vdots\ Cu^{2+}(1\ mol\cdot L^{-1})\,|\,Cu(+)$$

实验测得该原电池的电动势 $E^{\ominus}=0.337V$，铜电极为正极，氢电极为负极。

由 $$E^{\ominus}=E^{\ominus}_{正}-E^{\ominus}_{负}=E^{\ominus}/(Cu^{2+}/Cu)-E^{\ominus}(H^+/H_2)$$

$$0.337V=E^{\ominus}(Cu^{2+}/Cu)-0$$

得 $$E^{\ominus}(Cu^{2+}/Cu)=0.337V$$

利用此方法可以测定大多数电对的电极电势。某些电对如 Na^+/Na，F_2/F^- 的电极电势不能直接测定，可以用间接方法推算。由于氢电极为气体电极，使用起来极不方便，通常采用甘汞电极作为参比电极。这种电极不仅使用方便，而且工作稳定。

将所测得的(或计算的)各电极的标准电极电势，连同电极反应，规定以：

$$氧化型+ne^-\longrightarrow还原型$$

表示，按代数值从小到大的顺序排列成表，即为标准电极电势表，如表5-2所示，更多数据见附表3。

在使用标准电极电势表时应注意以下几点：

(1)附表3中列出的标准电极电势是国际标准化组织(ISO)和我国国标规定的还原电势(即表示电对中氧化型物质得电子能力的大小)。在氢以上的电对如 Zn^{2+}/Zn、Na^+/Na 等的标准电极电势为负值，氢以下的电对如 Cu^{2+}/Cu，Ag^+/Ag 等的标准电极电势为正值。

(2)某些物种随介质的酸碱性不同而有不同的存在形式，其 $E^{\ominus}$ 值也不同。例如，Fe(Ⅲ)和Fe(Ⅱ)的电对，在酸性介质为 Fe^{3+}/Fe^{2+}，$E^{\ominus}(Fe^{3+}/Fe^{2+})=0.771V$；在碱性介质中 $Fe(OH)_3/Fe(OH)_2$，$E^{\ominus}\{Fe(OH)_3/Fe(OH)_2\}=-0.56V$。实际上 Fe^{3+}/Fe^{2+} 和 $Fe(OH)_3/Fe(OH)_2$ 是存在于酸、碱介质中的同一电对。故标准电极电势表又分为酸表(记作 $E^{\ominus}_A$)和碱表(记作 $E^{\ominus}_B$)。习惯上将不受介质酸碱性影响的如 Na^+/Na，Cl_2/Cl^- 的 $E^{\ominus}$ 值也列入酸表中。

表 5-2 一些电对的标准电极电势(298.15K，在酸性溶液中)

氧化型+ne^- ⇌ 还原型	$E_A^{\ominus}$/V
$Li^+ + e^- \rightleftharpoons Li$	-3.045
$Na^+ + e^- \rightleftharpoons Na$	-2.71
$Mg^{2+} + 2e^- \rightleftharpoons Mg$	-2.37
$Zn^{2+} + 2e^- \rightleftharpoons Zn$	-0.763
$Fe^{2+} + 2e^- \rightleftharpoons Fe$	-0.44
$Sn^{2+} + 2e^- \rightleftharpoons Sn$	-0.136
$Pb^{2+} + 2e^- \rightleftharpoons Pb$	-0.126
$2H^+ + 2e^- \rightleftharpoons H_2$	0
$Cu^{2+} + 2e^- \rightleftharpoons Cu$	0.337
$I_2 + 2e^- \rightleftharpoons 2I^-$	0.5345
$Ag^+ + e^- \rightleftharpoons Ag$	0.799
$Br_2 + 2e^- \rightleftharpoons 2Br^-$	1.065
$Cl_2 + 2e^- \rightleftharpoons 2Cl^-$	1.36
$MnO_4^- + 8H^+ + 5e^- \rightleftharpoons Mn^{2+} + 4H_2O$	1.51
$F_2 + 2e^- \rightleftharpoons 2F^-$	2.87

氧化型的氧化能力增强（自上而下）；还原型的还原能力增强（自下而上）

有些书上不分开列出，本书后的附录即是将不同介质中的 $E^{\ominus}$ 值列于同一表中，但凡是应属于碱表的(电极反应式中出现 OH^- 的)电极反应，前面均注有 * 号。对于同一电对，可从其 $E_A^{\ominus}$ 值，推算 $E_B^{\ominus}$ 值(或由 $E_B^{\ominus}$ 值推算 $E_A^{\ominus}$ 值)。即前者的 $c(H^+)=1.0mol \cdot L^{-1}$ [$c(OH^-)$ 当然为 $1.0\times10^{-14}mol \cdot L^{-1}$]，后者的 $c(H^+)=1.0\times10^{-14}mol \cdot L^{-1}$，[$c(OH^-)$ 当然为 $1.0mol \cdot L^{-1}$]，代入相关的能斯特方程即可。

(3)电极电势 $E^{\ominus}$ 与电子得失多少无关，即与电极反应中的计量数无关，例如，电极反应 $1/2Cl_2 + e^- \rightleftharpoons Cl$ 或写成 $Cl_2 + 2e^- \rightleftharpoons 2Cl$，其 $E^{\ominus}$ 都等于 1.36V。

(4) $E^{\ominus}$ 是电极处于平衡状态时表现出来的特征值，它与达到平衡的快慢，即速率无关。

(5) $E^{\ominus}$ 仅适用于水溶液，对非水溶液、固相反应并不适用。

5.3.2 影响电极电势的因素

电极电势值的大小首先取决于电对的本性。如活泼金属的电极电势值一般都很小，而活泼非金属的电极电势值则较大。此外，电对的电极电势还与浓度和温度有关。通常实验是在常温下进行的，所以对某指定的电极，浓度的变化往往是影响电极电势的主要因素。电极电势与浓度和温度的关系可用下面的能斯特方程式来表示，如对于下述电极反应：

$$b\ 氧化态 + ze^- \rightleftharpoons a\ 还原态$$

则
$$E = E^\ominus - \frac{RT}{zF}\ln\frac{\{c'(还原态)\}^a}{\{c'(氧化态)\}^b}$$

式中，E 为电对在某一温度、某一浓度时的电极电势；$E^\ominus$为电对的标准电极电势(通常是指在 298.15K 时的温度)；R 为气体常数($8.314J \cdot K^{-1} \cdot mol^{-1}$)；$F$ 为法拉第常数($96486C \cdot mol^{-1}$)；T 为热力学温度，下面按 298.15K 代入；z 为电极反应式中转移的电子数。c'(还原型)、c'(氧化型)分别表示在电极反应中还原型一侧、氧化型一侧各物种浓度与标准浓度的比值，气体则代入分压与标准压力之比值。各物种的 c'或 p'的指数等于电极反应中相应物种的计量数 a、b。与平衡常数表达式一样，固态、纯液态物质或 H_2O 均不列入方程式。

将上述数值代入上式，并将自然对数改为常用对数，则该方程式变为

$$E = E^\ominus - \frac{0.0592V}{z}\lg\frac{\{c(还原态)\}^a}{\{c'(氧化态)\}^b}$$

下面举例说明能斯特方程的应用。

【例 4】 试写出下列电对的能斯特方程：

(1) Fe^{3+}/Fe^{2+}；(2) Cl_2/Cl^-；(3) $Cr_2O_7^{2-}/Cr^{3+}$(酸性介质)

解：(1)电极反应。　$Fe^{3+} + e^- \rightleftharpoons Fe^{2+}$

$$E = E^\ominus(Fe^{3+}/Fe^{2+}) - \frac{0.0592V}{1}\lg\frac{c'(Fe^{2+})}{c'(Fe^{3+})}$$

$$= 0.771V - 0.0592V\ \lg\frac{c'(Fe^{2+})}{c'(Fe^{3+})}$$

(2)电极反应。　$Cl_2 + 2e^- \rightleftharpoons 2Cl^-$

$$E = E^\ominus(Cl_2/Cl^-) - \frac{0.0592V}{2}\lg\frac{\{c'(Cl^-)\}^2}{p'(Cl_2)}$$

$$= 1.36V - \frac{0.0592V}{2}\lg\frac{\{c'(Cl^-)\}^2}{p'(Cl_2)}$$

(3)电极反应。　$Cr_2O_7^{2-} + 14H^+ + 6e^- \rightleftharpoons 2Cr^{3+} + 7H_2O$

$$E = E^\ominus(Cr_2O_7^{2-}/Cr^{3+}) - \frac{0.0592V}{6}\lg\frac{\{c'(Cr^{3+})\}^2}{c'(Cr_2O_7^{2-}) \cdot \{c'(H^+)\}^{14}}$$

$$= 1.33V - \frac{0.0592V}{6}\lg\frac{\{c'(Cr^{3+})\}^2}{c'(Cr_2O_7^{2-}) \cdot \{c'(H^+)\}^{14}}$$

【例 5】 计算 $c(Cu^{2+}) = 0.00100mol \cdot L^{-1}$时，电对 Cu^{2+}/Cu 的电极电势。

解：电极反应：　$Cu^{2+} + 2e^- \rightleftharpoons Cu$

$$E = E^\ominus(Cu^{2+}/Cu) - \frac{0.0592V}{2}\lg\frac{1}{c'(Cu^{2+})}$$

$$= 0.337V - \frac{0.0592V}{2}\lg\frac{1}{0.00100} = 0.248V$$

【例 6】 计算电对 MnO_4^-/Mn^{2+}在 $c(H^+) = 1.00mol \cdot L^{-1}$和 $c(H^+) = 1.00\times10^{-3}mol \cdot L^{-1}$

时的电极电势(假设 MnO_4^- 和 Mn^{2+} 的浓度都为 1.00mol · L^{-1})。

解：电极反应：　$MnO_4^-+8H^+5e^- \rightleftharpoons Mn^{2+}+4H_2O$

$$E = E^{\ominus}(MnO_4^-/Mn^{2+}) - \frac{0.0592V}{5}\lg \frac{c'(Mn^{2+})}{c'(MnO_4^-) \cdot \{c'(H^+)\}^8}$$

$$= 1.51V - \frac{0.0592V}{5}\lg \frac{c'(Mn^{2+})}{c'(MnO_4^-) \cdot \{c'(H^+)\}^8}$$

当 $c(H^+) = 1.00mol \cdot L^{-1}$ 时，

$$E = 1.51V - \frac{0.0592V}{5}\lg \frac{1}{(1.00)^8}$$

$$= 1.51V$$

当 $c(H^+) = 1.00 \times 10^{-3} mol \cdot L^{-1}$ 时，

$$E = 1.51V - \frac{0.0592V}{5}\lg \frac{1}{(1.00 \times 10^{-3})^8}$$

$$= 1.23V$$

上述两例说明了溶液中离子浓度的变化对电极电势的影响，特别有 H^+ 参加的反应。由于 H^+ 浓度的指数往往比较大，故对电极电势的影响也较大。此外，有些金属离子由于生成难溶的沉淀或很稳定的配离子，也会极大地降低溶液中金属离子的浓度，并显著地改变原来电对的电极电势。

【例 7】 求算在 Ag^+-Ag 系统中加入适量的 Cl^- 离子并使系统处于标准态时的电势值，即求 $E^{\ominus}(AgCl/Ag)$ 的值。

解：已知 $Ag^+ + e^- \rightleftharpoons Ag$；　$E^{\ominus}(Ag^+/Ag) = 0.799V$　(1)

溶液中有 Cl^- 时，Ag^+ 便会与 Cl^- 作用并生成 AgCl 沉淀，当 Ag^+ 在 Cl^- 作用下达到沉淀平衡时，根据 $K_{sp}^{\ominus}(AgCl)$，可知：

$$c'(Ag^+) = K_{sp}^{\ominus}(AgCl)/c'(Cl^-)$$

还原反应变为　$AgCl + e^- \rightleftharpoons Ag + Cl^-$　(2)

则

$$E(AgCl/Ag) = E(Ag^+/Ag)$$

$$= E^{\ominus}(Ag^+/Ag) - \frac{0.0592V}{1}\lg \frac{1}{c'(Ag^+)}$$

$$= E^{\ominus}(Ag^+/Ag) + 0.0592V \lg \frac{K_{sp}^{\ominus}(AgCl)}{c'(Cl^-)}$$

$c(Cl^-) = 1.0mol \cdot L^{-1}$，即还原反应(2)处于标准状态，则

$$E^{\ominus}(AgCl/Ag) = E(Ag^+/Ag)$$

$$= E^{\ominus}(Ag^+/Ag) + 0.0592V \lg K_{sp}^{\ominus}(AgCl)$$

$$= 0.799V + 0.0592V \lg 1.8 \times 10^{-8}$$

$$= 0.799V - 0.58V$$

$$= 0.22V$$

表 5-3 列出了 AgCl，AgBr，AgI 的 $K_{sp}^{\ominus}$ 和 $E^{\ominus}(AgCl/Ag)$，$E^{\ominus}(AgBr/Ag)$，$E^{\ominus}(AgI/Ag)$ 的数值，可见 $K_{sp}^{\ominus}$ 越小，其 $E^{\ominus}$ 值也越小。

表 5-3　**AgX 的 $K_{sp}^{\ominus}$ 与 $E^{\ominus}(AgX/Ag)$ 的关系**

卤化物	AgCl	AgBr	AgI
$K_{sp}^{\ominus}$	1.8×10^{-10}	5.0×10^{-13}	8.3×10^{-17}
电对	AgCl/Ag	AgBr/Ag	AgI/Ag
$E^{\ominus}$/V	0.22	0.071	-0.15

【例 8】 求算在 Cu^{2+}-Cu 系统中加入适量 NH_3 并使系统处于标准态时的电极电势值，即求 $E^{\ominus}\{Cu(NH_3)_4^{2+}/Cu\}$ 值。

解：已知　$Cu^{2+}+2e^- \rightleftharpoons Cu$；　$E^{\ominus}(Cu^{2+}/Cu)=0.34V$　(1)

溶液中有 NH_3 时，Cu^{2+} 便会与 NH_3 作用并生成 $Cu(NH_3)_4^{2+}$ 离子，当 $c(Cu^{2+})$ 在 NH_3 的作用下达到平衡时，根据 $\beta\{Cu(NH_3)_4^{2+}\}$，可知：

$$c'(Cu^{2+})=\frac{c'(Cu(NH_3)_4^{2+}}{\beta\{Cu(NH_3)_4^{2+}\}\cdot\{c'(NH_3)\}^4}$$

还原反应变为　$Cu(NH_3)_4^{2+}+2e^- \rightleftharpoons Cu+4NH_3$　(2)

$$\begin{aligned}E\{Cu(NH_3)_4^{2+}/Cu\}&=E(Cu^{2+}/Cu)\\&=E^{\ominus}(Cu^{2+}/Cu)-\frac{0.0592V}{2}\lg\frac{1}{c'(Cu^{2+})}\\&=E^{\ominus}(Cu^{2+}/Cu)+\frac{0.0592V}{2}\lg\frac{c'\{Cu(NH_3)_4^{2+}\}}{\beta\{Cu(NH_3)_4^{2+}\}\cdot\{c'(NH_3)\}^4}\end{aligned}$$

$c(NH_3)=1.0mol\cdot L^{-1}$，$c\{Cu(NH_3)_4^{2+}\}=1.0mol\cdot L^{-1}$，即还原反应(2)处于标准状态，则

$$\begin{aligned}E^{\ominus}\{Cu(NH_3)_4^{2+}\}&=E(Cu^{2+}/Cu)\\&=E^{\ominus}(Cu^{2+}/Cu)+\frac{(0.0592V)}{2}\lg\frac{1}{\beta\{Cu(NH_3)_4^{2+}\}}\\&=0.34V+\frac{(0.0592V)}{2}\lg\frac{1}{4.3\times10^{13}}\\&=0.34V-0.40V=-0.06V\end{aligned}$$

可见，任一难溶盐与对应金属的电对或任一配离子与对应金属的电对的标准电极电势均是相关的还原反应处在标准状态时的电极电势，其数值与相关的 $K_{sp}^{\ominus}$ 或 β 有关。附表 3 中有许多这类电对的标准电极电势 $E^{\ominus}$，了解它们的含意和规定是很有用的。

5.4　电极电势的应用

电极电势是电化学中一个重要物理量，在许多方面有重要应用，下面讨论其在无机化

学中的应用。

任何氧化还原反应总涉及两个电对：氧化剂(1)/还原剂(1)、氧化剂(2)/还原剂(2)，氧化还原反应可写成以下通式：

$$氧化剂(1)+还原剂(2) \rightleftharpoons 氧化剂(2)+还原剂(1)$$

该氧化还原反应进行的方向如何？反应完成的程度又如何？这些问题可以通过比较两电对的标准电极电势的大小来解决。

5.4.1 氧化剂和还原剂的相对强弱

标准电极电势代数值的大小反映了电对物种处在标准态时氧化还原能力的强弱。电极电势的代数值大，表示电对氧化型物种得电子的能力大，即其氧化性强，为强氧化剂；与其相对应的还原型物种则失电子能力小，还原性弱，为弱还原剂。电极电势代数值小，表示电对的还原型物种失电子能力大，即其还原性强，为强还原剂；与其相对应的氧化型物种，则得电子能力小，氧化性弱，为弱氧化剂。

【例9】 根据标准电极电势，在下列各电对中找出最强的氧化剂和最强的还原剂，并列出各氧化型物种的氧化能力和各还原型物种还原能力强弱的次序。

$$MnO_4^-/Mn^{2+} \qquad Fe^{3+}/Fe^{2+} \qquad I_2/I^-$$

解：从附表3中查出各电对的标准电极电势为

$$MnO_4^-+8H^++5e^- \rightleftharpoons Mn^{2+}+4H_2O; \qquad E^\ominus=1.51V$$

$$Fe^{3+}+e^- \rightleftharpoons Fe^{2+}; \qquad E^\ominus=0.771V$$

$$I_2+2e^- \rightleftharpoons 2I^-; \qquad E^\ominus=0.535V$$

电对 MnO_4^-/Mn^{2+} 的 $E^\ominus$ 值最大，说明在这3个电对中其氧化型物种 MnO_4^- 是最强的氧化剂。

电对 I_2/I^- 的 $E^\ominus$ 值最小，说明其还原型物种 I^- 是最强的还原剂。

各氧化型物种氧化能力的顺序为：$MnO_4^->Fe^{3+}>I_2$

各还原型物种还原能力的顺序为：$I^->Fe^{2+}>Mn^{2+}$

在实验室或生产上使用的氧化剂，其电对的 $E^\ominus$ 值一般较大，如 $KMnO_4$，$K_2Cr_2O_7$，$(NH_4)_2S_2O_8$，O_2，HNO_3，H_2O_2 等；使用的还原剂，其电对的 $E^\ominus$ 值较小，如活泼金属 Mg，Zn，Fe 等及 Sn^{2+}，I^- 离子等，选用时应视具体情况而定。

5.4.2 氧化还原反应进行的方向

如上所述，根据标准电极电势值的相对大小，比较氧化剂和还原剂的相对强弱，就能预测氧化还原反应进行的方向。例如，判断 $2Fe^{3+}+Cu \rightleftharpoons 2Fe^{2+}+Cu^{2+}$ 反应进行的方向。查得有关电对的 $E^\ominus$ 值为

$$Fe^{3+}+e^- \rightleftharpoons Fe^{2+}; \qquad E^\ominus=0.771V$$

$$Cu^{2+}+2e^- \rightleftharpoons Cu; \qquad E^\ominus=0.337V$$

由于 $E^\ominus(Fe^{3+}/Fe^{2+})>E^\ominus(Cu^{2+}/Cu)$，得知 Fe^{3+} 是比 Cu^{2+} 强的氧化剂，Cu 是比 Fe^{2+} 强的还原剂，故 Fe^{3+} 能与 Cu 作用，该反应自左向右进行。

氧化还原反应总是电极电势值大的电对中的氧化型物种氧化电极电势值小的电对中的还原型物种。或者说，与氧化剂对应的电池正极的 $E^{\ominus}_{正}$ 应大于还原剂对应的电池负极的 $E^{\ominus}_{负}$，即两者之差 $\Delta E^{\ominus}$(即对应电池的电动势 $E^{\ominus}=E^{\ominus}_{正}-E^{\ominus}_{负}$)>0；如小于0，则反应会逆向进行。

当此差值足够大时，就不必考虑反应中各种离子浓度改变对 $\Delta E^{\ominus}$ 值正负或反应方向的影响；但差值较小时，溶液中离子浓度的改变可能会使反应方向发生逆转，此时需按能斯特方程式求出非标准态时的 $E_{正}$ 和 $E_{负}$，再进行比较，以确定反应进行的方向。对于转移两个电子($z=2$)的氧化还原反应，一般以 $\Delta E^{\ominus}>0.2\text{V}$ 与否作为反应是否会发生逆转的经验判据。

5.4.3　氧化还原反应进行的程度

任意一个化学反应进行的程度可以用平衡常数的大小来衡量，氧化还原反应的平衡常数可从通过两个电对的标准电极电势求得。

【例 10】　计算 Cu-Zn 原电池反应的平衡常数。

解： Cu-Zn 原电池反应式为

$$Zn+Cu^{2+}\rightleftharpoons Zn^{2+}+Cu$$

当此反应处于平衡时，反应的平衡常数：

$$K^{\ominus}=\frac{c(Zn^{2+})/c^{\ominus}}{c(Cu^{2+})/c^{\ominus}}=\frac{c'(Zn^{2+})}{c'(Cu^{2+})}$$

反应开始时

$$E(Zn^{2+}/Zn)=E^{\ominus}(Zn^{2+}/Zn)-\frac{0.0592\text{V}}{2}\lg\frac{1}{c'(Zn^{2+})}$$

$$E(Cu^{2+}/Cu)=E^{\ominus}(Cu^{2+}/Cu)-\frac{0.0592\text{V}}{2}\lg\frac{1}{c'(Cu^{2+})}$$

随着反应的进行，Zn^{2+}浓度不断增加，$E^{\ominus}(Zn^{2+}/Zn)$值随之上升；另一方面，Cu^{2+}浓度不断减少，$E^{\ominus}(Cu^{2+}/Cu)$值随之下降。$E^{\ominus}(Zn^{2+}/Zn)=(Cu^{2+}/Cu)$时反应达到平衡状态，则得以下关系：

$$E^{\ominus}(Zn^{2+}/Zn)-\frac{0.0592\text{V}}{2}\lg\frac{1}{c'(Zn^{2+})}=E^{\ominus}(Cu^{2+}/Cu)-\frac{0.0592\text{V}}{2}\lg\frac{1}{c'(Cu^{2+})}$$

$$\frac{0.0592\text{V}}{2}\lg\frac{c'(Zn^{2+})}{c'(Cu^{2+})}=E^{\ominus}(Cu^{2+}/Cu)-E^{\ominus}(Zn^{2+}/Zn)$$

由于

$$\frac{c'(Zn^{2+})}{c'(Cu^{2+})}=K^{\ominus}$$

所以

$$\lg K^{\ominus}=\frac{2\{E^{\ominus}(Cu^{2+}/Cu)-E^{\ominus}(Zn^{2+}/Zn)\}}{0.0592}=\frac{2\{0.337-(-0.763)\}}{0.0592}$$

$$=37.2$$

$$K^{\ominus}=1.6\times10^{37}$$

该反应平衡常数如此之大，说明反应进行得很完全。

推而广之，任一氧化还原反应的平衡常数和对应电对的 $E^{\ominus}$ 差值之间的关系为

$$\lg K^{\ominus}=\frac{z(E^{\ominus}_{正}-E^{\ominus}_{负})}{0.0592}$$

或
$$\lg K^{\ominus}=\frac{zE^{\ominus}}{0.0592}$$

式中，$E^{\ominus}_{正}$为氧化剂电对的标准电极电势，也即电池正极的标准电极电势；$E^{\ominus}_{负}$为还原剂电对的标准电极电势，也即电池负极的标准电极电势；$E^{\ominus}$为该氧化还原反应对应的原电池的标准电动势；z为氧化还原反应中转移的电子数。

氧化还原反应平衡常数的对数与该反应的两个电对的标准电极电势的差值(或说该反应对应的电池的标准电动势)成正比，电极电势差值越大，平衡常数越大，反应进行得越彻底。

以上讨论说明，由电极电势可以判断氧化还原反应进行的方向和程度。但需指出，不能由电极电势的大小判断反应速率的快慢。一般来说，氧化还原反应的速率比中和反应和沉淀反应的速率要小一些，特别是结构复杂的含氧酸盐参加的反应更是如此。有的氧化还原反应，两电对的电极电势差值足够大，反应似乎应该进行得很完全，但由于速率很小，几乎观察不到反应的发生。例如：

$$2MnO_4^-+5Zn+16H^+ \rightleftharpoons 2Mn^{2+}+5Zn^{2+}+H_2O$$

$E^{\ominus}(MnO_4^-/Mn^{2+})(1.51V)>E^{\ominus}(Zn^{2+}/Zn)(-0.763V)$，两值相差很大(2.273V)，说明反应进行得很彻底。但实际上将Zn放入酸性$KMnO_4$溶液中，几乎观察不到反应的发生，这是由于该反应的速率非常小，只有在Fe^{3+}的催化作用下，反应才能迅速进行。工业生产中选择氧化剂或还原剂时，不但要考虑反应能否发生，还要考虑是否能快速进行。

5.4.4 元素电势图及其应用

许多元素具有多种氧化态，各种氧化态物种又可以组成不同的电对。如将元素不同的氧化态按氧化值由高到低的顺序排成一横行，在相邻两个物种间用直线连接表示一个电对，并在直线上标明此电对的标准电极电势值，由此构成的图称为元素电势图。例如，氧元素具有0，-1，-2三种氧化值，在酸性溶液中可组成三个电对：

$$O_2+2H^++2e^- \rightleftharpoons H_2O_2; \qquad E^{\ominus}=0.682V$$

$$H_2O_2+2H^++2e^- \rightleftharpoons 2H_2O; \qquad E^{\ominus}=1.77V$$

$$O_2+4H^++4e^- \rightleftharpoons 2H_2O; \qquad E^{\ominus}=1.229V$$

氧在酸性介质中的元素电势图可表示为

$$E^{\ominus}_A/V \qquad O_2 \xrightarrow{0.682} H_2O_2 \xrightarrow{1.77} H_2O \quad (O_2 \xrightarrow{1.229} H_2O)$$

氧在碱性介质中的元素电势图可表示为

$$E^{\ominus}_B/V \qquad O_2 \xrightarrow{-0.076} HO_2^- \xrightarrow{0.87} OH^- \quad (O_2 \xrightarrow{0.401} OH^-)$$

元素电势图与标准电极电势表(或上述电极的还原反应式)相比，简明、综合、形象、直观，元素电势图对了解元素及其化合物的各种氧化还原性能、各物种的稳定性与可能发生的氧化还原反应，以及元素的自然存在等都有重要意义，对元素化学的教学具有指导作用，下面仅从两方面予以说明。

1. 判断某物质能否发生歧化反应

当一种元素处于中间氧化态时，可同时向较高氧化态和较低氧化态转化，这种反应称为歧化反应；相反，如果是由元素的较高和较低的两种氧化态相互作用生成其中间氧化态的反应，则是歧化反应的逆反应，或称逆歧化反应。下面的反应是常见的：

(1) $$2Cu^+ \rightleftharpoons Cu^{2+} + Cu$$

(2) $$2Fe^{3+} + Fe \rightleftharpoons 3Fe^{2+}$$

反应(1)是歧化反应，所以在实验室得不到含 Cu^+ 的溶液，而只能见到 $CuCl_2^-$ 或 $[Cu(NH_3)_2]^{2+}$ 离子的溶液或 CuCl，CuI 沉淀。反应(2)是逆歧化反应，也是实验室为防止 Fe^{2+} 溶液的氧化常采用的措施(向溶液中加入铁丝或铁钉)。

酸性介质中，Cu，Fe 的元素电势图分别为

$$E_A^{\ominus}/V \qquad Cu^{2+} \xrightarrow{0.159} Cu^+ \xrightarrow{0.520} Cu \quad (Cu^{2+} \to Cu: 0.340)$$

$$E_A^{\ominus}/V \qquad Fe^{3+} \xrightarrow{0.771} Fe^{2+} \xrightarrow{-0.44} Fe \quad (Fe^{3+} \to Fe: -0.036)$$

由于 $E^{\ominus}(Cu^+/Cu) > E^{\ominus}(Cu^{2+}/Cu^+)$，所以发生 Cu^+ 的歧化反应；

因为 $E^{\ominus}(Fe^{3+}/Fe^{2+}) > E^{\ominus}(Fe^{2+}/Fe)$，所以 Fe^{3+} 和 Fe 发生逆歧化反应。

推而广之，如某元素有三种氧化值由高到低的氧化态 A，B，C，则其元素电势图为

$$A \xrightarrow{E^{\ominus}_{左}} B \xrightarrow{E^{\ominus}_{右}} C$$

如 $E^{\ominus}_{右} > E^{\ominus}_{左}$，则 B 会发生歧化反应：

$$B \longrightarrow A + C$$

如 $E^{\ominus}_{左} > E^{\ominus}_{右}$，则 A，C 会发生逆歧化反应，即

$$A + C \longrightarrow B$$

且差值越大，歧化或逆歧化反应的趋势越大。这就是判断元素发生歧化或逆歧化反应的依据。

2. 综合评价元素及其化合物的氧化还原性质

因为元素电势图将分散在标准电极电势表中同种元素不同氧化值的电极电势表示在同一图中，使用起来更加方便。通过全面分析、比较酸、碱介质中的元素电势图，可对元素及其化合物的氧化还原性质作出综合评价，得出许多有实际意义的结论。下面以氯的电势图为例进行研究。

$$E_A^{\ominus}/V \qquad ClO_4^- \xrightarrow{1.19} ClO_3^- \xrightarrow{1.21} HClO_2 \xrightarrow{1.64} HClO \xrightarrow{1.63} Cl_2 \xrightarrow{1.36} Cl^- \quad (ClO_3^- \to Cl_2: 1.47)$$

$$E_B^{\ominus}/V \qquad ClO_4^- \xrightarrow{0.36} ClO_3^- \xrightarrow{0.33} ClO_2^- \xrightarrow{0.66} ClO^- \xrightarrow{0.42} Cl_2 \xrightarrow{1.36} Cl^- \quad (ClO_3^- \to Cl_2: 0.48)$$

从元素电势图可以得出：

(1)无论酸性或碱性介质中，$HClO_2$ 或 ClO_2^- 都是 $E^{\ominus}_{右}>E^{\ominus}_{左}$，即都会发生歧化反应，因而它们很难在溶液中稳定存在，迄今还未从溶液中制得其纯物质。Cl_2 在碱性介质中有 $E^{\ominus}_{右}>E^{\ominus}_{左}$，会发生歧化反应，所以实验室氯气尾气，乃至工厂的含氯量较低的废气的处理方法都是将其通入碱性溶液吸收。

(2)除 $E^{\ominus}(Cl_2/Cl^-)$ 值不受介质影响，其他电对的 $E^{\ominus}$ 值均受介质影响，且 $E^{\ominus}_A>E^{\ominus}_B$，所以氯的含氧酸较其盐都有较强的氧化性，而其盐较酸更为稳定(所有含氧酸均只制得水溶液，而未得到纯品)。如果要利用其氧化性，最好在酸性介质；如果从低价制备+3，+5，+7 价的物种，则碱性介质更为有利。

(3)氯元素所有电对的 $E^{\ominus}$(无论酸碱介质)均大于0.33V，大部分大于0.66V，所以氧化性是氯元素及其化合物的主要性质，在运输、贮存中，不让它们接触还原剂是保证其安全的重要条件。自然界不存在氯单质及其正氧化值物种也应在意料之中。Cl^- 是氯的最低氧化态，且 $E^{\ominus}(Cl_2/Cl^-)=1.36V$，$Cl^-$ 的还原性很弱，氯的各高氧化态物种的还原产物大多为 Cl^-，故 Cl^- 在氯的各种氧化态中具有最高的稳定性，因而，Cl^- 作为元素资源(岩盐和海水)存在最为普遍当属必然。

(4)虽然 $HClO_4$，ClO_4^- 是氯的最高氧化态，但其相关电对的 $E^{\ominus}$ 值并不是最大(特别是碱性介质中)，因此其氧化性不是最高。可见氧化性强弱与氧化值高低无直接关系。

【阅读材料5】

关于废旧电池

电池是日常生活中用得最广泛的商品之一，从照相机、录音机、计算器和电子闹钟到电话、电子辞典和掌上电脑，都离不开干电池的使用。我国是干电池的生产和消费大国，每年电池产量和消费量就高达140亿节，占世界总量的1/3左右。以北京为例，一年约消费2亿节电池，而且数量还在增加。统计资料表明，1998年我国干电池生产量达到140亿节，而同年世界干电池总产量约300亿节。那么，使用后的废旧电池带来的危害是怎样的呢？

据专家测试，一粒纽扣电池(汞电池)可污染60万升水，相当于一个人一生的饮水量；一节一号锌锰电池可使一平方米的土地绝收。我国每年60万吨锌锰旧电池的产生，可使1200万亩土地绝收，而这些土地可以养活3000万人。

长期以来，我国在生产干电池时，要加入一类有毒的物质——汞和汞的化合物。我国的碱性干电池中的汞含量达1%～5%，中性干电池为0.025%，全国每年用于生产干电池的汞就达几十吨之多。干电池中含汞最多的锌汞电池占电池重量的20%～30%，碱性干电池约为13%，普通锌锰电池含汞较少。

废旧电池的危害主要来源于其中所含的少量的重金属，如铅、汞、镉等。有关专家指出，废旧电池如果与生活垃圾混合处理，电池腐烂后，其中的汞、镉、铅、镍等重金属溶出，会污染水体和土壤，并通过食物链最终危害人类健康。人如果汞中毒，会患中枢神经疾病，死亡率高达 40%；镉则被定为 IA 级致癌物质。

废旧电池的危害很大，但我国废旧电池的回收率很低，现状不容乐观。以我国经济社会发展较快、环境意识较强的上海市为例，废旧电池的回收率也仅有 2%。

国外是如何回收处理废旧电池的呢？目前在国际上，德国、瑞典、美国、日本等发达国家在废旧电池回收方面建立了非常完善的体系，如日本、美国和欧洲的一次性电池已全部实现了无汞化。这些国家通过制定严格的法律、对消费者征税等措施来保证废旧电池的回收。在德国，2005 年的废电池再利用率创造了历史最高水平，达到了 82%。德国官方规定，只有能够被回收的电池才能在市场上出售，消费者要将使用完的各种类型的电池交送商店或者废品回收站，这些部门必须无条件接收，并转送处理厂家进行回收处理。电池生产厂家必须对废电池进行再利用，不能再利用的电池也要负责妥善处理。德国人的口号是“为了未来回收废旧电池”。在美国，用户若不把废旧电池交回给制造商、零售商或批发商，每买一节新的充电电池要多付 3～5 美元。西欧许多国家不仅在商店，而且直接在大街上都设有专门的废电池回收箱，将收集起来的废电池先用专门筛子筛选出那些用于钟表、计算器及其他小型电子仪器的纽扣电池，其中一般都含有汞，可将汞提取出来加以利用，然后由人工分拣出镍镉电池。

我国该怎么做？有关部门提出，关键是要尽快建立废旧干电池回收体制。制定相关的政策法规，规定废旧干电池必须回收，禁止将废旧干电池随意丢入生活垃圾之中；制定科学合理的干电池生产包装标准，以简化废旧干电池回收后的分类；对积极参与废旧干电池回收利用的科研单位和企业要给予政策和资金倾斜，确保投资者资本的增值和处理单位产品的优先推广；为废旧干电池回收利用创造各种便利条件，如在公共场所设置废旧干电池回收箱；在销售电池时，实行抵押金制度，或采用以旧换新制度，确保废旧干电池的回收率；加大宣传力度，提高全民环境意识，树立废旧干电池必须回收利用的观念；干电池生产厂家也应在废旧干电池回收利用方面做出应有的贡献，如缴纳特殊行业污染税以承担一定的回收处理费用等。另外，各级环保部门、金融机构、科研单位和处理厂家应加强协作，加大投资力度，促进废旧干电池再生技术的开发和产业化进程。

目前，由山西省一家公司提出的申建废旧电池回收利用项目已通过各方专家论证，该项目的上马有望解决废旧电池长期苦无处理办法的环保难题，填补我国内地在这方面的空白。

2003 年，格林美公司与日本东京大学、中国中南大学合作，攻克了从废旧电池中提炼钴、镍的技术难关，成为我国唯一掌握这项高精尖技术的企业。目前，格林美公司每年回收废旧电池等废弃物 3000 余吨，通过分离提纯和再加工，生产钴粉、镍粉 1000 多吨，这相当于节省了 5 万吨的矿石资源。如果这些废弃物直接进入大自然，至少会造成 5 平方公里的土壤重金属超标。

几乎每个人都在使用电池，都应该为回收旧电池做出力所能及的贡献。美好的生活，必须要有一个美好的环境，就让我们共同行动起来吧！

◎ **思考题**

1. 什么是氧化值？如何计算分子或离子中元素的氧化值？

2. 指出下列分子式、化学式或离子式中画线元素的氧化值：

$\underline{As}_2O_3$，$\underline{K}_2O_2$，$\underline{N}H_4{}^+$，$\underline{Cr}_2H_7^{2-}$，$\underline{Mn}O_4^{2-}$，$Na\,\underline{S}_4O_6$，$H_2\,\underline{Pt}Cl_6$，$Na\,\underline{S}_2$，$K_2\,\underline{Xe}F_6$，$\underline{N}_2H_4$

3. 说明下列概念的区别和联系：

(1)氧化与氧化产物

(2)还原与还原产物

(3)电极反应与电池反应

(4)电极电势和电动势

4. 指出下列反应中何者为氧化剂，它的还原产物是什么？何者为还原剂，它的氧化产物是什么？

(1) $2HgCl_2+SnCl_2 \longrightarrow Hg_2Cl_2+SnCl_4$

(2) $Cu+CuCl_2+HCl \longrightarrow 2H_2[CuCl_3]$

5. 离子-电子法配平氧化还原反应方程式的原则是什么？判断下列配平的氧化还原反应方程式是否正确，并把错误的予以改正。

(1) $Fe^{2+}+NO_3^-+4H^+ \xlongequal{} Fe^{3+}+NO+2H_2O\uparrow$

(2) $NO_2^-+2I^-+2H \xlongequal{} NO+I_2+2H_2O\uparrow$

6. 如何从标准电极势表中寻找较强的氧化剂和较强的还原剂？如何根据 $E_A^\ominus$ 值来比较下列物种氧化性的相对强弱？

$$MnO_4^-,\ HNO_3,\ Fe^{3+},\ I_2$$

如何比较下列物质还原性的强弱？

$$Sn^{2+},\ Al,\ H_2O_2,\ Cr^{3+}$$

7. 以电对 ClO_3^-/Cl^- 为例，讨论氧化型、还原型及 H^+ 浓度对电极电势的影响。

8. 在下列常见氧化剂中，使 $c(H^+)$ 增加，哪些氧化性增强，哪些氧化性不变？

$$Cl_2,\ Cr_2O_7^{2-},\ Na^+,\ MnO_4^-,\ Cu(OH)_2$$

9. 如何利用标准电极电势来判断氧化还原反应的方向？是否在所有情况下都可以用标准电极电势来判断氧化还原反应方向？举例说明。

10. 下列说法是否正确？

(1)已知 $E^\ominus(Zn^{2+}/Zn)=-0.763V$，则电极反应 $2Zn^{2+}+4e^- \rightleftharpoons 2Zn$ 的 $E^\ominus=-1.523V$。

(2)某物种的电极电势越高(代数值越大)，则其氧化能力就越强，还原能力就越弱。

(3) $E^\ominus(H_3AsO_4/H_3AsO_3)=0.560V$，$E^\ominus(I_2/I^-)=0.5345V$，因此反应 $H_3AsO_4+2I^-+2H^+ \rightleftharpoons H_3AsO_3+I_2+H_2O$ 只能正向反应，逆反应不可能发生。

(4) $E^\ominus(MnO_2/Mn^{2+})=1.23V$，$E^\ominus(Cl_2/Cl^-)=1.36V$，因此不能用 MnO_2 与 HCl 反应来制备 Cl_2。

11. 回答下列问题

(1)单质铁可以与 $CuCl_2$ 反应，而 Cu 又能与 $FeCl_3$ 反应，是否矛盾？

(2) Ag 活动顺序位于 H_2 之后，但它可以从氢碘酸中置换出氢气。

(3)分别用硝酸钠和稀硫酸均不能氧化 Fe^{2+}，但两者的混合溶液却可以。

(4)锡与盐酸作用只能得到 $SnCl_2$，而不是 $SnCl_4$；锡与氯气作用得到 $SnCl_4$，而不是

$SnCl_2$。

(5)久置于空气中的氢硫酸溶液会变混浊。

(6)得不到 FeI_3 这种化合物。

12. 欲将溶液中 $FeCl_2$ 氧化为 $FeCl_3$，而又不引进杂质，应选用何种物质作氧化剂？请写出相应的反应方程式。

13. 根据下列元素电势图讨论：

$$E_A^{\ominus}/V \quad Cu^{2+} \xrightarrow{0.159} Cu^{+} \xrightarrow{0.52} Cu$$

$$Ag^{2+} \xrightarrow{1.98} Ag^{+} \xrightarrow{0.799} Ag$$

$$Sn^{4+} \xrightarrow{0.154} Sn^{2+} \xrightarrow{-0.136} Sn$$

$$Au^{2+} \xrightarrow{1.50} Au^{+} \xrightarrow{1.68} Au$$

(1)Cu^+，Ag^+，Sn^{2+}，Au^+ 哪些能发生歧化反应？

(2)各物种在空气中的稳定性如何(注意氧气的存在)？

14. 为什么过量 HNO_3 与 Fe 反应得到的产物为 Fe^{3+}，而过量的 HCl 与 Fe 反应只能得到 Fe^{2+}？

15. H_2O_2 在酸性介质中，可以分别与 $KMnO_4$ 和 KI 作用。试用标准电极电势判断在这两个反应中，何者为氧化剂，何者为还原剂。写出相关的反应方程式。

16. 选择题

(1)根据下列反应：

$$2FeCl_3+Cu \longrightarrow 2FeCl_2+CuCl_2$$

$$2Fe^{3+}+Fe \longrightarrow 3Fe^{2+}$$

$$2KMnO_4+10FeSO_4+8H_2SO_4 \longrightarrow 2MnO_4+5Fe(SO_4)_3+K_2SO_4+8H_2O$$

电极电势最大的电对为(　　)。

A. Fe^{3+}/Fe^{2+}　　B. Cu^{2+}/Cu　　C. MnO_4^-/Mn^{2+}　　D. Fe^{2+}/Fe

(2)在含有 Cl^-，Br^-，I^-的混合溶液中，欲使 I^-氧化成 I_2，而 Br^-，Cl^-不被氧化，根据 $E^{\ominus}$值大小，应选择下列氧化剂中的(　　)。

A. $KMnO_4$　　B. $K_2Cr_2O_7$　　C. $(NH_4)_2S_2O_8$　　D. $FeCl_3$

(3)在酸性溶液中和标准状态下，下列各组离子可以共存的是(　)。

A. MnO_4^- 和 Cl^-　　B. Fe^{3+}和 Sn^{2+}

C. NO_3^- 和 Fe^{2+}　　D. I^-和 Sn^{4+}

(4)利用标准电极电势表判断氧化还原反应的方向，正确的说法是(　　)。

A. 氧化型物种与还原型物种起反应

B. $E^{\ominus}$较大电对的氧化型物种与 $E^{\ominus}$较小电对的还原型物种起反应

C. 氧化性强的物质与氧化性弱的物质起反应

D. 还原性强的物质与还原性弱的物质起反应

(5)下列各半反应中，发生还原过程的是(　　)

A. $Fe \longrightarrow Fe^{2+}$　　B. $Co^{3+} \longrightarrow Co^{2+}$

C. $NO \longrightarrow NO_3^-$　　D. $H_2O_2 \longrightarrow O_2$

(6)对于电对 Zn^{2+}/Zn，增大 Zn^{2+} 的浓度，则其标准电极电势值将(　　)。

A. 增大　　B. 减小　　C. 不变　　D. 无法判断

(7)反应 $Mn^{2+}+PbO_2 \rightleftharpoons MnO_4^-+Pb^{2+}$ 总反应配平后氧化剂的化学计量系数是(　　)。

A. 8　　B. 5　　C. 10　　D. 3

(8)已知：Cu^{2+}/Cu^+ 的 $E^{\ominus}=+0.158V$，Cu^+/Cu 的 $E^{\ominus}=0.522V$，则反应 $2Cu^+ \rightleftharpoons Cu^{2+}+Cu$ 的 $\lg K$ 是(　　)。

A. $1\times(0.158-0.522)/0.0592$　　B. $1\times(0.522-0.158)/0.0592$

C. $2\times(0.522-0.158)/0.0592$　　D. $1\times(0.522+0.158)/0.0592$

(9)以下电池反应对应的原电池符号为(　　)

$$PbSO_4+Zn \rightleftharpoons Zn^{2+}(0.02mol \cdot L^{-1})+Pb+SO_4^{2-}(0.1mol \cdot L^{-1})$$

A. $(-)Zn \mid Zn^{2+}(0.02mol \cdot L^{-1}) \parallel SO_4^{2-}(0.1mol \cdot L^{-1}) \mid PbSO_4(s) \mid Pb(+)$

B. $(-)Pt \mid SO_4^{2-}(0.1mol \cdot L^{-1}) \mid PbSO_4 \parallel Zn^{2+}(0.02mol \cdot L^{-1}) \mid Zn(+)$

C. $(-)Zn^{2+} \mid Zn \parallel SO_4^{2-} \mid PbSO_4 \mid Pt(+)$

D. $(-)Zn \mid Zn^{2+}(0.02mol \cdot L^{-1}) \mid SO_4^{2-}(0.1mol \cdot L^{-1}) \mid PbSO_4(s) \mid Pt(+)$

(10)在一个氧化还原反应中，若两电对的电极电势值差很大，则可判断(　　)。

A. 该反应是可逆反应　　B. 该反应的反应速率很大

C. 该反应能剧烈地进行　　D. 该反应的反应趋势很大

17. 亚铁盐(如 $FeCl_2 \cdot 4H_2O$，$FeSO_4 \cdot 7H_2O$)常由金属铁与盐酸或硫酸直接反应制备，制备中有以下几个关键：①制备过程中需保持金属铁过量；②全部操作过程中应保持一定酸度；③产品应在低温下迅速干燥。用已学过的理论予以解释。

习　题

1. 在下列两组物质中，分别按 Mn，N 元素的氧化值由低到高的顺序将各物质进行排列：

(1)MnO_2，$MnSO_4$，$KMnO_4$，$MnO(OH)$，K_2MnO_4，Mn

(2)N_2，NO_2，N_2O_5，N_2O，NH_3，N_2H_4

2. 指出下列反应中的氧化剂、还原剂以及它们相应的还原、氧化产物。

(1)$SO_2+I_2+2H_2O \longrightarrow H_2SO_4+2HI$

(2)$SnCl_2+2HgCl_2 \longrightarrow SnCl_4+Hg_2Cl_2$

(3)$I_2+6NaOH \longrightarrow 5NaI+NaIO_3+3H_2O$

3. 用离子-电子法配平下列氧化还原反应方程式：

(1)$Cr_2O_7^{2-}+SO_3^{2-}+H^+ \longrightarrow Cr^{3+}+SO_4^{2-}$

(2)$PbO_2(s)+Cl^-+H^+ \longrightarrow Pb^{2+}$(实际是 $PbCl_4^{2-}$)$+Cl_2$

(3)$H_2S+I_2 \longrightarrow I^-+S$

(4) $CrO_2^- + H_2O_2 + OH^- \longrightarrow CrO_4^{2-}$

(5) $ClO_2^- + S^{2-} \longrightarrow Cl^- + S + OH^-$

(6) $KMnO_4 + FeSO_4 + H_2SO_4 \longrightarrow MnSO_4 + Fe_2(SO_4)_3 + K_2SO_4 + H_2O$

(7) $KI + KIO_3 + H_2SO_4 \longrightarrow I_2 + K_2SO_4$

(8) $Ca(OH)_2 + Cl_2 \longrightarrow Ca(ClO)_2 + CaCl_2$

(9) $Fe(OH)_2 + H_2O_2 \longrightarrow Fe(OH)_3$

(10) $Al + NO_3^- \longrightarrow [Al(OH)_4]^- + NH_3$

(11) $ClO^- + Fe(OH)_3 \longrightarrow Cl^- + FeO_4^{2-}$

(12) $P + CuSO_4 \longrightarrow Cu_3P + H_3PO_4 + H_2SO_4$

4. 把镁片和铁片分别放入浓度为 $1mol \cdot L^{-1}$ 的镁盐和亚铁盐的溶液中，并组成一个原电池。写出原电池的电池符号，指出正极和负极，写出正、负极的电极反应及电池反应，并指出哪种金属会溶解？

5. 从铁、镍、铜、银四种金属及其盐溶液 $[c(M^{2+}) = 1.0mol \cdot L^{-1}]$ 中选出两种，组成一个具有最大电动势的原电池，写出其电池符号。

6. 标准状态下，下列各组物种内，哪种是较强的氧化剂？

(1) PbO_2 或 Sn^{4+}　　(2) I_2 或 Ag^+

(3) Cl_2 或 Br_2　　(4) HNO_2 或 H_2SO_3

7. 标准状态下，下列各组物种内，哪种是较强的还原剂？

(1) F^- 或 Cu　　(2) H_2 或 I^-

(3) Fe^{2+} 或 Ni　　(4) Pb^{2+} 或 Sn^{2+}

8. 查出下列各电对的标准电极电势 $E_A^{\ominus}$，判断各组电对中，哪一个物种是最强的氧化剂？哪一个物种是最强的还原剂？并写出此两者之间进行氧化还原反应的反应式。

(1) MnO_4^-/Mn^{2+}，Fe^{3+}/Fe^{2+}，Cl_2/Cl^-

(2) Br_2/Br^-，Fe^{3+}/Fe^{2+}，I_2/I^-

(3) O_2/H_2O_2，H_2O_2/H_2O，O_2/H_2O

9. 根据标准电极电势 $E_A^{\ominus}$，判断下列自发进行的方向：

(1) $Cd + Zn^{2+} \rightleftharpoons Cd^{2+} + Zn$

(2) $Sn^{2+} + 2Ag^+ \rightleftharpoons Sn^{4+} + 2Ag$

(3) $H_2SO_3 + 2H_2S \rightleftharpoons 3S + 3H_2O$

(4) $2MnO_4^- + 3Mn^{2+} + 2H_2O \rightleftharpoons 5MnO_2 + 4H^+$

(5) $3Fe(NO_3)_2 + 4HNO_3 \rightleftharpoons 3Fe(NO_3)_3 + NO + 2H_2O$

(6) $2K_2SO_4 + Cl_2 \rightleftharpoons K_2S_2O_8 + 2KCl$

10. 根据标准电极电势 $E_A^{\ominus}$，指出下列各组物种，哪种可以共存，哪些不能共存，说明理由。

(1) Fe^{3+}，I^-　　(2) $S_2O_8^{2-}$，H_2S

(3) Fe^{2+}，Sn^{4+}　　(4) $Cr_2O_7^{2-}$，I^-

(5) Ag^+，Fe^{2+}　　(6) BrO_3^{2-}，Br^-(酸性介质)

(7) MnO_4^-，Sn^{2+}　　(8) HNO_3，H_2S

11. 在下列电对中，离子浓度的变化对电极电势有何影响？单质的氧化还原能力如何改变？

(1) $Fe^{2+}+2e^- \rightleftharpoons Fe$　　(2) $I_2+2e^- \rightleftharpoons I^-$

12. 溶液的 pH 增加，对下列电对的电极电势有何影响？使各物种的氧化还原能力如何改变？

(1) MnO_2/Mn^{2+}　　(2) MnO_4^-/MnO_4^{2-}

(3) NO_3^-/HNO_2

13. 计算下列半反应的电极电势。

(1) $Ag^+(0.25mol \cdot L^{-1})+e^- \longrightarrow Ag$

(2) $O_2(1.00kPa)+4H^+(0.01mol \cdot L^{-1})+4e^- \longrightarrow 2H_2O(l)$

(3) $PbO_2(s)+4H^+(1.0mol \cdot L^{-1})+2e^- \longrightarrow Pb^{2+}(0.10mol \cdot L^{-1})+2H_2O$

14. 次氯酸在酸性溶液中的氧化性比在中性溶液中强，计算当溶液 pH = 1.00 和 pH = 7.00 时，电对 $HClO/Cl^-$ 的电极电势。假设 $c(HClO)$ 和 $c(Cl^-)$ 都等于 $1.0mol \cdot L^{-1}$。

15. 试从下列各题了解同一电对在酸、碱介质中的 $E_A^{\ominus}$ 值和 $E_B^{\ominus}$ 值的联系[系统中 $p(H_2) = 100kPa$，$p(O_2) = 100kPa$]：

(1) $E_A^{\ominus}(H^+/H_2) = 0V$，它在碱性介质中的 $E_B^{\ominus}(OH^-/H_2)$ 等于多少？

(2) $E_B^{\ominus}(O_2/OH^-) = 0.401V$，它在酸性介质中的 $E_A^{\ominus}(O_2/H_2O)$ 等于多少？

16. 根据 $E_a^{\ominus}(HF) = 6.6\times10^{-4}$，求电对 $F_2/(HF)$ 的 $E^{\ominus}$ 值[$p(F_2) = 100kPa$]。

17. Ag 不溶于 HCl，却溶于 HI。

提示：计算 $E^{\ominus}(AgCl/Ag)$ 和 $E^{\ominus}(AgI/Ag)$ 值并与 $E^{\ominus}(H^+/H_2)$ 对比。

18. 已知 $E^{\ominus}\{Fe(OH)_2/Fe\} = -0.887V$，$E^{\ominus}(Fe^{2+}/Fe) = -0.44V$，求 $Fe(OH)_2$ 的 $K_{sp}^{\ominus}$。

19. 判断下列电池的正、负极，并计算各电池的电动势，所得结果能说明什么问题？

(1) $Sn \mid Sn^{2+}(1.0mol \cdot L^{-1}) \parallel Pb^{2+}(1.0mol \cdot L^{-1}) \mid Pb$

(2) $Sn \mid Sn^{2+}(0.10mol \cdot L^{-1}) \parallel Pb^{2+}(1.0mol \cdot L^{-1}) \mid Pb$

(3) $Sn \mid Sn^{2+}(1.0mol \cdot L^{-1}) \parallel Pb^{2+}(0.10mol \cdot L^{-1}) \mid Pb$

20. 若 $c(Cr_2O_7^{2-}) = c(Cr^{3+}) = 1.0mol \cdot L^{-1}$，$p(Cl_2) = 100kPa$，下列情况下能否利用反应：

$$K_2Cr_2O_7+14HCl \longrightarrow 2CrCl_3+3Cl_2+2KCl+7H_2O$$

来制备氯气？

(1) 盐酸浓度为 $0.01mol \cdot L^{-1}$；

(2) 盐酸浓度为 $12mol \cdot L^{-1}$。

21. 用电极电势说明：在实验中用不同的氧化剂制备氯气时，对盐酸的要求何以有以下差异。

(1) MnO_2 要求用浓盐酸；

(2) $K_2Cr_2O_7$ 要求至少要用中等浓度的盐酸；

(3) $KMnO_4$ 使用较稀的盐酸也可。

22. 根据能斯特方程计算并说明：(1)当 pH=5.00 时，I_2 可氧化 H_3AsO_3；(2)$c(H^+)=1.0mol \cdot L^{-1}$时，$H_3AsO_3$ 可氧化 I^-[设反应起始时，$c(I^-)=1.0mol \cdot L^{-1}$，$c(H_3AsO_4)=c(H_3AsO_3)$]。

23. 在一个半电池中，一根铂丝浸入一含有 $0.85mol \cdot L^{-1} Fe^{3+}$ 和 $0.010mol \cdot L^{-1} Fe^{2+}$ 的溶液中，另一个半池是金属 Cd 浸入 $0.50mol \cdot L^{-1} Cd^{2+}$ 的溶液中。回答下列问题。

(1)当电池产生电流时，正极、负极分别是什么？

(2)写出电池反应。

(3)计算该电池反应的平衡常数。

24. 已知锰在酸性介质中的元素电势图：

$$E_A^{\ominus}/V \qquad MnO_4^- \xrightarrow{0.564} MnO_4^{2-} \xrightarrow{2.26} MnO_2 \xrightarrow{0.95} Mn^{3+} \xrightarrow{1.51} Mn^{2+} \xrightarrow{-1.18} Mn$$

$$MnO_4^- \xrightarrow{1.695} MnO_2 \qquad MnO_2 \xrightarrow{1.23} Mn^{2+}$$

回答下列问题。

(1)试判断哪些物种可以发生歧化反应，写出歧化反应式。

(2)估计在酸性介质中，哪些是较稳定的物种？

25. 硫在酸性溶液中的元素电势图如下：

$$E_A^{\ominus}/V \qquad S_2O_8^{2-} \xrightarrow{2.05} SO_4^{2-} \xrightarrow{0.17} H_2SO_3 \xrightarrow{0.40} S_2O_3^{2-} \xrightarrow{0.50} S \xrightarrow{0.141} H_2S$$

$$H_2SO_3 \xrightarrow{0.45} S$$

回答下列问题。

(1)氧化性最强的物种是什么？还原性最强的物种是什么？

(2)比较稀 H_2SO_4 和 H_2SO_3 的氧化能力，举例说明。

(3)$H_2S_2O_3$ 能否发生歧化反应，估计歧化反应产物是什么？

26. 计算反应 $Fe+Cu^{2+}=\!=\!=Fe^{2+}+Cu$ 的平衡常数。若反应结束后溶液中 $c(Fe^{2+})=0.01mol \cdot L^{-1}$，试问此时溶液中的 Cu^{2+}浓度为多少？

27. 某原电池中的一个半电池是由金属钴浸在 $1.00mol \cdot L^{-1} Co^{2+}$ 的溶液中组成的，另一个半电池则由铂片浸入 $1.00mol \cdot L^{-1} Cl^-$的溶液中，并不断通入 Cl_2[$p(Cl_2)=100kPa$]组成的。实验测得电池的电动势为 1.63V，钴电极为负极。已知 $E^{\ominus}(Cl_2/Cl^-)=1.36V$，回答下列问题。

(1)写出电池反应方程式。

(2)$E^{\ominus}(Co^{2+}/Co)$为多少？

(3)$p(Cl_2)$增大时，电池的电动势如何变化？

(4)当其他浓度、分压不变，$c(Co^{2+})$变为 $0.010mol \cdot L^{-1}$时，电池的电动势是多少？

28. 铊的元素电势图如下：

$$E_A^{\ominus}/V \qquad Tl^{3+} \xrightarrow{1.25} Tl^+ \xrightarrow{-0.34} Tl$$

$$Tl^{3+} \xrightarrow{0.72} Tl$$

回答下列问题。

(1)写出由电对 Tl^{3+}/Tl^+ 和 Tl^+/Tl 组成的原电池的电池符号及电池反应；

(2)计算该原电池的标准电动势；

(3)求此电池反应的平衡常数。

29. Pb-Sn 电池：

$(-)Sn \mid Sn^{2+}(1.0mol \cdot L^{-1}) \parallel Pb^{2+}(1.0mol \cdot L^{-1}) \mid Pb(+)$

计算：

(1)电池的标准电动势 $E^{\ominus}$。

(2)当 $c(Sn^{2+})$ 仍为 $1.0mol \cdot L^{-1}$，电池反应逆转时(即 $E^{\ominus} \leqslant 0V$)的 $c(Pb^{2+})$ 等于多少？

第 6 章　原 子 结 构

【学习目标】

(1) 了解原子核外电子运动状态的基本特点，了解原子轨道和电子云的概念。

(2) 掌握四个量子数的意义及取值规则。

(3) 掌握原子能级及核外电子的排布规律。

(4) 掌握元素周期表及元素性质的周期性规律。

(5) 掌握元素的原子半径等元素基本性质的周期性变化。

为了掌握物质的性质及其变化规律，人类很早就开始探索物质的结构。直到 19 世纪末 20 世纪初，才初步了解原子内部结构的奥秘。科学实验证实了原子很小(直径约 10^{-10} m)，却有着复杂的结构。原子是由带正电荷的原子核和在核外运动的带负电荷的电子所组成。在化学反应中，原子核并没有发生变化，只是核外电子的运动状态发生变化。本章在中学化学的基础上，进一步学习关于物质结构的理论。

6.1　核外电子的运动状态

6.1.1　氢原子结构

低压氢气放电管中发出的光通过棱镜折射后，得到了线状的氢原子光谱，氢原子光谱在可见光区有明显的四条谱线，而经典的电磁学理论无法合理解释这种现象。直到 1913 年，丹麦物理学家玻尔在前人工作的基础上，运用了普朗克量子理论的概念，提出了关于原子结构的假设：

(1) 定态轨道的概念。在原子中，电子只能在以原子核为中心的某些能量确定的圆形轨道上运动。轨道间的能差值是不连续的，轨道能量是不连续的。这些轨道的能量状态不随时间改变，称为定态轨道。

(2) 轨道能级的概念。电子在不同轨道运动时，电子的能量是不同的。离核越近的轨道，能量越低。电子运动时所处的能量状态称为能级。轨道不同，能级也不同。

(3) 能级跃迁的概念。处在激发态的电子由于具有较高的能量不稳定性，随时都有可能从能级较高的轨道跃迁到能级较低的轨道，这时电子放出的能量以光的形式释放出来。

玻尔理论成功地解释了氢原子光谱，阐明了谱线的波长(λ)与电子在不同轨道之间跃迁时能级差的关系，因而在原子结构理论的发展过程中做出了很大的贡献。但是该理论不能解释多电子原子光谱、氢原子光谱的精细结构(在精密的分光镜下，发现氢光谱的每一条谱线是由几条波长相差甚微的谱线所组成)等新的实验事实。其原因是该理论没有完全摆脱经典力学的束缚，电子在固定轨道上绕核运动的观点不符合微观粒子的运动特性。因此随着科学的发展，玻尔的原子结构理论便被原子的量子力学理论所代替。

6.1.2 电子的波粒二象性

光在传播过程中的干涉、衍射等实验现象说明光具有波动性；而光的吸收、发射等又具有粒子的特性，这就是光的波粒二象性。

1924 年德布罗意受到光的波粒二象性的启发，大胆预言了微观粒子的运动也具有波粒二象性。1927 年戴维逊和革末用电子衍射实验(见图 6-1)证实了德布罗意的假设。

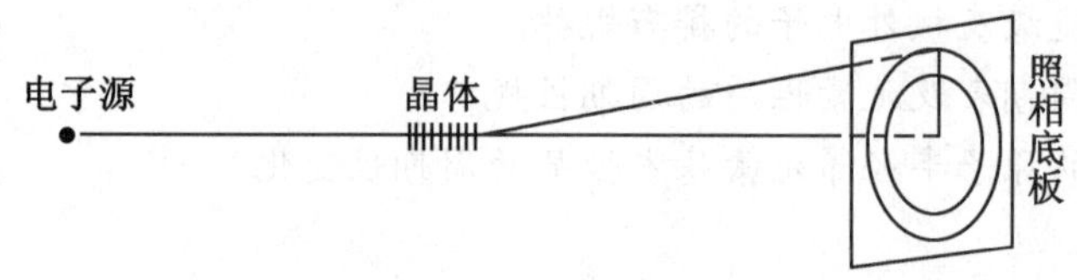

图 6-1 电子衍射示意图

当将一束高速电子流通过镍晶体(作为光栅)而射到荧光屏上时，得到了和光衍射现象相似的一系列明暗交替的衍射环纹。衍射是一切波动的共同特性，由此充分证明了高速运动的电子流，除有粒子性外，也有波动性，这叫做电子的波粒二象性。除光子、电子外，其他微观粒子如质子、中子等也具有波粒二象性。

像电子这类微观粒子的运动，由于兼具波动性，其运动状态和宏观物体的运动状态不同。人们在任何瞬间都不能准确地同时测定电子的位置和动量；它也没有确定的运动轨道。所以，在研究原子核外电子的运动状态时，必须完全摒弃经典力学理论，而代之以描述微观粒子运动的量子力学理论。

6.1.3 核外电子运动的近代描述

1. 波函数与原子轨道

1926 年奥地利物理学家薛定谔把电子运动和光的波动理论联系起来，提出了描述核外电子运动状态的数学方程——薛定谔方程。薛定谔方程把作为粒子特征的电子质量(m)、位能(V)和系统的总能量(E)与其运动状态的波函数(ψ)列在一个数学方程式中，即体现了波动性和粒子性的结合。解薛定谔方程的目的就是求出波函数 ψ 以及与其对应的能量 E，求得 $\psi(x, y, z)$ 的具体函数形式，即为方程的解。方程式的每一个合理的解 ψ 就代表体系中电子的一种可能的运动状态，它是一个包含 n，l，m 三个常数项的三变量(x，y，z)的函数，通常用 $\psi_{n,l,m}(x, y, z)$ 表示。需要指出，并不是每个薛定谔方程的解都是合理的，都可以表示电子运动的一种稳定状态。

为了得到合理的解，就要求 n，l，m 不是任意的数值，要符合一定的取值要求。在量子力学中，把这类有取值要求的特定常数称作量子数。n，l，m 分别为主量子数、角量子数和磁量子数。一组特定的 n，l，m 就是一个相应的波函数 $\psi_{n,l,m}(x, y, z)$，每一个 $\psi_{n,l,m}(x, y, z)$ 表示核外电子的一种运动状态。

$l=0$ 的状态称为 s 态；$l=1$ 的状态称为 p 态；$l=2$ 的状态称为 d 态；$l=3$ 的状态称为 f 态。

波函数　ψ 是量子力学描述核外电子运动状态的数学函数式，即用一定的波函数 ψ 表示电子的一种运动状态。量子力学借用经典力学描述宏观物体运动的轨道概念，把波函数 ψ 称为原子轨函，或者原子轨道。它只是反映了核外电子运动状态表现出的波动性和统计性规律。

为了求解方便，需要把直角坐标(x, y, z)转换成球坐标(r, θ, ϕ)，并令 $\psi(r, \theta, \phi)=R(r)Y(\theta, \phi)$，即把含有三个变量的偏微分方程分解为用 r 表示的径向分布函数 $R(r)$ 和仅包含角度变量 θ 和 ϕ 的角度分布函数 $Y(\theta, \phi)$。由于 ψ 的角度分布与主量子数无关，故 l 相同时，其角度分布图总是一样的。图 6-2 为某些原子轨道的角度分布图，图中的"+"、"-"号表示波函数的正、负值。

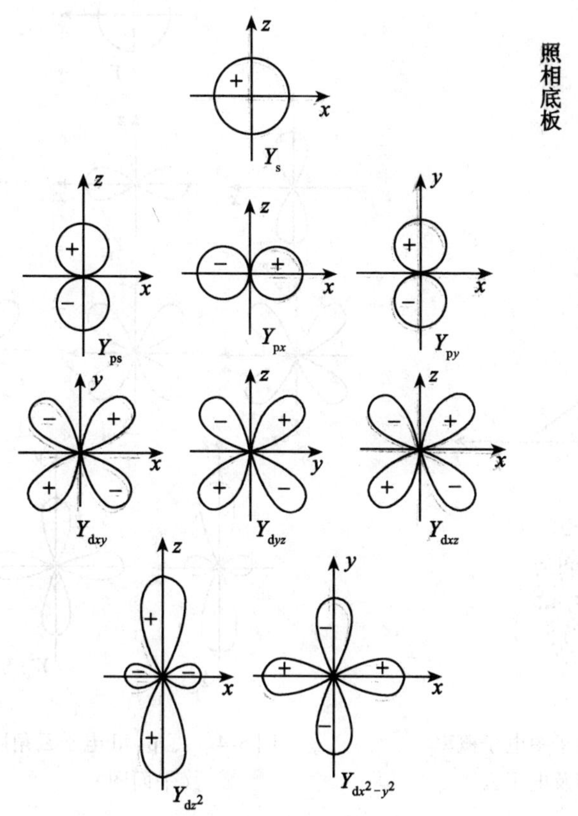

图 6-2　spd 原子轨道角度分布图(平面图)

2. 概率密度与电子云

$|\psi|^2$ 表示为电子在原子核外空间某点附近微体积内出现的概率。波函数 ψ 实际上与

一般物理量不同，它没有明确的、直观的物理意义。现在认为 $|\psi|^2$ 有明确的物理意义，核外空间某处出现电子的概率和波函数 ψ 的平方成正比。

由于电子在核外的高速运动，并不能肯定某一瞬间它在空间所处位置，只能用统计方法推算出在空间各处出现的概率，或者是电子在空间单位体积内出现的概率，即概率密度。如果用密度不同的小黑点来形象地表示电子在原子中的概率密度分布情况，所得图像称为电子云。所以若用 $|\psi|^2$ 作图，应得到电子云的近似图像，电子云的图像也是分别从角度分布和径向分布去表达。图 6-3 为基态氢原子中电子的概率密度分布及电子云示意图。

电子云的角度分布图(见图 6-4)与原子轨道角度分布图相比，两种图形基本相似，但有两点区别：①原子轨道的角度分布图带有正、负号，而电子云的角度分布图均为正值，通常不标出；②电子云角度分布的图形比较“瘦”些。

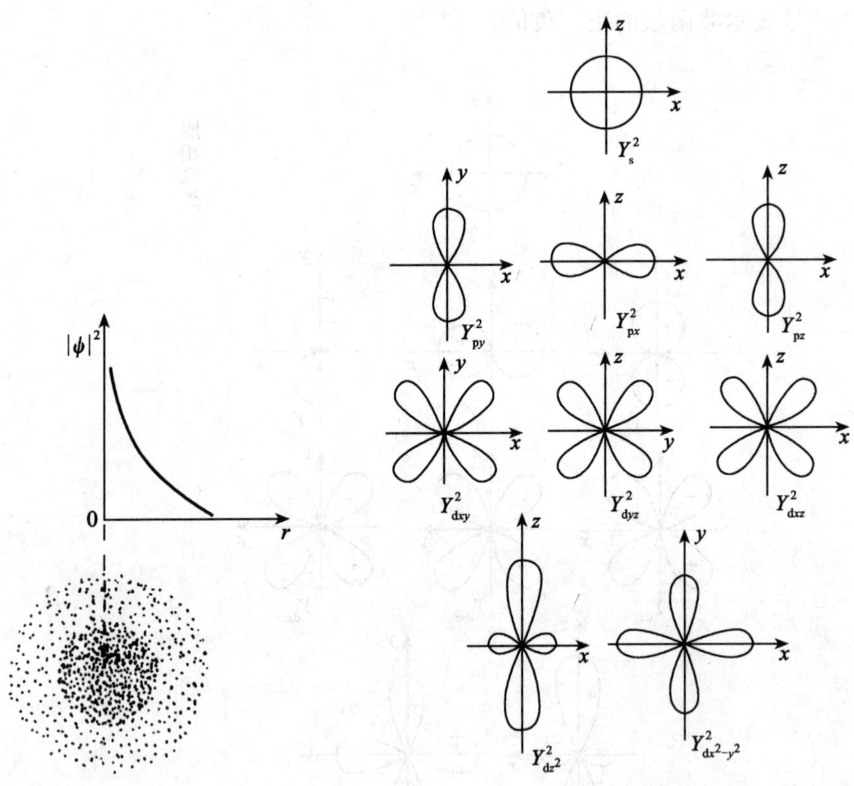

图 6-3　基态氢原子中电子概率密度分布及电子云

图 6-4　s，p，d 电子云角度分布图(平面图)

6.1.4　四个量子数

解薛定谔方程时引入的三个常数项分别称为主量子数 n、角量子数 l 和磁量子数 m，它们的取值是相互制约的。用这些量子数可以表示原子轨道或电子云离核的远近、形状及其在空间伸展的方向。此外，还有用来描述电子自旋运动的自旋量子数 m_s。

1. 主量子数 n

核外电子是按能级的高低分层排布的，这种不同能级的层次习惯上称为电子层。用统计的观点来说，电子层是按电子出现几率较大的区域离核的远近来划分的。主量子数正是描述电子层能量高低次序和电子云离核远近的参数。

主量子数为从1开始的正整数(1，2，3，4，…)。n 越大，电子离核平均距离越远，n 相同的电子离核平均距离比较接近，即所谓电子处于同一电子层。电子的能量随 n 的增大而升高，n 是决定电子能量的主要量子数。n 值又代表电子层数，不同的电子层用不同的符号表示，如表6-1所示。

表6-1　**主量子数、电子层名称和电子层符号对应关系**

n	1	2	3	4	5	6
电子层名称	第一层	第二层	第三层	第四层	第五层	第六层
电子层符号	K	L	M	N	O	P

电子层能量高低顺序：

$$K<L<M<N<O<P$$

2. 角量子数

根据光谱实验及理论推导，即使在同一电子层内，电子的能量也有所差别，运动状态也有所不同，即一个电子层还可分为若干个能量稍有差别、原子轨道形状不同的亚层。角量子数(又称副量子数)l 就是用来描述不同亚层的量子数。l 的取值受 n 的制约，可以取从0到 $n-1$ 的正整数，如表6-2所示。

表6-2　**主量子数和角量子数对应关系**

n	1	2	3	4
l	0	0，1	0，1，2	0，1，2，3

每个 l 值代表一个亚层，亚层用光谱符号 s，p，d，f 等表示。角量子数、亚层符号及原子轨道形状的对应关系如表6-3所示。

表6-3　**角量子数、亚层符号及原子轨道形状的对应关系**

l	0	1	2	3
亚层符号	s	p	d	f
原子转道或电子云形状	球形	哑铃形	花瓣形	花瓣形

同一电子层中，随着 l 数值的增大，原子轨道能量也依次升高，即 $E_{ns}<E_{np}<E_{nd}<E_{nf}$。

故从能量角度讲，每一个亚层有不同的能量，称之为相应的能级。与主量子数决定的电子层间的能量差别相比，角量子数决定的亚层间的能量差要小得多。

3. *磁量子数 m*

根据光谱线在磁场中会发生分裂的现象得出：原子轨道不仅有一定的形状，并且还具有不同的空间伸展方向。磁量子数(m)就是用来描述原子轨道在空间的伸展方向的。磁量子数(m)的取值受角量子数的制约。当角量子数为 l 时，m 的取值可以从$+l$ 到$-l$ 并包括 0 在内的整数。因此，亚层中 m 取值个数与 l 的关系是$(2l+1)$。每个取值表示亚层中的一个有一定空间伸展方向的轨道。一个亚层中，m 有几个数值，该亚层中就有几个伸展方向不同的轨道。n，l 和 m 的关系见表6-4。

表6-4　　　　**n，l 和 m 的关系**

主量子数(n)	1	2		3			4			
电子层符号	K	L		M			N			
角量子数(l)	0	0	1	0	1	2	0	1	2	3
电子亚层符号	1s	2s	2p	3s	3p	3d	4s	4p	4d	4f
磁量子数(m)	0	0	0 ±1	0	0 ±1	0 ±1 ±2	0	0 ±1	0 ±1 ±2	0 ±1 ±2 ±3
亚层轨道数($2l+1$)	1	1	3	1	3	5	1	3	5	7
电子层轨道数 n^2	1	4		9			16			

由表可见，当 $n=l$，$l=0$ 时，$m=0$，表示 1s 亚层在空间只有一种伸展方向。当 $n=2$，$l=1$ 时，$m=0$，$+1$，-1，表示 2p 亚层中有 3 个空间伸展方向不同的轨道，即 p_x，p_y，p_z。这 3 个轨道的 n，l 值相同，轨道的能量相同，所以称为等价轨道或简并轨道。

综上所述，用 n，l，m 三个量子数即可决定一个特定原子轨道的大小、形状和伸展方向。

4. *自旋量子数*

电子除绕核运动外，本身还作两种相反方向的自旋运动，描述电子自旋运动的量子数称为自旋量子数 m_s。取值为+1/2 和−1/2，符号用“↑”和“↓”表示。由于自旋量子数只有 2 个取值，因此每个原子轨道最多能容纳 2 个电子。

有了这四个量子数，就能够比较全面地描述一个核外电子的运动状态。研究表明，在同一个原子中不可能有运动状态完全相同的电子存在。也就是说，在同一原子中，各个电子的四个量子数不可能完全相同。

【例 1】 某一多电子原子，试讨论在其第三电子层中：

(1) 亚层数是多少？并用符号表示各亚层；

(2) 各亚层上的轨道数是多少？该电子层上的轨道总数是多少？

(3) 哪些是等价轨道？

解：第三电子层，即主量子数 $n=3$。

(1)亚层数是由角量子数 l 的取值数确定的。$n=3$ 时，l 的取值可有0，1，2。所以第三电子层中有3个亚层，它们分别是3s，3p，3d。

(2)各亚层上的轨道数是由磁量子数 m 的取值确定的。各亚层中可能有的轨道数是：

当 $n=3$，$l=0$ 时，$m=0$，即只有一个3s轨道。

当 $n=3$，$l=1$ 时，$m=0$，-1，$+1$，即可有3个3p轨道：$3p_x$，$3p_y$，$3p_z$。

当 $n=3$，$l=2$ 时，$m=0$，±1，±2，即可有5个3d轨道：$3d_{z^2}$，$3d_{xz}$，$3d_{zy}$，$3d_{x^2-y^2}$，$3d_{xy}$。

由上可知，第三电子层中总共有9个轨道。

(3)等价轨道(或简并轨道)是能量相同的轨道，轨道能量主要决定于 n，其次是 l，所以 n，l 相同的轨道具有相同的能量。故等价轨道分别为3个3p轨道和5个3d轨道。

6.2 原子中电子的排布

6.2.1 多电子原子的能级

除H外，其余元素的原子数、电子数都大于1，因薛定谔方程难以精确求解。所以，多电子原子结构的讨论，只是运用氢原子结构理论和某些结论，近似地推广到多电子原子中。

1. 屏蔽效应

对H原子来说，核外只有一个电子，这个电子只受到原子核的作用，所以电子运动的能量只与 n 有关。

在多电子原子中，任一电子不仅受到原子核的吸引，同时还受到其他电子的排斥。斯莱特提出：内层电子和同层电子对某一电子的排斥作用，势必削弱原子核对该电子吸引，这种作用称为屏蔽效应。屏蔽效应的结果，使该电子实际受到核电荷(有效核电荷 Z^*)的引力比原子(Z)所表示核电荷的引力要小。

屏蔽作用的大小可以用屏蔽常数(σ)来表示：

$$Z^*=Z-\sigma$$

可见屏蔽常数可以理解为被抵消的那部分核电荷。屏蔽常数越大，被抵消的核电荷越多，有效核电荷就越小。例如对于锂原子的2s电子来说，$\sigma=1.7$，因此2s电子受到的有效核电荷为 $Z-\sigma=1.3$。

σ 与 l 有关，n 相同时，l 值越大电子云伸展越远，受的屏蔽作用越大，有效核电荷越小，因而能量越高。所以能量不仅与 n 有关也和 l 有关。σ 可通过斯莱特规则近似计算，在此不再细述。

2. 钻穿效应和能级分裂

原子轨道不仅按能量高低分层排布而且还存在着渗透现象。这种外层电子钻入内层电子的内部空间，一方面能较好地避免其他电子的屏蔽，另一方面受原子核的吸引力较强，使轨道能量降低。这种由于电子的渗透作用而使轨道能量降低的现象称钻穿效应。

钻穿效应不仅能引起轨道能级分裂，而且还会引起能级交错。例如3d和4s能级，若只考虑主量子数的因素，则 $E_{4s}>E_{3d}$。从4s，3d电子云的径向分布图可以看出，4s主峰离核比 3d 要远，4s 有三个小峰，均靠近原子核，4s 轨道比 3d 轨道钻得更深，可以更好地回避其他电子的屏蔽，其结果降低 4s 轨道的能量，而且这种能量降低超过了主量子数增大引起的能量升高的作用，导致 $E_{4s}<E_{3d}$，发生能级交错。这与光谱实验结果一致。

3. 近似能级图

多电子原子中能级次序与许多因素有关，例如主量子数、角量子数、核电荷数、屏蔽效应、钻穿效应、电子自旋等。原子中各原子轨道能级的高低主要根据光谱实验确定，用图示法近似表示，这就是所谓近似能级图。常用的是鲍林的近似能级图(见图 6-5)。

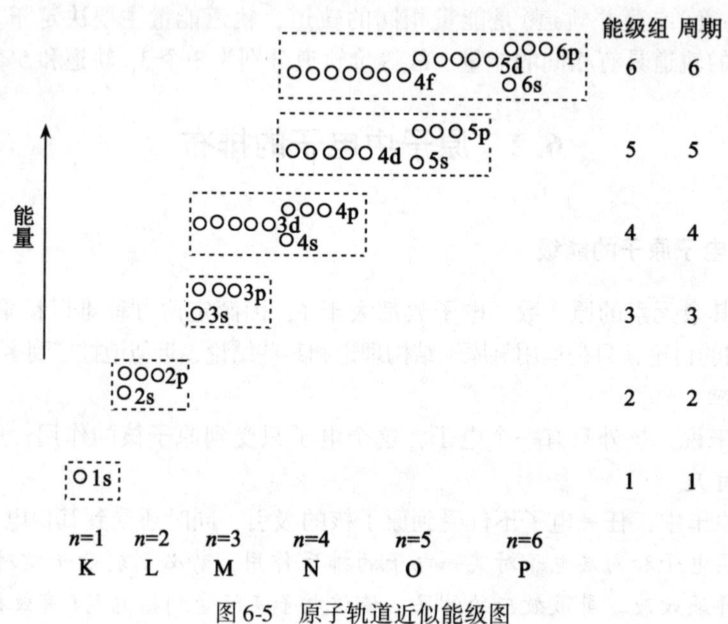

图 6-5 原子轨道近似能级图

近似能级图按照能量由低到高的顺序排列，并将能量相近的能级划归一组，称为能级组，以虚线框起来。相邻能级组之间能量相差比较大。每个能级组(除第一能级组)都是从 s 能级开始，于 p 能级终止。能级组数等于核外电子层数。能级组的划分与周期表中周期的划分是一致的。从图 6-5 可以看出：

(1)同一原子中的同一电子层内，各亚层之间的能量次序为

$$ns<np<nd<nf$$

(2)同一原子中的不同电子层内，相同类型亚层之间的能量次序为

$$1s<2s<3s<\cdots$$

(3)同一原子中的第三层以上的电子层中，不同类型的亚层之间，在能级组中常出现能级交错现象。例如：

$$4s<3d<4p; \quad 5s<4d<5p; \quad 6s<4f<5d<6p$$

必须指出，鲍林近似能级图反映了多电子原子中原子轨道能量的近似高低，不能认为所有元素原子中的能级高低都是一成不变的，更不能用它来比较不同元素原子轨道能级的

相对高低。

我国化学家徐光宪教授由光谱实验数据归纳出判断能级高低的近似规则——$n+0.7l$规则，其结果与鲍林能级图一致。

无论是实验结果或理论推导都证明：原子在失去电子时的顺序与填充时的并不对应。

基态原子外层电子填充顺序为 $ns \to (n-2)f \to (n-1)d \to np$；

基态原子失去外层电子的顺序为 $np \to ns \to (n-1)d \to (n-2)f$。

例如，Fe 的最高能级组电子填充的顺序为先填4s 轨道上的2个电子，再填3d 轨道上的6个电子。而在失去电子时，却是先失2个4s 电子(成为 Fe^{2+}离子)，再失1个3d 电子(成为 Fe^{3+}离子)。

6.2.2 核外电子排布规则

1. 能量最低原理

自然界任何体系总是能量越低，所处状态越稳定，这个规律称为能量最低原理。原子核外电子的排布也遵循这个原理。所以，随着原子序数的递增，电子总是优先进入能量最低的能级，可依鲍林近似能级图逐级填入。

2. 泡利不相容原理

泡利提出：在同一原子中不可能有4个量子数完全相同的2个电子。换句话说，在同一轨道上最多只能容纳2个自旋方向相反的电子。应用泡利不相容原理，可以推算出每一电子层上电子的最大容量(见表6-1)。

【例2】 (1)写出$_3$Li 和$_{11}$Na 的电子排布式；

(2)用四个量子数表示$_3$Li 的各能级上的电子运动状态；

解：(1)它们的电子分布是

$_3$Li: $1s^2 2s^1$

$_{11}$Na: $1s^2 2s^2 2p^6 3s^1$

(2)

$1s^2$: $n=1,\ l=0,\ m=0,\ m_s=+\frac{1}{2}$

$n=1,\ l=0,\ m=0,\ m_s=-\frac{1}{2}$

$2s^1$: $n=2,\ l=0,\ m=0,\ m_s=+\frac{1}{2}$

3. 洪特规则

洪特提出：在同一亚层的等价轨道上，电子将尽可能占据不同的轨道，且自旋方向相同(这样排布时总能量最低)。例如，$_6$C 的电子排布为 $1s^2 2s^2 2p^2$，其轨道上的电子排布为

1s 2s 2p

(↑↓) (↑↓) (↑)(↑)( )，而不是 (↑↓) (↑↓) (↑↓)( )( ) 或 (↑↓) (↑↓) (↑)(↓)( )。

此外，根据光谱实验结果，又归纳出一个规律：等价轨道在全充满、半充满或全空的状态时是比较稳定的。即

p^6 或 d^{10} 或 f^{14} 全充满

p^3 或 d^5 或 f^7 半充满

p^0 或 d^0 或 f^0 全 空

例如，铬和铜原子核外电子的排布式：

$_{24}Cr$ 不是 $1s^22s^22p^63s^23p^63d^44s^2$，而是 $1s^22s^22p^63s^23p^63d^54s^1$。$3d^5$ 为半充满。

$_{29}Cu$ 不是 $1s^22s^22p^63s^23p^63d^94s^2$，而是 $1s^22s^22p^63s^23p^63d^{10}4s^1$。$3d^{10}$ 为全充满。

为了书写方便，以上两例的电子排布式也可简写成：

$_{24}Cr$：[Ar]$3d^54s^1$　　$_{29}Cu$：[Ar]$3d^{10}4s^1$

方括号中所列稀有气体表示该原子内层的电子结构与此稀有气体原子的电子结构一样，[Ar]，[Kr]，[Xe)等称为原子芯。

需要指出，在原子序数1～109各元素基态原子中的电子排布情况中，其中绝大多数元素的电子排布与所述的排布原则是一致的，但也有少数不符合。对此，必须尊重事实(见表6-5)，并在此基础上去探求更符合实际的理论解释。

表6-5 **基态原子的电子分布**

周期	原子序数	元素符号	元素名称	电子层						
				K	L	M	N	O	P	Q
				1s	2s2p	3s3p3d	4s4p4d4f	5s5p5d5f	6s6p6d	7s
1	1	H	氢	1						
	2	He	氦	2						
2	3	Li	锂	2	1					
	4	Be	铍	2	2					
	5	B	硼	2	2 1					
	6	C	碳	2	2 2					
	7	N	氮	2	2 3					
	8	O	氧	2	2 4					
	9	F	氟	2	2 5					
	10	Ne	氖	2	2 6					
3	11	Na	钠	2	2 6	1				
	12	Mg	镁	2	2 6	2				
	13	Al	铝	2	2 6	2 1				
	14	Si	硅	2	2 6	2 2				
	15	P	磷	2	2 6	2 3				
	16	S	硫	2	2 6	2 4				
	17	Cl	氯	2	2 6	2 5				
	18	Ar	氩	2	2 6	2 6				

续表

周期	原子序数	元素符号	元素名称	电子层 K	L	M	N	O	P	Q
				1s	2s2p	3s3p3d	4s4p4d4f	5s5p5d5f	6s6p6d	7s
4	19	K	钾	2	2 6	2 6	1			
	20	Ca	钙	2	2 6	2 6	2			
	21	Sc	钪	2	2 6	2 6 1	2			
	22	Ti	钛	2	2 6	2 6 2	2			
	23	V	钒	2	2 6	2 6 3	2			
	24	Cr	铬	2	2 6	2 6 5	1			
	25	Mn	锰	2	2 6	2 6 5	2			
	26	Fe	铁	2	2 6	2 6 6	2			
	27	Co	钴	2	2 6	2 6 7	2			
	28	Ni	镍	2	2 6	2 6 8	2			
	29	Cu	铜	2	2 6	2 6 10	1			
	30	Zn	锌	2	2 6	2 6 10	2			
	31	Ga	镓	2	2 6	2 6 10	2 1			
	32	Ge	锗	2	2 6	2 6 10	2 2			
	33	As	砷	2	2 6	2 6 10	2 3			
	34	Se	硒	2	2 6	2 6 10	2 4			
	35	Br	溴	2	2 6	2 6 10	2 5			
	36	Kr	氪	2	2 6	2 6 10	2 6			
5	37	Rb	铷	2	2 6	2 6 10	2 6	1		
	38	Sr	锶	2	2 6	2 6 10	2 6	2		
	39	Y	钇	2	2 6	2 6 10	2 6 1	2		
	40	Zr	锆	2	2 6	2 6 10	2 6 2	2		
	41	Nb	铌	2	2 6	2 6 10	2 6 4	1		
	42	Mo	钼	2	2 6	2 6 10	2 6 5	1		
	43	Tc	锝	2	2 6	2 6 10	2 6 5	2		
	44	Ru	钌	2	2 6	2 6 10	2 6 7	1		
	45	Rh	铑	2	2 6	2 6 10	2 6 8	1		
	46	Pd	钯	2	2 6	2 6 10	2 6 10	0		
	47	Ag	银	2	2 6	2 6 10	2 6 10	1		
	48	Cd	镉	2	2 6	2 6 10	2 6 10	2		
	49	In	铟	2	2 6	2 6 10	2 6 10	2 1		
	50	Sn	锡	2	2 6	2 6 10	2 6 10	2 2		
	51	Sb	锑	2	2 6	2 6 10	2 6 10	2 3		
	52	Te	碲	2	2 6	2 6 10	2 6 10	2 4		
	53	I	碘	2	2 6	2 6 10	2 6 10	2 5		
	54	Xe	氙	2	2 6	2 6 10	2 6 10	2 6		

续表

周期	原子序数	元素符号	元素名称	电子层						
				K	L	M	N	O	P	Q
				1s	2s2p	3s3p3d	4s4p4d4f	5s5p5d5f	6s6p6d	7s
6	55	Cs	铯	2	2 6	2 6 10	2 6 10	2 6	1	
	56	Ba	钡	2	2 6	2 6 10	2 6 10	2 6	2	
	57	La	镧	2	2 6	2 6 10	2 6 10	2 6 1	2	
	58	Ce	铈	2	2 6	2 6 10	2 6 10 1	2 6 1	2	
	59	Pr	镨	2	2 6	2 6 10	2 6 10 3	2 6	2	
	60	Nd	钕	2	2 6	2 6 10	2 6 10 4	2 6	2	
	61	Pm	钷	2	2 6	2 6 10	2 6 10 5	2 6	2	
	62	Sm	钐	2	2 6	2 6 10	2 6 10 6	2 6	2	
	63	Eu	铕	2	2 6	2 6 10	2 6 10 7	2 6	2	
	64	Gd	钆	2	2 6	2 6 10	2 6 10 7	2 6 1	2	
	65	Tb	铽	2	2 6	2 6 10	2 6 10 9	2 6	2	
	66	Dy	镝	2	2 6	2 6 10	2 6 10 10	2 6	2	
	67	Ho	钬	2	2 6	2 6 10	2 6 10 11	2 6	2	
	68	Er	铒	2	2 6	2 6 10	2 6 10 12	2 6	2	
	69	Tm	铥	2	2 6	2 6 10	2 6 10 13	2 6	2	
	70	Yb	镱	2	2 6	2 6 10	2 6 10 14	2 6	2	
	71	Lu	镥	2	2 6	2 6 10	2 6 10 14	2 6 1	2	
	72	Hf	铪	2	2 6	2 6 10	2 6 10 14	2 6 2	2	
	73	Ta	钽	2	2 6	2 6 10	2 6 10 14	2 6 3	2	
	74	W	钨	2	2 6	2 6 10	2 6 10 14	2 6 4	2	
	75	Re	铼	2	2 6	2 6 10	2 6 10 14	2 6 5	2	
	76	Os	锇	2	2 6	2 6 10	2 6 10 14	2 6 6	2	
	77	Ir	铱	2	2 6	2 6 10	2 6 10 14	2 6 7	2	
	78	Pt	铂	2	2 6	2 6 10	2 6 10 14	2 6 9	1	
	79	Au	金	2	2 6	2 6 10	2 6 10 14	2 6 10	1	
	80	Hg	汞	2	2 6	2 6 10	2 6 10 14	2 6 10	2	
	81	Tl	铊	2	2 6	2 6 10	2 6 10 14	2 6 10	2 1	
	82	Pb	铅	2	2 6	2 6 10	2 6 10 14	2 6 10	2 2	
	83	Bi	铋	2	2 6	2 6 10	2 6 10 14	2 6 10	2 3	
	84	Po	钋	2	2 6	2 6 10	2 6 10 14	2 6 10	2 4	
	85	At	砹	2	2 6	2 6 10	2 6 10 14	2 6 10	2 5	
	86	Rn	氡	2	2 6	2 6 10	2 6 10 14	2 6 10	2 6	

续表

周期	原子序数	元素符号	元素名称	电子层						
				K	L	M	N	O	P	Q
				1s	2s2p	3s3p3d	4s4p4d4f	5s5p5d5f	6s6p6d	7s
	87	Fr	钫	2	2 6	2 6 10	2 6 10 14	2 6 10	2 6	1
	88	Ra	镭	2	2 6	2 6 10	2 6 10 14	2 6 10	2 6	2
	89	Ac	锕	2	2 6	2 6 10	2 6 10 14	2 6 10	2 6 1	2
	90	Th	钍	2	2 6	2 6 10	2 6 10 14	2 6 10	2 6 2	2
	91	Pa	镤	2	2 6	2 6 10	2 6 10 14	2 6 10 2	2 6 1	2
	92	U	铀	2	2 6	2 6 10	2 6 10 14	2 6 10 3	2 6 1	2
	93	Np	镎	2	2 6	2 6 10	2 6 10 14	2 6 10 4	2 6 1	2
	94	Pu	钚	2	2 6	2 6 10	2 6 10 14	2 6 10 6	2 6	2
	95	Am	镅	2	2 6	2 6 10	2 6 10 14	2 6 10 7	2 6	2
	96	Cm	锔	2	2 6	2 6 10	2 6 10 14	2 6 10 7	2 6 1	2
	97	Bk	锫	2	2 6	2 6 10	2 6 10 14	2 6 10 9	2 6	2
7	98	Cf	锎	2	2 6	2 6 10	2 6 10 14	2 6 10 10	2 6	2
	99	Es	锿	2	2 6	2 6 10	2 6 10 14	2 6 10 11	2 6	2
	100	Fm	镄	2	2 6	2 6 10	2 6 10 14	2 6 10 12	2 6	2
	101	Md	钔	2	2 6	2 6 10	2 6 10 14	2 6 10 13	2 6	2
	102	No	锘	2	2 6	2 6 10	2 6 10 14	2 6 10 14	2 6	2
	103	Lr	铹	2	2 6	2 6 10	2 6 10 14	2 6 10 14	2 6 1	2
	104	Rf	𬬻	2	2 6	2 6 10	2 6 10 14	2 6 10 14	2 6 2	2
	105	Db	𬭊	2	2 6	2 6 10	2 6 10 14	2 6 10 14	2 6 3	2
	106	Sg	𬭳	2	2 6	2 6 10	2 6 10 14	2 6 10 14	2 6 4	2
	107	Bh	𬭛	2	2 6	2 6 10	2 6 10 14	2 6 10 14	2 6 5	2
	108	Hs	𬭶	2	2 6	2 6 10	2 6 10 14	2 6 10 14	2 6 6	2
	109	Mt	鿏	2	2 6	2 6 10	2 6 10 14	2 6 10 14	2 6 7	2

* 表中单框线内为过渡元素(副族元素)，双框线内为内过渡元素(镧系元素和锕系元素)。

* * 104～109 号的元素名称和符号经历了多年的争议。我国科学技术名词审定委员会根据IUPAC 1997 年的通知，于 1998 年 1 月讨论、通过，并推荐使用 104～109 号元素的符号和中文名称。

6.3 原子结构和元素周期表

元素性质周期性变化的规律称为元素周期律。研究发现，元素性质的周期性来源于原子电子层结构的周期性，元素周期律正是原子结构内部结构周期性变化的反映，元素周期律总结和揭示了元素性质从量变到质变的特征和内在依据。元素周期律的图表形式称为元素周期表，元素在周期表中的位置和它们的电子层结构有直接关系。

6.3.1 周期与能级组

周期表共分7个周期(见表6-6)：

第1周期只有2种元素，为特短周期；

第2周期和第3周期各有8种元素，为短周期；

第4周期和第5周期各有18种元素，为长周期；

第6周期有32种元素，为特长周期；

第7周期预测有32种元素，尚有几种元素还待发现，故称其为不完全周期。

电子在原子核外的排布不是按电子层的顺序而是按照能级组的顺序进行填充的。每一个能级组都是从 ns 开始，这时电子填入一个新的电子层，出现一个新的周期。即每建立一个新的能级组，就出现一个新的周期，周期数即为能级组数或核外电子层数。

除第1周期和第2周期的元素数目与原子的第1和第2层中的电子数目相同外，其余各周期的与各层并不相同。每个周期含有多少元素与相应的能级组有密切关系，一个能级组包含的轨道数目不同，可得出各周期的元素数目是与其对应的能级组中各轨道可填充的电子数目相一致的。各周期的元素数目等于该能级组中各轨道所能容纳的电子总数。

对应于其电子结构的能级组则总是从 ns^2 开始至 np^6 结束，如此周期性地重复出现。

长周期或特长周期中，电子层结构还夹着 $(n-1)$d 或 $(n-2)$f。见表6-7。

表6-7　　能级组与周期的关系

周期	能级组	原子序数	能级组内各亚层电子填充顺序	电子填充数	元素种数
1	Ⅰ	1~2	$1s^{1\sim2}$	2	2
2	Ⅱ	3~10	$2s^{1\sim2}\longrightarrow2p^{1\sim6}$	8	8
3	Ⅲ	11~18	$3s^{1\sim2}\longrightarrow3p^{1\sim6}$	8	8
4	Ⅳ	19~36	$4s^{1\sim2}\longrightarrow3d^{1\sim10}\longrightarrow4p^{1\sim6}$	18	18
5	Ⅴ	37~54	$5s^{1\sim2}\longrightarrow4d^{1\sim10}\longrightarrow5p^{1\sim6}$	18	18
6	Ⅵ	55~86	$6s^{1\sim2}\longrightarrow4f^{1\sim14}\longrightarrow5d^{1\sim10}\longrightarrow6p^{1\sim6}$	32	32
7	Ⅶ	87~未完	$7s^{1\sim2}\longrightarrow5f^{1\sim14}\longrightarrow6d^{1\sim7}$	23 (未填满)	23 (尚待发现)

表 6-6

元素周期表

周期＼族	1	2	3	4	5	6	7	8	9	10	11	12	13	14	15	16	17	18
	ⅠA	ⅡA	ⅢB	ⅣB	ⅤB	ⅥB	ⅦB	Ⅷ B			ⅠB	ⅡB	ⅢA	ⅣA	ⅤA	ⅥA	ⅦA	ⅧA
1	1 H																	2 He
2	3 Li	4 Be											5 B	6 C	7 N	8 O	9 F	10 Ne
3	11 Na	12 Mg											13 Al	14 Si	15 P	16 S	17 Cl	18 Ar
4	19 K	20 Ca	21 Sc	22 Ti	23 V	24 Cr	25 Mn	26 Fe	27 Co	28 Ni	29 Cu	30 Zn	31 Ga	32 Ge	33 As	34 Se	35 Br	36 Kr
5	37 Rb	38 Sr	39 Y	40 Zr	41 Nb	42 Mo	43 Tc	44 Ru	45 Rh	46 Pd	47 Ag	48 Cd	49 In	50 Sn	51 Sb	52 Te	53 I	54 Xe
6	55 Cs	56 Ba	*71 Lu	72 Hf	73 Ta	74 W	75 Re	76 Os	77 Ir	78 Pt	79 Au	80 Hg	81 Tl	82 Pb	83 Bi	84 Po	85 At	86 Rn
7	87 Fr	88 Ra	**103 L_r	104 Rf	105 Db	106 Sg	107 Bh	108 Hs	109 Mt									
价层电子结构类型	ns^1	ns^2	$(n-1)d^1 ns^2$	$(n-1)d^2 ns^2$	$(n-1)d^3 ns^2$	$(n-1)d^5 ns^1$	$(n-1)d^5 ns^2$	$(n-1)$	$d^{6\sim8}$	$ns^{0\sim2}$	$(n-1)d^{10} ns^1$	$(n-1)d^{10} ns^2$	ns^2np^1	ns^2np^2	ns^2np^3	ns^2np^4	ns^2np^5	ns^2np^6
			*镧系元素		57 La	58 Ce	59 Pr	60 Nd	61 Pm	62 Sm	63 Eu	64 Gd	65 Tb	66 Dy	67 Ho	68 Er	69 Tm	70 Yb
			**锕系元素		89 Ac	90 Th	91 Pa	92 U	93 Np	94 Pu	95 Am	96 Cm	97 Bk	98 Cf	99 Es	100 Fm	101 Md	102 No

注:关于ⅢB(或3)族和镧系、锕系元素的内容,周期表曾使用过两种表示方法:①Sc,Y,La,Ac;②Sc,Y,57~71,89~103。并都在表下列出两个横排,即:镧系元素,从La到Lu;锕系元素,从Ac到Lr。都与本书的表6-6有所不同。周期表过去之所以那样安排,可能有两种原因:(1)从早期门捷列夫(Д. И. Менделеев)周期表到现在,La一直放在ⅢB族;(2)过去光谱实验得出的电子结构为:La $5d^1 6s^2$,Yb $4f^{13} 5d^1 6s^2$,Lu $4f^{14} 5d^1 6s^2$。似乎La应为ⅢB族,Lu才是最后的镧系元素。新的光谱数据Yb为$4f^{14} 6s^2$,故其应为最后的镧系元素。仅从La和ⅢB族元素性质、电子层结构相近看,La放在ⅢB族似乎还算合理,这也是直到目前为止上述两种表示方法还大量存在的主要原因。但如果以原子结构理论为基础,将镧系元素整体与其前后元素相比较,就不难看出上述安排是不妥的。众所周知,第6周期元素对应的能级组为$6s^2 4f^{14} 5d^{10} 6p^6$,也即在Ba($6s^2$)之后,理应是从La到Yb(填入4f电子)的14种元素,而后是从Lu到Hg(填入5d电子)的10种元素(正如Sc与Al的性质也相近,却不能将其放在ⅢA族Ga的位置一样),且4f的元素只能放在6s与5d之间,而不能插入$5d^1$与$5d^2$之间。表下横行镧系或锕系元素,也理应只有14种元素,第15种元素(如Lu或Lr)放在最后是与结构理论相矛盾的。

鉴于IUPAC尚未推荐使用表6-6这种形式,书末附录仍引用过去的周期表,这并不表明后者关于ⅢB族和镧系、锕系元素的表示方法是合理的。

可见，元素划分为周期的本质在于能级组的划分。元素性质周期性的变化，是原子核外电子层结构周期性变化的反映。

6.3.2 族与电子构型

周期表中将原子结构相似的元素排成纵行叫族，共有18个纵行，分为8个主(A)族和8个副(B)族。同族元素虽然电子层数不同，但价层电子构型基本相同(少数例外)，所以原子的价层电子构型相同是元素分族的实质。

价电子是指原子参加化学反应时，能用于成键的电子。价电子所在的亚层统称为价电子层，简称价层。原子的价层电子构型，是指价层电子的排布式，它能反映出该元素原子在电子层结构上的特征。

1. 主族元素

周期表中共有8个主族，用罗马数字旁加A表示主族及族数。即ⅠA～ⅧA。最后一个电子填入ns或np亚层上的元素称为主族元素。价层电子构型为$ns^{1\sim2}$或$ns^2np^{1\sim6}$，价电子总数等于其族数。

例如，元素$_{17}$Cl核外电子排布式是$1s^22s^22p^63s^23p^5$，最后的电子填入3p亚层，为主族元素，价层电子构型为$3s^23p^5$，即ⅦA族。

ⅧA族为稀有气体，这些元素原子的最外层上电子都已填满，价层电子构型为ns^2np^6，成为8电子稳定结构(He只有2个电子即$1s^2$)。它们的化学性质很不活泼，过去曾称为零族。

2. 副族元素

周期表中共有8个副族，用罗马数字旁加B表示副族及族数，即ⅢB～ⅧB～ⅡB。最后一个电子填入$(n-1)$d或$(n-2)$f亚层上的元素称为副族元素，或过渡元素(最后一个电子填在$(n-2)$f亚层上的元素，称内过渡元素)。

ⅢB到ⅦB族，价电子构型为$(n-1)d^{1\sim10}ns^{1\sim2}$原子的价层电子总数等于其族数。例如，元素$_{25}$Mn，其核外电子排布式是$1s^22s^23s^23p^63d^54s^2$，最后电子填入3d亚层，为副族元素或过渡元素，其价层电子构型为$3d^54s^2$，即ⅦB族。

ⅧB族有三个纵行，价层电子构型为$(n-1)d^{6\sim10}ns^{0\sim2}$($_{46}$Pd无$ns$电子)，价层电子总数为8～10个，包括三个直列，共9个元素。ⅧB族的多数元素在化学反应中表现出的价电子数并不等于其族数。

ⅠB，ⅡB族元素由于其$(n-1)$d亚层已经填满，所以最外层(即ns)上的电子数等于其族数。

主族元素，ns，np电子均可参与成键，因此主族元素的价电子是ns或ns，np电子，元素成键最高氧化值等于价电子数。

副族元素，除能失去最外层电子，还可失去次外层电子，为了区别主族元素的价电子构型，副族元素的价电子构型$(n-1)dns$称为特征电子构型或外围电子构型。可见，副族元素的特征电子构型决定了它们有多种氧化态的原因。

6.3.3 分区与价层电子构型

根据元素的特征电子构型，可将周期表中的元素划分成五个区域，如图6-6所示。

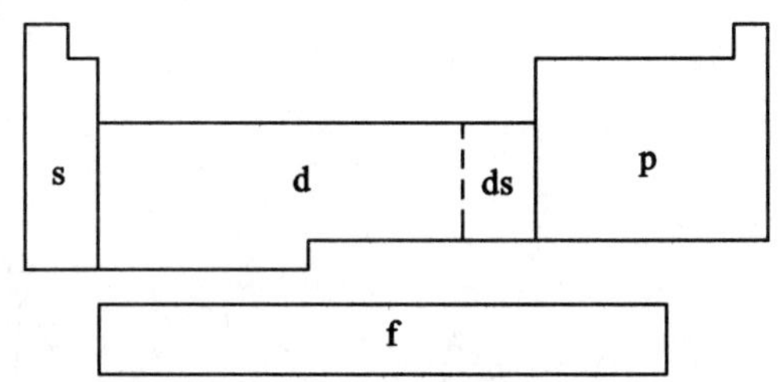

图6-6 周期表中元素分区示意图

区	特征电子构型	包括元素
s	$ns^{1\sim2}$	ⅠA，ⅡA族
p	$ns^2np^{1\sim6}$	ⅢA～ⅧA族
d	$(n-1)d^{1\sim8}ns^{0\sim2}$	ⅢB～ⅧB族
ds	$(n-1)d^{10}ns^{1\sim2}$	ⅠB，ⅡB族
f	$(n-2)f^{0\sim14}(n-1)d^{0\sim2}ns^2$	镧系、锕系

综上所述，原子的电子层结构与元素周期表之间有着密切的关系。对于多数元素来说，如果知道了元素的原子序数，便可以写出该元素原子的电子层结构，从而判断它所在的周期和族。反之，如果已知某元素所在的周期和族，便可写出该元素原子的电子层结构，也能推知它的原子序数。

【例3】 已知某元素在周期表中位于第5周期ⅣA族，试写出该元素的电子排布式、名称和符号。

解：①根据该元素位于第5周期可以断定，它的核外电子一定是填充在第五能级组，即5s4d5p。

②根据它位于ⅣA族得知，这个主族元素的族数应等于它的最外层电子数，即$5s^25p^2$。

③根据4d的能量小于5p的事实，则4d中一定充满了10个电子。

所以，该元素原子的电子排布式为$[Kr]4d^{10}5s^25p^2$，为锡(Sn)元素。

6.4 元素某些性质的周期性变化规律

元素的许多性质很容易从他们原子的电子层结构得到解释，这里我们结合原子核外电子层结构周期性的变化，阐述元素的一些主要性质的周期性变化规律。

6.4.1 有效核电荷(Z^*)

在周期表中元素的原子序数依次递增，原子核外电子层结构呈周期性变化。由于屏蔽常数σ与电子层结构有关，所以有效核电荷也呈现周期性的变化。

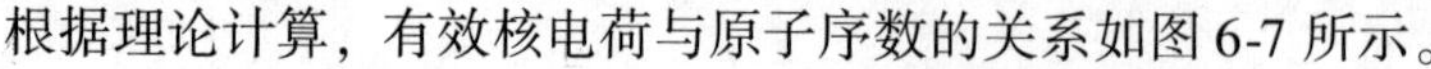

根据理论计算，有效核电荷与原子序数的关系如图 6-7 所示。

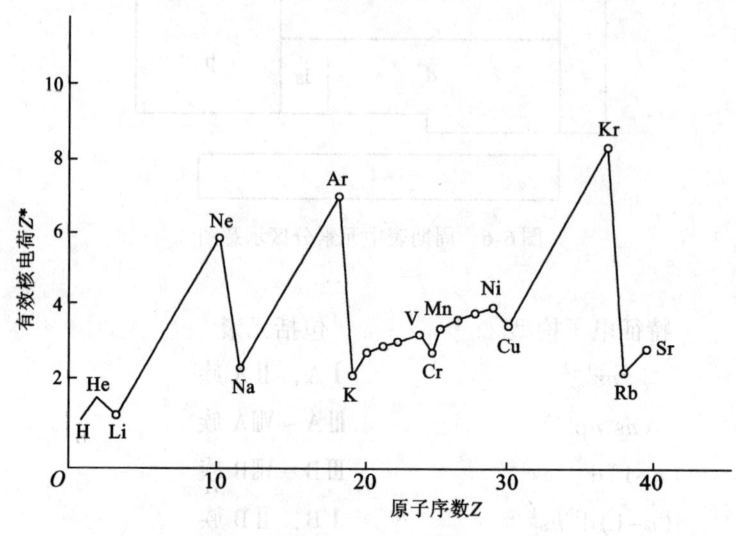

图 6-7　有效核电荷的周期性变化

由该图可以看出：

(1)有效核电荷随原子序数增加而增加，并呈周期性变化。

(2)同一周期的主族元素，从左到右随原子序数的增加，Z^* 有明显的增加；而副族元素 Z^* 增加的幅度要小许多。这是因为前者为同层电子之间的屏蔽，屏蔽作用较小；而后者是内层电子对外层电子的屏蔽，屏蔽作用较大。

(3)同族元素由上到下，虽然核电荷增加得较多，但上、下相邻两元素的原子依次增加一个电子层，屏蔽常数较大，故有效核电荷增加不多。

6.4.2　原子半径(*r*)

依量子力学的观点，核外电子在核外空间是按概率分布的，这种分布没有明确的界面，所以原子的大小无法直接测定。通常所说的原子半径是通过晶体分析，根据相邻原子的核间距来确定的，因而原子半径只有相对近似的意义。

原子在化合物及晶体中，化学键的类型不同，同一元素在不同情况下测得的原子半径数值也不相同。通常分为以下三种：

(1)金属半径。把金属晶体看成是由金属原子紧密堆积而成。测得两相邻金属原子核间距离的一半，称为该金属原子的金属半径。

(2)共价半径。同种元素的两个原子以共价键结合时，测得它们核间距离的一半，称为该原子的共价半径。周期表中各元素原子的共价半径见表 6-8。

(3)范德华半径。在分子晶体中，分子间以范德华力相结合，相邻分子间两个非键结合的同种原子，其核间距离的一半，称为该原子的范德华半径。同一元素原子的范德华半径大于共价半径。例如，氯原子的共价半径为99pm，其范德华半径则为180pm。两者区别见图6-8。

表6-8　　　　　　元素的原子半径 r（单位：pm）

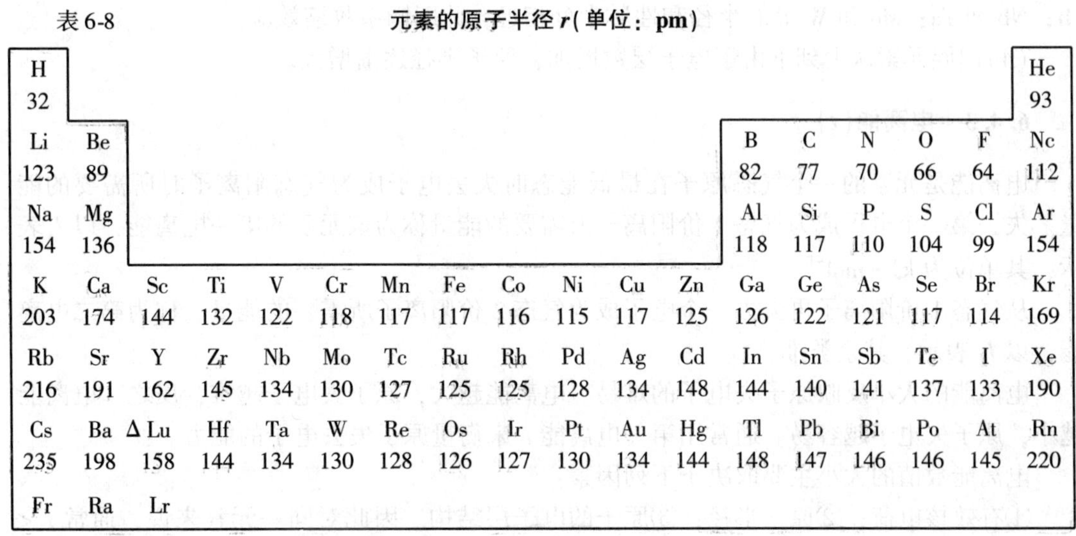

H																	He
32																	93
Li	Be											B	C	N	O	F	Ne
123	89											82	77	70	66	64	112
Na	Mg											Al	Si	P	S	Cl	Ar
154	136											118	117	110	104	99	154
K	Ca	Sc	Ti	V	Cr	Mn	Fe	Co	Ni	Cu	Zn	Ga	Ge	As	Se	Br	Kr
203	174	144	132	122	118	117	117	116	115	117	125	126	122	121	117	114	169
Rb	Sr	Y	Zr	Nb	Mo	Tc	Ru	Rh	Pd	Ag	Cd	In	Sn	Sb	Te	I	Xe
216	191	162	145	134	130	127	125	125	128	134	148	144	140	141	137	133	190
Cs	Ba	ΔLu	Hf	Ta	W	Re	Os	Ir	Pt	Au	Hg	Tl	Pb	Bi	Po	At	Rn
235	198	158	144	134	130	128	126	127	130	134	144	148	147	146	146	145	220
Fr	Ra	Lr															

Δ	La	Ce	Pr	Nd	Pm	Sm	Eu	Gd	Tb	Dy	Ho	Er	Tm	Yb
	169	165	164	164	163	162	185	162	161	160	158	158	158	170

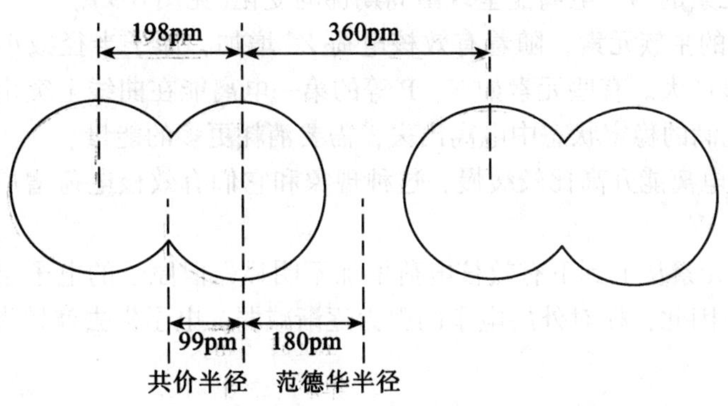

图6-8　氯原子的共价半径与范德华半径

原子半径的大小主要决定于核外电子层数和有效核电荷。

(1)同一周期的主族元素其电子层数相同，而有效核电荷 Z^* 从左到右依次明显递增，原子半径随之递减；

(2)过渡元素的有效核电荷 Z^* 增加缓慢，原子半径减小也较缓慢；

(3)镧系元素从镧到镱因增加的电子填入靠近内层的f亚层，而使有效核电荷 Z^* 增加得更为缓慢，故镧系元素的原子半径自左向右的递减也更趋缓慢。

镧系元素原子半径的这种缓慢递减的现象称为镧系收缩。尽管每个镧系元素的原子半径减小得都不多，但14种镧系元素半径减小的累计值还是可观的，且恰好使其后的几个第6周期副族元素与对应的第5周期同族元素的原子半径十分接近，以致Y和Lu；Zr和Hf；Nb和Ta；Mo和W等的半径和性质十分相近，此即镧系收缩效应。

(4)同族元素从上到下由于电子层数增加，原子半径逐渐增大。

6.4.3 电离能(I)

电离能是元素的一个气态原子在最低能态时失去电子成为气态阳离子时所需要的能量。失去第一个电子成为气态1价阳离子所需要的能量称为该元素的第一电离能，以I_1表示，其单位为$kJ \cdot mol^{-1}$。

从气态1价阳离子再失去一个电子成为气态2价阳离子所需要的能量，称为第二电离能，以I_2表示，其余类推。

电离能的大小反映原子失电子的难易。电离能越大，原子失电子越难；反之，电离能越小，原子失电子越容易。通常用第一电离能I_1来衡量原子失去电子的能力。

电离能数值的大小主要取决于下列因素：

①有效核电荷；②原子半径；③原子的电子层结构。因此对同一元素来说，通常$I_1 < I_2 < I_3 < \cdots$

因为随着原子不断失去电子，离子的正电荷越来越大，离子半径越来越小，核对电子的引力加强，所以失去电子越来越难，需要消耗的能量越高。

元素的金属性是指原子失去电子成为阳离子的能力，通常可用电离能来衡量。

周期表中各元素的第一电离能呈现出周期性的变化(见图6-9)。

(1)同一周期的主族元素，随着有效核电荷Z^*增加，原子半径减小，失电子由易变难，故电离能明显增大。有些元素如N，P等的第一电离能在曲线上突出冒尖，这是由于电子要从np^3半充满的稳定状态中电离出去，需要消耗更多的能量。

(2)过渡元素电离能升高比较缓慢，这种现象和它们有效核电荷增加缓慢、半径减小缓慢是一致的。

(3)同一主族元素从上到下有效核电荷增加不明显，但原子的电子层数相应增多，原子半径增大显著，因此，核对外层电子的引力逐渐减弱，电子失去就较为容易，故电离能逐渐减小。

6.4.4 电子亲和能(Y)

基态原子得到电子会放出能量，单位物质的量的基态气态原子得到一个电子成为气态1价阴离子时所放出的能量，称为电子亲和能，用符号Y表示，其SI的单位也为$kJ \cdot mol^{-1}$。电子亲和能也有Y_1，Y_2，…例如：

$$O(g) + e^- \rightarrow O^-(g);\ Y_1 = -141 kJ \cdot mol^{-1}$$

$$O^-(g) + e^- \rightarrow O^{2-}(g);\ Y_1 = -141 kJ \cdot mol^{-1}$$

如果没有特别说明，通常说的电子亲和能，就是指第一电子亲和能。各元素原子的Y_1一般为负值，这是由于原子获得第一个电子时系统能量降低，要放出能量。已带负电的

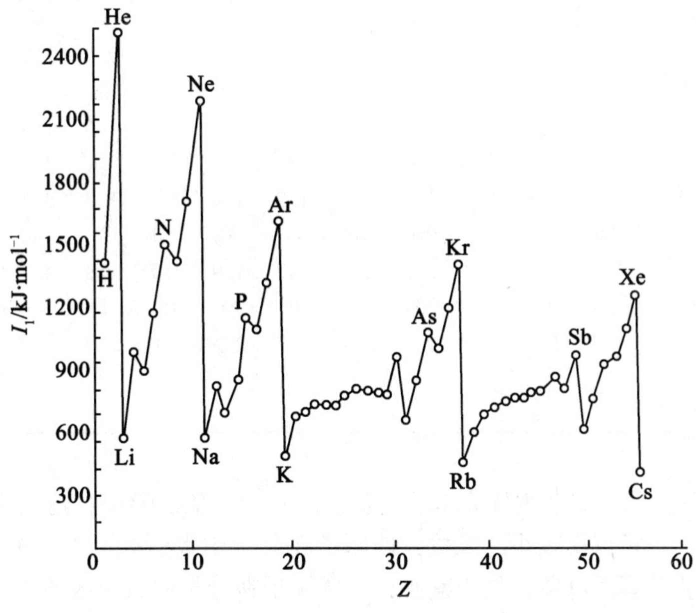

图 6-9 元素的第一电离能的周期变化

阴离子要再结合一个电子，则需要克服阴离子电荷的排斥作用，必须吸收能量。

电子亲和能的大小反映原子获得电子的难易。电子亲和能越负，原子获得电子的能力越强。电子亲和能的大小与有效核电荷、原子半径和电子层结构有关，故也呈周期性变化。以主族元素为例，同一周期从左到右，各元素的原子结合电子时放出的能量总的趋势是增加的或更负的(稀有气体除外)，表明原子越来越容易结合电子形成阴离子。也表现出了与电离能相似的波浪形变化。

同族元素从上到下结合电子时放出能量总的趋势是逐渐减小，表明结合电子的能力逐渐减弱，但是可能由于 F 原子半径太小，其电子亲和能反而比 Cl 原子的小，氯是周期表中电子亲和能最大的元素。

元素的非金属性是指原子得到电子成为阴离子的能力，通常可用电子亲和能来衡量。

6.4.5 电负性(χ)

电离能和电子亲和能都是从一个侧面反映元素原子失去或得到电子能力的大小，为了综合衡量原子吸引电子的能力，只看上述两个因素之一都是片面的。因此 1932 年鲍林提出了电负性概念，以衡量元素相互化合时原子对电子吸引能力的大小。

元素电负性是指在分子中原子吸引成键电子的能力。他根据热化学数据和分子的键能，指定最活泼的非金属元素氟的电负性为 4.0，然后通过计算得出其他元素的相对电负性值。元素电负性越大，表示该元素原子在分子中吸引成键电子的能力越强；反之，则越弱。表 6-9 列出了鲍林的元素电负性值。

表6-9 电负性表

Li	Be						H					B	C	N	O	F
1.0	1.6						2.2					2.0	2.6	3.0	3.4	4.0
Na	Mg											Al	Si	P	S	Cl
0.9	1.3											1.6	1.9	2.2	2.6	3.2
K	Ca	Sc	Ti	V	Cr	Mn	Fe	Co	Ni	Cu	Zn	Ga	Ge	As	Se	Br
0.8	1.0	1.4	1.5	1.6	1.7	1.6	1.8	1.9	1.9	1.9	1.7	1.8	2.0	2.2	2.6	3.0
Rb	Sr	Y	Zr	Nb	Mo	Tc	Ru	Rh	Pd	Ag	Cd	In	Sn	Sb	Te	I
0.8	1.0	1.2	1.3	1.6	2.2	1.9	2.2	2.3	2.2	1.9	1.7	1.8	2.0	2.1	2.1	2.7
Cs	Ba	Lu	Hf	Ta	W	Re	Os	Ir	Pt	Au	Hg	Tl	Pb	Bi	Po	At
0.8	0.9	1.3	1.3	1.5	2.4	1.9	2.2	2.2	2.3	2.5	2.0	2.0	2.3	2.0	2.0	2.2
Fr	Ra															
0.7	0.9															

由表6-9可见，同一周期主族元素的电负性从左到右依次递增，这是由于原子的有效核电荷逐渐增大，半径依次减小的缘故，使原子在分子中吸引成键电子的能力逐渐增加。在同一主族中，从上到下电负性趋于减小，说明原子在分子中吸引成键电子的能力趋于减弱。过渡元素电负性的变化没有明显的规律。

元素的电负性可作为元素金属性与非金属性统一衡量的依据。一般来说，金属的电负性小于2，非金属的电负性则大于2。同一周期主族元素从左到右，元素的金属性逐渐减弱，非金属性逐渐增强；同一主族从上到下，元素的非金属性逐渐减弱，金属性逐渐增强。

6.4.6 元素的氧化值

前面已经述及为了反映元素的氧化状态，常用氧化值作为定量的表征。元素的氧化值与其价层电子构型有关。由于元素价层电子构型是周期性地重复，所以元素的最高氧化值也是周期性地重复。一般说来，元素参加化学反应时，可达到的最高氧化值等于价电子总数，也等于所属族数，见表6-10。

表6-10 元素的最高氧化值和价层电子构型

主族	ⅠA	ⅡA	ⅢA	ⅣA	ⅤA	ⅥA	ⅦA	ⅧA
价层电子构型	ns^1	ns^2	ns^2np^1	ns^2np^2	ns^2np^3	ns^2np^4	ns^2np^5	ns^2np^6
最高氧化值	+1	+2	+3	+4	+5	+6	+7	+8（部分元素）
副族	ⅠB	ⅡB	ⅢB	ⅣB	ⅤB	ⅥB	ⅦB	ⅧB
价层电子构型	$(n-1)d^{10}ns^1$	$(n-1)d^{10}ns^2$	$(n-1)d^1ns^2$	$(n-1)d^2ns^2$	$(n-1)d^3ns^2$	$(n-1)d^{4\sim5}ns^{1\sim2}$	$(n-1)d^5ns^2$	$(n-1)d^{6\sim10}ns^{1\sim2}$
最高氧化值	+3（部分元素）	+2	+3	+4	+5	+6	+7	+8（部分元素）

但需指出，ⅧA，ⅧB族元素中，至今只有少数元素(如Xe，Ke和Ru，Os等)有氧化值为+8的化合物。IB族元素最高氧化值不等于族数，如Cu为+2，Ag为+3，Au为+3。

元素周期表对于研究、认识化合物性质变化规律有指导作用。

【阅读材料6】

化学元素周期律的发现

至1869年止，已有63种元素被人们所认识，进一步寻找新元素成为当时化学家最热门的课题。但是对于地球上究竟有多少种元素，怎样去寻找新的元素等问题，却没有人能做出比较科学的回答。在对物质、元素的广泛研究中，关于各种元素的性质的资料，积累日愈丰富，但是这些资料却是繁杂纷乱的，人们很难从中获得清晰的认识。整理这些资料，概括这些感性知识，从中摸索总结出规律，这是当时摆在化学家面前一个亟待解决的课题，同时也是科学和生产发展的必然要求。许多化学家经过长期的共同努力，取得了一系列研究成果，其中最辉煌的成就是俄国化学家门捷列夫和德国化学家迈尔先后发现的化学元素周期律。

道尔顿提出了科学的原子论后，许多化学家都把测定各种元素的原子量(相对原子质量)当做一项重要工作，这样就使元素原子量与性质之间存在的联系逐渐展露出来，1829年德国化学家德贝莱纳提出了“三元素组”观点；1862年，法国化学家尚古多提出一个“螺旋图”的分类方法；1864年，德国化学家迈尔在他的《现代化学理论》一书中刊出一个“六元素表”；1865年，英国化学家纽兰兹提出了“八音律”一说。从“三元素组”到“八音律”都从不同的角度，逐步深入地探讨了各元素间的某些联系，使人们一步步逼近了科学的真理。借鉴前人的工作，门捷列夫通过顽强努力的探索，于1869年2月先后发表了关于元素周期律的图表和论文。在论文中，他指出：

(1)按照原子量大小排列起来的元素，在性质上呈现明显的周期性。

(2)原子量的大小决定元素的特征。

(3)应该预料到许多未知元素的发现，例如类似铝和硅的原子量位于65~75之间的元素。

(4)当知道了某些元素的同类元素后，有时可以修正该元素的原子量。这就是门捷列夫提出的周期律的最初内容。

门捷列夫深信自己的工作很重要，经过不断努力，1871年他发表了关于周期律的新论文，文中他果断地修正了1869年发表的元素周期表。例如在前一表中，性质类似的各族是横排，周期是竖排。而在新表中，族是竖排，周期是横排，这样各族元素化学性质的周期性变化就更为清晰。同时他将那些当时性质尚不够明确的元素集中在表格的右边，形成了各族元素的副族。

事实证明门捷列夫发现的化学元素周期律是自然界的一条客观规律。它揭示了物质世界的一个秘密，即这些似乎互不相关的元素间存在相互依存的关系，它们组成了一个完整的自然体系。从此新元素的寻找，新物质、新材料的探索有了一条可遵循的规律。元素周期律作为描述元素及其性质的基本理论有力地促进了现代化学和物理学的发展。

◎ 思考题

1. 如何区别下列概念：

(1)玻尔轨道和原子轨道

(2)原子轨道和电子云

2. 比较原子轨道角度分布图与电子云角度分布图的异同。

3. 说明四个量子数的物理意义和取值要求。

4. 描述 s，p，d 原子轨道和电子云的空间图像。

5. 说明下列符号的含义：

$$d，2p^2，3d^3，4f$$

6. 用原子轨道符号表示下列各套量子数：

(1) $n=2$，$l=1$，$m=-1$

(2) $n=4$，$l=0$，$m=0$

(3) $n=5$，$l=2$，$m=0$

7. 原子核外电子的排布遵循哪些原理？举例说明。

8. 周期表中哪些元素的电子层结构体现了半满、全满时能量较低的洪特规则？

9. 为什么周期表中各周期所包含的元素数不一定等于相应电子层中电子的最大容量 $2n^2$？为什么任何原子的最外层均不超过 8 个电子，次外层均不超过 18 个电子？

10. 试讨论发生与不发生能级交错时，周期表外观形式的可能异同(二者将 f 区放在周期表中间)。

11. 多电子原子的轨道能级与氢原子的有什么不同？

12. 何谓有效核电荷？其递变规律如何？有效核电荷的变化对原子半径、电离能产生什么影响？

13. 何谓镧系收缩？何谓镧系收缩反应？

14. 什么是电离能？什么是电子亲和能？什么是电负性？其中电负性数值的大小与元素的金属性、非金属性有何联系？

15. 说明下列各对原子中哪一种原子的第一电离能高？

(1)S 与 P　　(2)Al 与 Mg

(3)Sr 与 Rb　　(4)Cu 与 Zn

16. 根据原子的电子层结构解释：

(1)Li 的原子半径比 Na 小。

(2)Se 和 Te 有相似的化学性质。

(3) $_{11}$Na 的第一电离能比 $_{10}$Ne 和 $_{12}$Mg 的都低，而它的第二电离能又比它们的都高？

17. 何谓价层电子构型？写出周期表中各族元素原子的价层电子构型通式。各区的价层电子构型有什么规律性变化？

18. 选择题：

(1)关于原子轨道的下述观点，正确的是(　　)。

A. 原子轨道是电子运动的轨道

B. 某一原子轨道是电子的一种空间运动状态，即波函数 ψ

C. 原子轨道表示电子在空间各点出现的概率

D. 原子轨道表示电子在空间各点出现的概率密度

(2) $3s^1$ 表示(　　)的一个电子。

A. $n=3$　　B. $n=3$，$l=0$

C. $n=3$，$l=3$，$m=3$　　D. $n=3$，$l=0$，$m=0$，$m_s=+1/2$ 或 $m_s=-1/2$

(3) 下列电子构型中，电离能最小的是(　　)。

A. ns^2np^3　　B. ns^2np^4　　C. ns^2np^5　　D. ns^2np^6

(4) 下列有关氧化值的叙述中，正确的是(　　)。

A. 主族元素的最高氧化值一般等于其所在的族数

B. 副族元素的最高氧化值总等于其所在的族数

C. 副族元素的最高氧化值一定不会超过其所在的族数

D. 元素的最低氧化值一定是负值

(5) 比较 O，S，As 三种元素的电负性和原子半径大小的顺序，正确的是(　　)。

A. 电负性：O>S>As；　原子半径：O<S<As

B. 电负性：O<S<As；　原子半径：O<S<As

C. 电负性：O<S<As；　原子半径：O>S>As

D. 电负性：O>S>As；　原子半径：O>S>As

(6) 描述一确定的原子轨道，需用以下参数(　　)。

A. n，l　　B. n，l，m　　C. n，l，m，m_s　　D. n

①在主量子数为 4 的电子层中，能容纳的最多电子数是(　　)。

A. 18　　B. 24　　C. 32　　D. 36

②第六周期元素最高能级组为(　　)。

A. 6s 6p　　B. 6s 6p 6d　　C. 6s 5d 6p　　D. 4f 5d 6s 6p

③有 A，B 和 C 三种主族元素，若 A 元素阴离子与 B，C 元素的阳离子具有相同的电子层结构，且 B 的阳离子半径大于 C，则这三种元素的原子序数大小次序是(　　)。

A. B<C<A　　B. A<B<C　　C. C<B<A　　D. B>C>A

④下列用核电荷数表示出的各组元素，有相似性质的是(　　)。

A. 1 和 2　　B. 6 和 14　　C. 16 和 17　　D. 12 和 24

习　题

1. 下列说法是否正确，为什么？

(1) 主量子数为 1 时，有两个方向相反的轨道；

(2) 主量子数为 2 时，有 2s，2p 两个轨道；

(3) 主量子数为 2 时，有 4 个轨道，即 2s，2p，2d，2f；

(4) 因为 H 原子中只有 1 个电子，故它只有 1 个轨道；

(5)当主量子数为2时，其角量子数只能取1个数，即$l=1$；

(6)任何原子中，电子的能量只与主量子数有关。

2. 试判断下表中各元素原子的电子层中的电子数是否正确，错误的予以更正，并简要说明理由。

原子序数(Z)	K	L	M	N	O	P
19	2	8	9			
22	2	10	8	2		
30	2	8	18	2		
33	2	8	20	3		
60	2	8	18	18	12	2

3. 第6能级组有哪些能级？分别用量子数或轨道符号表示。

4. 试讨论在原子的第4电子层(N)上：

(1)亚层数有多少？并用符号表示各亚层。

(2)各亚层上的轨道数分别是多少？该电子层上的轨道总数是多少？

(3)哪些轨道是等价轨道？

5. 写出与下列量子数相应的各类轨道的符号，并写出其在近似能级图中的前后能级所对应的轨道符号：

(1)$n=2$，$l=1$

(2)$n=3$，$l=2$

(3)$n=4$，$l=0$

(4)$n=4$，$l=3$

6. 在下列各项中，填入合适的量子数：

(1)$n=$(　)，　$l=2$，　$m=0$，　$m_s=+1/2$

(2)$n=2$，　$l=$(　)，　$m=+1$，　$m_s=-1/2$

(3)$n=2$，　$l=0$，　$m=$(　)，　$m_s=+1/2$

(4)$n=4$，　$l=2$，　$m=0$，　$m_s=$(　)

7. 指出下列假设的电子运动状态(依次为n，l，m，m_s)，哪几种不可能存在？为什么？

(1)3，2，+2，+1/2　　(2)2，2，−2，+1/2

(3)2，0，+1，+1/2　　(4)2，−1，0，+1/2

(5)4，3，−2，1

8. 原子吸收能量由基态变成激发态时，通常是最外层电子向更高的能级跃迁。试指出下列原子的电子排布中，哪些属于基态或激发态，哪些是错误的。

(1)$1s^22s^22p^1$　　(2)$1s^22s^22p^62d^1$

(3)$1s^22s^22p^43s^1$　　(4)$1s^22s^42p^2$

9. 写出原子序数为42，52，79各元素的原子核外电子排布式及其价电子构型。

10. 指出下列各原子中未成对的电子数

(1)As (2)Sn (3)Mn (4)Ba

11. 填充下表：

离子符号	价层电子结构	未成对电子数
Cr^{3+}		
Fe^{3+}		
Bi^{3+}		

12. 根据下列条件确定元素在周期表中的位置，并指出元素的名称及符号：

(1)基态原子中有 $3d^7$ 电子

(2)基态原子中的电子层构型为[Ar]$3d^{10}4s^1$

(3)M^{3+}型阳离子和F^-离子的电子层构型相同

(4)M^{2+}阳离子的3d能级为半充满

13. 写出Ti，V，Cr原子的电子排布式，指出其电子在d轨道的排布情况。如果各失去2个电子，成为Ti^{2+}，V^{2+}和Cr^{2+}，其离子的电子排布式又如何？这种结果说明什么问题？

14. 某元素的原子序数为35，试回答：

(1)其原子中的电子数是多少？有几个未成对电子？

(2)其原子中填有电子的电子层、能级组、能级、轨道各有多少？价电子数有几个？

(3)该元素属于第几周期、第几族？是金属还是非金属？最高氧化值是多少？

15. 完成下表(不看周期表)：

价层电子构型	区	周期	族	原子序数	最高氧化值	电负性相对大小
$4s^1$						
$3s^23p^5$						
$3d^34s^2$						
$5d^{10}6s^2$						

16. 完成下表(不看周期表)：

原子序数(*Z*)	电子层结构	价层电子构型	区	周期	族	金属或非金属
	[Ne]$3s^23p^5$					
		$4d^55s^1$				
				5	ⅡB	
88						
				6	ⅢA	

17. 写出下列元素的名称、符号和核外电子排布式，并指出它们在周期表中的位置：

(1)第一种副族元素； (2)第一种 p 区元素；

(3)第一种 ds 区元素； (4)第 4 周期的第 6 种元素；

(5)最外层为 $5s^1$，次外层 d 轨道半充满的元素；

(6)4p 半充满的元素。

18. 第 4 周期的某两元素，其原子失去 3 个电子后，在角量子数为 2 的轨道上的电子：①恰好填满；②恰好半充满。试推断对应两元素的原子序数和元素符号。

19. 某元素原子的最外层上仅有 1 个电子，此电子的量子数是 $n=4$，$l=0$，$m=0$，$m_s=+1/2$(或$-1/2$)。问：

(1)符合上述条件的元素可以有几种？原子序数各为多少？

(2)写出相应元素的元素符号和电子排布式，并指出其价层电子结构及在周期表中的区和族。

20. 不看周期表，试推测下列每组原子中哪一个原子具有较大的电负性值：

(1)17 和 19 (2)37 和 55 (3)8 和 14

21. 有 A，B，C，D 四种元素，其价层电子数依次为 1，2，6，7，其电子层数依次减少一层，已知 D^-的电子层结构与 Ar 原子的相同，A 和 B 的次外层各只有 8 个电子，C 次外层有 18 个电子。试判断这四种元素：

(1)原子半径由小到大的顺序；

(2)电负性由小到大的顺序；

(3)金属性由弱到强的顺序。

22. 写出周期表各族元素的价层电子构型通式，并简述其与各族元素最高氧化值的一般关系。

第 7 章　化学键与分子结构

【学习目标】

(1) 了解化学键的含义及其基本类型，熟悉离子键、共价键的形成条件、特征和共价键的类型。

(2) 熟悉杂化轨道理论要点，掌握以 sp，sp^2 和 sp^3 杂化轨道成键分子的空间构型。会利用 sp，sp^2 和 sp^3 杂化轨道的成键情况判断分子的空间构型。

(3) 掌握范德华力和氢键的概念及其对物质某些性质的影响。

(4) 掌握离子晶体的特性和常见的离子晶体；了解原子晶体与分子的内部结构及其特性。

自然界的物质除稀有气体外，其他元素的原子都是通过一定的化学键结合成分子或晶体形式存在。把分子或晶体中相邻原子(或离子)之间强烈的相互吸引作用称为化学键。1916 年，美国化学家路易斯和德国化学家科塞尔根据稀有气体具有稳定性质的事实，分别提出共价键和离子键理论，后来科学家又提出了金属键理论。因此到目前为止，化学键可大致分为离子键、共价键和金属键三种基本类型。另外，分子之间还会存在一种较弱的分子间力(范德华力)和氢键。

7.1　共价键理论

路易斯提出了经典的共价键理论，他认为共价键是电负性相同或相近的两个原子之间由于共用电子对吸引而结合在一起，电子成对并共用后，每个原子都达到了稀有气体原子的 8 电子稳定结构。这种通过共用电子对形成的键叫做共价键。

1927 年海特勒和伦敦应用量子力学处理 H_2 分子的形成，使共价键理论得到进一步的阐明。在此研究的基础上鲍林和斯莱托等人提出了现代价键理论和杂化轨道理论。1932 年又有化学家提出了分子轨道理论。现代价键理论和分子轨道理论的建立，形成了两种现代共价键理论。本章仅对价键理论作初步介绍。

7.1.1　价键理论

1. 共价键的形成

海特勒和伦敦应用量子力学的方法处理 H_2 分子的成键，并假设当两个氢原子相距较远时，彼此间作用力可忽略不计，体系能量定为相对零点。用这种方法计算氢分子体系的波函数和能量，得到了 H_2 的电子云分布的能量(E)与核间距离(R)的关系曲线，如图 7-1

所示。

(1)曲线 a：两个 H 原子中电子的自旋方向相反。当这两个 H 原子相互靠近时，每个 H 原子核除了吸引自身的 1s 电子外，还可以吸引另一 H 原子的 1s 电子，即发生两个 1s 轨道的重叠。从电子出现的概率密度分布(电子云)来看，由于轨道的重叠，使在两核间的概率密度增大，形成了高电子概率密度的区域(见图 7-2)，从而增强了核对其的吸引，同时部分抵消了两核间的排斥，此时系统能量降到最低，从而形成了稳定的化学键。但两原子也不能无限靠近，因为更为靠近时，两核间的斥力迅速增加。在曲线上的能量最低点处，吸引和排斥达到平衡状态。

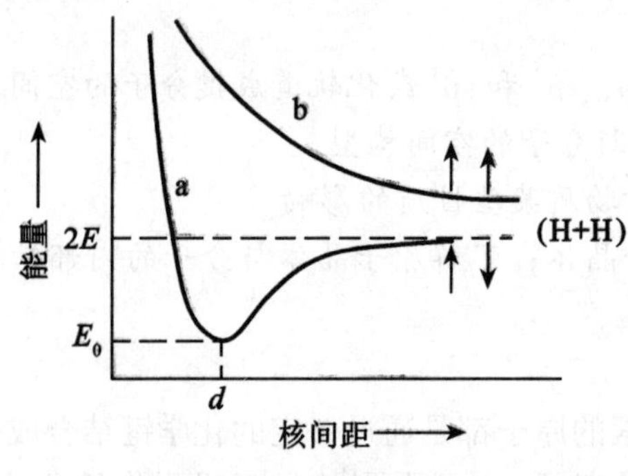

图 7-1　H_2 分子能量曲线

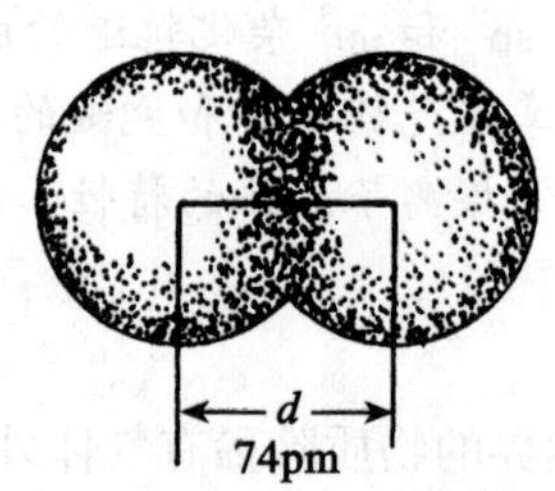

图 7-2　H_2 分子的核间距

(2)曲线 b：两个 H 原子的自旋方向相同。当它们相互靠近时，两原子核间的电子概率密度几乎为零，两核的正电荷互斥，使系统能量升高，处于不稳定状态，不能形成化学键。

2. 价键理论的要点

1930 年美国化学家鲍林把上述研究 H_2 分子的成果推广到其他双原子分子和多原子分子系统，建立了现代价键理论，其基本要点如下：

(1)电子配对原理。两个键合原子互相接近时，各提供 1 个自旋方向相反的电子彼此配对，形成共价键，故价键理论又称电子配对法。例如，H_2 分子的形成可表示为

H [↑] +H [↓] ⟶H [↑↓] H　或简写成 H：H 或 H—H

(2)最大重叠原理。成键电子的原子轨道重叠越多，则两核间的电子概率密度越大，形成的共价键越牢固。

7.1.2　共价键的特征

价键理论的两个基本要点，决定了共价键具有饱和性和方向性。

(1)饱和性。共价键的饱和性是指每个原子所能成键的总数或以单键连接的原子数目是一定的。共价键形成的一个重要条件是成键原子必须具有未成对电子，自旋相反的两个未成对电子，可以配对形成一个共价键，推知一个原子有几个未成对电子，就只能和同数目的自旋方向相反的未成对电子配对成键。例如，Cl 原子 3p 轨道上的电子排布是

(↑↓)(↑↓)(↑)，轨道中只有一个未成对电子。因此，它只能和另一个 Cl 原子中自旋方向相反而未成对的电子配对，形成一个共价键；Cl 原子也可和一个 H 原子中自旋方向相反的未成对电子配对，形成一个共价键。但是，一个 Cl 原子决不能同时和两个 Cl 原子或两个 H 原子配对。

如果形成共价键的配对电子只在两个原子的核间附近运动，这种电子常称为定域电子。

(2)方向性。除 s 原子轨道是球形对称没有方向性外，p，d，f 原子轨道中的等价轨道，都具有一定的空间伸展方向。在形成共价键时，只有当成键原子轨道沿合适的方向相互靠近才能达到最大程度的重叠，形成稳定的共价键。因此，共价键必然具有方向性，称共价键的方向性。例如，HCl 分子中共价键的形成，假如 Cl 原子的 p 轨道中的 p_x 有一个未成对电子，H 原子的 s 轨道中自旋方向相反的未成对电子只能沿着 x 轴方向与其相互靠近，才能达到原子轨道的最大重叠(见图 7-3)。

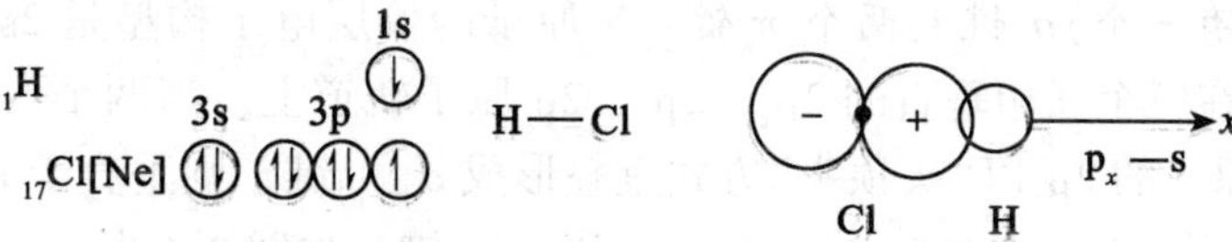

图 7-3　HCl 分子的形成

7.1.3　共价键的类型

1. σ 键和 π 键

根据原子轨道重叠方式，将共价键分为 σ 键和 π 键。

(1)σ 键。原子轨道沿两原子核的连线(键轴)，以"头顶头"方式重叠，重叠部分集中于两核之间，通过并对称于键轴，这种键称为 σ 键。形成 σ 键的电子称为 σ 电子，图 7-4 所示的 H—H 键、H—Cl 键、Cl—Cl 键均为 σ 键。

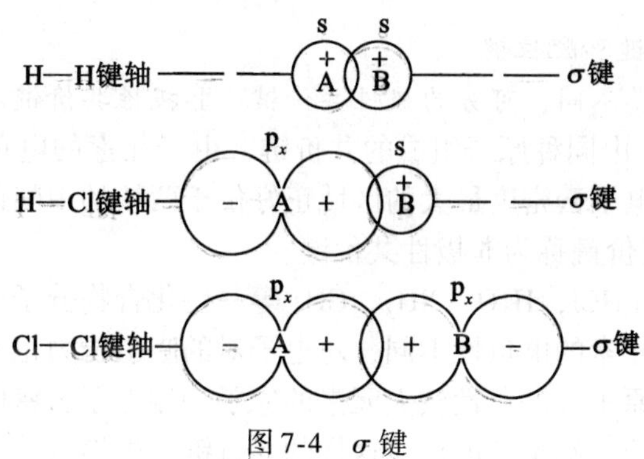

图 7-4　σ 键

(2)π 键。原子轨道垂直于两核连线，以“肩并肩”方式重叠，重叠部分在键轴的两侧并对称于与键轴垂直的平面。这样形成的键称作 π 键(见图 7-5)。形成 π 键的电子为 π 电子。通常 π 键形成时原子轨道重叠程度小于 σ 键的，故 π 键常没有 σ 键稳定，π 电子容易参与化学反应。

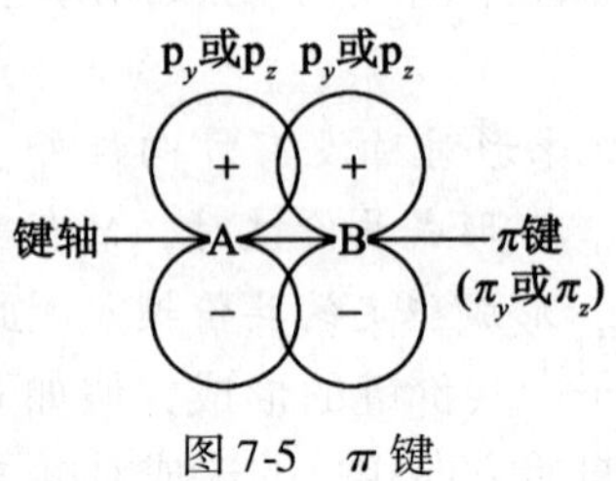

图 7-5　π 键

当两原子形成双键或叁键时，既有 σ 键又有 π 键。例如，N_2 分子的 2 个 N 原子之间就有一个(且只能有一个)σ 键和两个 π 键。N 原子的价层电子构型是 $2s^2 2p^3$，三个未成对的 2p 电子分布在三个互相垂直的 $2p_x$，$2p_y$，$2p_z$ 原子轨道上。当两个 N 原子形成 N_2 分子时，若两个 N 原子的 $2p_x$ 以“头顶头”方式重叠形成 $\sigma_{p_x-p_x}$ 键，则垂直于 σ 键键轴的 $2p_y$，$2p_z$ 只能分别以“肩并肩”方式重叠，形成 $\pi_{p_y-p_y}$ 和 $\pi_{p_z-p_z}$ 键，如图 7-6 所示。

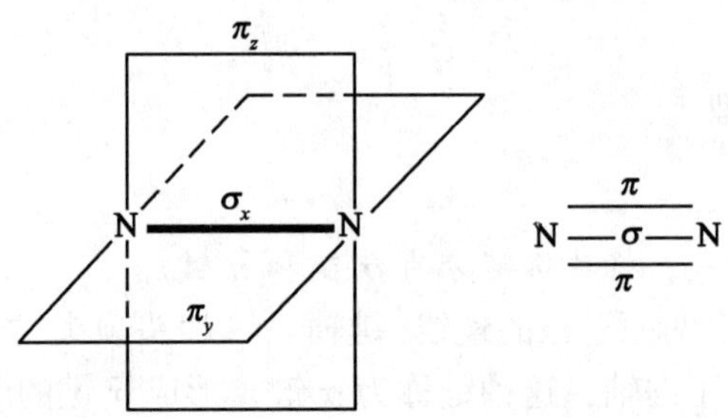

图 7-6　N_2 分子中 σ 键和 π 键示意图

2. 非极性键、极性键和配位键

根据成键原子的种类不同，可分为极性共价键、非极性共价键以及配位共价键。

(1)非极性共价键。由同种原子组成的共价键，由于元素的电负性相同，电子云在两核中间均匀分布，核间电子云密度最大的区域正好位于两核的中间位置，如 H_2，O_2，N_2，Cl_2 等，分子中这样的共价键称为非极性共价键。

(2)极性共价键。如 HCl，H_2O，NH_3，CH_4 等一些化合物分子中的共价键是由不同元素的原子形成的。由于元素的电负性不同，对电子对的吸引能力也不同，所以共用电子对偏向电负性较大元素的原子。电负性较大元素的原子一端电子云密度大，带部分负电荷而显负电性；电负性较小的一端呈正电性，这样的共价键称极性共价键。键的极性大小决定于成键元素电负性的大小，通常可用元素电负性差值($\Delta\chi$)来衡量。$\Delta\chi$ 值越大，键的极性就越强；$\Delta\chi$ 值越小，键的极性就越弱。离子键是极性共价键的一个极端，非极性共价键则是极性共价键的另一个极端。

化学键的极性大小常用离子性来表示。化学键的离子性，是指把完全得失电子而构成的离子键定为离子性 100%，把非极性共价键定为离子性 0。一种化学键的离子性与两元素的电负性差值有关系，就 AB 型化合物单键而言，其离子性成分与电负性差值($\Delta\chi$)之间的关系有以下经验值：

电负性差值($\Delta\chi$)	0.8	1.2	1.6	1.8	2.2	2.8	3.2
键的离子性/%	15	30	47	55	70	86	95

由上可见，如果 $\Delta\chi$ 值小于 1.7，一般认为是共价键。例如 HBr，$\Delta\chi=0.63$，离子性为 10%；如果 $\Delta\chi$ 值大于 1.7，离子性就大于 50%，可以认为该化学键属于离子键。但也有一些例外，比如 BF_3，F 和 B 电负性差约为 2，F—B 仍算共价键。

CsF 是最典型的离子化合物，化学键的离子性也只达到 92%。如此说来，纯粹的离子键是没有的。离子键和共价键并没有明显的界限，离子键或多或少地存在电子云部分重叠的共价性成分。

(3)配位共价键。配位键的形成是由一个原子单方面提供一对电子而与另一个有空轨道的原子(或离子)共用，这种共价键称为配位共价键。在配位键中，提供电子对的原子称为电子给予体；接受电子对的原子称为电子接受体。配位键的符号用箭号“→”表示，箭头指向接受体。例如 CO 中配位键的形成：

C 原子($2s^22p^2$)和 O 原子($2s^22p^4$)的 2p 轨道上各有 2 个未成对电子，可以形成 2 个共价键。此外，C 原子的 2p 轨道上还有一个空轨道，O 原子的 2p 轨道上又有一对成对电子(也称孤对电子)，正好提供给 O 原子的空轨道共用而形成配位键。配位键的形成示意图：

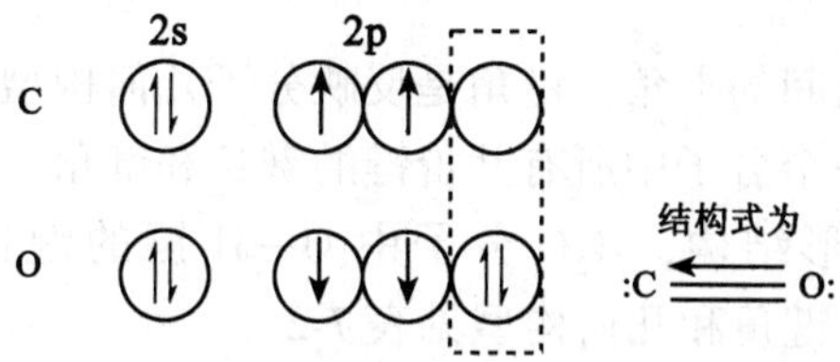

此类共价键在无机化合物中是大量存在的，如 NH_4^+，SO_4^{2-}，PO_4^{3-}，ClO_4^- 等离子中都有配位共价键。

7.1.4　键参数

表征化学键基本性质的物理量统称为键参数，如键长、键能、键角等。

1. 键能

键能是化学键牢固程度的量度。在一定温度和标准压力下，断裂气态分子的化学键，使它变成气态原子或原子团时所需要的能量，称为键能，用符号 E 表示，其 SI 的单位为

kJ · mol⁻¹。对于双原子分子，键能在数值上等于键解离能；对于 A_mB 或 AB_n类的多原子分子所指的是 m 个或 n 个等价键的解离能的平均值，见表 7-1。从表中数据看出，共价键是一种很强的结合力。键能越大表明该键越牢固，断裂该键所需要的能量越大。故键能可作为共价键牢固程度的参数。

表 7-1　　一些共价键的键能和键长

键	键长 l/pm	键能 E/kJ. mol⁻¹	键	键长 l/pm	键能 E/kJ. mol⁻¹
H—H	74	436	C—H	109	414
C—C	154	347	C—N	147	305
C═C	134	611	C—O	143	360
C≡C	120	837	C═O	121	736
N—N	145	159	C—Cl	177	326
O—O	148	142	N—H	101	389
Cl—Cl	199	244	O—H	96	464
Br—Br	228	192	S—H	136	368
I—I	267	150	N≡N	110	946
S—S	205	264	F—F	128	158

2. 键长

分子中成键的两原子核间的平衡距离(即核间距)，称为键长或键距，常用单位为pm。键长的大小与键的稳定性有很大关系，键长越短，键能也越大，共价键就越牢固(参见表 7-1)。通常而言，相同两个原子形成的共价键，单键键长>双键键长>叁键键长。

3. 键角

键角是分子中键与键之间的夹角，键角是反映分子几何构型的重要因素之一。

一般说来，如果知道一个分子中所有共价键的键长和键角，这个分子的几何构型就能确定。例如，水分子是 V 形结构，H_2O 分子中 O—H 键的键长和键角分别为 96pm 和 104.5°。一些分子的键长、键角和几何构型见表 7-2。

表 7-2　　一些分子的键长、键角和几何构型

分子(AD_n)	键长 l/pm	键角 α	几何构型*
$HgCl_2$	234	180°	D—A—D 直线形
CO_2	116.3	180°	
H_2O	96	104.5°	D—A—D 折线形(角形、V 形)
SO_2	143	119.5°	

续表

分子(AD_n)	键长 l/pm	键角 α	几何构型*	
BF_3 SO_3	131 143	120° 120°		三角形
NH_3 SO_3^{2-}	101.5 151	107°18′ 106°		三角锥形
CH_4 SO_4^{2-}	109 149	109.5° 109.5°		四面体形

双原子分子，分子的形状总是直线形的。

多原子分子，由于原子在空间排列不同，所以有不同的键角和几何构型。键角可由实验测得。

7.2　杂化轨道理论与分子几何构型

价键理论较好地阐明了共价键的形成和本质，成功解释了共价键的方向性和饱和性等特点，但像 $HgCl_2$，BF_3，CH_4 等分子的成键情况却不能很好地说明，并且往往不能圆满地解释分子的几何构型。例如在 CH_4 分子中有 4 个 C—H 键，键长为 109pm，键能为 414kJ. mol^{-1}，两个 C—H 键的夹角为 109.5°，因此 CH_4 的立体构型为正四面体，碳原子位于四面体中心，四个氢占据四面体四个顶点。根据价键理论，基态 C 原子的电子排布是 $1s^22s^22p^2$，p 轨道上只有 2 个未成对电子，与 H 原子只能形成 2 个 C—H 键，显然与事实不符。为了说明这一问题，有人提出激发成键的概念，即在化学反应中，C 原子的 2 个 s 电子，其中有 1 个跃迁到 2p 轨道上去，使价电子层内具有 4 个未成对电子：

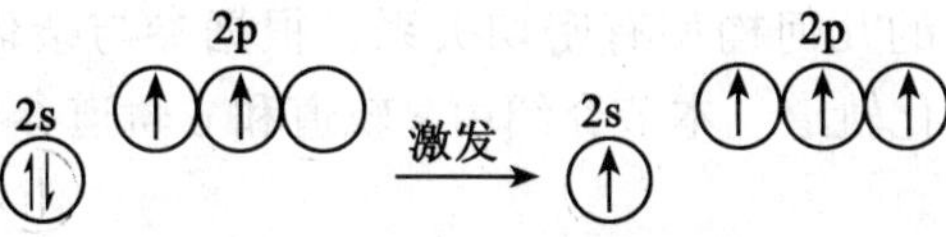

这样就可能形成 4 个 C—H 键。但是问题并没有完全解决，由于 s 轨道和 p 轨道能级不同，这 4 个 C—H 键的键能和键角不应相同。为了解决上述矛盾，1931 年鲍林和斯莱托在价键理论的基础上，提出杂化轨道理论，较好地解释了 CH_4 等分子的成键键数、键角、分子构型等问题，补充和发展了价键理论。

7.2.1 杂化理论概要

原子在成键时，常将其价层的成对电子中的1个电子激发到邻近的空轨道上，以增加能成键的单个电子。如 $Be(2s^2)$，$Hg(5d^0 6s^2)$，$B(2s^2 2p^1)$，$C(2s^2 2p^4)$等元素的原子，成键时都将1个 ns 电子激发到 np 轨道上去，相应增加2个成单电子，便可多形成2个键。多成键后释放出的能量远比激发电子所需的能量多，故系统的总能量是降低的。

(1)原子与原子在形成分子时，由于原子间的相互影响，同一原子中一定数目、能量相近的几个原子轨道混合起来，组合成一组新的轨道，这一过程称为原子轨道的杂化，简称杂化，所组成的新轨道称为杂化轨道。

(2)有几个原子轨道参与杂化就形成几个杂化轨道。杂化轨道与原来的原子轨道相比，其角度分布及形状均发生了变化，能量也趋于平均化。

(3)形成的杂化轨道形状一头大、一头小，大的一头与另一原子成键时，原子轨道可以得到更大程度的重叠，所以杂化轨道的成键能力比未杂化前更强(见图7-7)；由于杂化轨道方向发生改变，它们在空间取最大键角(斥力最小)，使系统能量降低得更多，生成的分子也更加稳定。因此杂化轨道理论认为原子轨道在成键时会采取杂化方式。

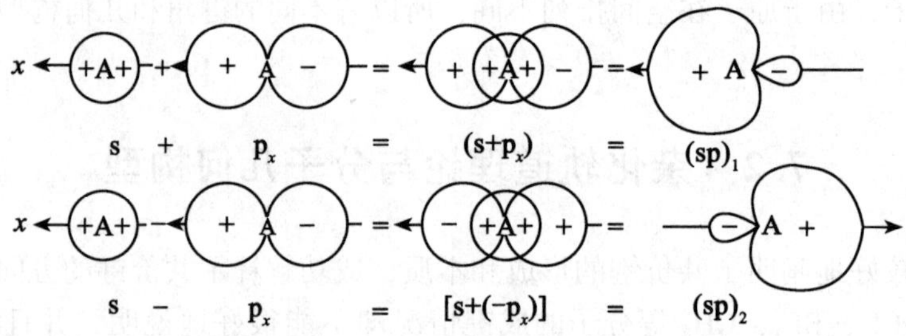

图7-7 两个 sp 杂化轨道的形成和方向

电子激发和轨道杂化虽都可使成键系统的能量降低，但前者是由于多成了键，后者是因为成的键更强，二者并不相同。原子在成键时，既可以同时发生电子激发和轨道杂化，也可以只进行轨道杂化。

7.2.2 杂化轨道类型

杂化轨道类型与分子的几何构型有密切关系，根据参与杂化的原子轨道的种类和数目，可组成不同类型的杂化轨道。本节介绍由 s 轨道和 p 轨道参与杂化的三种方式，其他类型的杂化在第八章介绍。

1. sp 杂化

以 $HgCl_2$ 分子的形成为例，实验测得 $HgCl_2$ 的分子构型为直线形，键角为180°。用杂化理论分析，该分子的形成过程如下：

Hg 原子的价层电子为 $5d^{10}6s^2$，成键时1个6s轨道上的电子激发到空的6p轨道上(成为激发态 $6s^1 6p^1$)，同时发生杂化，组成2个新的等价的 sp 杂化轨道。

sp 杂化是同一原子的 1 个 s 轨道和 1 个 p 轨道之间进行的杂化，形成 2 个等价的 sp 杂化轨道。这两个轨道在一直线上，杂化轨道间的夹角为 180°，如图 7-8 所示。2 个 Cl 原子的 3p 轨道以“头顶头”方式与 Hg 原子的 2 个杂化轨道大的一端发生重叠，形成两个 σ 键。

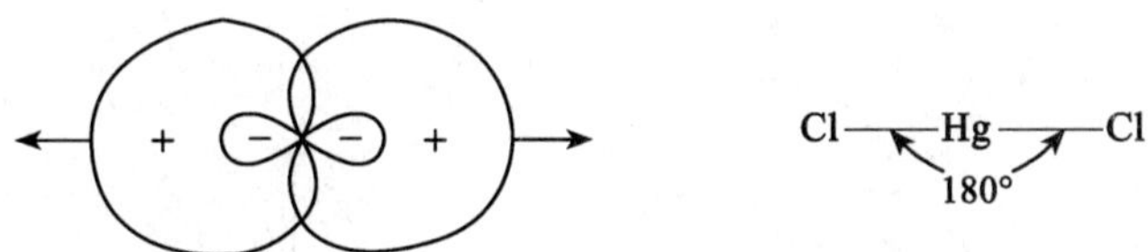

图 7-8　sp 杂化轨道的分布与分子的几何构型

$HgCl_2$ 分子中三个原子在一直线上，Hg 原子位于中间(中心原子)。这样就圆满地解释了 $HgCl_2$ 分子的几何构型。$BeCl_2$ 以及ⅡB 族元素的其他 AB_2 型直线形分子的形成过程与上述过程相似。

2. sp^2 杂化

以 BF_3 分子的形成为例，实验测得 BF_3 分子的几何构型是平面正三角形，键角为 120°。该分子形成过程如下：

B 原子的价层电子为 $2s^22p^1$，只有 1 个未成对电子，成键过程中 2s 的 1 个电子激发到 2p 空轨道上(成为激发态 $2s^12p_x^{\ 1}2p_y^{\ 1}$)，同时发生杂化，组成 3 个新的等价的 sp^2 杂化轨道。sp^2 杂化是同一原子的 1 个 s 轨道和 2 个 p 轨道进行杂化，形成 3 个等价的 sp^2 轨道。

这 3 个杂化轨道指向正三角形的 3 个顶点，杂化轨道间的夹角为 120°，如图 7-9 所示。3 个 F 原子的 2p 轨道以“头顶头”方式与 B 原子的 3 个杂化轨道的大头重叠，形成 3 个 σ 键。所以 BF_3 为平面正三角形，B 原子位于中心。

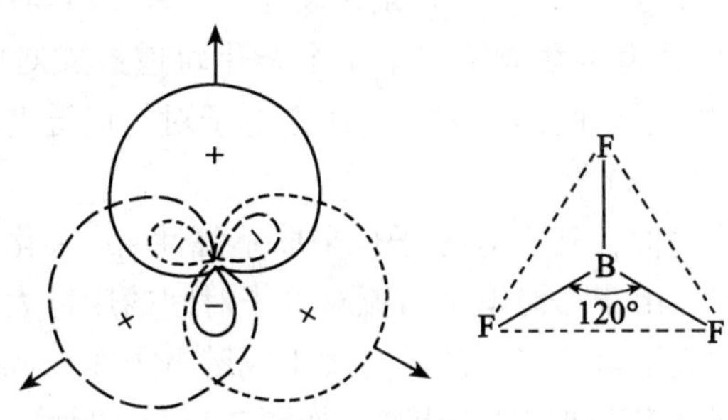

图 7-9　sp^3 杂化轨道的分布与分子的几何构型

3. sp^3 杂化

实验测得 CH_4 分子为正四面体，键角为 109.5°。分子形成过程如下：

C 原子的价层电子为 $2s^22p^2$(或 $2s^22p_x^{\ 1}2p_y^{\ 1}$)，只有 2 个未成对电子。成键过程中，经过激发，成为 $2s^12p_x^{\ 1}2p_y^{\ 1}2p_z^{\ 1}$。同时发生杂化，组成 4 个新的等价的 sp^3 杂化轨道，sp^3 杂

化是同一原子的1个s轨道和3个p轨道间的杂化，形成4个等价的sp^3轨道。

4个杂化轨道的大头指向正四面体的4个顶点，杂化轨道间的夹角为109.5°，如图7-10所示。4个H原子的s轨道以"头顶头"方式与4个杂化轨道的大头重叠，形成4个σ键。所以，CH_4分子为正四面体，C原子位于其中心。

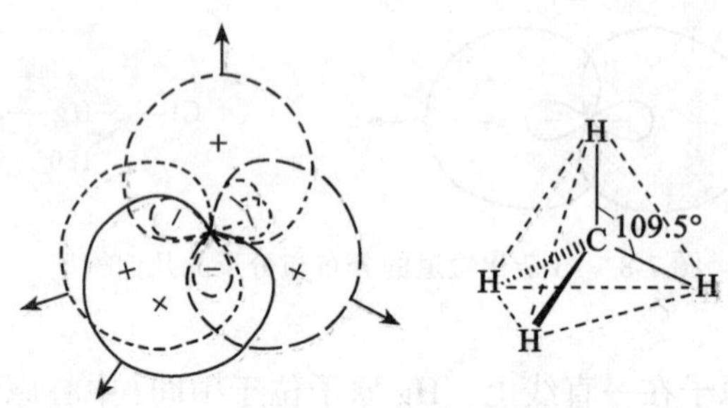

图7-10 sp^3杂化轨道的分布与分子的几何构型

比较sp，sp^2，sp^3三种杂化轨道，可知轨道含有的s成分依次减少，p轨道成分依次增多，且轨道间的夹角也依次变小；1/2p轨道时为180°，2/3p轨道时为120°，3/4p轨道时为109.5°，纯p轨道时为90°。

4. 等性杂化与不等性杂化

(1)等性杂化。在以上三种杂化轨道类型中，每种类型形成的各个杂化轨道的形状和能量完全相同，所含s轨道和p轨道的成分也相等，这类杂化称为等性杂化。

(2)不等性杂化。当几个能量相近的原子轨道杂化后，所形成的各杂化轨道的成分不完全相等时，即为不等性杂化。以NH_3分子和H_2O分子形成为例。

实验测定NH_3为三角锥形，键角为107.18°，略小于正四面体时的键角。N原子的价层电子构型为$2s^22p^3$，成键时形成4个sp^3杂化轨道。其中3个杂化轨道中各有1个成单电子，分别与H原子的ls轨道重叠成键。第4个杂化轨道被成对电子所占有，不参与成键。由于孤对电子与成键电子对间的斥力大于成键电子对与成键电子对间的斥力，使N—H键的夹角变小，如图7-11(a)所示。

H_2O分子的形成与此类似，其中O原子也采取不等性sp^3杂化，只是4个杂化轨道中有2个被成对电子所占有。由于孤对电子与孤对电子对间的斥力大于孤对电子与成键电子对间的斥力，孤对电子与成键电子对间的斥力大于成键电子对与成键电子对间的斥力，其夹角压缩到104.5°，分子为角折形(或V形)，如图7-11(b)所示。

如果键合原子不完全相同，也可引起中心原子轨道的不等性杂化。如$CHCl_3$分子中，C原子采取sp^3杂化，其中与Cl原子键合的3个sp^3杂化轨道，每个含s轨道成分为0.258，而与H原子键合的1个sp^3杂化轨道所含s轨道成分为0.226，所以$CHCl_3$中C原子的sp^3杂化也是不等性的。

杂化轨道理论圆满地解释了一些分子的构型，加深了我们对分子构型的理解，但不论先有实验事实再用理论解释，或是先根据理论推测再用实验验证，都必须符合实践。

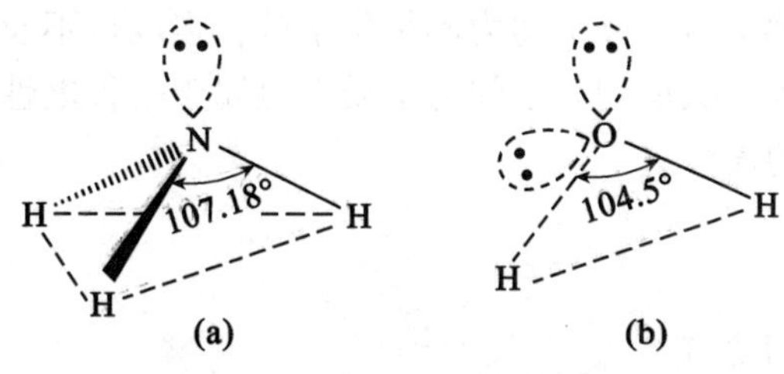

图 7-11　NH_3 和 H_2O 的几何构型

7.2.3　离域 π 键

π 键是由原子轨道按“肩并肩”方式重叠而成的键，通常 π 键是由两个 p 轨道重叠而成，也有 p-d 重叠的 π 键。我们把由多个原子(3 个或 3 个以上原子)的 p 轨道按“肩并肩”方式重叠而形成的键叫离域 π 键，或大 π 键。通常写作 π_n^m，上面的 m 为大 π 键中的电子数，下面的 n 为组成大 π 键的原子数。

大 π 键的形成条件：

(1)参与形成大 π 键的电子必须共面；

(2)每个原子必须提供一个 p 轨道，且互相平行即垂直于参与形成大 π 键原子所在的平面；

(3)大 π 键上的电子数必须小于轨道数目的两倍(即 $m<2n$)；

大 π 键中的电子并不固定在两个原子之间，而是在整个层中的各原子间自由运动，体系能量降低，使分子的稳定性增加，这种效应称为离域效应。

分子结构中的大 π 键，不仅很多无机化合物(例如 CO_2)分子中存在，且更多地存在于有机化合物(例如 C_6H_6)的分子中。

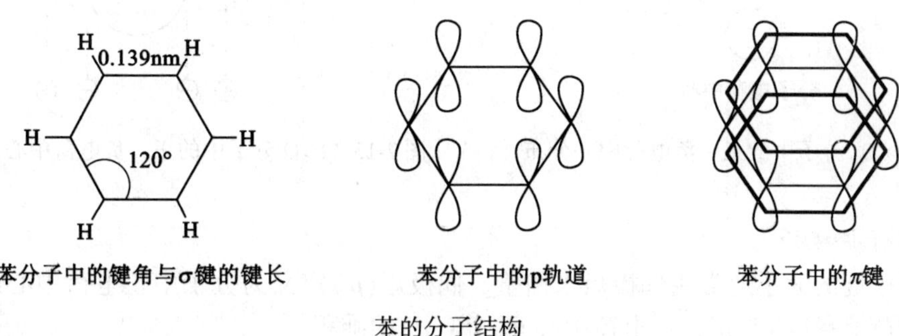

苯的分子结构

7.3　分 子 间 力

气态物质能凝聚成液态，液态物质能凝固成固态，正是分子之间相互作用或吸引的结果，说明分子之间也存在着相互作用力。分子间作用力是1873年由荷兰物理学家范德华首先提出的，故又称范德华力。分子间力不是化学键，强度也不及化学键。随着人们对原子、分子结构研究的深入，认识到分子间力本质上也属于一种电性引力。为了说明这种引力的由来，先介绍分子的极性。

7.3.1 分子的极性

1. 极性分子与非极性分子

任何以共价键结合的分子中，都存在带正电荷的原子核和带负电荷的电子。尽管整个分子是电中性的，但可设想分子中两种电荷分别集中于一点，各称为正电荷中心和负电荷中心，即“+”极和“-”极。如果两个电荷中心之间存在一定的距离，即形成偶极，这样的分子就有极性，称为极性分子；如果两个电荷中心重合，分子就无极性，称为非极性分子。

对于双原子分子来说，分子的极性和化学键的极性是一致的。例如 H_2，O_2，N_2，Cl_2 等分子都是由非极性共价键相结合的，它们都是非极性分子；HF，HCl，HBr，HI 等分子由极性共价键结合，正、负电荷中心不重合，它们都是极性分子。

对于多原子分子来说，分子有无极性，由分子组成和结构而定。例如，CO_2 分子中的 C—O 键虽为极性键，但由于 CO_2 分子是直线形，结构对称(见图7-12)。两边键的极性相互抵消，整个分子的正、负电荷中心重合，故 CO_2 分子是非极性分子。

在 H_2O 分子中，H—O 键为极性键，分子为 V 形结构(见图7-13)，分子的正、负电荷中心不重合，所以水分子是极性分子。

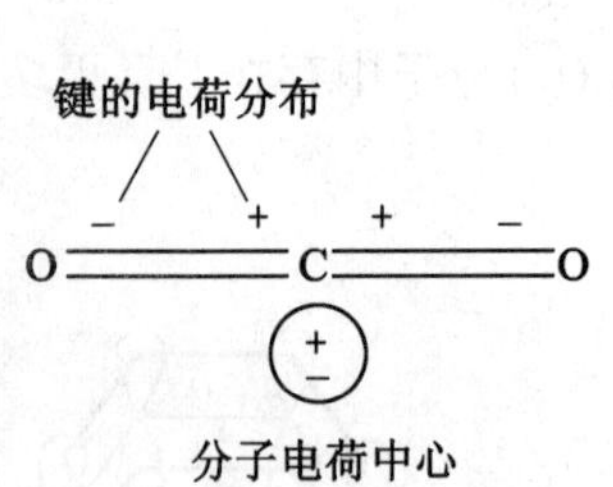

图7-12 CO_2 分子中的正、负电荷中心分布

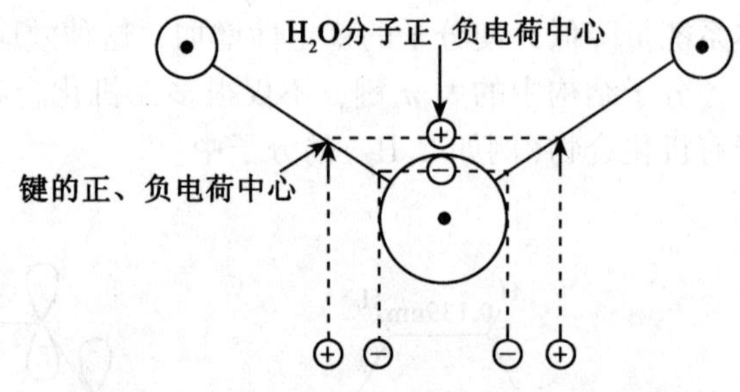

图7-13 H_2O 分子中的正、负电荷中心分布

2. 分子偶极矩

分子极性的大小通常用偶极矩来衡量。偶极矩(μ)定义为分子中正电荷中心或负电荷中心上的荷电量(q)与正、负电荷中心间距离(d)的乘积：

$$\mu = q \cdot d$$

式中，d 又称偶极长度。偶极矩的 SI 单位是 C·m，它是一个矢量，规定方向是从正极到负极。双原子分子偶极矩示意如图7-14。分子的偶极矩可通过实验测定(但 q 和 d 还未能分别求得)。

表7-3是一些气态分子偶极矩的实验值。

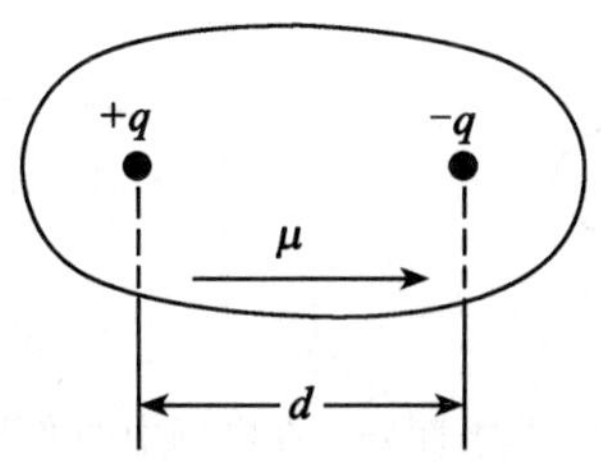

图 7-14　分子的偶极矩

表 7-3　**一些物质分子的偶极矩及分子构型**

分子式	$\mu/(10^{-30}C\cdot m)$	分子构型	分子式	$\mu/(10^{-30}C\cdot m)$	分子构型
H_2	0	直线型	SO_2	5.33	折线型
N_2	0	直线型	H_2O	6.17	折线型
CO_2	0	直线型	NH_3	4.90	三角锥型
CS_2	0	直线型	HCN	9.85	直线型
CH_4	0	正四面体型	HF	6.37	直线型
CO	0.40	直线型	HCl	3.57	直线型
$CHCl_3$	3.50	四面体型	HBr	2.67	直线型
H_2S	3.67	折线型	HI	1.40	直线型

表中 $\mu=0$ 的分子为非极性分子，$\mu\neq0$ 的分子为极性分子。μ 值越大，分子的极性越强。分子的极性既与化学键的极性有关，又和分子的几何构型有关，所以测定分子的偶极矩，有助于比较物质极性的强弱和推断分子的几何构型。

3. 分子的极化

上面所讨论的分子的极性与非极性，是在没有外界影响下分子本身的属性。如果分子受到外加电场的作用，分子内部电荷的分布会因同电相斥、异电相吸的作用而发生相对位移。例如，非极性分子在未受电场的作用前，正、负电荷中心重合，如图 7-15(a)所示。当受到电场作用后，分子中带正电荷的核被吸向负极，带负电的电子云被引向正极，使正、负电荷中心发生位移而产生偶极(这种偶极称为诱导偶极)，整个分子发生了变形；外电场消失时，诱导偶极也随之消失，分子恢复为原来的非极性分子。

对于极性分子来说，分子原本就存在偶极(称为固有偶极)，通常这些极性分子在作不规则的热运动，如图 7-16 中(a)所示。当分子进入外电场后进行定向排列，如图 7-16(b)所示，这个过程称为取向。在电场的持续作用下，分子的正、负电荷中心也随之发生位移，即固有偶极加上诱导偶极，使分子极性增加，分子发生变形，如图 7-16(c)所示。如果外电场消失，诱导偶极也随之消失，但固有偶极不变。

非极性分子或极性分子受外电场作用而产生诱导偶极的过程，称为分子的极化(或称

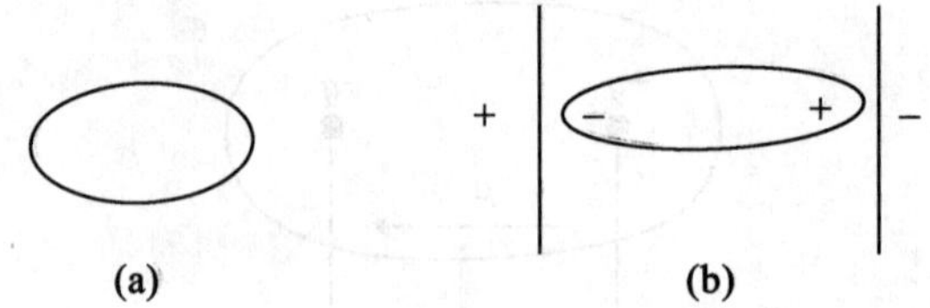

图 7-15　非极性分子在电场中的变形极化

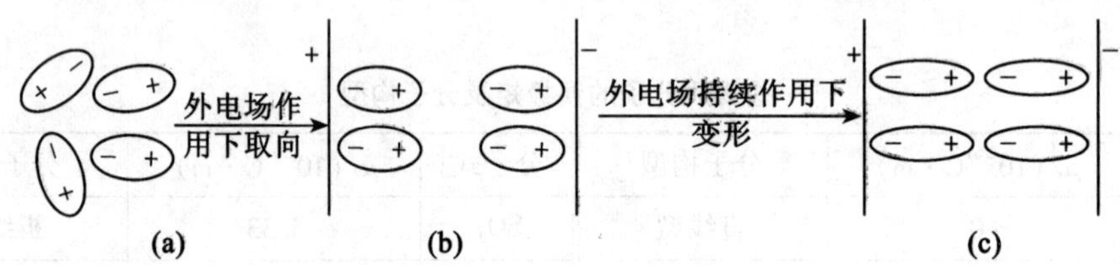

图 7-16　极性分子在电场中的极化

变形极化)。分子受极化后外形发生改变的性质，称为分子的变形性。

一方面，电场越强，产生的诱导偶极也越大，分子的变形越显著；另一方面，分子越大，所含电子越多，它的变形性也越大。分子在外电场作用下的变形程度，可以用极化率(α)来量度，可由实验测定。一些气态分子的极化率如表 7-4 所示。

表 7-4　　**一些气态分子的极化率**

分子式	$\alpha/(10^{-40}C\cdot m^2\cdot V^{-1})$	分子式	$\alpha/(10^{-40}C\cdot m^2\cdot V^{-1})$
He	0.227	HCl	2.85
Ne	0.437	HBr	3.86
Ar	1.81	HI	5.78
Kr	2.73	H_2O	1.61
Xe	4.45	H_2S	4.05
H_2	0.892	CO	2.14
O_2	1.74	CO_2	2.87
N_2	1.93	NH_3	2.39
Cl_2	5.01	CH_4	3.00
Br_2	7.15	C_2H_6	4.81

由表 7-4 可见，同类型的分子，如ⅧA 族的单原子分子(从 He 到 Xe)，ⅦA，ⅥA 族部分元素及其与氢的化合物(如 HCl，HBr，HI；H_2O，H_2S)，以及 CO，CO_2 和 CH_4，C_2H_6等分子的极化率分别依次增加，这是由于它们的相对分子质量和分子体积依次增大，故其变形性依次增大。

7.3.2　分子间力

分子具有极性和变形性是分子间产生作用力的根本原因。现在认为，分子间存在三种作用力，即色散力、诱导力和取向力，通称范德华力。分子间力普遍存在于各种分子之间，它对物质的物理性质如熔点、沸点、硬度、溶解度等都有一定的影响。

1. 色散力

非极性分子的偶极矩为零，似乎不存在相互作用。事实上分子内的原子核和电子在不断地运动，在某一瞬间，正、负电荷中心发生相对位移，使分子产生瞬时偶极，如图 7-17(a)所示。当两个或多个非极性分子在一定条件下充分靠近时，就会由于瞬时偶极而发生异极相吸的作用，如图 7-17(b)和(c)所示。这种作用力虽然是短暂的，瞬间即逝。但原子核和电子时刻在运动，瞬时偶极不断出现，异极相邻的状态也时刻出现，所以分子间始终维持这种作用力。这种由于瞬时偶极而产生的相互作用力，称为色散力。

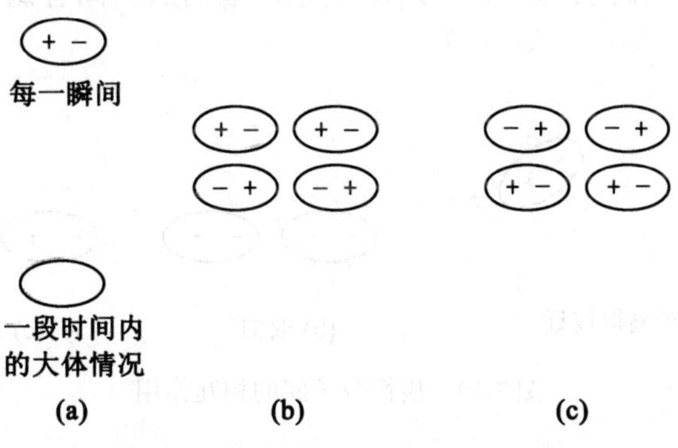

图 7-17　非极性分子间的相互作用

色散力不仅是非极性分子之间的作用力，也存在于极性分子的相互作用之中。

色散力的大小与分子的变形性或极化率有关。极化率越大，分子间的色散力越大，物质的熔点、沸点越高。如表 7-5 所示。

表 7-5　**物质的极化率、色散能与熔、沸点**

(色散能：两分子间距离 = 500pm，温度 $T = 298\text{K}$)

物质	极化率 $\alpha/10^{-40}\text{C}\cdot\text{m}^2\cdot\text{V}^{-1}$	色散能 $E/10^{-22}\text{J}$	熔点 $t_m/℃$	沸点 $t_b/℃$
He	0.227	0.05	−272.2	−268.94
Ar	1.81	2.9	−189.38	−185.87
Xe	4.45	18	−111.8	−108.10

2. 诱导力

极性分子中存在固有偶极，可以作为一个微小的电场。当非极性分子与它充分靠近时，就会被极性分子极化而产生诱导偶极(见图 7-18)，诱导偶极与极性分子固有偶极之间有作用力；同时，诱导偶极又可反过来作用于极性分子，使其也产生诱导偶极，从而增强了分子之间的作用力，这种由于形成诱导偶极而产生的作用力，称为诱导力。

诱导力与分子的极性和变形性有关，分子的极性和变形性越大，其产生的诱导力就越大。

极性分子与极性分子之间也存在诱导力。

图 7-18　极性分子和非极性分子间的作用

3. 取向力

当两个极性分子充分靠近时，由于极性分子中存在固有偶极，就会发生同极相斥、异极相吸的取向(或有序)排列，如图 7-19(b)所示。取向后，固有偶极之间产生的作用力，称为取向力。

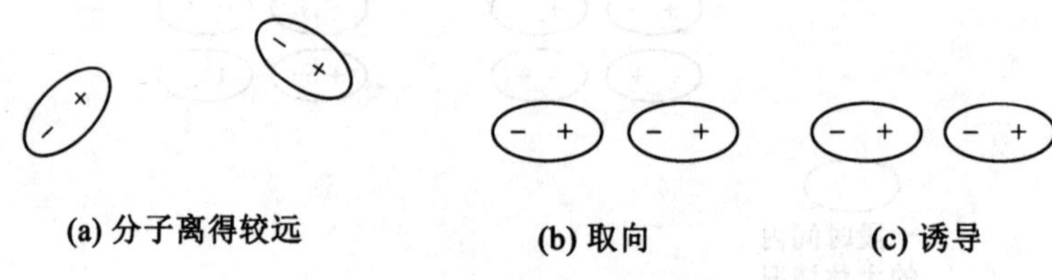

图 7-19　极性分子间的相互作用

取向力的大小决定于极性分子的偶极距，偶极距越大，取向力越大。

极性分子与极性分子之间也存在诱导力和色散力。

综上所述，在非极性分子之间只有色散力，在极性分子和非极性分子之间有诱导力和色散力，在极性分子和极性分子之间有取向力、诱导力和色散力。这些力本质上都是静电引力。

表 7-6　**某些物质分子间作用能及其构成**

(两分子间距离 $d=500$pm，温度 $T=298$K)

分子	$E_{取向}$/kJ · mol^{-1}	$E_{诱导}$/kJ · mol^{-1}	$E_{色散}$/kJ · mol^{-1}	$E_{总}$/kJ · mol^{-1}
Ar	0. 000	0. 000	8. 49	8. 49
CO	0. 003	0. 0084	8. 74	8. 75
HCl	3. 305	1. 004	16. 82	21. 13
HBr	0. 686	0. 502	21. 92	23. 11
HI	0. 025	0. 1130	25. 86	26. 00
NH_3	13. 31	1. 548	14. 94	29. 80
H_2O	36. 38	1. 929	8. 996	47. 30

从表 7-6 中作用能的三个组成部分的相对大小可以看出，在三种作用力中，色散力存在于一切分子之间，一般也是分子中的主要作用力，取向力次之，诱导力最小。除了极性很大的如 HF，H_2O 等分子，取向力起主要作用外，一般都是色散力为主。

4. 范德华力的特点

(1)它是存在于分子间的一种吸引力。

(2)分子间的吸引作用比化学键弱得多，一般是每摩尔几个千焦，是化学键的 1/100～1/10。

(3)分子间的距离为几百皮米时，才表现出分子间力，随分子间距离的增大而迅速减小。

(4)分子间力没有饱和性和方向性。

(5)一般情况下，色散力比取向力、诱导力大得多。取向力只有在极性很大的分子间才占较大比例。

(6)在同类型分子中，色散力随分子量增大而增大。

例如，在周期表中，由同族元素生成的单质或同类化合物，其熔点或沸点往往随着相对分子质量的增大而升高。稀有气体按 He—Ne—Ar—Kr—Xe 的顺序，相对分子质量增加，分子体积增大，变形性或极化率升高，色散力随着增大(见表 7-4、表 7-5)，故熔、沸点依次升高。卤素单质都是非极性分子，常温下，F_2 和 Cl_2 是气体，Br_2 是液体，而 I_2 是固体，也反映了从 F_2 到 I_2 色散力依次增大这一事实。

7.3.3 氢键

按照前面对分子间力的讨论，在卤化氢中，HF 的熔、沸点理应最低，但事实并非如此。类似情况也存在于ⅥA，ⅤA 族各元素与氢的化合物中(见图 7-20)。

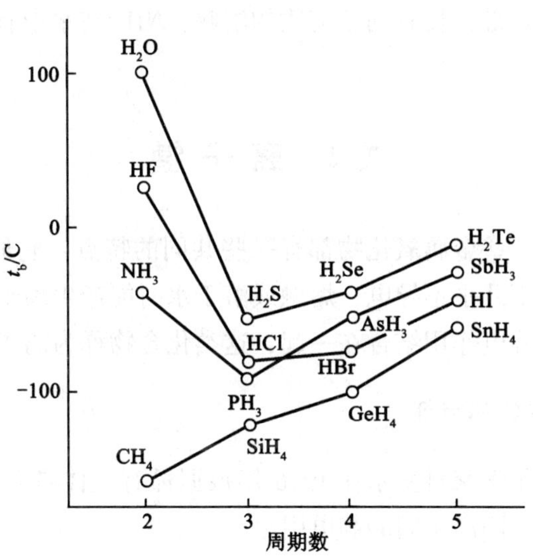

图 7-20　ⅥA～ⅦA 族各元素的氢化

从图 7-20 中可以看出：HF，H_2O 和 NH_3 有着反常高的熔、沸点，说明这些分子除了普遍存在的分子间力外，还存在着一种特殊的作用力叫氢键。

在 HF 分子中，由于 F 原子的半径小、电负性大，共用电子对强烈偏向于 F 原子一方，使 H 原子的核几乎“裸露”出来。这个半径很小、又无内层电子的带正电荷的氢核，能和相邻 HF 分子中 F 原子的孤对电子相吸引，这种静电吸引力称为氢键。由于氢键的形成，使简单 HF 分子缔合，如图 7-21 所示(其中虚线表示氢键)：

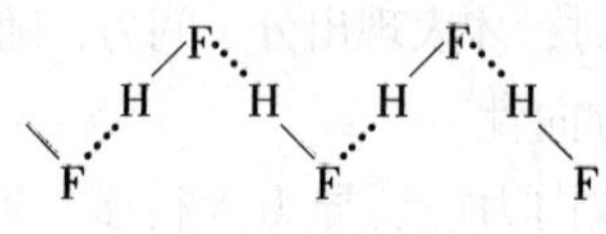

图 7-21　氢键示意图

氢键的组成可用 X—H…Y 来表示，其中 X，Y 代表电负性大、半径小，且有孤电子对的原子，一般是 F，O，N 等原子。X，Y 可以相同，也可以不同。

氢键也有饱和性和方向性：每个 X—H 只能与一个 Y 原子相互吸引形成氢键；Y 与 H 形成氢键时，尽可能采取 X—H 键键轴的方向，使 X—H…Y 在一直线上。

氢键既可存在于同一种分子内，称为分子内氢键，如硝酸、水杨醛、邻苯二酚、邻硝基苯酚等；也可存在于不同分子之间，称为分子间氢键，如 HF，H_2O，甲酸，对硝基苯酚等；还可存在于晶体中，如 $NaHCO_3$ 等。

氢键的形成会对某些物质的物理性质产生一定的影响，如 HF，H_2O，NH_3 由固态转化为液态，或由液态转化为气态时，除需克服分子间力外，还需破坏比分子间力更大的氢键，要多消耗不少能量，此即 HF，H_2O，NH_3 的溶、沸点出现异常的原因。如果溶质分子与溶剂分子间能形成氢键，将有利于溶质的溶解，NH_3 在水中有较大的溶解度就与此有关。

7.4　离 子 键

大多数盐类、碱及一些金属氧化物都有一些共同的特点：它们一般以晶体形式存在，熔、沸点较高，在固态下几乎不导电，熔融或溶于水时能产生离子并导电。在这一类化合物中，阴、阳离子通过静电作用结合在一起，这类化合物称为离子化合物。

7.4.1　离子键的形成和特征

离子键理论是德国化学家科塞尔在 1916 年根据稀有气体具有稳定结构的事实上提出的，离子键的本质是阴、阳离子间的静电引力。

当电负性相差较大的两种元素的原子相互接近时，电子从电负性小的原子转移到电负性大的原子，从而形成了阳离子和阴离子。相邻的阴、阳离子之间的吸引作用即为离子键。阴、阳离子分别是键的两极，故离子键呈强极性。

离子的电场分布是球形对称的，可以从任何方向吸引带异号电荷的离子，不存在特定的最有利方向，这就形成了离子键无方向性的特点。此外，只要离子周围空间允许，它将尽可能吸引带异号电荷的离子，形成尽可能多的离子键，从而在三维空间上无限伸展，形成巨大的离子晶体。但事实上，一种离子周围所能结合的异号离子数目并不是任意的，而是具有确定数目。如 NaCl 晶体中，每个 Na^+周围等距离地排列着6 个相反电荷的 Cl^-，Cl^- 周围也同样等距离地排列着 6 个 Na^+，但这并不是说每个 Na^+(Cl^-)吸引 6 个 Cl^-(Na^+)就饱和了，阴、阳离子相互吸引的具体情况是由阴、阳离子半径的相对大小及所带电荷数量决定的。在 Na^+吸引了 6 个 Cl^-后，还可与更远的若干个 Na^+和 Cl^-产生相互的排斥或吸引作用，只是因为静电引力会随距离增大而相对减弱，说明离子键无饱和性。

7.4.2　离子的结构特征

1. 离子的电荷

简单离子的电荷是由原子获得或失去电子形成的，其电荷绝对值为得到或失去的电子数。例如：

$$\underset{(1s^22s^22p^5)}{F} \xrightarrow{+e^-} \underset{(1s^22s^22p^6)}{F^-}$$

$$\underset{([Kr]4d^{10}5s^25p^2)}{Sn} \xrightarrow{-2e^-} \underset{([Kr]4d^{10}5s^2)}{Sn^{2+}}$$

$$\underset{([Ar]3d^64s^2)}{Fe} \xrightarrow{-3e^-} \underset{([Ar]3d^5)}{Fe^{3+}}$$

2. 离子的电子构型

所有简单阴离子的电子构型都是 8 电子型，与其相邻稀有气体的电子构型相同。如 $F^-(2s^22p^6)$，

阳离子的构型可分为如下几种：

(1)2 电子型。例如 Li^+，$Be^{2+}(1s^2)$。

(2)8 电子型。例如 K^+，Ba^{2+}等(ns^2np^6)。

(3)18 电子型。例如 Ag^+，Zn^{2+}，Sn^{4+}等($ns^2np^6nd^{10}$)。

(4)18+2 电子型。例如 Sn^{2+}，Bi^{3+}等($ns^2np^6nd^{10}(n+1)s^2$)。

(5)9～17 电子型。例如 Fe^{2+}，Fe^{3+}，Cu^{2+}，Pt^{2+}等($ns^2np^6nd^{1\sim9}$)。

3. 离子半径

离子没有严格意义上的半径，通常是将离子晶体中阴、阳离子近似看成相互接触的球体，相邻两核间距就是阴、阳半径之和，核间距的大小可由晶体的 X 射线衍射分析测定，如已知其中一个离子的半径，就可算出另一个相邻离子的半径了。

目前使用最多的是 1927 年鲍林从核电荷数和屏蔽常数等因素推出的半经验公式得到的一套较为齐全有效的离子半径，如表 7-7 所示。

表 7-7　　常见离子的半径(鲍林离子半径)

离子	半径/pm	离子	半径/pm	离子	半径/pm
Li^+	60	Cr^{3+}	64	Hg^{2+}	110
Na^+	95	Mn^{2+}	80	Al^{3+}	50
K^+	133	Fe^{2+}	76	Sn^{2+}	102
Rb^+	148	Fe^{3+}	64	Sn^{4+}	71
Cs^+	169	Co^{2+}	74	Pb^{2+}	120
Be^{2+}	31	Ni^{2+}	72	O^{2-}	140
Mg^{2+}	65	Cu^+	96	S^{2-}	184
Ca^{2+}	99	Cu^{2+}	72	F^-	136
Sr^{2+}	113	Ag^+	126	Cl^-	181
Ba^{2+}	135	Zn^{2+}	74	Br^-	196
Ti^{4+}	68	Cd^{2+}	97	I^-	216

从表中看出，离子半径也呈规律性变化，主要有如下几点：

(1)阳离子的半径小于其原子半径，简单阴离子的半径大于其原子半径。例如：

$$r_{(Na)}>r_{(Na^+)},\quad r_{(F^-)}>r_{(F)}$$

(2)同一周期电子层结构相同的阳离子的半径随离子电荷的增加而减小。例如：

$$r_{(Na^+)}>r_{(Mg^{2+})}>r_{(Al^{3+})}$$

(3)同族元素离子电荷数相同的阴或阳离子的半径随电子层数的增多而增大。例如：

$$r_{(Cl^-)}>r_{(F^-)},\ r_{(K^+)}>r_{(Na^+)}$$

(4)同一元素形成不同离子电荷的阳离子时，电荷数高的半径小。例如：

$$r_{(Sn^{2+})}>r_{(Sn^{4+})},\ r_{(Fe^{2+})}>r_{(Fe^{3+})}$$

离子半径的大小是决定离子键强弱的重要因素之一，离子半径越小，离子间引力越大，离子键越牢固，相应的离子化合物熔、沸点就越高。离子半径大小还对离子的氧化还原性能及溶解性有重要影响。

7.4.3　离子极化

在离子晶体中，阴、阳离子间除起主导作用的静电引力外，也会有其他作用力。晶格结点上排列的是离子，离子间强烈的静电作用会相互作为电场使彼此的原子核和电子云发生相对位移，即发生与分子极化类似的离子极化作用。

1. 离子在电场中的极化

离子在外电场的作用下，正极吸引核外电子云，负极吸引原子核，使离子中的电荷分布发生相对位移，离子变形，产生诱导偶极(见图 7-22)，这种现象称为离子极化。

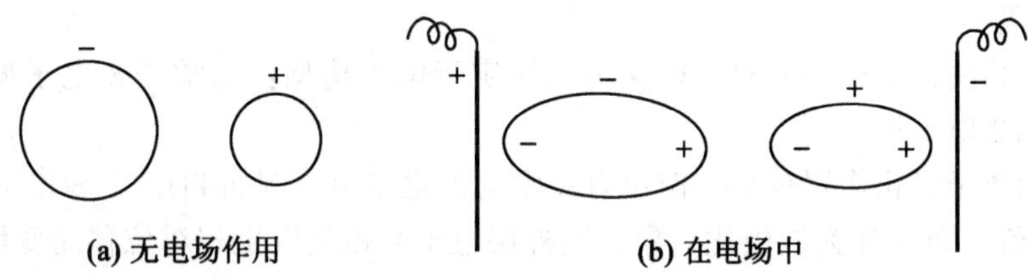

图 7-22　离子极化示意图

外电场越强，离子受到的极化作用越强，离子的变形程度越大，产生的诱导偶极也越大。

在外电场相同的情况下，离子半径越大，外层电子离核越远，离子也就越容易变形。关于离子变形性的大小，可以用离子极化率来量度。一些离子的极化率如表 7-8 所示。

由表可见：

表 7-8　一些离子的极化率 α

离　子	$\alpha/10^{-40}C\cdot m^2\cdot V^{-1}$	离　子	$\alpha/10^{-40}C\cdot m^2\cdot V^{-1}$	离　子	$\alpha/10^{-40}C\cdot m^2\cdot V^{-1}$
Li^+	0.034	B^{3+}	0.0033	F^-	1.16
Na^+	0.199	Al^{3+}	0.058	Cl^-	4.07
K^+	0.923	Si^{4+}	0.0184	Br^-	5.31
Rb^+	1.56	Ti^{4+}	0.206	I^-	7.90
Cs^+	2.69	Ag^+	1.91	O^{2-}	4.32
Be^{2+}	0.009	Zn^{2+}	0.32	S^{2-}	11.3
Mg^{2+}	0.105	Cd^{2+}	1.21	Se^{2-}	11.7
Ca^{2+}	0.52	Hg^{2+}	1.39	OH^-	1.95
Sr^{2+}	0.96	Ce^{4+}	0.81	NO_3^-	4.47

(1)同族元素离子从上到下离子半径增大，离子的变形性增大，极化率增大；

(2)阴离子的极化率要比阳离子的大得多，说明阴离子要比阳离子容易变形。

2. 离子间的相互极化

离子都带有电荷，所以，每个离子都可以看做是一个微小的电场。在离子晶体中，阴、阳离子靠得极近，就有可能互相极化，使离子具有以下双重性质：

(1)极化力。离子作为电场，可使周围的异电荷离子受到极化而变形，这种作用称为极化作用。离子使异性电荷极化的能力，称极化力。

离子极化力的大小，主要取决于离子半径、电荷和电子构型。

①电荷高的阳离子有强的极化作用。例如 $Al^{3+}>Mg^{2+}>Na^+$。

②电子层结构相似，电荷相等时，半径越小极化力就越强。例如 $Na^+>K^+$，$Mg^{2+}>Ca^{2+}$，$F^->Cl^-$等。

③当电荷相同，半径相近时，极化力则决定于电子构型：通常是 8 电子型<9～17 电子型<18，18+2 电子型。

④复杂阴离子极化作用较小，但也有一定的极化作用。例如 PO_4^{3-}，SO_4^{2-} 等。

(2)变形性。离子作为被极化对象，其外层电子与核会发生相对位移而变形。

离子变形性的大小，也取决于离子半径、电荷和电子构型。

①如果构型相似，正电荷越高的阳离子变形性越小。例如 $O^{2-}>F^->Ne>Na^+>Mg^{2+}>Al^{3+}$

②电荷相同，则离子半径越大，离子越易变形。例如 $Li^+<Na^+<K^+<Rb^+<Cs^+$；$F^-<Cl^-<Br^-<I^-$

③当离子半径相近、电荷相同时，则变形性决定于电子构型。通常是 8 电子型<9～17 电子型<18<电子型，18+2 电子型。

④复杂阴离子变形性通常不大，而且复杂阴离子中心原子氧化值越高，变形性越小。例如 $ClO_4^-<F^-<NO_3^-<OH^-<CN^-<Cl^-<Br^-<I^-$

综上所述，阳离子和阴离子都具有极化力和变形性双重性质，影响因素也相近。但是，由于阳离子半径通常比阴离子半径小，表现出极化力强，变形性小，故一般以对阴离子的极化为主；反之，阴离子半径大，变形性大，极化力弱一般以变形性为主。

一些 18 电子、18+2 电子构型的阳离子，它们的极化力和变形性都很强，在它使阴离子极化的同时，本身又会被阴离子所极化。阳、阴离子相互极化的结果，使彼此变形性增大，诱导偶极增大，导致彼此的极化作用都进一步加强，如图 7-23 所示。图(a)离子间未发生极化作用；图(b)阳离子对阴离子极化，使阴离子变形，产生诱导偶极；图(c)阴离子反过来对阳离子极化，使阳离子变形而产生诱导偶极；图(d)相互极化进一步加强，诱导偶极增大。

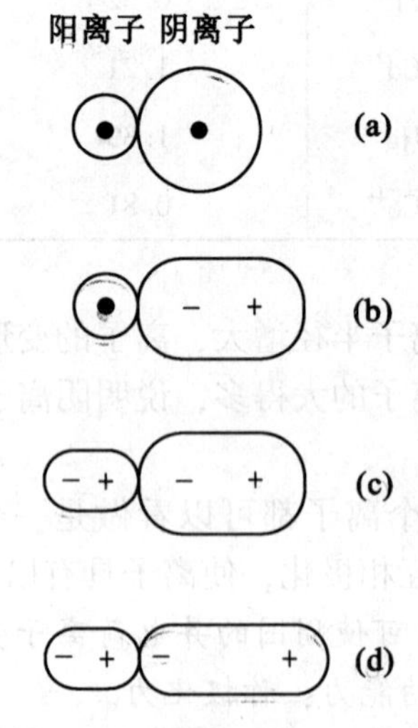

图 7-23　离子附加极化作用示意图

这种相互极化而增加的极化能力，称为附加极化力，这种效应称为附加极化作用。在这种情况下，每个离子的总极化力等于该离子固有极化力和附加极化力之和。极化和附加极化作用的结果，对化学键和化合物性质的影响更为显著。

3. 离子极化对物质的结构和性质的影响

(1)键型过渡。在离子晶体中，若离子间相互极化作用很弱，对化学键影响不大，化学键仍为离子键；若离子间相互极化作用很强，引起离子变形后，阴、阳离子的电子云会发生重叠，键的离子性降低而共价性增加。离子间相互极化作用越强，电子云重叠程度越大，键的共价性越强，就有可能由离子键过渡为共价键。其过程示意于图 7-24。

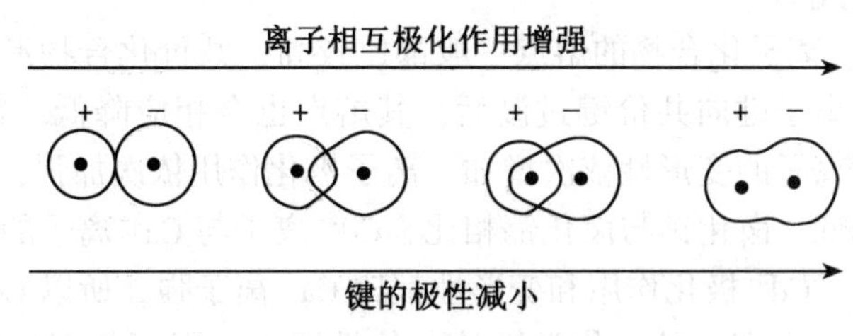

图 7-24　离子极化对键型的影响

以 AgF，AgCl，AgBr，AgI 的键型过渡为例(见表 7-9)。Ag^+离子为 18 电子构型，它的极化力和变形性都很大；从 F^-离子到 I^-离子，离子半径依次增大，离子的变形性依次增加。因此，除 F^-离子半径较小，相互极化作用较弱外，从 Cl^-离子到 I^-离子，离子间在相互极化的同时，附加极化作用也依次增强，离子间电子云的相互重叠依次增加，核间距明显小于阳、阴离子半径之和，并且差值依次增加，化学键从 AgF 的离子键逐渐过渡为 AgI 的共价键。

表 7-9　**卤化银的键型和性质**

卤化银	AgF	AgCl	AgBr	AgI
卤素离子半径 r_-/pm	136	181	195	216
离子半径之和($r_+ + r_-$)/pm	262	307	321	342
实测键长 l/pm	246	277	288	299
键型	离子键	过渡键型	过渡键型	共价键
晶体构型	NaCl 型	NaCl 型	NaCl 型	ZnS 型
溶解度 s/(mol·L^{-1})	易溶	1.34×10^{-5}	7.07×10^{-7}	9.11×10^{-9}
颜色	白色	白色	淡黄	黄

(2)溶解度。离子化合物大都易溶于水，离子相互极化引起键型过渡后，往往导致化合物溶解度减小。例如表 6-10 中的卤化银，其中 AgF 为离子化合物，易溶于水，其他卤化物化学键中的共价成分依次增加，故溶解度自 AgCl—AgBr—AgI 明显减小。

(3)化合物的颜色。离子极化作用对化合物的颜色也有影响。相互极化作用越强，化合物的颜色越深。如下面列举的几种卤化物的实例：

$PbCl_2$	$PbBr_2$	PbI_2
白色	白色	黄色
$HgCl_2$	$HgBr_2$	HgI_2
白色	白色	红色

这一现象在某些金属硫化物与氧化物之间同样存在。由于 S^{2-} 离子半径比 O^{2-} 离子半径大，故变形性增大，极化作用增强。例如，As_2O_3 为白色，As_2S_3 则为黄色；Cu_2O 为暗红色，Cu_2S 则为黑色等。

(4)晶体的熔点。离子化合物的熔点一般都比较高，共价化合物形成的分子晶体的熔点较低。当化合物由离子键向共价键过渡后，其熔点也会相应降低。如表 7-10 所示，在卤化钙中，随着卤素离子的变形性依次增加，离子极化作用依次加强，化学键的共价性增加，致使熔点依次降低。卤化钙与卤化镉相比，Cd^{2+}离子与 Ca^{2+}离子的电荷相同、半径相近，但电子构型不同。Cd^{2+}极化作用和变形性都比 Ca^{2+}离子强，所以 Cd^{2+}离子与卤素离子的相互极化作用大于 Ca^{2+}离子的，化学键的共价性更大，因而其卤化物的熔点相应地比 Ca^{2+}的低。

表 7-10 **离子极化对卤化物熔点的影响**

金属离子(M^{2+})	$r_{(M^{2+})}$/pm	M^{2+}的电子构型	熔点 t_m/℃			
			F^-	Cl^-	Br^-	I^-
Ca^{2+}	99	$3s^23p^6$	1400	772	760	575
Cd^{2+}	97	$4s^24p^64d^{10}$	1100	568	567	388

离子极化理论在无机化学中颇有实用意义，对某些同系列化合物的性质变化能作较好的解释。但该理论只是一个近似的定性模型，还存在较大的局限性。

7.5 晶 体

在实际生活中，我们可能遇到各种各样的晶体，如水晶、金刚石、食盐、大理石、云母等，这些不同晶体有不同的性质，也有不同的外形。在第一章中已经提到晶体物质有一定的共性，但不同的晶体物质在某些物理性质上却相差甚远，这是由晶体物质的内部结构所决定的。

通过 X 射线对晶体结构的研究发现：组成晶体的微粒在空间呈有规则的排列，而且每隔一定间距便重复出现，有明显的周期性。为便于研究晶体中的微粒在空间排列的规律和特点，把晶体中按周期重复的那一部分微粒抽象成几何点，这样根据晶体结构的周期性抽象出来的一组点，构成一个空间点阵。这种排列状态或点阵结构在结晶学上称为结晶格子，简称晶格。能体现晶格一切特征的最小单元，即晶格中最小的重复单位称为晶胞。若知道晶胞的特征，整个晶体的空间结构也就知道了。微粒所占据的点叫晶格的结点，结点按照不同方式排列，即构成不同类型的晶格。如图 7-25(a)为一种类型的晶格，(b)为该种晶格的晶胞。

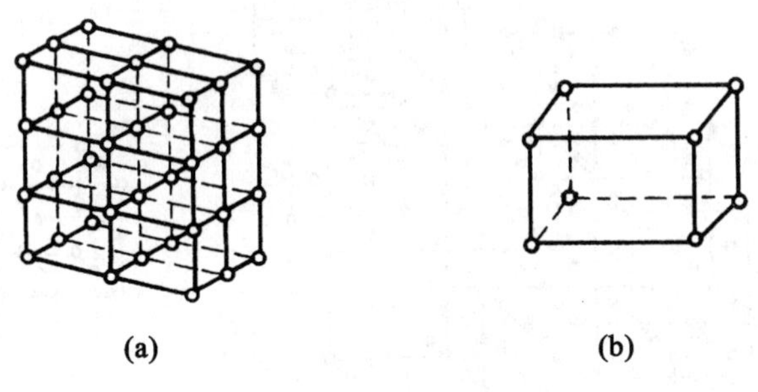

图 7-25　晶格与晶胞

晶体的种类繁多，晶体某些物理性质的差异，除因晶格类型不同外，主要取决于晶格结点上所排列的微粒种类和微粒间的相互作用。

7.5.1　分子晶体

晶格结点上排列的微粒是分子，分子间以范德华力或氢键连接起来而形成的晶体即是分子晶体。固态 CO_2(干冰)就是一种典型的分子晶体(见图 7-26)。晶格结点上是 CO_2 分子，分子间力很微弱，所以固态 CO_2 常压下，在 194K 时就升华。此外，非金属单质如 H_2，O_2，N_2，P_4，S_8，卤素等和非金属化合物如 NH_3，H_2O，SO_2 等及大部分有机化合物，在固态时也都是分子晶体。

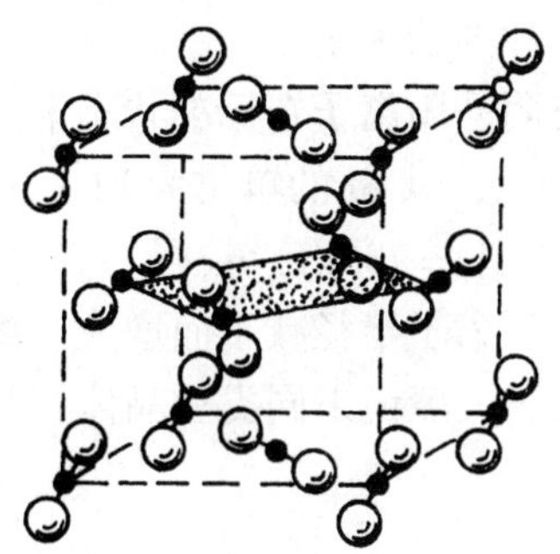

图 7-26　CO_2 的分子晶体(干冰)

由于分子间力比化学键弱得多，因而分子晶体一般具有熔、沸点低，硬度小等特征。同时由于共价分子中不含有自由电子、阴离子和阳离子，故分子晶体在固态和熔融态不导电。

7.5.2　离子晶体

NaCl 晶体就是典型的离子晶体。由阴、阳离子按一定规则排列在晶格结点上形成的晶体为离子晶体。这类晶体中不存在独立的小分子，整个晶体就是一个巨型分子，常以其化学式表示其组成，如 NaCl，见图 7-27。

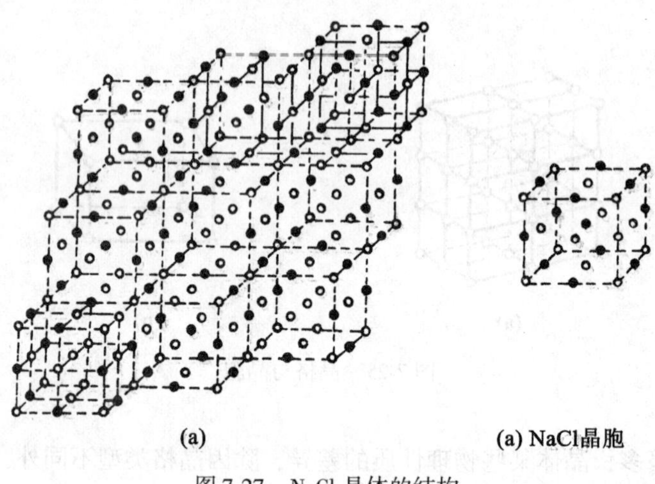

图 7-27　NaCl 晶体的结构

1. 离子晶体的特征

离子晶体主要有如下的特征：离子晶体中晶格结点上微粒间的作用力为阴、阳离子之间的库仑力(即离子键)，这种引力较强烈，故离子晶体的熔、沸点较高，常温下均为固体，且硬度较大。离子晶体因其强极性，多数易溶于极性较强的溶剂，如 H_2O。离子晶体中，阴、阳离子被束缚在相对固定的位置上，不能自由移动，不导电。但在熔融状态或水溶液中，离子能自由移动，在外电场作用下可导电。

2. 离子晶体的晶格能(U)

晶格能是表征离子晶体稳定性的物理量。

其定义为：相互远离的气态阴、阳离子在标准状态下，结合成单位物质的量的离子晶体时所释放的能量，用符号 U 表示，其 SI 的单位为 $kJ \cdot mol^{-1}$。与通常热力学表示的符号相反，晶格能放热为正，如 $U(NaCl) = 786 kJ \cdot mol^{-1}$。

晶格能通常随离子电荷增多和离子半径减小而增大。离子晶体具有较高的熔点和较大的硬度，这与较大的晶格能有关。一般说来同类型晶体，晶格能越大，晶体越稳定，熔点越高(见表 7-11)。

表 7-11　**晶格能与熔点 t_m 和硬度**

化合物	离子电荷	$(r_+ + r_-)$/pm	U/$kJ \cdot mol^{-1}$	t_m/℃	硬度
NaCl	+1，−1	95+181 = 276	786	801	2.5
BaO	+2，−2	135+140 = 275	3054	1918	3.3
MgO	+2，−2	65+140 = 205	3791	2800	5.5

7.5.3　原子晶体

若是原子排列在晶格结点上，原子之间通过共价键结合而形成的晶体为原子晶体。典型的原子晶体并不多，常见的有金刚石(C)、单质硅(Si)、单质硼(B)、碳化硅(SiC，俗称金刚砂)、石英(SiO_2，俗称水晶)、立方氮化硼等。

这类晶体的主要特点是：占据晶格结点的是原子；连接原子间的化学结合力是共价键非常牢固。破坏这种晶体，要打开晶体中所有的共价键，需消耗很高的能量。故原子晶体熔点高、硬度大；这类晶体中不存在离子，也不存在独立的小分子，晶体有多大，分子就有多大，因此不溶于一切溶剂中，且熔融状态不导电，也没有确定的分子量。例如：

金刚石	硬度　10	熔点　3570℃
金刚砂	硬度　9.5	熔点　2700℃(升华)
石　英	硬度　7	熔点　1713℃

图 7-28 是金刚石的晶体结构示意图。每个 C 原子均以 sp^3 杂化轨道与其他 C 原子相连形成 4 个 C—Cσ 键，成正四面体形，无数多个四面体取向的 C 原子以共价键结合成一个坚固的骨架结构整体。

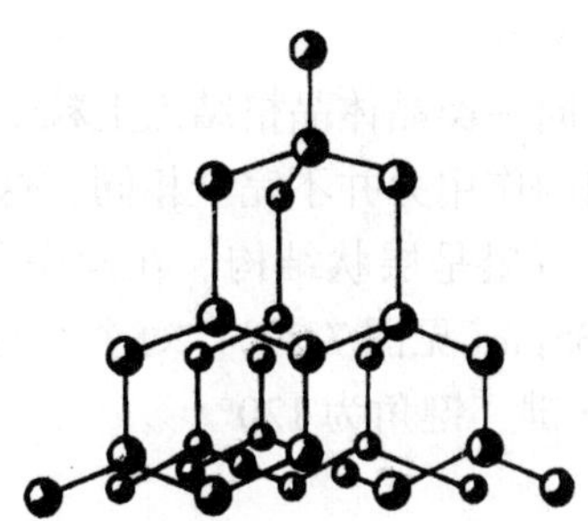

图 7-28　金刚石的晶体结构

7.5.4　金属晶体

金属晶体中晶格结点上排列的是金属原子或离子。由于金属原子的最外电子层上电子较少，且与原子核联系较弱而容易脱落成自由电子，它们可被许多原子或离子所共用，而不是固定在两个原子之间，即处于非定域态。众多原子或离子被这些自由电子"胶合"在一起，形成金属键。金属键是金属晶体中的金属原子、离子跟维系它们的自由电子间产生的结合力。

由于金属键中电子不是固定在两个原子之间，且是无数金属原子和金属离子共用无数自由流动的电子，故金属键无方向性和饱和性。

自由电子可在整个晶体中运动，并将电能和热能迅速传递，故金属是电和热的良导体。金属晶格各部分如发生一定的相对位移，不会改变自由电子的流动和“胶合”状态，也就不会破坏金属键，故金属有较好的延展性。金属键有一定强度，故大多数金属有较高的熔点、沸点和硬度。

表 7-12 归纳了四种晶体的基本性质。

表 7-12 **四种晶体的结构与性质**

晶体类型	晶格结点上的粒子	粒子间的作用力	晶体的一般性质	实　例
离子晶体	阴、阳离子	离子键	熔点较高，硬度大而脆，固态不导电，熔融态或水溶液导电	NaCl，MgO
原子晶体	原　子	共价键	熔点高，硬度大，不导电	金刚石，SiC
分子晶体	分　子	分子间力（有的有氢键）	熔点低，硬度小，不导电	CO_2，NH_3
金属晶体	原子、离子	金属键	熔点一般较高，硬度一般较大，能导电、导热，具有延展性	W，Ag，Cu

7.5.5 混合型晶体

在四种基本类型的晶体中，同一类晶体晶格结点上粒子间的作用力都是相同的。另有一些晶体，其晶格结点上粒子间的作用力并不完全相同，这种晶体称为混合型晶体。

以石墨晶体为例，实验测定石墨是层状结构。在同一层中相邻两 C 原子之间的距离为 142pm，层与层之间距离为 335pm（见图 7-29）。每个 C 原子均以 3 个 sp^2 杂化轨道与同一平面的 3 个 C 原子形成三个 σ 键，键角为 120°。

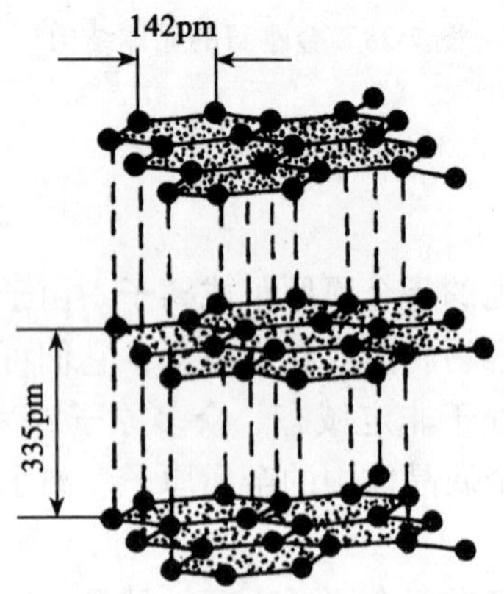

图 7-29　石墨的层状晶体结构

这种结构不断延展，构成由无数个正六边形组成的网状平面。此外，每个 C 原子还有一个未杂化的 $2p_z$ 轨道垂直于平面，它和相邻的其他 C 原子的 $2p_z$ 轨道以"肩并肩"的方式重叠，这样就形成了多个原子参与的一个 π 键整体。大 π 键垂直于网状平面，构成一个"巨大"的分子。

由于石墨中有离域电子，所以具有金属光泽和较好的导电性，常用作电极材料；石墨层与层之间的作用力是范德华力，当受到与层相平行的外力作用时，层间容易滑动或裂成薄片，所以石墨又可作润滑剂和铅笔芯。在石墨晶体中既有共价键，又有分子间力，可见它是兼有原子晶体、分子晶体和金属晶体特征的混合型晶体。

其他如云母、氮化硼等也是层状结构的混合型晶体，如 AgCl，AgBr 等那种既有离子键成分，又有共价键成分的过渡晶体，也属混合型晶体。

【阅读材料 7】

氢键的形成对物质性质的影响

氢键是一种特殊的分子间作用力，其能量为 $10\sim30\text{kJ}\cdot\text{mol}^{-1}$。氢键通常是物质在液态时形成的，但形成后有时也能继续存在于某些晶态甚至气态物质之中。例如在气态、液态和固态的 HF 中都有氢键存在。能够形成氢键的物质是很多的，如水、水合物、氨合物、无机酸和某些有机化合物。氢键的存在，会影响到物质的某些性质。

(1)熔点、沸点。分子间有氢键的物质熔化或汽化时，除了要克服纯粹的分子间力外，还必须提高温度，额外地供应一份能量来破坏分子间的氢键，所以这些物质的熔、沸点比同系列氢化物的熔、沸点高。分子内生成氢键，熔、沸点常降低。例如有分子内氢键的邻硝基苯酚熔点(45℃)比有分子间氢键的间硝基苯酚熔点(96℃)和对硝基苯酚熔点(114℃)都低。

(2)溶解度。在极性溶剂中，如果溶质分子与溶剂分子之间可以形成氢键，则溶质的溶解度增大。HF 和 NH_3 在水中的溶解度比较大，就是这个缘故。

(3)黏度。分子间有氢键的液体，一般黏度较大。例如甘油、磷酸、浓硫酸等多羟基化合物，由于分子间可形成众多的氢键，这些物质通常为黏稠状液体。

(4)密度。液体分子间若形成氢键，则有可能发生缔合现象，例如液态 HF，在通常条件下，除了正常 HF 分子外，还有通过氢键联系在一起的复杂分子$(HF)_n$，其中 n 可以是2，3，4，…。这种由若干个简单分子联成复杂分子而又不会改变原物质化学性质的现象，称为分子缔合。分子缔合的结果会影响液体的密度。

即分子间氢键使物质的熔点、沸点、溶解度(s)增加；分子内氢键使物质的熔点、沸点、溶解度减小。

◎ 思考题

1. 用价键理论讨论共价键的形成及特征。

2. 举例说明下列各组名词。

(1)共价键与离子键;

(2)等性杂化与不等性杂化;

(3)极性共价键与非极性共价键;

(4)极性键与极性分子;

(5)π键与大π键(即定域π键与离域π键);

(6)固有偶极、诱导偶极与瞬时偶极;

(7)分子间力与氢键;

(8)键型过渡与离子极化;

(9)离子的极化力与变形性(或极化率);

(10)键能与晶格能;

3. 举例说明杂化轨道的类型与分子空间构型的关系，有什么规律?

4. 离子键是怎样形成的? 离子键的特征和本质是什么?

5. 阳离子的电子构型分几类? 各类阳离子在周期表中是如何分布的? 简单阴离子的电子构型又如何?

6. 何谓氢键? 试从能量性质比较氢键与化学键、分子间力的异同。

7. 影响分子极性的因素是什么? 试指出下列分子中哪些是极性分子，哪些是非极性分子。

$$NO, CHCl_3, BCl_3, NCl_3, SO_2, SO_3, CO_2, SCl_2, COCl_2$$

8. 试由下列数据推断分子间力的大小顺序，这个顺序与相对分子质量大小顺序一致吗? 为什么?

单质氢的熔点 t_m 为−259.19℃，沸点 t_b 为−252.76℃;

单质氦的熔点 t_m 为−272.2℃，沸点 t_b 为−268.94℃。

9. 下列说法哪些是不正确的，试加改正。

(1)sp^3 杂化轨道是指 1s 轨道 3p 混合而成的轨道;

(2)σ键只能由 s-s 轨道形成;

(3)Hg 原子在基态时，最外层 2 个 6s 电子已成对，所以不能形成共价键;

(4)极性分子之间只存在取向力，极性分子与非极性分子之间只存在诱导力，非极性分子之间只存在色散力;

(5)极性键组成极性分子，非极性键组成非极性分子;

(6)金属与非金属组成的化合物一定是典型的离子化合物;

(7)SiO_2 的熔点高于 CO_2 的，是由于 SiO_2 的相对分子质量大，分子间力大;

(8)氢键就是氢原子和其他原子间形成的化学键;

(9)所有 AB_3 型分子的偶极性矩都不为零，故都是极性分子;

(10)原子晶体中只有共价键，故凡是以共价键结合的物质一定都形成原子晶体。

10. 填充下表:

分子式	中心原子杂化轨道类型	中心原子未成键的孤对电子数	分子空间构型	键是否有极性	分子是否有极性	分子间作用力的种类
CH_4						
H_2O						
CO_2						
BF_3						

11. 选择题：

(1)下列说法中不正确的是(　　)。

A. σ 键的一对成键电子的电子云密度分布对键轴方向呈圆柱形对称

B. π 键电子云分布是对通过键轴的平面呈镜面对称

C. σ 键比π键活泼性高，易参与化学反应

D. 成键电子的原子轨道重叠程度越大，所形成的共价键越牢固

(2)下列分子中有最大偶极矩的是(　　)。

A. HI　　B. HCl　　C. HBr　　D. HF

(3)SiF_4，NH_4^+ 和 BF_4^- 具有相同的空间构型，其构型是(　　)。

A. 三角锥形　　B. 正四面体形　　C. 正方形　　D. 四边形

(4)下列各物质只需克服色散力就能沸腾的是(　　)。

A. H_2O　　B. $Br_2(l)$　　C. $NH_3(l)$　　D. C_2H_5OH

(5)下列化合物中氢键最强的是(　　)。

A. CH_3OH　　B. HF　　C. H_2O　　D. NH_3

(6)电子构型相同的阳离子，其极化力最强的是(　　)。

A. 高电荷和半径大的离子　　B. 高电荷和半径小的离子

C. 低电荷和半径大的离子　　D. 低电荷和半径小的离子

(7)AgCl 在水中的溶解度大于 AgI 的，这主要是因为(　　)。

A. AgCl 的晶格能比 AgI 的大

B. 氯的电负性比碘的大

C. I^- 的变形性比 Cl^- 的大，使 AgI 中键的共价成分比 AgCl 的大

D. 氯的电离能比碘的大

(8)共价键最可能存在于(　　)。

A. 金属原子之间　　B. 非金属原子之间

C. 金属原子和非金属原子之间　　D. 电负性相差很大的元素的原子之间

(9)下列说法正确的是(　　)。

A. 极性分子间仅存在取向力　　B. 取向力只存在于极性分子之间

C. HF，HCl，HBr，HI 熔、沸点依次升高　　D. 色散力仅存在于非极性分子间

(10)下列说法正确的是(　)。

A. 凡是中心原子采用 sp^3 杂化轨道成键的分子，其几何构型都是正四面体

B. 凡是 AB_3 型的共价化合物，其中心原子均使用 sp^3 杂化轨道成键

C. 在 AB_2 型共价化合物，其中心原子均使用 sp^3 杂化轨道成键

D. sp^3 杂化可分为等性 sp^3 杂化和不等性 sp^3 杂化

习　　题

1. 共价键理论的基本要点是什么？它们如何说明了共价键的特征。

2. 说明 σ 键和 π 键、共价键和配位键、键的极性和分子的极性的差别与联系。

3. BF_3 分子是平面三角形的几何构型，但 NF_3 分子却是三角形的几何构型，试用杂化轨道理论加以说明。

4. 试用激发和杂化轨道理论说明下列分子的成键过程：

(1) $BeCl_2$ 分子为直线形，键角为 180°；

(2) $SiCl_4$ 分子为正四面体形，键角为 109.5°；

(3) PCl_3 分子为三角锥形，键角略小于 109.5°；

(4) OF_2 分子为折线(或 V 形)，键角小于 109.5°；

5. 试用杂化轨道理论说明下列分子的中心原子可能采取的杂化类型，并预测其分子的几何构型：

BBr_3，CO_2，CF_4，PH_3，SO_2

6. 试对下列诸项各举出一种物质的化学式和结构式予以说明：

(1) O 原子以不等性 sp^3 杂化轨道形成 2 个 σ 键；

(2) B 原子用 sp^2 杂化轨道形成 3 个 σ 键；

(3) B 原子用 sp^3 杂化轨道形成 3 个 σ 键和一个配位键；

(4) N 原子给出 1 对电子形成配位键；

(5) N 原子以不等性 sp^3 杂化轨道形成 3 个 σ 键；

7. 试判断下列分子的极性，并加以说明：

CO，CS_2(直线形)，NO，PCl_3(三角锥形)，SiF_4(正四面体形)，BCl_3(平面三角形)，H_2S(折线形或 V 形)

8. 试判断下列各组的两种分子间存在哪些分子间的作用力：

(1) Cl_2 和 CCl_4　　(2) CO_2 和 H_2O

(3) H_2S 和 H_2O　　(4) NH_3 和 H_2O

9. 下列说法是否正确，为什么？

(1) A═B 双键键能是 A—B 平均键能的两倍；

(2) 非极性分子中只有非极性键；

(3) 有共价键存在的化合物不可能形成离子晶体；

(4) 全由共价键结合的物质只能形成分子晶体；

(5)相对分子质量越大的分子，其分子间力就越大；

(6)HBr 的分子间力较 HI 的小，故 HBr 没有 HI 稳定(即容易分解)；

(7)氢键是一种特殊的分子间力，仅存在于分子之间；

(8)HCl 溶于水生成 H^+ 和 Cl^-，所以 HCl 是以离子键结合的。

10. 已知稀有气体的沸点数据如下：

稀有气体	He	Ne	Ar	Kr	Xe
t_b/℃	-268.94	-245.9	-185.87	-152.9	-108.10

试说明沸点递变的规律及其原因。有没有沸点比 He 的更低的物质？

11. 写出下列各离子的电子排布式，并根据它们的外层电子排布，指出其分别属于何种类型。

$$K^+,\ Pb^{2+},\ Zn^{2+},\ Co^{2+},\ Cl^-,\ S^{2-}$$

12. 根据元素电负性的差别，判断下列各对化合物中键的极性大小：

(1)HF—HCl　　(2)CuO—CuS　　(3)NH_3—PH_3

13. 利用周期表将下列物质按化学键的极性由小到大依次排列：

$$AgCl,\ HCl,\ NaCl,\ Cl_2,\ CCl_4$$

14. (1)试比较下列各离子极化力的相对大小：

$$Fe^{2+},\ Sn^{2+},\ Sn^{4+},\ Sr^{2+}$$

(2)试比较下列各离子变形性(或极化率)的相对大小：

$$O^{2-},\ F^-,\ S^{2-}$$

15. 已知 AB_2 型离子化合物主要是氟化物和氧化物，AB_3 型离子化合物只有氟化物，当 AB_n 型中 $n>3$ 时，一般无离子化合物，简明说明原因。

16. 已知 AlF_3 为离子型，$AlCl_3$ 和 AlI_3 为共价型，说明键型差别的原因。

17. 试用离子极化解释下列现象：

(1)$FeCl_2$ 熔点为 670℃，$FeCl_3$ 熔点为 306℃；

(2)NaCl 易溶于水，CuCl 难溶于水[已知 $r(Na^+)=95pm$，$r(Cu^+)=96pm$]；

(3)PbI_2 的溶解度小于 $PbCl_2$ 的；

(4)$CdCl_2$ 无色，CdS 黄色，Cu_2S 黑色。

18. 试推测下列每组物质中，何者熔点最高，何者熔点最低。简述理由。

(1)NaCl，KBr，KCl，MgO

(2)NF_3，PCl_3，PCl_5，NCl_3

19. 试解释：

(1)HBr 的沸点高于 HCl 的，但低于 HF 的；

(2)CS_2 的熔点比 CO_2 的高，但比 SiO_2 的低得多；

(3) BeO 的熔点比 NaF 的高；

(4) $SbCl_3$ 的熔点比 $SbCl_5$ 的高；

(5) 同属碳单质，石墨比金刚石要软(即硬度小)得多；

(6) 冰和干冰都是分子晶体，但干冰的熔点却比冰的熔点低得多。

20. 判断下列物质可形成何种类型的晶体，并指明晶体格结点上粒子是什么：

O_2，HF，KCl，SiO_2，Ag

Cl_2，HCl，AgI，NaF，B，SiC，SO_3

21. 填充下表：

物质	晶格结点上的粒子	晶格结点上粒子间的作用力	晶体类型	熔点(高或低)	导电性
$BaCl_2$					
Cu					
SiC					
N_2					
冰					

第 8 章　配位化合物

【学习目标】

(1)掌握配位化合物的组成及命名方法，会对简单配合物按化学式命名，或按名称写出化学式，了解配位化合物的主要类型。

(2)熟悉配合物价键理论的基本内容和配合物的空间构型。

(3)熟悉溶液中配位平衡的基本规律及其影响因素，会用配位平衡常数进行简单的计算。

(4)了解螯合物的概念及其特殊稳定性，了解配合物在化工和分析方面的应用。

配位化合物简称配合物(络合物)，是一类组成复杂而又广泛存在的化合物。配位化合物是现代无机化学的重要研究对象。在水溶液中，大多数金属离子与溶剂水分子以复杂的配离子而存在。在现代化学的各个领域，几乎都涉及配合物。近代物质结构理论与实验方法的发展为深入研究配合物提供了有利的条件。目前，它已经发展成为一门独立的学科——配位化学。本章对配合物的组成、结构作一初步介绍，并在化学平衡的基础上讨论溶液中配离子的稳定性，配位反应与酸碱反应、沉淀反应、氧化还原反应的相互关系及其应用。

8.1　配位化合物的基本概念

8.1.1　配位化合物的组成

一些由共价键或离子键结合而成的简单化合物之间可进一步形成复杂的分子间化合物。例如：

$$CuSO_4+4NH_3 \rightleftharpoons [Cu(NH_3)_4]SO_4$$

$$AgCl+2NH_3 \rightleftharpoons [Ag(NH_3)_2]Cl$$

$$AlF_3+3NaF \rightleftharpoons Na_3[AlF_6]$$

$$FeCl_3+6KCN \rightleftharpoons K_3[Fe(CN)_6]+3KCl$$

这些分子间化合物大多含有复杂离子或是中性复杂分子(用方括号标出)。这些复杂离子可以存在于晶体中，如$[AlF_6]^{3-}$；也可以存在于溶液中，如$[Cu(NH_3)_4]^{2+}$，$[Ag(NH_3)_2]^+$；它的形式可以是阳离子$[Cu(NH_3)_4]^{2+}$，也可以是阴离子$[Fe(CN)_6]^{4-}$，还可以是中性分子$[Co(NH_3)_3Cl_3]$。在这些分子间化合物中，其中一些复杂离子叫配离子，经研究发现配离子都有一定的稳定性。含有复杂的配位单元的复杂化合物被称为配位化合物。

配位单元是由中心离子(或原子)与一定数目的分子或离子以配位键结合而成的，通常对配合物和配离子不作严格区分。

配合物的中心离子(或原子)位于配合物的中心，称为配合物形成体，如$[Cu(NH_3)_4]SO_4$中的Cu^{2+}，$K_4[Fe(CN)_6]$中的Fe^{2+}。形成体通常是金属离子或原子，也有少数是非金属离子(如$[SiF_6]^{2-}$中的Si^{4+})。

结合在中心离子(原子)周围的一些中性分子或阴离子称为配位体，以上两例中的NH_3和CN^-即为配位体。中心离子和配位体以配位键结合成配离子，也称配合物的内配位层或内层，写在方括号内，如$[Cu(NH_3)_4]^{2+}$，$[Fe(CN)_6]^{4-}$。方括号外的部分称为外层，如SO_4^-和K^+。中心离子与配位体电荷的代数和即为配离子的电荷，如$[Fe(CN)_6]^{4-}$配离子，中心离子为Fe^{2+}，配位体为CN^-，配离子电荷为$(+2)+6\times(-1)=-4$。

由于整个分子是电中性的，也可从外层电荷的总数，推知配离子的电荷。

在配位体中，与中心离子(或原子)成键的原子称为配位原子，如$[Cu(NH_3)_4]^{2+}$中的配位体NH_3是由N原子与Cu^{2+}成键的，配位原子是N；$[Fe(CN)_6]^{4-}$中的配位原子是CN^-中的C而不是N。常见的配位原子有O，N，S，C及卤素原子。

只有一个配位原子的配位体称为单齿配位体(简称单齿配体)，如NH_3。含有两个或两个以上配位原子的配位体称为多齿配位体，如乙二胺($H_2N—CH_2—CH_2—NH_2$，简称en)中的两个N原子都可以作为配位原子，是双齿配位体，乙二胺四乙酸(简称EDTA)则是六齿配位体。以下是常见的单齿配体(见表8-1)。

表8-1　**常见的单齿配体和配位原子**

配体种类	实　例	配位原子
含氮配体	NH_3，RNH_2，NO_2^-，NCS^-，C_5H_5N(吡啶)	N
含氧配体	H_2O，ROH，RCOOH，OH^-，ONO^-	O
含碳配体	CO，CN^-	C
含卤素配体	F^-，Cl^-，Br^-，I^-	F，Cl，Br，I
含硫配体	H_2S，RSH，SCN^-	S

在配合物中与中心离子成键的配位原子数目叫做该中心离子的配位数。如$[Cu(NH_3)_4]^{2+}$中有4个N原子与Cu^{2+}成键，Cu^{2+}的配位数为4；$[Fe(CN)_6]^{4-}$中有6个C原子与Fe^{2+}成键，Fe^{2+}的配位数为6。在一定条件下，某一中心离子有其常见的配位数，称为特征配位数(见表8-2)，如Cu^{2+}的特征配位数为4，Fe^{2+}的特征配位数为6。但中心离子的配位数也会随配位体体积大小及形成配合物时的条件(如温度、浓度)不同而变化。

表 8-2　　一些常见金属离子的配位数

中心离子电荷数	特征配位数	举　例
+1	2 2，4	Ag^+ Cu^+，Au^+
+2	6 4，6	Ca^{2+}，Fe^{2+}等 Co^{2+}，Ni^{2+}，Cu^{2+}，Zn^{2+}，Hg^{2+}，Pt^{2+}等
+3	4 4，6 6	Au^{3+} Al^{3+} Sc^{3+}，Cr^{3+}，Fe^{3+}，Co^{3+}

在单齿配体形成的配合物中

中心离子的配位数=单齿配体数=配位原子的个数

在多齿配体形成的配合物中

中心离子的配位数=配体个数×每个配体中配位原子的个数

若配位体有两种或两种以上，则配位数是配位原子之和。

现以$[Cu(NH_3)_4]SO_4$和$K_4[Fe(CN)_6]$为例，以图表示配合物的组成(见图 8-1)：

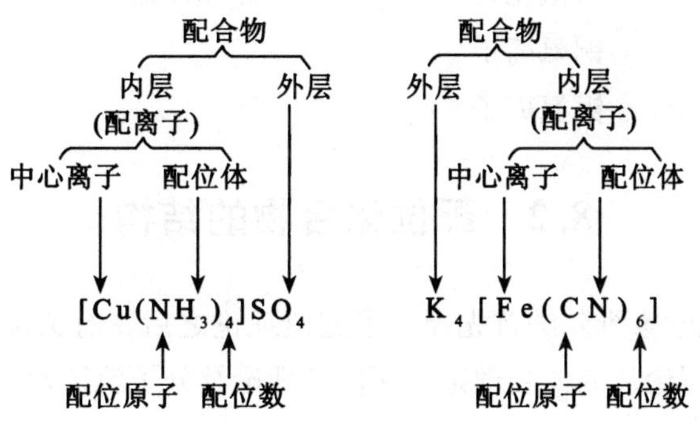

图 8-1　配合物的组成

8.1.2　配位化合物的命名

配合物的命名基本上遵循无机化合物的命名原则，先命名阴离子再命名阳离子。

阴离子为简单离子以“化”字与阳离子连接；阴离子为复杂离子则以“酸”字与阳离子连接。由于配离子的组成比较复杂，它们的命名有一些专门规定。

(1)先命名配体，后命名中心离子

(2)在配体中，先阴离子后中性分子；无机配体在前，有机配体在后。不同配体之间用居中圆点“·”分开，在配位体和中心离子之间加个“合”字。

(3)如果配位体是两种以上的阴离子或中性分子时，则按配位原子元素符号的字母顺序排列(和化合物命名的读写顺序相反，配位体的书写顺序和读念顺序是一致的，如下面实例中的②，④，⑧)。

(4)配位体数目以汉字数字一、二、三等标于配位体名称之前，

(5)中心离子的名称后面加圆括号用罗马字标明其氧化值。

下面列出一些配合物命名的实例：

①$[Ag(NH_3)_2]OH$　　氢氧化二氨合银(Ⅰ)

②$[CrCl_2\cdot(NH_3)_4]Cl$　　氯化二氯·四氨合铬(Ⅲ)

③$[Co(NH_3)_6](NO_3)_3$　　硝酸六氨合钴(Ⅲ)

④$[Co(NH_3)_5\cdot H_2O]Cl_3$　　氯化五氨·一水合钴(Ⅲ)

⑤$K_3[Fe(CN)_6]$　　六氰合铁(Ⅲ)酸钾

⑥$H_2[SiF_6]$　　六氟合硅(Ⅳ)酸

⑦$[Cu(NH_3)_4]SO_4$　　硫酸四氨合铜(Ⅱ)

⑧$[Pt(NH_3)_2Cl_2]$　　二氯·二氨合铂(Ⅱ)

⑨$[Ni(CO)_4]$　　四羰基合镍(0)

还有一些配合物常用习惯名称或

$K_4[Fe(CN)_6]$　　亚铁氰化钾　　俗称黄血盐

$K_3[Fe(CN)_6]$　　铁氰化钾　　俗称赤血盐

$[Cu(NH_3)_4]^{2+}$　　铜氨离子

$[Ag(NH_3)_2]^+$　　银氨离子

8.2 配位化合物的结构

自1893年瑞士化学家维尔纳首先提出了配位理论之后，有关配合物中的化学键理论相继建立了现代价键理论、晶体场理论、配位键理论及分子轨道理论。本章只简单介绍价键理论。

8.2.1 配合物中的化学键

1931年，美国化学家鲍林在前人工作的基础上，将杂化轨道理论应用于研究配合物，较好的说明了某些配合物的空间构型和性质。其基本要点如下。

(1)配合物的中心离子(原子)和配位体之间是通过配位键结合的。

(2)为了增强成键能力，形成结构匀称的配合物，中心离子(原子)所提供的空轨道首先进行杂化，形成数目相等、能量相同、具有一定空间伸展方向的杂化轨道，中心原子的杂化轨道与配位原子孤对电子所在的轨道在键轴方向重叠成键。通常以L→M表示(L为配位体，M为金属离子或原子)。

(3)中心原子的空轨道杂化类型不同，成键后所生成的配合物的空间构型也就不同。

8.2.2 杂化轨道与配合物的空间构型

在形成配合物时，接纳配位体孤对电子的中心离子的空轨道是经过杂化的。根据价键理论，中心离子轨道的杂化类型因配位数而异。典型的杂化方式有如下几种。

1. sp 杂化

以[$Ag(NH_3)_2$]$^+$配离子为例：

Ag^+离子价层的 5s 和 5p 轨道是空的，1 个 5s 轨道和 1 个 5p 轨道进行 sp 杂化，2 个 N 原子上的具有孤对电子的轨道分别与 Ag^+离子的 2 个空的 sp 杂化轨道重叠成键。常形象地形容为 2 个 N 原子上的孤对电子分别“投入”Ag^+的 2 个空的 sp 杂化轨道成键。sp 杂化轨道的夹角为 180°，故[$Ag(NH_3)_2$]$^+$为直线形。

经 sp 杂化形成的配合物，配位数为 2。

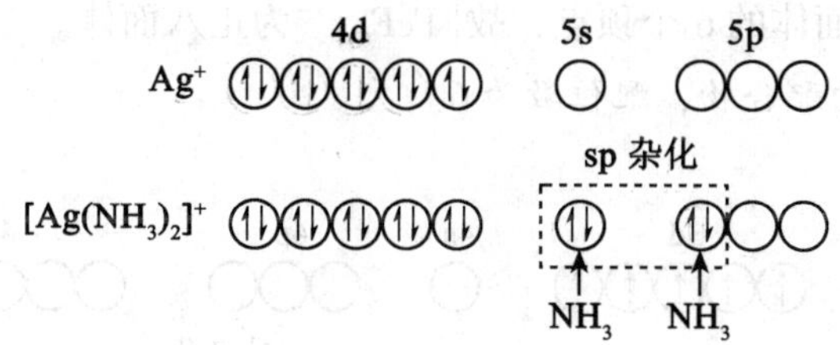

2. sp^3 杂化

以[$Zn(NH_3)_4$]$^{2+}$配离子为例：

Zn^{2+}价层的 1 个 4s 和 3 个 4p 空轨道进行 sp^3 杂化，形成 4 个 sp^3 空杂化轨道，分别接受 4 个 NH_3 分子中的 4 个 N 原子的孤对电子并成键。杂化轨道之间的夹角为 109.5°，指向正四面体的四个顶点，故[$Zn(NH_3)_4$]$^{2+}$配离子的空间构型为正四面体。

经 sp^3 杂化形成的配合物，配位数为 4。

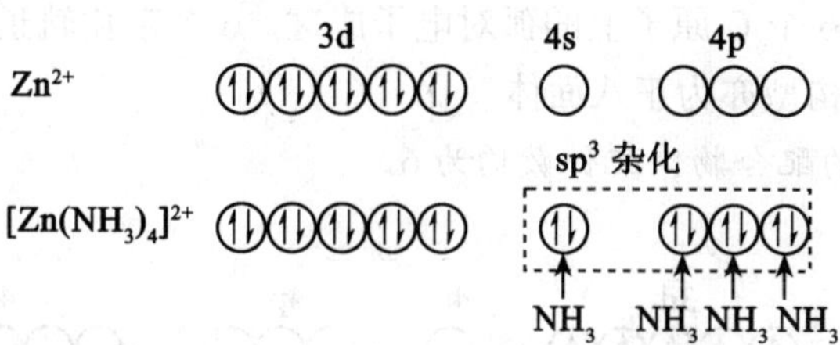

3. dsp^2 杂化

以[$Ni(CN)_4$]$^{2-}$配离子为例：

在 CN^-的作用下，Ni^{2+}的 3d 电子进行重排，空出 1 个 3d 轨道与外层的 1 个 4s、2 个 4p 空轨道进行 dsp^2 杂化，形成 4 个 dsp^2 杂化轨道，分别接受 4 个 CN^-离子中的 4 个 C 原子的孤对电子，4 个轨道指向平面正方形的 4 个顶点，故[$Ni(CN)_4$]$^{2-}$为平面正方形。

经 dsp^2 杂化形成的配合物，配位数为 4。

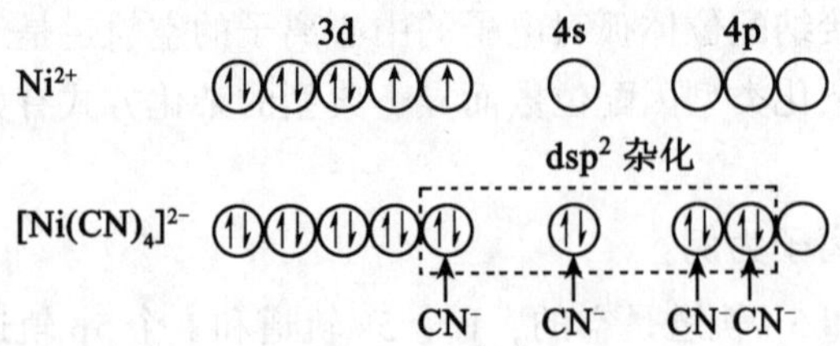

4. sp^3d^2 杂化

以$[FeF_6]^{3-}$配离子为例：

当 Fe^{3+} 与 F^- 成键时，Fe^{3+} 离子的 3d 轨道中的电子排布保持原状，以外层的 1 个 4s、3 个 4p 和 2 个 4d 空轨道进行 sp^3d^2 杂化，并分别接受 6 个 F^- 的孤对电子成键。6 个杂化轨道在空间分别指向正八面体的 6 个顶点，故$[FeF_6]^{3-}$为正八面体。

经 sp^3d^2 杂化形成的配合物，配位数为 6。

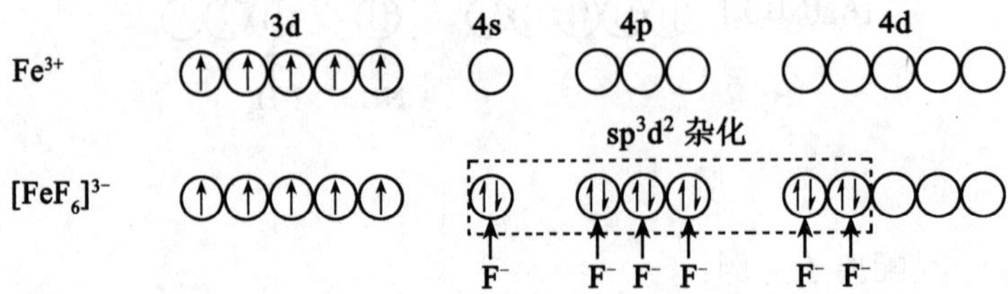

5. d^2sp^3 杂化

以$[Fe(CN)_6]^{3-}$配离子为例：

当 Fe^{3+} 与 CN^- 成键时，Fe^{3+} 的 3d 电子发生重排，空出 2 个 3d 轨道与其外层的 1 个 4s、3 个 4p 空轨道进行 d^2sp^3 杂化（注意：d 在 s 前面时表示用的是次外层的 d 轨道），并分别接受 6 个 CN^- 离子中的 6 个 C 原子上的孤对电子成键。6 个杂化轨道在空间分别指向正八面体的 6 个顶点，空间构型亦为正八面体。

经 d^2sp^3 杂化形成的配合物，配位数均为 6。

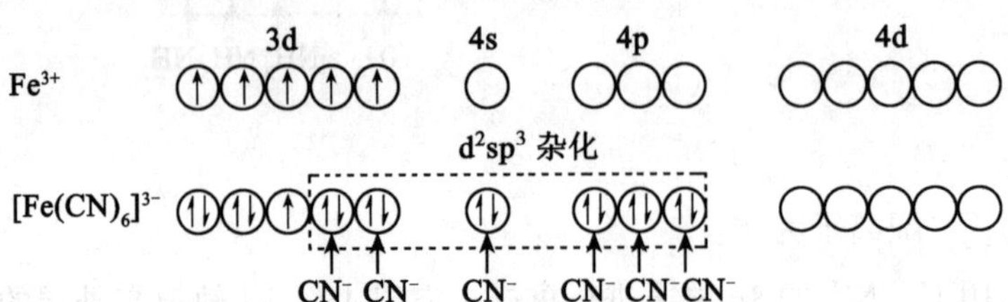

由此可见，配离子的空间构型取决于其价层空轨道所采取的杂化方式。配离子的杂化

方式与空间构型如表 8-3 所示。

表 8-3　**配离子的杂化方式与空间构型**

配位数	杂化轨道		空间构型	实　例	配离子的类型
	轨道数	杂化方式			
2	2	sp	直线型	$[Ag(NH_3)_2]^+$ $[Ag(CN)_2]^-$	外轨型
3	3	sp^2	平面三角形	$[CuCl_3]^{2-}$	外轨型
4	4	sp^3	正四面体	$[Zn(NH_3)_4)]^{2+}$ $[HgI_4]^{2-}$, $[Co(SCN)_4]^{2-}$	外轨型
		dsp^2	平面正方形	$[Ni(CN)_4]^{2-}$, $[Cu(NH_3)_4]^{2+}$ $[PtCl_4]^{2-}$	内轨型
6	6	d^2sp^3	正八面体	$[Fe(CN)_6]^{4-}$, $[Fe(CN)_6]^{3-}$, $[PtCl_6]^{2-}$, $[Co(NH_3)_6]^{3+}$	内轨型
		sp^3d^2		$[AlF_6]^{3-}$, $[FeF_6]^{3-}$, $[Co(NH_3)_6]^{2+}$, $[Ni(NH_3)_6]^{2+}$	外轨型

8.2.3　内轨配合物与外轨配合物

上述的$[Ag(NH_3)_2]^+$，$[Zn(NH_3)_4]^{2+}$，$[FeF_6]^{3-}$等配离子形成时，中心离子所采用的杂化轨道都是外层的空轨道，中心离子次外层的 d 轨道上的电子仍保持自由离子时的构型，即未发生重排，这种配键称为外轨型配键，相应的配合物称为外轨配合物。

$[Ni(CN)_4]^{2-}$，$[Fe(CN)_6]^{4-}$等配离子形成时，中心离子次外层的 d 轨道上的电子在配位体的作用下发生了重排，腾出了次外层的 d 轨道参与杂化，这样形成的配键称为内轨型配键，相应的配合物称为内轨配合物。

外轨或内轨配合物的形成，既与中心离子的价电子构型、电荷有关，也与配位体有关。

(1)中心原子的电子构型。

具有 d^{10} 构型的离子(如 Cu^{+}，Ag^{+}，Au^{+}，Zn^{2+}，Cd^{2+}，Hg^{2+} 等)，因其 $(n-1)$d 轨道都已填满 10 个电子，因而只能利用外层轨道形成外轨型配合物；具有 d^1，d^2，d^3 构型的离子(如 Cr^{3+})，本身就有空的 d 轨道，所以形成内轨型配合物；具有 d^8 构型的离子(如 Ni^{2+}，Pt^{2+}，Pd^{2+} 等)，在多数情况下形成内轨型配合物。具有 d^4 ~ d^{10} 构型的离子(如 Fe^{2+}，Fe^{3+}，Co^{3+} 等)，即可生成内轨型配合物，也可生成外轨型配合物。

(2)中心离子的电荷数。

中心离子的电荷数增多，有利于形成内轨型配合物。因为中心离子的电荷较多时，其对配位原子的孤对电子引力增强，有利于其内层 d 轨道参与成键。如 $[Co(NH_3)_6]^{2+}$ 为外轨型配合物，而 $[Co(NH_3)_6]^{3+}$ 为内轨型配合物。

(3)配体的种类。

就配位体而言，配体的电负性较强(如 F^-，H_2O 等)，较难给出孤对电子，对中心离子 d 电子分布影响较小，易形成外轨配合物(如 $[FeF_6]^{3-}$ 等)。若配位原子电负性较弱(如 CN^- 等)，则较易给出孤对电子，孤对电子将影响中心离子 d 电子的排布，使中心离子空出内层轨道，形成内轨配合物(如 $[Fe(CN)_6]^{4-}$)。NH_3，Cl^- 等配体，既可形成外轨配合物，也可形成内轨配合物。

对于同一中心离子，外轨配合物所用的杂化轨道比内轨配合物的能量要高。如上面列举的配位数为 6 的 Fe(Ⅲ)配合物，前者参与轨道杂化的为 4s，4p，4d 轨道，而后者为 3d，4s，4p 轨道，显然后者能量低、稳定性高。在水溶液中则表现为外轨型的 $[FeF_6]^{3-}$ 比内轨型的 $[Fe(CN)_6]^{4-}$ 离解程度大。

配合物的价键理论简单明了，又能形象地解释一些问题。它较好地解释了许多配合物的立体构型和配位数；说明了金属羰基化合物能够生成的原因(金属离子和 CO 配体之间既可生成 M←CO 的 σ 配键，又可生成 M→CO 反馈 π 键，增加了配合物的稳定性)；可以说明配合物的磁性。

虽然价键理论成功地解释了配合物的一些现象，但也有不少局限性。价键理论只是定型理论，不能定量地说明配合物的性质；不能说明配合物的光谱和有些过渡金属配合物为什么有不同颜色；对某些配合物构型和稳定性解释不够理想(如 $[Cu(NH_3)_4]^{2+}$)。

8.3 配 位 平 衡

8.3.1 配位平衡及平衡常数

在水溶液中，配离子是以比较稳定的结构单元存在的，但仍有少量的离解现象。配合物的内层与外层之间以离子键结合，如 $[Cu(NH_3)_4]SO_4$ 溶于水时完全离解成 $[Cu(NH_3)_4]^{2+}$ 与

SO_4^{2-}。向该溶液中加入少量稀的 NaOH 溶液，不见 $Cu(OH)_2$(蓝色)沉淀，如代之以 Na_2S，则有 CuS(黑色)沉淀生成[$K_{sp}^{\ominus}(Cu(OH)_2)=2.2\times10^{-20}$，$K_{sp}^{\ominus}(CuS)=6.3\times10^{-36}$]，这说明该配离子在溶液中能离解出极少量的 Cu^{2+} 离子。实际上，配离子在水溶液中的离解与弱电解质的离解是相似的。例如$[Cu(NH_3)_4]^{2+}$在水溶液中总离解反应为

$$[Cu(NH_3)_4]^{2+} \underset{\text{配位}}{\overset{\text{离解}}{\rightleftharpoons}} Cu^{2+}+4NH_3$$

该离解反应是可逆的，一定条件下达平衡状态，称为配离子的离解平衡，也称配位平衡。

1. 标准平衡常数

化学平衡的一般原理完全适用于配位平衡。对上述离解平衡，由平衡原理可得其标准平衡常数 $K_{不稳}^{\ominus}$(或 $K_d^{\ominus}$)的表达式：

$$K_{不稳}^{\ominus}=\frac{\{c(Cu^{2+})/c^{\ominus}\}\cdot\{c(NH_3)/c^{\ominus}\}^4}{c(Cu(NH_3)_4^{2+})/c^{\ominus}}$$

$K_{不稳}^{\ominus}$为配离子的不稳定常数，又称离解常数。$K_{不稳}^{\ominus}$值越大，表示配离子越不稳定，在溶液中越易离解。

配离子离解反应的逆反应即为配离子的形成反应，故也可用配离子的生成反应来表征配合物的稳定性。例如：

$$Cu^{2+}+4NH_3 \rightleftharpoons [Cu(NH_3)_4]^{2+}$$

其标准平衡常数以 β 或 $K_{稳}^{\ominus}$(或 $K_f^{\ominus}$)表示：

$$\beta=\frac{c(Cu(NH_3)_4^{2+})/c^{\ominus}}{\{c(Cu^{2+})/c^{\ominus}\}\{c(NH_3)/c^{\ominus}\}^4}$$

β 称为配合物的稳定常数，也称生成常数。β 数值越大，表示配离子越稳定。显然，对同一种配合物来说，β 与 $K_{不稳}^{\ominus}$互为倒数，即

$$\beta=1/K_{不稳}^{\ominus}$$

实际上配离子的生成或离解都是分级进行的。每一级都有一个平衡常数，称为配合物的逐级稳定常数或离解常数。显然，逐级稳定常数与相应的逐级离解常数互为倒数。一般逐级稳定常数随配位数的增加而减小。以$[Ag(NH_3)_2]^+$离子的生成为例，逐级平衡为

(1)　$$Ag^++NH_3 \rightleftharpoons [Ag(NH_3)]^+$$

$$\beta_1=\frac{c(Ag(NH_3)^+)/c^{\ominus}}{\{c(Ag^+)/c^{\ominus}\}\{c(NH_3)/c^{\ominus}\}}$$

(2)　$$[Ag(NH_3)]^++NH_3 \rightleftharpoons [Ag(NH_3)_2]^+$$

$$\beta_2=\frac{c(Ag(NH_3)_2^+)/c^{\ominus}}{\{c(Ag(NH_3)^+)/c^{\ominus}\}\{c(NH_3)/c^{\ominus}\}}$$

生成反应=(1)+(2)，即

$$Ag^++2NH_3 \rightleftharpoons [Ag(NH_3)_2]^+$$

根据多重平衡规则，逐级稳定常数的乘积等于该配离子的累积稳定常数。对于$[Ag(NH_3)_2]^+$则为

$$\beta=\beta_1\cdot\beta_2=\frac{c(Ag(NH_3)_2^+)/c^{\ominus}}{\{c(Ag^+)/c^{\ominus}\}\{c(NH_3)/c^{\ominus}\}^2}$$

同样可推得总的离解常数与逐级离解常数的关系为

$$K^{\ominus}_{不稳}=K^{\ominus}_{不稳1}\cdot K^{\ominus}_{不稳}$$

常见配离子的累积稳定常数β见本书附表4。

2. 配合物稳定常数的应用

(1)应用配合物的稳定常数，可以比较同类型配合物的稳定性。例如：

$[Ag(NH_3)_2]^+$　　　　$\lg\beta=7.23$

$[Ag(CN)_2]^-$　　　　$\lg\beta=18.74$

可见，$[Ag(CN)_2]^-$比$[Ag(NH_3)_2]^+$稳定得多。

(2)应用配合物的稳定常数，可以进行某些组分浓度的计算。

【例1】 室温下，将0.010mol的$AgNO_3$固体溶解于1.0L浓度为0.030mol·L^{-1}的氨水中(设体积不变)。求生成$[Ag(NH_3)_2]^+$后溶液中Ag^+和NH_3的浓度(为$[\beta(Ag(NH_3)_2{}^+)=1.7\times10^7]$)。

解：由于β值较大，且NH_3过量较多，可先认为Ag^+与过量NH_3完全生成$[Ag(NH_3)_2]^+$，浓度为0.010mol·L^{-1}，剩余的NH_3为(0.030−2×0.010)mol·L^{-1}=0.010mol·L^{-1}。而后再考虑$[Ag(NH_3)_2]^+$的离解：

$$[Ag(NH_3)_2]^+ \rightleftharpoons Ag^+ + 2NH_3$$

平衡浓度$c_{平}$/mol·L^{-1}　　$0.010-x$　　y　　$0.010+z$

因$[Ag(NH_3)_2]^+$是分步离解的，故$x\neq y$，$z\neq 2y$，既然$[Ag(NH_3)_2]^+$'很稳定，离解很少，故可作近似处理，即$0.010-x\approx0.010$，$0.010+z\approx0.010$，则

$$K^{\ominus}_{不稳}=\frac{\{c(Ag^+)/c^{\ominus}\}\{c(NH_3)_2/c^{\ominus}\}^2}{c(Ag(NH_3)_2^+)/c^{\ominus}}=\frac{1}{\beta}$$

$$\frac{y(0.010)^2}{0.010}=\frac{1}{1.7\times10^7}$$

$$y=5.9\times10^{-6}$$

$$c(Ag^+)=5.9\times10^{-6}\text{mol}\cdot L^{-1}$$

$$c(NH_3)=0.010\text{mol}\cdot L^{-1}$$

【例2】 室温下，将0.020mol·L^{-1}的$CuSO_4$溶液与浓度为0.28mol·L^{-1}的氨水等体积混合，求达成配位平衡后，$c(Cu^{2+})$，$c(NH_3)$和$c(Cu(NH_3)_4^{2+})$各为多少$[\beta(Cu(NH_3)_4^{2+})=4.3\times10^{13}]$？

解：两溶液混合后，浓度均冲稀为原来的1/2，也即$c(Cu^{2+})$和$c(NH_3)$分别为0.010mol·L^{-1}和0.14mol·L^{-1}。由于β较大，且NH_3过量较多，故与例1处理方法相同，即先认为Cu^{2+}离子全部与NH_3配合并生成0.010mol·L^{-1}的$Cu(NH_3)_4^{2+}$配离子，剩余的NH_3浓度为(0.14−4×0.010)mol·L^{-1}=0.10mol·L^{-1}，而后再考虑$Cu(NH_3)_4^{2+}$配离子的离解：

$$Cu(NH_3)_4^{2+} \rightleftharpoons Cu^{2+} + 4NH_3$$

平衡浓度 $c_{平}/mol \cdot L^{-1}$　　0.010−x　　y　　0.10+z

同前例，$y \neq x$，$z \neq 4x$。近似处理后，$0.010-x \approx 0.010$，$0.10+z \approx 0.10$，则

$$\beta = \frac{c(Cu(NH_3)_4^{2+})/c^{\ominus}}{\{c(Cu^{2+})/c^{\ominus}\}\{c(NH_3)/c^{\ominus}\}^4}$$

$$\frac{0.010}{y(0.10)^4} = 4.3 \times 10^{13}$$

解上式得　　$y = 2.3 \times 10^{-12}$

也即

$$c(Cu^{2+}) = 2.3 \times 10^{-12} mol \cdot L^{-1}$$

$$c(NH_3) = 0.10 mol \cdot L^{-1}$$

$$c(Cu(NH_3)_4^{2+}) = 0.010 mol \cdot L^{-1}$$

8.3.2　配位平衡的移动

已知中心离子 M^{n+} 和配体 L^- 生成的配离子 $ML_x^{(n-x)+}$ 在溶液中存在如下的平衡：

$$M^{n+} + xL^- \rightleftharpoons ML_x^{(n-x)+}$$

如果改变 M^{n+} 或 L^- 的浓度，或在溶液中加入某种试剂(如酸、碱、沉淀剂、氧化剂或还原剂等)。由于这些试剂与 M^{n+} 或 L^- 可能发生某种化学反应，而导致上述配位平衡移动。

配位平衡的移动同样遵循化学平衡移动的规律，当增加配位体浓度时，平衡会沿着生成配离子的方向移动，即抑制了配离子的离解，增强了配离子的稳定性。此外，溶液的酸碱性、沉淀反应、氧化还原反应等对配位平衡也会产生影响，此时该过程是涉及配位平衡与其他化学平衡的多重平衡。

1. 配位平衡与酸碱平衡

配离子中的配位体若为弱酸根(如 F^-，CN^-，SCN^-，CO_3^{2-}，$C_2O_4^{2-}$ 等)，它们能与外加的强酸生成弱酸，从而使配位平衡向离解的方向移动。例如，$[FeF_6]^{3-}$ 溶液中存在着下列平衡：

$$[FeF_6]^{3-} \rightleftharpoons Fe^{3+} + 6F^-$$

当溶液中加入 H^+ 离子时，H^+ 与 F^- 生成弱酸 HF，从而降低了 F^- 的浓度，使平衡右移，促使 $[FeF_6]^{3-}$ 配离子离解。当溶液中 $c(H^+) > 0.5 mol \cdot L^{-1}$ 时，几乎能使 $[FeF_6]^{3-}$ 配离子全部离解。

再如，乙二胺四乙酸(H_4Y)与金属离子的配合反应如下：

$$M^{n+} + H_4Y \rightleftharpoons MY^{n-4} + 4H^+$$

当溶液中 pH 值降低时，平衡将向左移动，配合物发生离解。反之，提高溶液 pH 值，即适当降低溶液酸度，配合物的稳定性相应增加。上述原理在分析化学的配位滴定中有重要应用。

2. 配位平衡与沉淀平衡

配位平衡与沉淀平衡之间是可以相互转化的，转化反应的难易可用转化反应平衡常数的大小衡量。转化反应平衡常数与配离子的稳定常数以及沉淀的溶度积常数有关，实质上

也就是沉淀剂与配合剂对金属离子的争夺。例如，在 AgCl 沉淀中加入氨水，AgCl 沉淀会因生成$[Ag(NH_3)_2]Cl$而溶解。这时，配合剂 NH_3 就夺取了与 Cl^-结合的 Ag^+，反应如下：

$$AgCl(s)+2NH_3 \rightleftharpoons [Ag(NH_3)_2]^+ + Cl^-; \quad K_1^{\ominus}$$

在上述溶液中加入 KI，沉淀剂 I^-又能夺取与 NH_3 结合的 Ag^+，生成 AgI 沉淀，从而使配离子$[Ag(NH_3)_2]^+$离解：

$$[Ag(NH_3)_2]^+ + I^- \rightleftharpoons AgI\downarrow + 2NH_3; \quad K_2^{\ominus}$$

转化反应究竟向什么方向进行，可根据多重平衡规则，通过求算转化反应的平衡常数看出。

AgCl 溶于 NH_3 水的反应，可看作是两个反应之和：

$$AgCl(s) \rightleftharpoons Ag^+ + Cl^-; \quad K_{sp}^{\ominus}(AgCl) \quad (1)$$

$$Ag^+ + 2NH_3 \rightleftharpoons [Ag(NH_3)_2]^+; \quad \beta(Ag(NH_3)_2^+) \quad (2)$$

(1)+(2) $\quad AgCl(s)+2NH_3 \rightleftharpoons [Ag(NH_3)_2]^+ + Cl^-; \; K_1^{\ominus}$

溶解反应的

$$K_1^{\ominus} = \frac{\{c(Ag(NH_3)_2^+)/c^{\ominus}\}\{c(Cl^-)/c^{\ominus}\}}{\{c(NH_3)_2/c^{\ominus}\}^2}$$

$$= K_{sp}^{\ominus}(AgCl) \cdot \beta(Ag(NH_3)_2^+)$$

$$= 1.8\times10^{-10}\times1.7\times10^{7} = 3.1\times10^{-3}$$

$K_1^{\ominus}$ 值不很小，只要有一定浓度的氨水即可使 AgCl 溶解。

由$[Ag(NH_3)_2]^+$配离子转成 AgI 的反应，其平衡常数 $K_2^{\ominus}$ 为

$$K_2^{\ominus} = \frac{\{c(NH_3)/c^{\ominus}\}^2}{\{c(Ag(NH_3)_2^+)/c^{\ominus}\}\{c(I^-)/c^{\ominus}\}} = \frac{1}{K_{sp}^{\ominus}(AgI)\cdot\beta(Ag(NH_3)_2^+)}$$

$$= \frac{1}{8.3\times10^{-17}\times1.7\times10^{7}} = 6.9\times10^{9}$$

$K_2^{\ominus}$ 值如此之大，说明转化反应相当完全。

3. 配位平衡和氧化还原平衡

金属离子和金属组成的电对平衡式为

$$M^{n+} + ne \rightleftharpoons M$$

根据能斯特方程，在 298K 时有

$$E = E^{\ominus} + \frac{0.0592}{n}\lg[M^{n+}]$$

若在上述电对中加入配合剂 L^-，则

$$M^{n+} + xL^- \rightleftharpoons ML_x^{(n-x)+}$$

由于生成配合物 $ML_x^{(n-x)+}$，使溶液中金属离子浓度降低，E 值减少，因此，金属离子的氧化能力降低。

如电对 Cu^+/Cu 的 $E^{\ominus}$值为 0.521V，Cu^+离子与 Cl^-离子形成配离子$[CuCl_2]^-$后，电对$[CuCl_2]^-/Cu$ 的 $E^{\ominus}$为 0.20V(处于标准状态，即$[CuCl_2]^-$离子与 Cl^-离子浓度均为 $1mol\cdot L^{-1}$时电对的电极电势)。

生成的配合物越稳定，金属离子浓度降得越低，电极电势数值就越小。参见下列数据：

	$\lg\beta$	$E^{\ominus}/V$
$Cu^{+}+e^{-} \rightleftharpoons Cu$		+0.521
$[CuCl_2]^{-}+e^{-} \rightleftharpoons Cu+2Cl^{-}$	5.50	+0.20
$[CuBr_2]^{-}+e^{-} \rightleftharpoons Cu+2Br^{-}$	5.89	+0.17
$[CuI_2]^{-}+e^{-} \rightleftharpoons Cu+2I^{-}$	8.85	0.00
$[Cu(CN)_2]^{-}+e^{-} \rightleftharpoons Cu+2CN^{-}$	16.0	−0.68

一些不活泼金属如 Au，其电极电势甚高，不能溶于浓 HNO_3，但能溶于王水。这主要是因为 Au 能与王水中的 Cl^{-} 结合生成 $[AuCl_4]^{-}$ 配离子，大大降低了 $[AuCl_4]^{-}/Au$ 的电极电势。此外，Au 能与 CN^{-} 形成更稳定的 $[Au(CN)_2]^{-}$ 配离子，使 Au 能在空气存在下溶于稀的 NaCN 溶液中。

4. 配合物之间的转化和平衡

具有 $d^1 \sim d^9$ 电子构型过渡金属配合物大都有颜色。当一种配离子溶液加入另一种配位剂以后，可能会发生配位体的取代反应，使一种配离子转化成更稳定的一种配离子。例如：

在含有 Fe^{3+} 离子的溶液中，加入 KSCN 会出现血红色，这是定性检验 Fe^{3+} 离子常用的方法，反应式如下：

$$Fe^{3+}+xNCS^{-} \rightleftharpoons [Fe(NCS^{-})_x]^{3-x} \quad (x=1 \sim 6)$$

如果在上述溶液中再加入足够的 NaF，血红色就会消失，这是由于 F^{-} 夺取 $[Fe(NCS^{-})_x]^{3-x}$ 中的 Fe^{3+} 生成了更稳定的 $[FeF_6]^{3-}$。转化反应如下：

$$[Fe(NCS^{-})_6]^{3-}+6F^{-} \rightleftharpoons [FeF_6]^{3-}+6NCS^{-}$$

$$K^{\ominus}=\frac{\{c(FeF_6^{3-})/c^{\ominus}\} \cdot \{c(NCS^{-})/c^{\ominus}\}^6}{\{c(Fe(NCS)_6^{3-})/c^{\ominus}\} \cdot \{c(F^{-})/c^{\ominus}\}^6}$$

此反应实际是下述二反应之和，即

$$[Fe(NCS)_6]^{3-} \rightleftharpoons Fe^{3+}+6NCS^{-} \qquad (1)；\ K_1^{\ominus}=\frac{1}{\beta(Fe(NCS)_6^{3-})}$$

$$Fe^{3+}+6F^{-} \rightleftharpoons [FeF_6]^{3-} \qquad (2)；\ K_2^{\ominus}=\beta(FeF_6^{3-})$$

$$K^{\ominus}=K_1^{\ominus} \cdot K_2^{\ominus}=\frac{\beta(FeF_6^{3-})}{\beta(Fe(NCS)_6^{3-})}$$

查表，将生成常数代入，即可得

$$K^{\ominus}=\frac{2\times10^{15}}{1.3\times10^{9}}=1.5\times10^{6}$$

$K^{\ominus}$ 值很大，说明转化反应进行得相当完全。

综上所述，可得出配合物之间转化的规律：在溶液中，配离子之间的转化总是向着生成更稳定配离子的方向进行，转化的程度取决于两种配离子稳定常数的大小。稳定常数相差越大，转化反应越完全。

8.4 螯合物

前面讨论的配合物中，配位体都是单齿的，本节讨论由多齿配位体所形成的配合物。

8.4.1 螯合物的概念

当多齿配位体中的多个配位原子同时和中心离子键合时，可形成具有环状结构的配合物，这类具有环状结构的配合物称为螯合物。多齿配位体称为螯合剂，它与中心离子的键合也称螯合。该配位体与金属离子结合时犹如螃蟹的双螯钳住中心离子，中心离子与配位体结合时形成环状结构。理论和实验都证明五原子环和六原子环最稳定，故螯合剂中2个配位原子之间一般要相隔2~3个原子。

例如，Cu^{2+}与双齿配位体乙二胺(en)反应，形成具有2个五原子环的螯合物$[Cu(en)_2]^{2+}$：

$$Cu^{2+}+2\begin{matrix}H_2N—CH_2\\ |\\ H_2N—CH_2\end{matrix}\longrightarrow\left[\begin{matrix}H_2C—\overset{H_2}{N} & & \overset{H_2}{N}—CH_2\\ | & \searrow\ \ \swarrow & |\\ & Cu & \\ | & \nearrow\ \ \nwarrow & |\\ H_2C—\underset{H_2}{N} & & \underset{H_2}{N}—CH_2\end{matrix}\right]^{2+}$$

乙二胺四乙酸(EDTA)是具有6个配位原子的螯合剂：

$$\begin{matrix}H\ddot{O}OCH_2C & & & & CH_2CO\ddot{O}H\\ & \diagdown & & \diagup & \\ & \ddot{N}—CH_2—CH_2—\ddot{N} & & & \\ & \diagup & & \diagdown & \\ H\ddot{O}OCH_2C & & & & CH_2CO\ddot{O}H\end{matrix}$$

它与Ca^{2+}离子形成螯合物。其环状结构示意如图8-2所示：

8.4.2 螯合物的特性

在中心离子相同、配位原子相同的情况下，形成螯合物要比形成配合物稳定，在水中离解程度也更小。例如，$[Cu(en)_2]^{2+}$，$[Zn(en)_2]^{2+}$配离子要比相应的$[Cu(NH_3)_4]^{2+}$和$[Zn(NH_3)_4]^{2+}$配离子稳定得多。

螯合物中所含的环越多其稳定性越高。

在分析化学中应用较多的是含有氨氮和羧氧配位原子的氨羧螯合剂。如氨基乙酸、氨基二乙酸等。其中一种最常用的是乙二胺四乙酸(简称EDTA)，它有4个可置换的H^+及6个配位原子。因EDTA在水中溶解度很小，常用EDTA的二钠盐(Na_2H_2Y)，习惯上把Na_2H_2Y也称为EDTA。

大多数金属离子与EDTA形成有五个五原子环的、稳定的、组成为1∶1的螯合物(见图8-2)。Ca^{2+}为ⅡA族金属离子，与一般配位体不易形成配合物，或形成的配合物很不稳

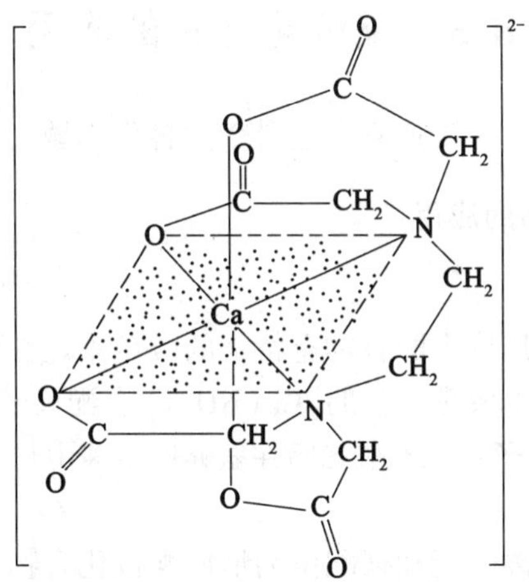

图 8-2　EDTA 与 Ca^{2+} 形成螯合物的环状结构

定，但 Ca^{2+} 与 EDTA 能形成很稳定的螯合物。该反应可用于测定水中 Ca^{2+} 离子的含量。

某些螯合物具有特殊的颜色，这些特点对于金属元素的分离、提纯和分析非常有用。例如，1，10-邻菲啰啉(o-phen)与 Fe^{2+} 生成橙红色螯合物，它可用于鉴定 Fe^{2+}，被称为亚铁试剂。

除简单配合物、螯合物之外，还有几种特殊的配合物，如多核配合物、多酸型配合物、羰基配合物、π 配合物等，由于涉及知识较多，属于后续课讨论内容。

8.4.3　配合物形成体在周期表中的分布

表 8-4 是配合物形成体在周期表中的分布情况。从表中可以看出一些活泼金属元素虽不能形成配合物，但能形成螯合物。

表 8-4　　配合物形成体在周期表中的分布情况

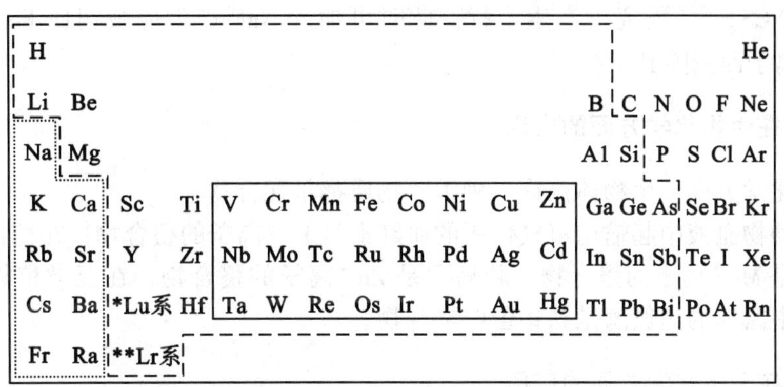

H																	He
Li	Be											B	C	N	O	F	Ne
Na	Mg											Al	Si	P	S	Cl	Ar
K	Ca	Sc	Ti	V	Cr	Mn	Fe	Co	Ni	Cu	Zn	Ga	Ge	As	Se	Br	Kr
Rb	Sr	Y	Zr	Nb	Mo	Tc	Ru	Rh	Pd	Ag	Cd	In	Sn	Sb	Te	I	Xe
Cs	Ba	*Lu系	Hf	Ta	W	Re	Os	Ir	Pt	Au	Hg	Tl	Pb	Bi	Po	At	Rn
Fr	Ra	**Lr系															

能生成稳定配合物的元素区

能生成稳定螯合物的元素区

仅能生成少数螯合物的元素区

8.5 配位化合物的应用

配合物的应用极为普遍，它渗透到自然科学的各个领域。现选几个方面简要介绍。

8.5.1 在分析化学方面的应用

1. 离子的定性鉴定

在分析化学方面，常利用许多配合物有特征的颜色来定性鉴定某些金属离子。

例如，Cu^{2+}与 NH_3 作用生成深蓝色的$[Cu(NH_3)_4]^{2+}$配离子；Fe^{3+}与 NH_4SCN 作用生成血红色的$[Fe(NCS)_n]^{3-n}$配离子；二乙酰二肟在氨碱性溶液中与 Ni^{2+}作用生成鲜红色沉淀。

2. 离子的分离

两种离子中若仅有一种离子能和某配位剂形成配位化合物，这种配位剂即可用于分离两种离子。例如，向含有 Al^{3+}和 Zn^{2+}的混合溶液中加入氨水，此时 Zn^{2+}和 Al^{3+}均能够与氨水形成氢氧化物沉淀。

$$Al^{3+}+3NH_3+3H_2O \longrightarrow Al(OH)_3\downarrow +3NH_4^+$$
$$Zn^{2+}+2NH_3+2H_2O \longrightarrow Zn(OH)_2\downarrow +2NH_4^+$$

但在加入更多氨水后，$Zn(OH)_2$ 可与 NH_3 形成$[Zn(NH_3)_4]^{2+}$溶解而进入溶液中：

$$Zn(OH)_2+4NH_3 \longrightarrow [Zn(NH_3)_4]^{2+}+2OH^-$$

$Al(OH)_3$ 沉淀不能与 NH_3 形成配合物而溶解，从而达到了分离。

3. 定量测定

配位滴定法是一种十分重要的定量分析方法，它利用配位剂与金属离子之间的配位反应来准确测定金属离子的含量，应用十分广泛，例如螯合剂 EDTA 可用作多种金属离子的定量测定。一些配位剂也常用作分光光度法中的显色剂。

4. 掩蔽剂

在定性分析中还可以利用生成配合物来消除杂质离子的干扰。

如在用 NH_4SCN 鉴定 Co^{2+}时，若有 Fe^{3+}存在，血红色的$[Fe(NCS)_n]^{3-n}$离子会对观察蓝色的$[Co(NCS)_4]^{2-}$配离子产生干扰，此时可加入 NaF 作为掩蔽剂使 Fe^{3+}生成无色的$[FeF_6]^{3-}$配离子而消除其干扰。

8.5.2 在生物化学方面的应用

在生物化学方面，生物体内许多种重要物质都是配合物。

例如，动物血液中起输送氧气作用的血红素是 Fe^{3+}离子的螯合物；在植物中起光合作用的叶绿素是 Mg^{2+}离子的螯合物；胰岛素是 Zn^{2+}离子的螯合物；在豆类植物的固氮菌中能固定大气中氮气的固氮酶是铁钼蛋白螯合物。

8.5.3 在无机化学方面的应用

1. 湿法冶金

在湿法冶金中，提取贵金属常用到配位反应。

应用配位剂的溶液直接从矿石中把金属浸取出来，再用适当的还原剂还原成金属。

如 Au，Ag 能与 NaCN 溶液作用，生成稳定的$[Au(CN)_2]^-$和$[Ag(CN)_2]^-$配离子；而从矿石中提取出来，其反应如下：

$$4Au+8NaCN+2H_2O+O_2 \longrightarrow 4Na[Au(CN)_2]+4NaOH$$

2. 分离金属

例如，由天然铝矾土制取 Al_2O_3 时，首先要使铝与杂质铁分离，分离的基础就是 Al^{3+} 可与过量的 NaOH 溶液形成可溶性的$[Al(OH)_4]^-$进入溶液。

$$Al_2O_3+2OH^-+3H_2O \longrightarrow 2[Al(OH)_4]^-$$

而 Fe^{3+} 与 NaOH 反应则生成 $Fe(OH)_3$ 沉淀，澄清后加以过滤，即可除去杂质铁。

配合物还广泛用于配位催化、医药合成等方面，在电镀、印染、半导体、原子能等工业中也有重要应用。

【阅读材料 8】

茶叶中的化学成分

我国是茶叶的原产地，茶叶的故乡，茶叶的生产大国，也是世界上最早发现和利用茶叶的国家。世界各国饮茶技艺和生产技术都是直接或间接从我国传出的。数千年来，我国在种茶、制茶、饮茶、茶文化等方面都做出了巨大的贡献。我国是世界上茶类和名茶品种最多的国家。

1. 茶叶分类

茶树属于被子植物门，双子叶植物纲，山茶目，山茶科，山茶属。茶叶按加工工艺不同分为六大类：绿茶、红茶、青茶(俗称乌龙茶)、白茶、黄茶、黑茶。有些茶类可派生出再加工茶，如花茶、速溶茶类、茶饮料类、添加茶类等。每种茶类再按产地、外形、香型或茶树品种等进行分类命名，如西湖龙井、洞庭碧螺春。中国乌龙茶按产区可分为四大类：闽北乌龙(以武夷岩茶为代表)、闽南乌龙(以安溪铁观音为代表)、广东乌龙(以凤凰单丛为代表)和台湾乌龙(以洞顶乌龙为代表)。乌龙茶的产品是按产地和茶树品种进行命名的，如武夷水仙、平和奇兰等。

2. 茶叶中的化学成分

随着近代科学的发展，经过科学的分离和鉴定，发现茶叶中含有有机成分多达 400 多种，无机矿物元素达 40 多种。有机成分主要有：茶多酚类、生物碱、蛋白质、氨基酸、维生素、果胶素、有机酸、酯多糖、糖类、酶类、色素等。无机矿物元素主要有：钾、钙、镁、钴、铁、锰、铝、钠、锌、铜、氮、磷、氟、碘、硒等。其中含有许多营养成分和药效成分。

3. 茶叶的营养价值和药理作用

茶叶含有多酚类、生物碱、糖类、氨基酸、蛋白质、维生素、矿物质、色素和芳香物质等。茶叶的药理作用成分主要是生物碱和多酚类。如咖啡碱是一种血管扩张剂，能促进发汗，刺激肾脏和神经系统，有强心利尿解毒、促进思维活动、恢复肌肉疲劳等作用，并且其刺激性无任何副作用；多酚类能增强微血管壁的弹性和渗透性，有抗微血管破裂和放射线照射引起的中风和白细胞缺乏症的作用等。其他物质如多种维生素、氨基酸等物质，含量虽少，但也有一定的药理作用。

饮茶被广泛认可的作用有：生津止渴、提神醒酒、利尿解毒、消炎灭菌、清心明目、消食去腻、防癌美容、延年益寿、防蛀牙、降血压、防辐射、增强微血管的弹性等。茶叶是世界上无酒精的三大健康饮料之一。

◎ 思考题

1. 解释下列名词，并举例说明之。

(1)配合物形成体

(2)配位体

(3)配位原子

(4)配位数

(5)配合物的内层、外层

(6)外轨、内轨配合物

(7)螯合剂

2. 什么叫配位化合物？试以[$Cu(NH_3)_4$]SO_4 为例予以说明。

3. 根据下列条件，试推断下表各化学式所表示的配合物的实际组成简式。

化学式	每摩尔化合物可被 Ag^+ 沉淀的 Cl^- 的物质的量 n/mol	每摩尔化合物不被 Ag^+ 沉淀的 Cl^- 的物质的量 n/mol	配合物的实际组成简式
$CrCl_3 \cdot 6H_2O$	3	0	
$CrCl_3 \cdot 5H_2O$	2	1	
$CrCl_3 \cdot 4NH_3$	1	2	
$CrCl_3 \cdot 3NH_3$	0	3	

4. 下列配离子中哪个为平面正方形构型？哪个为正四面体构型？哪个为正八面体构型？哪些为外轨配合物？哪些为内轨配合物？

[$Zn(NH_3)_4$]$^{2+}$，[$Co(H_2O)_4$]$^{2+}$，[$Cu(NH_3)_4$]$^{2+}$，[$Fe(CN)_6$]$^{3-}$，[HgI_4]$^{2-}$

5. 试解释下列事实：

(1)[$Ni(CN)_4$]$^{2+}$配离子为平面正方形，[$Zn(NH_3)_4$]$^{2+}$配离子为正四面体。

(2)单独用硝酸或盐酸不能溶解 Au 或 Pt 等不活泼金属，但用王水却能使之溶解。

(3)[$Fe(CN)_6$]$^{3-}$配离子的 β 值比[FeF_6]$^{3-}$配离子的大得多。

(4)在[$Cu(NH_3)_4$]SO_4 的深蓝色溶液中加入 H_2SO_4，溶液的颜色变浅。

(5)Hg^{2+}能氧化 Sn^{2+}，但在过量 I^-存在下，Sn^{2+}不能被氧化。

(6)用 NH_4SCN 溶液检出 Co^{2+}时，如有少量 Fe^{3+}存在，需加入 NH_4F。

(7) 铜片在 HCl 溶液中不会溶解，但却不能用铜器来盛放氨水。

(8) ⅡB 族的 Zn，Cd，Hg 只能形成外轨配合物。

6. 根据难溶电解质的 $K_{sp}^{\ominus}$ 和配合物的 β 值，说明在 $[Cu(NH_3)_4]SO_4$ 溶液中加少量 NaOH 无 $Cu(OH)_2$ 沉淀生成，但加入少量 S^{2-} 能产生 CuS。

7. 什么叫螯合物？螯合物有什么特点？对螯合剂有什么要求？

8. 由配离子的稳定常数说明下列反应进行的方向(离子浓度均相同)：

$$[Cu(NH_3)_4]^{2+}+Zn^{2+} \rightleftharpoons [Zn(NH_3)_4]^{2+}+Cu^{2+}$$

$$[AgCl_2]^-+2I^- \rightleftharpoons [AgI_2]^-+2Cl^-$$

9. 选择题：

(1) AgCl 在下列溶液中(浓度为 $1mol \cdot L^{-1}$)溶解度最大的是(　　)。

A. 氨水　　B. $Na_2S_2O_3$　　C. KI　　D. NaCN

(2) 在 $0.1mol \cdot L^{-1} Na[Ag(CN)_2]$ 溶液中，下列说法正确的是(　　)。

A. $c(CN^-)=2c(Ag^+)$，$c(Na^+)=c([Ag(CN)_2^-])$

B. $c(CN^-)>2c(Ag^+)$，$c(Na^+)<c([Ag(CN)_2^-])$

C. $c(CN^-)<c(Ag^+)$，$c(Na^+)>c([Ag(CN)_2^-])$

D. $c(CN^-)>2c(Ag^+)$，$c(Na^+)>c([Ag(CN)_2^-])$

(3) 关于外轨与内轨配合物，下列说法不正确的是(　　)。

A. 中心离子(原子)杂化方式在外轨配合物中是 ns，np 或 ns，np，nd 轨道杂化，内轨配合物中是 $(n-1)d$，ns，np 轨道杂化

B. 形成外轨配合物时，中心离子(原子)的 d 电子常发生重排

C. 同一中心离子形成相同配位数的配离子时，内轨配合比外轨配合物稳定

D. 同一中心离子形成相同配位数的配离子时，外轨配合比内轨配合物稳定

(4) 下列各电子对中，电极电势代数值最小的是(　　)。

A. $E^{\ominus}(Hg^{2+}/Hg)$　　B. $E^{\ominus}([Hg(CN)_4]^{2-}/Hg)$

C. $E^{\ominus}([HgCl_4]^{2-}/Hg)$　　D. $E^{\ominus}([HgI_4]^{2-}/Hg)$

(5) 下列具有相同配位数的一组配合物是(　　)。

A. $[Co(en)_3]Cl_3$ 和 $[Co(en)_2(NO_2)_2]$

B. $K_2[Co(NCS)_4]$ 和 $K_2[Co(C_2O_4)Cl_2]$

C. $[Pt(NH_3)_2Cl_2]$ 和 $[Pt(en)_2Cl_2]^{2+}$

D. $[Cu(H_2O)_2Cl_2$ 和 $[Ni(en)_2(NO_2)_2]$

(6) 在配位化合物中，一般作为中心形成体的元素是(　　)。

A. 非金属元素　　B. 过渡金属元素

C. 金属元素　　D. ⅢB～ⅧB 族元素

(7) 配合物氯化二(异硫氰酸根)·四氨合铬(Ⅲ)的化学式为(　　)。

A. $[Cr(NH_3)_4(SCN)_2]Cl$　　B. $[Cr(NH_3)_4(NCS)_2]Cl$

C. $[Cr(NH_3)_4(SCN)_2Cl]$　　D. $[Cr(NH_3)_4(NCS)_2Cl]$

(8) $[Co(NH_3)_5H_2O]Cl_3$ 的正确命名是(　　)。

A. 一水·五氨基氯化钴　　B. 三氯化一水·五氨合钴(Ⅱ)

C. 三氯化五氨·水合钴(Ⅲ)　　D. 三氯化水·五氨合钴(Ⅲ)

(9) HgS 能溶于王水，是因为(　　)。

A. 酸解　　B. 氧化还原

C. 配合作用　　D. 氧化还原和配合作用

(10) 在 $[AlCl_4]^-$ 中，Al^{3+} 的杂化轨道是(　　)。

A. sp 杂化　　B. sp^2 杂化

C. sp^3 杂化　　D. dsp^2 杂化

10. 是非题：

(1) 在所有配合物中，配体的总数就是中心离子的配位数。(　　)

(2) 价键理论认为只有中心原子杂化后的空轨道与具有孤对电子的配位原子轨道重叠时才形成配位键。(　　)

(3) 螯合物的配体是多齿配体，与中心离子形成环状结构，故螯合物稳定性大。(　　)

(4) $(CH_3)_2N—NH_2$ 分子中有 2 个具有孤对电子的 N 原子，故可作为有效螯合剂。(　　)

11. 某配合物，其元素组成的质量分数为 Co 21.4%，N 25.4%，O 23.2%，S 11.6%，Cl 13.0% 及 H 5.4%，化学式量为 275.5，其水溶液与氯化钡可生成硫酸钡沉淀，试写出其化学式。

12. 试用学过的理论解释下列反应事实：

$$Ag^+ \xrightarrow{Cl^-} \text{生成沉淀} \xrightarrow{NH_3 \cdot H_2O} \text{沉淀溶解} \xrightarrow{Br^-} \text{生成沉淀} \xrightarrow{S_2O_3^{2-}} \text{沉淀溶解} \xrightarrow{I^-} \text{沉淀溶解} \xrightarrow{CN^-} \text{沉淀溶解} \xrightarrow{S^{2-}} \text{生成沉淀}$$

习　题

1. 填充下表：

配合物名称	化学式	配离子电荷	配位数
氯化六氨合镍(Ⅱ)			
氯化二氯·三氨·一水合钴(Ⅲ)			
五氰·一羰基合铁(Ⅱ)			
硫酸二乙二胺合铜(Ⅱ)			
氢氧化二羟·四水合铝(Ⅲ)			
六氨合钴(Ⅱ)酸六氰合铬(Ⅲ)			

2. 填充下表：

配合物化学式	命　名	中心离子电荷数	配位数	配　体	配位原子
$K_2[Cu(CN)_4]$					
$K_2[HgI_4]$					
$[Fe(H_2O)_6]^{2+}$					
$[CrCl\cdot(NH_3)_5]Cl_2$					
$[Fe(CO)_5]$					
$K_2[Co(NCS)_4]$					
$[Co(en)_3]Cl_3$					
$H_3[AlF_6]$					

3. 根据下列配离子的空间构型，指出中心离子的价层电子排布与轨道杂化方式，并说明是内轨还是外轨配合物。

(1) $[Co(NCS)_4]^{2-}$(正四面体)

(2) $[Ni(CN)_4]^{2-}$(平面正方形)

(3) $[CrBr_2(NH_3)_2(H_2O)_2]^+$(八面体，内轨道)

(4) $[Ni(en)_3]^{2+}$(正八面体)

(5) $[Ag(CN)_2]^-$(直线)

(6) $[Rh(CN)_6]^{3-}$(正八面体)

4. 已知下列配离子属于内轨型或外轨型，根据价键理论，指出各配离子的中心离子或原子的价层电子排布和轨道杂化类型以及配离子的几何构型。

(1) $[CoF_6]^{3-}$(外轨型)　　(2) $[HgI_4]^{2-}$(外轨型)

(3) $[PtCl_6]^{2-}$(内轨型)　　(4) $[Pt(CN)_4]^{2-}$(内轨型)

(5) $[Ni(CO)_4]$(外轨型)　　(6) $[Au(CN)_4]^-$(内轨型)

(7) $[Cu(CN)_4]^{3-}$(外轨型)　　(8) $[Fe(H_2O)_6]^{2+}$(外轨型)

5. 试根据 β 值求出 $K^{\ominus}$ 值以判断下列反应可能进行的方向：

(1) $[Zn(NH_3)_4]^{2+}+Cu^{2+} \rightleftharpoons [Cu(NH_3)_4]^{2+}+Zn^{2+}$　　$K_1^{\ominus}$

(2) $[Hg(CN)_4]^{2-}+4I^- \rightleftharpoons [HgI_4]^{2-}+4CN^-$　　$K_2^{\ominus}$

(3) $[Ag(NH_3)_2]^+ +2S_2O_3^{2-} \rightleftharpoons [Ag(S_2O_3)_2]^{3-}+2NH_3$　　$K_3^{\ominus}$

(4) $[Cu(CN)_4]^{3-}+2NH_3 \rightleftharpoons [Cu(NH_3)_2]^+ +4CN^-$　　$K_4^{\ominus}$

(5) $[Fe(NCS)_6]^{3-}+6F^- \rightleftharpoons [FeF_6]^{3-}+6NCS^-$　　$K_5^{\ominus}$

6. (1)将 0.100mol · L^{-1} Ni^{2+}溶液与等体积的 2.0mol · L^{-1} $NH_3\cdot H_2O$ 混合，计算溶液中 Ni^{2+}和$[Ni(NH_3)_6]^{2+}$配离子的浓度。

(2)将 0.100mol · L^{-1} Ni^{2+}溶液与等体积的 2.0mol · L^{-1} 乙二胺(en)溶液混合，计算溶液中 Ni^{2+}和$[Ni(en)_3]^{2+}$配离子的浓度。并与(1)中所得结果进行比较，可得出什么结论?

7. 要使 0.1m molAgCl，AgBr 和 AgI 分别溶于 $1cm^3$ 氨水中，加入氨水的最低浓度应为多少？通过计算对三种卤化物在氨水中的溶解度可得到什么结论？

8. 在 1.0L6.0mol · $L^{-1}NH_3 \cdot H_2O$ 中溶解 0.10mol$CuSO_4$，试求：

(1)溶液中各组分的浓度。

(2)若向此混合溶液中加入 0.010mol NaOH 固体，是否有 $Cu(OH)_2$ 沉淀生成？

(3)若以 0.010mol Na_2S 代替 NaOH，是否有 CuS 沉淀生成？(设 $CuSO_4$，NaOH，Na_2S 溶解后，溶液体积不变)

9. 试求下列转化反应的平衡常数，并讨论下列反应进行的方向与程度：

(1) $[Ag(S_2O_3)_2]^{3-}+Br^- \rightleftharpoons AgBr(s)+2S_2O_3^{2-}$ $\qquad K_1^{\ominus}$

(2) $[Ag(NH_3)_2]^+ +I^- \rightleftharpoons AgI(s)+2NH_3$ $\qquad K_2^{\ominus}$

(3) $Cu(OH)_2(s)+4NH_3 \rightleftharpoons [Cu(NH_3)_4]^{2+}+2OH^-$ $\qquad K_3^{\ominus}$

(4) $CuI(s)+4CN^- \rightleftharpoons [Cu(CN)_4]^{3-}+I^-$ $\qquad K_4^{\ominus}$

10. 试用价键理论说明所有 Ni^{2+} 的八面体配合物和 Zn^{2+} 的四面体配合物都属于外轨配合物。

11. 已知下列原电池：

$$(-)Zn \mid Zn^{2+}(1.00mol \cdot L^{-1}) \parallel Cu^{2+}(1.00mol \cdot L^{-1}) \mid Cu(+)$$

(1)如向左半电池中通入过量 NH_3(忽略体积变化)，使平衡后的游离 NH_3 和 $[Zn(NH_3)_4]^{2+}$的浓度均为 1.00mol · L^{-1}，试求此时左边电极的电势为多少？

(2)如果在右边半电池中加入过量的 Na_2S(忽略体积变化)，使平衡后的溶液中$c(S^{2-})$= 1.00mol · L^{-1}，试求此时右边电极的电势为多少？

(3)写出经(1)和(2)处理后原电池的电池符号、电极反应和原电池反应。

(4)计算经(1)和(2)处理后原电池的电动势。

12. 已知 $E^{\ominus}([AlF_6]^{3-}/Al)=-2.053V$；$E^{\ominus}(Al^{3+}/Al)=-1.66V$；$E^{\ominus}([HgI_4]^{2-}/Hg)=-0.039V$；$E^{\ominus}(Hg^{2+}/Hg)=0.857V$。试求算 $\beta([AlF_6]^{3-})$ 和 $\beta([HgI_4]^{2-})$。

第9章　主族元素选述

【学习目标】

(1)掌握碱金属、碱土金属单质及化合物的一些重要性质。

(2)掌握p区金属元素单质及其化合物的重要性质

(3)掌握p区非金属元素单质及其化合物的重要性质

(4)了解氢气及其重要化合物的性质制备和用途

(5)掌握铝的亲氧性和它的单质及其化合物的两性。

(6)掌握卤素单质及其重要化合物的性质的差异

(7)了解硫的含氧酸盐性质的变化规律

9.1　s 区 元 素

9.1.1　氢

氢元素是宇宙中含量最丰富的元素，也是地球上常见的元素。据估计，H原子数占宇宙原子总数的90%；在地壳和海洋中，以原子数计H占15.4%，以质量计则占0.76%；在空气中H_2的含量极少，其体积分数仅为$5\times10^{-5}\%$。

1. 氢的性质

H原子是由一个带正电荷的核及一个核外电子组成的($1s^1$)，是所有元素中最简单、最小和最轻的。氢有三种同位素：^1H(氕，占99.98%)，^2H(氘，符号为D，占0.016%)，^3H(氚，符号为T，含量甚微)。由于三种核素之间质量相差较大，三种氢单质在物理性质方面表现出的差别比其他任何元素的同位素之间差别都大得多。

氢的同位素具有广泛的应用，如重氢化合物用于振动光谱、核共振光谱、中子衍射法确定氢的位置。在原子能工业中重水大量用作反应堆减速剂、冷却剂；氘或氘化锂用于制造氢弹的燃料。超重氢是一种毒性最小的放射性同位素。通过核反应，即在反应堆中用慢中子辐射Li/Mg合金可产生超重氢：

$$^6Li+^1n\longrightarrow T+^4He$$

H_2是无色、无臭、无味的气体，易燃。常压下，当空气中H_2的体积分数为4%～74%时，一经点燃将立即爆炸。该浓度范围为H_2的爆炸极限。H_2的临界温度为-240℃，很难液化。通常将H_2压缩在钢瓶中备用，使用时应严禁烟火并加强通风。

除稀有气体外，H几乎能与所有的元素化合。在其化合物中主要有三种成键形式：与p区非金属元素通过共用电子对，以共价键结合；与s区元素(Be和Mg除外)化合时，获得1个电子形成H^-负离子，以离子键相结合；过渡型键存在于非化学计量氢化物中，如$LaH_{2.87}$，它是由氢原子填充在镧金属的晶格间隙中形成的非整比化合物。

以下是单质氢的一些重要化学反应。

(1)与非金属作用。

$$H_2+Cl_2 \xrightarrow{\text{光、热}} 2HCl$$

$$2H_2+O_2 \xrightarrow{\text{点燃}} 2H_2O$$

(2)与某些活泼金属作用。

$$H_2+2Li \longrightarrow 2LiH$$
$$H_2+Ca \longrightarrow CaH_2$$

(3)与一些金属氧化物作用。

$$WO_3+3H_2 \xrightarrow{\triangle} W+3H_2O$$

$$CuO+H_2 \xrightarrow{\triangle} Cu+H_2O$$

(4)与某些非金属氧化物作用。

$$CO+2H_2 \xrightarrow{\text{催化剂}} CH_3OH$$

(5)与一些不饱和烃反应。

$$C_2H_4+H_2 \xrightarrow{\text{催化剂}} C_2H_6$$

(6)和C作用(煤的液化)。

$$nC+(n+1)H_2 \longrightarrow C_nH_{2n+2}$$

此外，在化合物中氢原子还能形成一些特殊的键型，例如氢键、氢桥键(B_2H_6)等。

2. 氢气的制法

实验室制备少量的氢气，常用中等活泼的金属Zn或Fe与稀H_2SO_4作用，或用两性金属Zn或Al与NaOH溶液反应；野外制氢气常用NaH，CaH_2与水作用。工业上制氢气的方法很多，主要有水煤气法和电解法。

a. 水煤气法

用焦炭或天然气(主要成分为CH_4)与水蒸气作用，首先得到水煤气：

$$C+H_2O \xrightarrow{1000℃} CO+H_2$$
$$CH_4+H_2O \xrightarrow[\text{Ni, Co}]{700\sim870℃} CO+3H_2$$

水煤气再与水蒸气反应，其中的CO被氧化成CO_2，同时还原出H_2：

$$CO+H_2O \xrightarrow[\text{Fe, Cr}]{500℃} CO_2+H_2$$

分离出混合气中的CO_2，就得到比较纯的氢气。这是目前工业上氢气的主要来源。

b. 电解法

用15%～20% NaOH或KOH溶液进行电解：

阴极　　　$2H^+ + 2e \longrightarrow H_2$

阳极　　　$4OH^- - 4e \longrightarrow 2H_2O + O_2$

阴极产生的氢气其纯度可达 99.5%～99.9%。此法的原料虽然便宜，但耗电量大，每生产 1kg 氢气需要消耗 56 度电。此外，电解食盐水生产烧碱时，氢气是重要的副产品。

由于上述方法耗能较多，近年开发了利用太阳能在催化剂作用下光解水、光电池分解水等制取氢气的方法。

3. 氢气的用途

氢气的性质决定了它的用途广泛。因为氢气能与非金属作用，可以直接合成氨、氯化氢等化工原料，还能将植物油加氢制得人造黄油。氢气具有还原性，可将氧化物、氯化物还原得到金属或非金属，如还原 WO_3 制钨，还原 $SiHCl_3$ 制纯硅。由于氢气和氧气反应时放出大量热，除了用作金属切割、焊接和玻璃加工的氢氧焰外，还被作为能源用于燃料电池、火箭推进燃料等。

9.1.2　碱金属和碱土金属

1. 碱金属

a. 碱金属元素概述

ⅠA 族金属（包括锂、钠、钾、铷、铯和钫 6 种元素），由于它们氧化物的水溶液显碱性，所以称为碱金属。钫是放射性元素。本族元素原子的价电子层构型为 ns^1，只有一个电子成键。在周期表中属于 s 区元素。

锂存在于锂云母和锂辉石中，此外盐湖和地下卤水中均含有锂的化合物。由于锂的密度特别小，它与镁、铝制成的合金，被称为超轻金属，具有质轻、强度大、塑性好等优良性质，尤其适用于航空、航天工程。锂也是一种能源材料，锂电池质量轻、体积小、寿命长，被用于心脏起搏器、手机、笔记本电脑。硬脂酸锂是润滑脂的增稠剂和凝聚剂，烷基锂是制备高分子聚合物的重要催化剂。

钠和锂在地球上分布很广，主要以氯化物的形式存在，它们也是动物生存的必需元素。铷和铯大多与锂共生，铯已被用作光电管、铯原子钟等。钫是放射性元素，半衰期很短，目前只有科学研究价值。

碱金属是银白色的柔软、易熔轻金属。与同一周期其他元素相比，碱金属的原子体积最大，固体中的金属键较弱，原子间的作用力较小，故密度、硬度小，熔点低。其中铯的熔点最低，只有 28.5℃，仅次于汞，而且它也是最软的金属。锂是体积质量最小的金属（$0.5g \cdot cm^{-3}$）。它们的基本性质见表 9-1。

表 9-1　　　　　　　　**碱金属的基本性质**

	锂 Li	钠 Na	钾 K	铷 Rb	铯 Cs
原子序数	3	11	19	37	55
价电子构型	$2s^1$	$3s^1$	$4s^1$	$5s^1$	$6s^1$
金属半径 r/pm	152	190	227.2	247.5	265.4

续表

/	锂 Li	钠 Na	钾 K	铷 Rb	铯 Cs
离子半径 r/pm	68	95	133	148	169
电离能 $I/\text{kJ}\cdot\text{mol}^{-1}$	520	496	419	403	376
电子亲和能 $Y/\text{kJ}\cdot\text{mol}^{-1}$	60	53	48	47	46
电负性	1.0	0.9	0.8	0.8	0.7
$E^{\ominus}/(\text{M}^+/\text{M})/\text{V}$	-3.045	-2.714	-2.925	-2.925	-2.923
熔点/℃	180.54	97.8	63.2	39.0	28.5
沸点/℃	1347	881.4	756.5	688	705
体积质量 $\rho/\text{g}\cdot\text{cm}^{-3}$	0.53	0.97	0.86	1.53	1.90
硬度	0.6	0.4	0.5	0.3	0.2

在同周期元素中，原子半径最大，核电荷最小。由于它们的次外层为 8 个电子(Li 的只有 2 个电子)，对核电荷的屏蔽作用较强，有效核电荷较小，所以最外层的 1 个电子离核较远，电离能最低，很易失去，表现出强烈的金属性。它们与氧、硫、卤素以及其他非金属元素都能剧烈反应，并能从许多金属化合物中置换出金属。

本族自上而下原子半径和离子半径依次增大，其活泼性有规律地增强。例如，钠和水剧烈反应，钾更为剧烈，而铷、铯遇水则有爆炸危险。锂的活泼性比其他碱金属大为逊色，与水的反应也较缓慢。

碱金属的价电子易受光激发而电离，因此碱金属是制造光电管的优质材料。它们在火焰中加热，各具特征的焰色：

锂	钠	钾	铷	铯
红色	黄色	紫色	红紫色	蓝色

据此可以对它们做定性鉴别。

碱金属元素的化合物多为离子型。

锂的性质具有特殊性。锂及其化合物的许多性质与同族其他元素不同，熔点、沸点远高于同族其他金属。Li^+/Li 的电极电势是同族中最低的，这与锂有较大的水合热有关。因此，含结晶水的锂盐多于其他碱金属盐。

锂和镁有许多相似之处。锂和镁在过量的氧气中燃烧，不形成过氧化物，只生成正常氧化物 Li_2O 和 MgO。

LiOH 和 $Mg(OH)_2$ 是中强碱，在水中的溶解度不大，受热时分解为 Li_2O 和 MgO。而同族的 NaOH 和 KOH 是强碱，易溶于水，对热稳定。

锂和镁的氟化物、碳酸盐、磷酸盐等都难溶于水；其他碱金属相应的盐则易溶。Li_2CO_3，$MgCO_3$ 受热分解并放出 CO_2；Na_2CO_3，K_2CO_3 对热稳定。

这种在周期表中某一元素的性质和它右下方的另一元素相似的现象，称为对角线规则。这种相似性明显地表现在 Li 和 Mg，Be 和 Al，B 和 Si 之间：

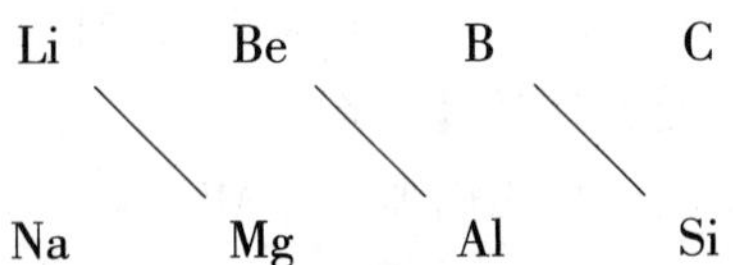

对角线规则是经验总结，这种对角元素性质的相似可用离子极化的观点粗略解释。若离子势 φ(离子势即离子电荷 Z 和半径 r 的比值)相近，正离子极化力相近，与负离子形成化学键的类型也相似，因此化合物性质相似。例如 Li^+的离子半径小，并且具有 2 电子结构，极化力比 Na^+大；Mg^{2+}的电荷比 Na^+多而半径较小，它的极化力和 Li^+相近，故显示出某些相似性。

b. 金属钠和钾

钠和钾的性质十分相似，质软似蜡，易用小刀切开。新切断面呈银白色光泽，但在空气中迅速变暗。钠与水剧烈作用生成 NaOH 和 H_2，易引起燃烧和爆炸，需贮存在煤油或石蜡油中。钾比钠更活泼，制备、贮存和使用时应更加小心。

由于钠、钾的高活泼性和强传热性，在冶金工业中它们是重要的还原剂，用以还原金属氯化物制取相应金属；在原子能工业中作核反应堆的导热剂。金属钠、钾还是制备过氧化物、氢化物及有机合成的原料。

现在工业上制取钠采用熔盐电解法。原料是氯化钠和氯化钙的混合盐。于 100kg NaCl 中加入 1. 5kg $BaCl_2$ 和 1. 0kg $CaCl_2$，以降低电解质的熔点(纯 NaCl 的熔点高达 804℃)，减少能耗和设备材料的损耗，还能提高熔盐的密度，利于金属钠的上浮分离。反应如下：

阳极　$2Cl^- \rightleftharpoons Cl_2 + 2e$

阴极　$2Na^+ + 2e \rightleftharpoons 2Na$

总反应　$2NaCl \xrightleftharpoons{电解} 2Na + Cl_2$

工业上制取钾多采用置换法，即在熔融状态下，用金属钠从 KCl 中置换出钾，经分级蒸馏(800～880℃)得到金属钾：

$$KCl + Na \xrightarrow{熔融} NaCl + K$$

不用熔盐电解法制钾，是因为金属钾易溶于它的熔盐中，而不易分离完全；另一方面由于钾的沸点较低，操作温度下易汽化冲出，造成危险。金属钾因价格昂贵，而限制了它的应用，生产规模也小得多。

c. 碱金属的氢化物

碱金属氢化物都是离子晶体，为离子化合物。其中的氢以 H^-的形式存在，它们都是白色固体，某些性质与相应的碱金属卤化物相似。

碱金属氢化物受热时能分解出 H_2 而游离出碱金属，其中只有 LiH 比较稳定，分解温度为 850℃，高于其熔点(650℃)。在潮湿空气中能自动着火，NaH 遇水剧烈反应，H^-和由 H_2O 电离出的 H^+结合成 H_2：

$$NaH + H_2O \longrightarrow NaOH + H_2\uparrow$$

$E^{\ominus}(H_2/H^-) = -2.23V$，可见 H^-比 H_2 的还原性强得多，碱金属氢化物都是强还原剂，能从一些金属化合物中还原出金属。例如：

$$TiCl_4+4NaH \longrightarrow Ti+4NaCl+2H_2\uparrow$$

在有机合成中，NaH，LiH 是常用的还原剂。

LiH 和 $AlCl_3$ 在乙醚中可以制得氢化铝锂{$Li[AlH_4]$}：

$$4LiH+AlCl_3 \xrightarrow{\text{乙醚}} Li[AlH_4]+3LiCl$$

$Li[AlH_4]$是一种白色多孔、轻质粉末状的复合氢化物，在有机化学试剂、药物、香料等制备中广泛用作还原剂。

碱金属在氢气流中加热时能得到氢化物，例如：

$$2Li+H_2 \xrightarrow{\text{约 }700℃} 2LiH$$

$$2Na+H_2 \xrightarrow{500\sim600℃} 2NaH$$

d. 碱金属的氧化物

碱金属在充足的空气中燃烧时，所得产物并不相同。通常，锂生成氧化锂(Li_2O)，钠生成过氧化钠(Na_2O_2)，而钾、铷、铯则生成超氧化物 KO_2，RbO_2，CsO_2。这三种类型的氧化物都是离子型的，阴离子的结构不同。其中 Na_2O_2 有重要的工业意义。

制备 Na_2O_2 时将熔融的金属钠在干燥的氧气或空气(无 CO_2)中燃烧：

$$2Na+O_2 \xrightarrow{310\sim350℃} Na_2O_2$$

过氧化钠(Na_2O_2)　淡黄色粉末或粒状物，在空气中由于表面生成了一层 NaOH 和 Na_2CO_3 而逐渐变成黄白色。有吸潮性，能侵蚀皮肤和黏膜。Na_2O_2 本身相当稳定，虽热至熔融也不分解，但若遇棉花、碳或有机物，却易引起燃烧或爆炸，在工业上为强氧化剂，需要妥善贮运和使用。

(1)Na_2O_2 和 CO_2 的反应。和 CO_2 作用除了生成 Na_2CO_3 外，同时还释放出氧气：

$$2Na_2O_2+2CO_2 \longrightarrow 2Na_2CO_3+O_2$$

这种既能吸收 CO_2，又能提供 O_2 的双重作用，尤其适用于防毒面具、高空飞行和潜水作业等。

(2)Na_2O_2 与水或稀酸作用。作用时生成 H_2O_2，同时放出大量的热，从而使 H_2O_2 也迅速分解：

$$Na_2O_2+2H_2O \longrightarrow 2NaOH+H_2O_2$$

$$Na_2O_2+H_2SO_4(\text{稀}) \longrightarrow Na_2SO_4+H_2O_2$$

$$2H_2O_2 \longrightarrow 2H_2O+O_2$$

所以，Na_2O_2 除作氧化剂外，也是氧气发生剂。还用作消毒剂以及纤维、纸浆的漂白剂等。Ni 和 Au 能抗 Na_2O_2 的腐蚀，可以用作反应器皿(Ag，Pt 则不行)。

(3)Na_2O_2 在碱性介质中的作用。在碱性介质中也是一种强氧化剂，是分析化学中分解矿石常用的熔剂，将矿石中的铬、锰、钒等氧化成可溶性的含氧酸盐，再用水提取出来。例如：

$$Cr_2O_3+3Na_2O_2 \longrightarrow 2Na_2CrO_4+Na_2O$$

$$MnO_2+Na_2O_2 \longrightarrow Na_2MnO_4$$

e. 碱金属的氢氧化物

碱金属的氢氧化物都是白色固体，容易吸潮和吸收 CO_2。除 LiOH 外，在水中都有较大溶解度，溶解时放出大量热(见表9-2)。

表9-2　　**碱金属氢氧化物的溶解度(*s*)和溶解热(*Q*)**

氢氧化物	S/[g，(100g H_2O)$^{-1}$]	Q/(kJ. mol^{-1})
LiOH	12.8(20℃)	20.1
NaOH	109(20℃)	43.5
KOH	112(20℃)	55.2
RbOH	180(25℃)	61.5
CsOH	395.5(25℃)	70.3

碱金属的氢氧化物都呈强碱性，碱性按下列顺序递增：

$$LiOH<NaOH<KOH<RbOH<CsOH$$

NaOH 和 KOH 在性质、用途和制备方面都相似，但 KOH 价格较贵，因此用途不如 NaOH 广泛。

氢氧化钠(NaOH)　又称烧碱、火碱、苛性碱，是国民经济中的重要化工原料之一。广泛用于造纸、制革、制皂、纺织、玻璃、搪瓷、无机和有机合成等工业中。

NaOH 的强碱性表现在它除了能与非金属及其氧化物作用外，还能与一些两性金属及其氧化物作用，生成钠盐：

$$Cl_2+2NaOH(冷) \longrightarrow NaCl+NaClO+H_2O$$

$$2Al+2NaOH+2H_2O \longrightarrow 2NaAlO_2+3H_2$$

$$Si+2NaOH+H_2O \longrightarrow Na_2SiO_3+2H_2O$$

$$Al_2O_3+2NaOH \longrightarrow 2NaAlO_2+H_2O$$

$$SiO_2+2NaOH \longrightarrow Na_2SiO_3+H_2O$$

玻璃、陶瓷含有 SiO_2，易受 NaOH 侵蚀。在制备浓碱液或熔融烧碱时，常采用铸铁、镍或银制器皿。实验室盛 NaOH 溶液的玻璃瓶需用橡胶塞，不能用玻璃塞。否则时间一长，NaOH 与瓶口玻璃中的 SiO_2 生成黏性的 Na_2SiO_3，同时还吸收 CO_2 易结块的 Na_2CO_3，从而瓶塞不易打开。

工业上生产 NaOH 有苛化法、隔膜电解法和水银电解法，以及新兴的离子膜法。除苛化法外，都以食盐为原料，因为生产过程中同时副产氯气，所以通称为氯碱工业。

苛化法是最古老的制备 NaOH 的方法，其生产成本高、纯度低，已很少采用。基本反应如下：

$$Ca(OH)_2+Na_2CO_3 \longrightarrow 2NaOH+CaCO_3$$

隔膜电解法和水银电解法都用石墨作阳极，而阴极不同：前者为铁，后者为汞(亦称汞阴极法)。水银电解法制得的烧碱纯度和浓度都较高，但因汞的污染严重已很少使用。

近年发展起来的离子膜法，耗能低、产品质量好，正迅速被推广。目前世界上工业发达国家生产的 NaOH 多以离子膜法为主，我国约有 85% 的烧碱仍由隔膜电解法生产。

f. 重要的钠盐和钾盐

氯化钠(NaCl)　食盐是人类赖以生存的物质，也是化学工业的基础。

NaCl 广泛存在于海洋、盐湖和岩盐中。据估计，海洋中含食盐约 3.8×10^8 亿吨，世界上的岩盐大约与海洋含的食盐一样多，有的矿层厚达几百米。根据产地和食盐的用途不同，提取方法也不相同，工业发达国家多以盐水的形式直接供应化学工业，我国则以岩盐开采，或以卤水曝晒得到固体食盐后再使用。

工业 NaCl 的精制通常采用重结晶法。其中的 SO_4^{2-}，Ca^{2+}，Mg^{2+}，Fe^{3+} 等杂质离子，通过依次加入 $BaCl_2$，Na_2CO_3 和 NaOH，借沉淀反应将杂质除去；清液经过蒸发、浓缩，结晶析出。制备高纯 NaCl，可向它的饱和溶液中通入 HCl 气体，利用 Cl^- 的同离子效应，使 NaCl 溶解度下降，从溶液中析出纯的晶体。

NaCl 以及许多碱金属的卤化物(如 LiF，KCl，KBr，KI，CsBr 等)，都是很好的红外滤光材料，能使红外光通过而吸收可见光，在红外技术上有着广泛的应用。

碳酸钠(Na_2CO_3)　它有无水物和一水、七水、十水结晶水合物，常见工业品不含结晶水，为白色粉末，又称纯碱、碱面或苏打。纯碱也是基本化工原料之一，除用于制备化工产品外，近一半用于玻璃工业，也广泛用于造纸、制皂和水处理等。纯碱是“三酸两碱”中的两碱之一，它的碱性来自水解作用，由于它的售价约为烧碱的 1/2，腐蚀性不强，取用方便、安全，工业上用碱时总是尽量选用纯碱。

碳酸氢钠($NaHCO_3$)　又称小苏打、重碳酸钠或焙碱，加热至 65℃ 便分解失去 CO_2，是食品工业的膨化剂。$NaHCO_3$ 在溶液中存在着水解和解离双重平衡，使溶液呈现弱碱性。

碳酸钾(K_2CO_3)　又称钾碱，易溶于水，主要用于制硬质玻璃和氰化钾(KCN)。工业上制取 K_2CO_3，可以 KCl 或 K_2SO_4 为原料，二者方法不同，后者即路布兰法，其主要反应为

$$K_2SO_4+2C+CaCO_3 \xrightarrow{\triangle} K_2CO_3+CaS+2CO_2$$

也可利用各种植物的籽壳(如向日葵籽壳、桐籽壳等)，经焚烧、浸取、蒸发、结晶等过程得到 K_2CO_3，此即草木灰法，生产规模虽不大，但能达到综合利用的目的。

2. 碱土金属

a. 碱土金属元素概述

碱土金属元素位于周期表的ⅡA 族，也属于 s 区元素。包括铍、镁、钙、锶、钡和镭。由于钙、锶、钡的氧化物在性质上介于“碱性的”碱金属氧化物和“土性的”难溶的 Al_2O_3 等之间，所以称为碱土金属，习惯上把铍、镁也包括在内。镭是放射性元素。碱土金属的基本性质见表 9-3。

碱土金属和碱金属两族元素的性质有许多相似之处，但仍有差异，概述如下：

(1)碱土金属元素的价电子层构型为 ns^2，和同周期的碱金属元素相比，有效核电荷有所增加，因此，核对电子的引力要强些，金属半径较小，金属键较强，致使它们单质的

表9-3　**碱土金属的基本性质**

	铍 Be	镁 Mg	钙 Ca	锶 Sr	钡 Ba
原子序数	4	12	20	38	56
价电子构型	$2s^2$	$3s^2$	$4s^2$	$5s^2$	$6s^2$
金属半径 r/pm	111.3	160	197.3	215.1	217.3
离子半径 r/pm	31	80	99	113	135
电离能 I/kJ·mol^{-1}	900	738	590	549	502
电负性	1.5	1.2	1.0	1.0	0.9
$E^{\ominus}/(M^{2+}/M)/V$	-1.85	-2.37	-2.87	-2.89	-2.90
熔点/℃	1287	649	839	768	727
沸点/℃	2500	1105	1494	1381	1850
体积质量 ρ/g·cm^{-3}	1.85	1.74	1.55	2.63	3.62
硬度	4	2.5	2	1.8	—

密度、硬度、熔点、沸点都比同周期的碱金属高得多。碱土金属物理性质的变化并无严格的规律，这是由于碱土金属晶格类型不完全相同的缘故。

(2)碱土金属的活泼性略低于碱金属，在碱土金属的同族中，随着原子半径增大，活泼性也依次递增。

(3)碱土金属的盐类与碱金属盐相比，溶解度较小，且大多数含氧酸盐的热稳定性较低。

(4)碱土金属燃烧时，也会发出不同颜色的光辉。镁产生耀眼的白光，钙发出砖红色光芒，锶及其挥发性盐(如硝酸锶)为艳红色，钡盐为绿色。

(5)碱土金属和碱金属一样，也能形成氢化物，且热稳定性要高一些，其中CaH_2最稳定，是工业上重要的还原剂，也是有用的氢源。

(6)铍的特殊性。铍的原子半径远小于同族其他元素，性质也不全相同。根据对角线规则，铍和铝相似，即使赤热也不与水反应。它也是两性金属，既溶于酸也溶于强碱；$Be(OH)_2$与$Al(OH)_3$都是两性氢氧化物。铍和铝的氧化物是熔点高、硬度大的物质。$BeCl_2$和$AlCl_3$一样是共价型卤化物，熔点较低，易升华。

镁是碱土金属中用途最大的，主要用于制轻合金(与铝或钛)，可作飞机和航天器的结构材料。钙在冶金工业中用作还原剂，钙与铅的合金可作轴承材料，钙还可作有机溶剂的脱水剂。钡在真空管的生产中用作脱气剂。$BaTiO_3$既是铁电晶体，又是压电晶体，因而是一类优良的压电材料，被用来制作各种传感器的敏感元件。

目前工业上制备钙、镁、锶、钡是通过电解其熔融的氯化物或氧化物，而锶、钡也常采用相应熔融氯化物的铝还原法来制取。

b. 碱土金属的氧化物和氢氧化物

碱土金属和碱金属不同，在空气中燃烧时，一般得到正常氧化物，只有钡能得到过氧化钡(BaO_2)。BaO_2 和 MgO_2 常用作氧化剂和漂白剂，它们常由其他过氧化物制得。

例如：

$$MgCl_2+Na_2O_2 \longrightarrow MgO_2+2NaCl$$

$$Ba(OH)_2+H_2O_2 \longrightarrow BaO_2+2H_2O$$

碱土金属的氢氧化物都是白色固体，溶解度较小，热稳定性也较低，这些都和碱金属氢氧化物显著不同。但是，它们的碱性在同族中也是由上而下依次递增(见表9-4)。

表9-4 **碱土金属氢氧化物的溶解度**

	$Be(OH)_2$	$Mg(OH)_2$	$Ca(OH)_2$	$Sr(OH)_2$	$Ba(OH)_2$
$S/[g\cdot(100gH_2O)^{-1}]$	0.0002	0.0009	0.13	0.81	3.84

由表9-4可以看出，仅 $Ba(OH)_2$ 有比较可观的溶解度，并且随温度升高而显著增大，故可以用重结晶的方法提纯。$Ba(OH)_2$ 是合成钡盐的原料，在石油工业中用作多效添加剂，也是医药、玻璃、搪瓷的原料。在试剂生产中，是去除 SO_4^{2-} 的常用试剂，且不会带入阴离子杂质。

氧化镁(MgO) 白色难溶固体，熔点在2800℃以上。根据制备方法不同，有轻质和重质之分。将每克细粉状MgO自然倒入量器中，所占体积在 $5cm^3$ 以上者称为轻质氧化镁；反之，称为重质氧化镁。

重质氧化镁用来制造大理石、防热板一类的建筑材料。它由天然苦土粉(MgO 含量93%)经水选后焙烧而得

$$MgO+H_2O \longrightarrow Mg(OH)_2$$

$$Mg(OH)_2 \longrightarrow MgO+H_2O$$

轻质氧化镁用途比较广泛，它是制造耐火砖、坩埚的原料，并用作油漆、纸张的填料等。

氧化钙(CaO) 又名石灰、生石灰，由自然界的石灰石、方解石、大理石等矿物煅烧得到

$$CaCO_3 \xrightarrow{\triangle} CaO+CO_2$$

石灰的用途十分广泛，大量消耗在建筑、铺路和生产水泥上。在冶金工业中，石灰作为熔剂，可除去钢中多余的磷、硫和硅；在化学工业中，用石灰制得电石。此外，石灰还用于造纸、食品工业和水处理等。

石灰遇水剧烈反应，放出大量的热并生成 $Ca(OH)_2$，这一过程叫做熟化或消化，所得产物俗称熟石灰或消石灰。$Ca(OH)_2$ 是一种强碱，由于溶解度很小，且随温度升高而下降，通常配成石灰乳使用。

c. 碱土金属盐类的通性

(1)晶体类型。多数碱土金属盐为离子晶体，因而熔点较高。自 Be^{2+} 至 Ba^{2+}，离子半径增大，极化力减弱，键的离子性增强，熔点依次升高。卤化物中，除氟化物外均呈此规律，例如碱土金属氯化物的熔点如下：

氯化物	$BeCl_2$	$MgCl_2$	$CaCl_2$	$SrCl_2$	$BaCl_2$
熔点/℃	405	714	782	876	962

(2)溶解度。与碱金属不同，碱土金属的盐大多难溶于水。除硝酸盐和氯化物外，钙、锶、钡的碳酸盐、硫酸盐、草酸盐等皆为难溶。

(3)热稳定性。与碱金属相比，碱土金属含氧酸盐的热稳定性较差。这是因为后者阳离子的电荷高(+2)、半径小，对含氧酸根中的氧有较强的吸引作用，此作用可破坏含氧酸根，并使含氧酸盐分解为 MO 和酸酐。碱土金属含氧酸盐的热分解温度比相应的碱金属含氧酸盐低，自 Be^{2+} 至 Ba^{2+}，其含氧酸盐的热分解温度依次升高(见表 9-5)。

表 9-5　**常见碱土金属含氧酸盐的热分解温度**　℃

	硝酸盐	碳酸盐	硫酸盐
Be	约 100	<100	550～600
Mg	约 129	540	1124
Ca	>561	900	>1450
Sr	>750	1290	1580
Ba	>592	1360	>1580

d. 几种碱土金属的盐

氯化钙($CaCl_2$)　是常用的钙盐之一，$CaCl_2$ 有无水物和二水合物。无水 $CaCl_2$ 有强吸水性，它的最大用途是作干燥剂，广泛用于 O_2，N_2，CO_2，HCl，H_2S 等气体以及醛、酮、醚等有机试剂的干燥。但是它能与氨、乙醇形成加合物，因此不能用于这些物质的干燥。

$CaCl_2 \cdot 2H_2O$ 可用作制冷剂，用它和冰混合，可获得-55℃低温，如果用来融化公路上的积雪，效果比 NaCl 更好(食盐-冰只能达到-21℃)。

大量的 $CaCl_2$ 来自氨碱法制碱的副产物。实验室中用石灰石与盐酸反应制备，所含的 Fe^{2+}，Mg^{2+} 等杂质，可加入石灰乳以沉淀除去：

$$2Fe^{3+}+3Ca(OH)_2 \longrightarrow 2Fe(OH)_3+3Ca^{2+}$$

$$Mg^{2+}+Ca(OH)_2 \longrightarrow Mg(OH)_2+Ca^{2+}$$

硫酸钙($CaSO_4$)　它有不同的水合物，性质和用途也不相同(见表9-6)。

表9-6　**硫酸钙水合物的性质和用途**

	商品名	性　质	用　途
二水合硫酸钙	石膏 生石膏	白色粉末 微溶于水	制水泥、纸张和油漆的填料，豆腐凝固剂
α-半水硫酸钙	建筑石膏	白色粉末，有吸潮性，与水的混合浆体可固结，强度大	高强度石膏构件，石膏板，铸造模型
β-半水硫酸钙	熟石膏 烧石膏	同上	石膏塑像，雕塑模型，医用外科绷带，制粉笔

工业上，将氯化钙和硫酸铵两种溶液混合，经复分解反应即可制得二水合硫酸钙：

$$CaCl_2+(NH_4)_2SO_4+2H_2O \longrightarrow CaSO_4 \cdot 2H_2O+2NH_4Cl$$

二水合硫酸钙经煅烧脱水即得半水硫酸钙。在常压下加热得β型；在加压下用蒸气加热，得α型。

锶盐　自然界的天青石(含$SrSO_4$65% ~85%)是生产锶盐的主要原料。因为$SrSO_4$既不溶于水，也不为一般的酸所分解，所以工业上首先将它转化为可溶于强酸的$SrCO_3$，然后再制备其他锶盐。

$$SrSO_4(s)+Na_2CO_3 \longrightarrow SrCO_3(s)+Na_2SO_4$$

由于$K_{sp}^{\ominus}(SrSO_4)=3.2\times10^{-7}>K_{sp}^{\ominus}(SrCO_3)=1.1\times10^{-10}$，故可使难溶的$SrSO_4$转化为更难溶的$SrCO_3$。为使转化顺利进行，需往粉碎得极细的天青石水浆中，分批加入过量的Na_2CO_3溶液，充分搅拌，并不断将上层含有大量Na_2SO_4的清液吸出，使转化完全。

硝酸锶是制造红色烟火及信号弹的主要原料，锶盐也用于电视机显像管和玻璃工业。

钡盐　自然界的重晶石，主要成分是$BaSO_4$，它的溶度积(1.1×10^{-10})比$BaCO_3$的溶度积(5.1×10^{-9})还小，所以用类似于锶盐的转化方法制备$BaCO_3$就难以奏效。工业上通常将重晶石与炭一起焙烧，还原为BaS后，再与盐酸反应生成$BaCl_2$：

$$BaSO_4+2C \longrightarrow BaS+2CO_2$$

$$BaS+2HCl \longrightarrow BaCl_2+H_2S$$

$BaCl_2$易溶于水，有毒。用它与Na_2SO_4反应可得到纯净的$BaSO_4$沉淀。$BaSO_4$具有强烈的阻止X射线的功能，在医疗中用作“钡餐造影”。生产这种轻质的$BaSO_4$时，一定要将可溶并有毒的$BaCl_2$彻底洗掉。

9.2　p 区 元 素

p区元素包括ⅢA至ⅧA族元素，该区元素沿B—Si—As—Te—At对角线分为两部分，对角线右上角为非金属元素(包括对角线上的元素)，对角线左下角为金属元素。ⅧA族

价电子构型为 ns^2np^6，价层电子全满，与本区其他非金属元素相比，性质差异较大，故在讨论本区元素时不包括在内。

9.2.1　卤素

卤素指元素周期表中ⅦA 族元素，包括氟、氯、溴、碘和砹。卤素原意为成盐元素，它们都容易形成盐，氯、溴、碘的化合物是盐卤的主要成分。其中砹为放射性元素，它的半衰期很短，自然界的砹只短暂地存在于镭、钍的蜕变产物中，它具有其他卤素的一般特性。卤素的主要性质列于表 9-7。

表 9-7　　卤素的性质

	氟 F	氯 Cl	溴 Br	碘 I
原子序数	9	17	35	53
价电子构型	$2s^22p^5$	$3s^23p^5$	$4s^24p^5$	$5s^25p^5$
共价半径 r/pm	64	99	114	127
第一电离能 I_1/kJ · mol^{-1}	1681	1251	1140	1008
电子亲和能 Y/kJ · mol^{-1}	327.9	348.8	324.6	295.3
电负性	4.0	3.0	2.8	2.5
$E^{\ominus}(X_2/X^-)$/V	2.87	1.36	1.07	0.54
熔点/℃	−220	−101	−7.3	113
沸点/℃	−188	−34.5	59	183
物态	气态	气态	液态	固态
颜色	淡黄	黄绿	红棕	紫黑

卤素原子的价层电子构型为 ns^2np^5，容易得到一个电子而变成稳定的 8 电子构型 X^-。卤素是各周期中有效核电荷最大的，原子半径则是最小的，因此卤素单质的非金属性很强，表现出明显的氧化性。原子半径按 F—Cl—Br—I 顺序递增，得电子能力递减。从标准电极电势看，氟、氯是强氧化剂。

卤素在化合物中最常见的氧化值是−1。在形成卤素的含氧酸及其盐时，可以表现出正氧化值+1，+3，+5 和+7。氟的电负性最大，不能出现正氧化值。

1. 卤素的单质

a. 物理性质

卤素单质是同种卤原子之间以共价键结合而成的双原子分子 F_2，Cl_2，Br_2，I_2。它们都是非极性分子，在固态时为分子晶体。由 F_2 至 I_2，随着相对分子质量的增大，分子间的色散力逐渐增强，熔、沸点依次升高。常温下，氟、氯为气体，溴为液体，碘为固体(易升华)。卤素单质的颜色也随着相对分子质量的增大，从 F_2 到 I_2 逐渐加深。

卤素单质在极性大的水中溶解度较小，而易溶于非极性或极性较小的有机溶剂。所有的卤素都具有刺激性气味，吸入较多的蒸气会导致中毒，甚至死亡。

b. 化学性质

卤素在其同周期的元素中非金属性最为突出，它们都显示出活泼的化学性质。

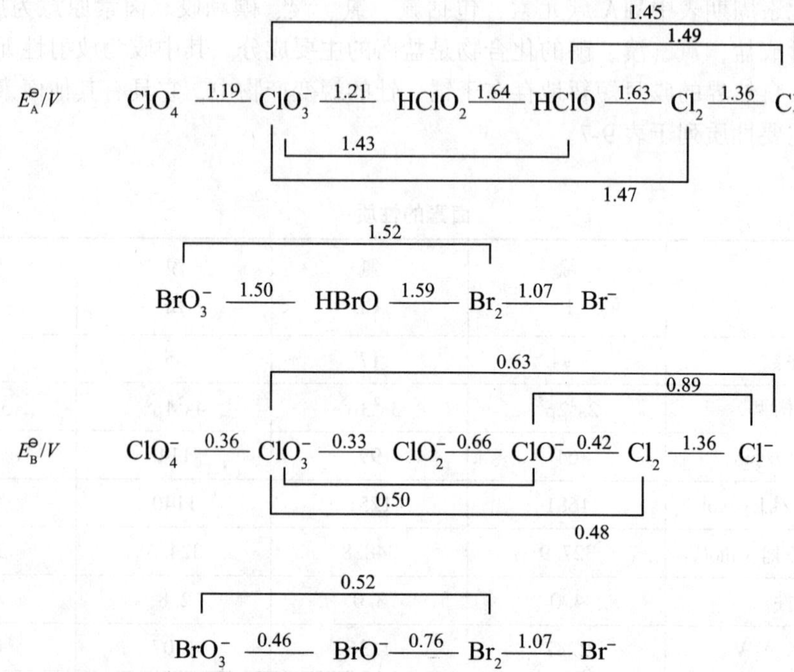

(1)与水、碱的反应。卤素与水可发生两类反应：

$$2X_2+2H_2O \rightleftharpoons 4H^++4X^-+O_2 \quad (1)$$

$$X_2+H_2O \rightleftharpoons H^++X^-+HXO \quad (2)$$

反应(1)为卤素的氧化反应，反应(2)为歧化反应。F_2 与水的反应主要按反应(1)进行，能激烈地放出 O_2。Cl_2 与水主要按反应(2)发生，生成盐酸和次氯酸，后者在日光照射下可以分解出 O_2：

$$Cl_2+H_2O \rightleftharpoons HCl+HClO$$

$$2HClO \xrightarrow{h\nu} 2HCl+O_2$$

Br_2 和 I_2 与纯水的反应极不明显，只是在碱性溶液中才能显著发生类似反应(2)的歧化反应：

$$Br_2+2KOH \longrightarrow KBr+KBrO+H_2O$$

$$3I_2+6NaOH \longrightarrow 5NaI+NaIO_3+3H_2O$$

(2)卤素间的置换反应。卤素单质从 F_2 到 I_2 氧化性逐渐减弱，前面的卤素可以从卤化物中将后面(非金属性较弱)的卤素置换出来，例如：

$$Cl_2+2KBr \longrightarrow 2KCl+Br_2$$

$$Cl_2+2KI \longrightarrow 2KCl+I_2$$

这就是从晒盐后的苦卤生产溴，或由海藻灰提取碘的反应。

此外，还可以发生另一类置换反应，例如：

$$I_2+2ClO_3^- \longrightarrow 2IO_3^-+Cl_2$$

$$Br_2+2ClO_3^- \longrightarrow 2BrO_3^-+Cl_2$$

(3)与金属、非金属作用。F_2 能与所有的金属，以及除了 O_2 和 N_2 以外的非金属直接化合，它与 H_2 在低温暗处也能发生爆炸。Cl_2 能与多数金属和非金属直接化合，但有些反应需要加热。Br_2 和 I_2 要在较高温度下才能与某些金属或非金属化合。

(4)几种特殊反应。F_2，Cl_2，Br_2 可与饱和烃、不饱和烃分别发生取代和加成反应，生成卤代烃，氯的这类反应在有机化学中极为重要。

氯气与氨相遇，能产生白雾，这是因为生成了 NH_4Cl：

$$2NH_3+3Cl_2 \longrightarrow 6HCl+N_2$$

$$HCl+NH_3 \longrightarrow NH_4Cl$$

此反应可用以检查氯气管道是否漏气。

I_2 难溶于水，但 I_2 在 KI 或其他碘化物溶液中的溶解度却明显增加，这是因为生成了可溶性的 I_3^- 的缘故：

$$I_2+I^- \rightleftharpoons I_3^-$$

目前已知 Br_3^-、Cl_3^- 存在，但远不及 I_3^- 稳定。

c. 制备与用途

(1)氟。自然界氟的矿物主要有萤石(CaF_2)，还有冰晶石(Na_3AlF_6)和氟磷灰石矿{$Ca_5(PO_4)_3F$}等。

制取氟通常采用电解法，用 Cu-Ni 合金制成电解槽，兼作阴极；石墨作阳极。电解液由 KHF_2 和无水 HF 组成，在 72℃时可以熔化。电解反应如下：

$$2KHF_2 \longrightarrow H_2+F_2+2KF$$

为防止产物 F_2 和 H_2 混合发生爆炸，需用特制的合金隔膜将两极严格分开。

由于氟是最活泼的非金属元素，且毒性很大，所以制备和保存其单质都极为困难，通常都是需要时才制备，制得产品后立即使用。

氟在原子能工业中用以分离铀的同位素；制造具有高强度、耐热、抗腐蚀的“塑料王”，即聚四氟乙烯；含 C—F 键的全氟烃，被广泛用于炒锅、铲雪车铲的防黏涂层和人造血液；由 ZrF_4，BaF_2 和 NaF 组成的氟化物光导纤维，对光的透明度比现在使用的以 SiO_2 为主的氧化物光导纤维高百余倍，可使原 200 多千米即需增音的距离扩展到 2 万余千米。

(2)氯。以 NaCl 的形式大量存在于海水和岩盐中，工业上电解 NaCl 溶液制烧碱或电解熔融 NaCl 制金属钠，都可得到副产品氯气。

实验室可以通过下列反应制备氯气：

$$4HCl(浓)+MnO_2 \longrightarrow MnCl_2+Cl_2\uparrow+2H_2O$$

或

$$2NaCl+3H_2SO_4(浓)+MnO_2 \longrightarrow 2NaHSO_4+MnSO_4+Cl_2\uparrow+2H_2O$$

Cl_2 是廉价的强氧化剂及重要的化工原料，除用于合成盐酸，还用于生产农药、医药和染料，以及纺织品和纸张的漂白、自来水的消毒等。

(3)溴和碘。Br_2 主要用于药物、染料、感光材料、汽车抗震添加剂、催泪剂的生产。

I_2 是制备碘化物的原料，医药上常用于制备镇痛剂和消毒剂，“碘酒”一般是含碘 2% 的酒精溶液。

实验室常用氯化法获取溴和碘，例如：

$$Cl_2+2Br^- \longrightarrow 2Cl^-+Br_2$$

$$Cl_2+2I^- \longrightarrow 2Cl^-+I_2$$

制碘时 Cl_2 需控制适量，过多的 Cl_2 会将 I_2 进一步氧化为 HIO_3。也可用 MnO_2（和 H_2SO_4）作氧化剂制取碘：

$$2I^-+MnO_2+4H^+ \longrightarrow Mn^{2+}+I_2+H_2O$$

制得的 Br_2 或 I_2，均可用有机溶剂如 CCl_4、苯等进行萃取分离。

自然界 90% 以上的溴以 NaBr，KBr 和 $MgBr_2$ 的形式存在于海水中。工业上通常先用 H_2SO_4 调节晒盐后的苦卤至 pH 为 3.5 左右，通入氯气置换出 Br_2。再利用歧化-逆歧化原理提高浓度；用空气将 Br_2 吹出，用 Na_2CO_3 溶液吸收富集；最后用 H_2SO_4 将其酸化，加热将 Br_2 蒸出。有关的化学反应如下：

$$3Br_2+3CO_3^{2-} \longrightarrow 5Br^-+BrO_3^-+3CO_2\uparrow$$

$$5Br^-+BrO_3^-+6H^+ \longrightarrow 3Br_2+3H_2O$$

碘部分来自于自然界的碘酸钠（$NaIO_3$），常用 $NaHSO_3$ 作还原剂使 IO_3^- 还原为 I_2：

$$2IO_3^-+5HSO_3^- \longrightarrow 5SO_4^{2-}+3H^++H_2O+I_2$$

碘也富集在某些海藻植物中，从海藻灰中提取碘，其制备原理和方法与提取溴相似。

2. 卤化氢和氢卤酸

a. 卤化氢的性质

卤素与氢的化合物 HF，HCl，HBr，HI 合称卤化氢，常温常压下卤化氢均为无色有刺激性气味的气体。表 9-8 列出了它们的主要性质。

表 9-8 **卤化氢的性质**

卤化氢	HF	HCl	HBr	HI
相对分子质量	20.0	36.46	80.91	127.91
键长 l/pm	91.8	127.4	140.8	160.8
键能 E/kJ · mol^{-1}	568.6	431.8	365.7	298.7
生成热/kJ · mol^{-1}	−271	−92.3	−36.4	26.5
分子偶极矩 ρ/10^{-30}C · m	6.4	3.61	2.65	1.27
熔点/℃	−83.1	−114.8	−88.5	−50.8
沸点/℃	−19.5	−84.9	−67	−35.4
饱和溶液质量分数 w	35.3	42	49	57

b. 氢卤酸的性质

卤化氢都是共价型分子，在固态时为分子晶体，熔点、沸点都很低，但随相对分子质量增大，按 HCl—HBr—HI 顺序递增。若按分子偶极的大小，其取向力应依次递减。但另一方面，分子的变形性在递增，其色散力依次增大。后者起了主要作用，故 HX 分子间的范德华力依次增大，致使其熔点、沸点递增。

HF 的熔点、沸点并不是最低的。这是由于在 HF 分子间存在氢键，形成了氟化氢的缔合分子$(HF)_n$之故。

卤化氢溶于水即成氢卤酸，它们都有广泛的用途，尤其是盐酸。浓的氢卤酸打开瓶盖就会“冒烟”，这是由于挥发出的卤化氢与空气中的水蒸气结合形成了酸雾，这种挥发性质会导致酸的浓度有所下降。

(1)氢卤酸的酸性。氢卤酸(18℃，$0.1mol \cdot L^{-1}$)的表观解离度为

HX	HF	HCl	HBr	HI
解离度/%	10	93	93	95

除氢氟酸外，其余都是强酸。

(2)氢卤酸的还原性。氢卤酸还原性的强弱可由它们的标准电极电势值来衡量，在水溶液中，卤素阴离子还原能力的顺序依次是

$$F^- < Cl^- < Br^- < I^-$$

其中，F^-的还原能力最弱，I^-的还原能力最强。事实上，HF 不能被任何氧化剂所氧化；HCl 只为一些强氧化剂如 $KMnO_4$，PbO_2，$K_2Cr_2O_7$，MnO_2 等所氧化。例如：

$$2KMnO_4+16HCl \longrightarrow 2KCl+2MnCl_2+5Cl_2\uparrow+8H_2O$$

$$MnO_2+4HCl \longrightarrow MnCl_2+Cl_2+2H_2O$$

上述反应可用于实验室制取氯气。

(3)氢氟酸的特殊性。氢氟酸的酸性、还原性都很弱，但对人的皮肤、骨骼有强烈的腐蚀性。它与 SiO_2 或玻璃发生反应生成气态 SiF_4，因此不可用玻璃瓶盛装氢氟酸，甚至 NH_4F 溶液：

$$SiO_2+4HF \longrightarrow SiF_4\uparrow+2H_2O$$

氢氟酸是一元酸，但能形成形式上的酸式盐 $NaHF_2$ 或 KHF_2 等，这是因为 HF 解离出的 F^-能与未解离的 HF 分子通过配位键结合为二氟氢离子 HF_2^-：

$$F^-+HF \rightleftharpoons HF_2^-$$

氢氟酸是弱酸($K_a^\ominus=6.6\times10^{-4}$)，但与 BF_3，AlF_3，SiF_4 等配合成相应的 HBF_4，$HAlF_4$，H_2SiF_6后，其酸性皆大大增强。

3. 卤化物

卤化物指卤素与电负性较小的元素形成的化合物。几乎所有的金属和非金属都能形成卤化物，其范围广泛，性质各异。

(1)键型与熔、沸点。卤素与ⅠA，ⅡA 和ⅢB 族的绝大多数金属元素形成离子型卤化物，离子型卤化物一般都具有较高的熔点和沸点，熔融体或水溶液能导电。卤素与非金属则形成共价型卤化物，共价型卤化物的熔点、沸点较低，熔融后不导电，能溶于非极性溶剂。其他金属的卤化物则属于过渡键型，但是这两种类型的卤化物并没有严格的界限。

同一金属不同氧化态的卤化物，以高氧化态的共价性较为显著，熔点、沸点比较低，挥发性也比较强(见表9-9)。

表9-9　**几种金属卤化物的熔沸点**

卤化物	$SnCl_2$	$SnCl_4$	$PbCl_2$	$PbCl_4$	$SbCl_3$	$SbCl_5$
熔点/℃	246.8	-33	501	-15	73	3.5
沸点/℃	623	114.1	950	105	223.5	79

同一金属不同卤素的卤化物，由于卤素的电负性按 F—Cl—Br—I 的顺序依次减小，且变形性依次增大，所以键型由离子型过渡到共价型，晶体类型由离子晶体过渡到分子晶体，熔点、沸点也依次降低。表9-10的数据说明了这种变化趋势。

表9-10　**卤化铝的性质及结构**

卤化铝	AlF_3	$AlCl_3$	$AlBr_3$	AlI_3
熔点/℃	1040	193(加压)	97.5	191
沸点/℃	1200	183(升华)	268	382
键型	离子型	过渡型	共价型	共价型
晶体类型	离子晶体	过渡型晶体	分子晶体	分子晶体

表9-10中，AlI_3 的熔点、沸点高于 $AlBr_3$ 的，这是因为它们虽同属分子晶体，但 AlI_3 具有较大的相对分子质量和体积，分子间的色散力较强的缘故。

(2)溶解性和水解性。多数金属卤化物易溶于水，常见的氯化物中难溶的只有 AgCl，Hg_2Cl_2，$PbCl_2$，CuCl 和 CuI。除碱金属卤化物外，大多数金属卤化物在溶解于水的同时，都会发生不同程度的水解，金属离子的碱性越弱，其水解程度就越大。

非金属卤化物，除 CCl_4 和 SF_6 等少数难溶于水者外，大多遇水即强烈水解，生成相应的含氧酸和氢卤酸。例如：

$$PCl_3+3H_2O \longrightarrow H_3PO_3+3HCl$$
$$SiCl_4+3H_2O \longrightarrow H_2SiO_3+4HCl$$

(3)热稳定性。卤化物的热稳定性差别很大，一般说来，金属卤化物的热稳定性比非金属卤化物明显地高；比较同一元素的卤化物，它们的热稳定性按 F—Cl—Br—I 的顺序依次降低。例如，PF_5稳定而难分解，PCl_5热至300℃可分解为 PCl_3 和 Cl_2，PBr_5熔融时已开始分解，PI_5尚未制得。

(4)配位性。卤素离子能与多数金属离子形成配合物，例如$[AlF_6]^{3-}$，$[FeF_6]^{3-}$，$[HgI_4]^{2-}$。它们多易溶于水，在化学中常用于难溶盐溶解和金属离子的掩蔽或检出。例如：

$$PbCl_2+2Cl^- \longrightarrow [PbCl_4]^{2-}$$
$$Fe^{3+}+6F^- \longrightarrow [FeF_6]^{3-}$$

4. 氯的含氧酸及其盐

氟以外的卤素能形成氧化值为+1、+3、+5 和+7 的四种含氧酸。表 9-11 是卤素的几种含氧酸。

表 9-11　**卤素的含氧酸**

名　称	卤素氧化值	氯	溴	碘
次卤酸	+1	$HClO^{*}$	$HBrO^{*}$	HIO^{*}
亚卤酸	+3	$HClO_2^{*}$	$HBrO_2^{*}$	—
卤酸	+5	$HClO_3^{*}$	$HBrO_3^{*}$	HIO_3
高卤酸	+7	$HClO_4$	$HBrO_4$	HIO_4，$H5IO_6$

* 指仅存于溶液中。

在这些酸中，除了碘酸和高碘酸能得到比较稳定的固体结晶外，其余都不稳定，且大多只能存在于水溶液中。氟的电负性大于氧，过去认为氟不生成含氧酸，1971 年首次从冰的氟化中制备出 HFO，HIO_2 的存在尚未定论。它们的盐则比较稳定，并得到普遍应用。

卤素含氧酸及其盐最突出的性质是氧化性，较大的电极电势表明卤素的含氧酸都是强氧化剂。此外，歧化反应也是常见的。

a. 次氯酸及其盐

将氯气通入水中即发生歧化反应：

$$Cl_2+H_2O \rightleftharpoons HClO+HCl$$

在这一反应中，Cl_2 分子受 H_2O 分子极性的影响而引起极化，共用电子对发生偏移，并发生不对称分裂。结果一个 Cl 原子略带正电，它和水中的 OH^- 结合成 HClO；另一个 Cl 原子略带负电，它与水中的 H^+ 结合，但生成的 HCl 是强电解质，以离子形式存在。

所生成的次氯酸(HClO)是一种弱酸($K_a^{\ominus}=2.95\times10^{-3}$)，且很不稳定，只能以稀溶液存在。它可按三种方式分解：

(1)
$$2HClO \xrightarrow{日光} 2HCl+O_2$$

(2)
$$2HClO \xrightarrow{脱水剂} Cl_2O+H_2O$$

(3)
$$3HClO \xrightarrow{>75℃} 2HCl+HClO_3$$

由元素电势图可见，HClO 比 Cl_2 有更强的氧化性，故氯水的漂白和杀菌能力比氯气更强。

Cl_2 在水中的溶解度不大，加之氯水稳定性较差，运输、储存困难，因此氯水的实用价值不太大。

如果将氯气通入冷的碱溶液中，则歧化反应进行得很彻底：

$$Cl_2+2NaOH \longrightarrow NaClO+NaCl+H_2O$$

该反应在常温下平衡常数为 7.5×10^{15}，可获得高浓度的 ClO^-，而且 NaClO 的稳定性远高于 HClO，故工业上常以 NaClO 作漂白剂。

ClO^-在碱性溶液中会进一步歧化为ClO_3^-和Cl^-，而且反应的平衡常数更高，此歧化反应在室温下十分缓慢，但是在加热条件下却能很快进行：

$$6NaOH+3Cl_2 \xrightarrow{\triangle} NaClO_3+5NaCl+3H_2O$$

所以，在实际工作中制备 NaClO 溶液时，需在低于室温下进行操作。

工业上，用氯和消石灰作用制取漂白粉：

$$2Cl_2+3Ca(OH)_2+H_2O \xrightarrow{<40℃} Ca(ClO)_2 \cdot 2H_2O+CaCl_2 \cdot Ca(OH)_2 \cdot H_2O$$

漂白粉的有效成分是$Ca(ClO)_2$，约含有效氯35%。将漂白粉分离提纯，可得到高效漂白粉(又称漂白粉精)，其中的有效氯可高达60%～70%。漂白粉广泛用于纺织漂染、造纸等工业中，也是常用的廉价消毒剂。保存时不要暴露在空气中，使用时注意不要与易燃物混合，漂白粉若吸入体内，则会引起鼻喉疼痛，甚至全身中毒。

b. 亚氯酸及其盐

亚氯酸也只能在溶液中存在，尽管其酸性比 HClO 稍强，但并无多大实际用途。其分解反应为

$$8HClO_2 \longrightarrow 6ClO_2+Cl_2+4H_2O$$

亚氯酸盐比$HClO_2$稳定得多。工业级$NaClO_2$为白色结晶，热至350℃仍不分解，但含有水分的$NaClO_2$在130～140℃就开始分解。亚氯酸盐也是一种高效漂白剂及氧化剂，与有机物混合能发生爆炸，应密闭保存在阴凉处。

c. 氯酸及其盐

氯酸是强酸，其强度与 HCl 和HNO_3接近。$HClO_3$虽比 HClO 或$HClO_2$稳定，也只能在溶液中存在。当进行蒸发浓缩时，控制浓度不要超过40%，若进一步浓缩，则会有爆炸危险。$HClO_3$也是一种强氧化剂，但氧化能力不如$HClO_2$和 HClO。

$KClO_3$是最重要的氯酸盐，为无色透明结晶，它比$HClO_3$稳定。$KClO_3$在碱性或中性溶液中氧化作用很弱，在酸性溶液中则为强氧化剂。

有催化剂(如MnO_2，CuO)存在时，$KClO_3$热至300℃左右就会放出氧：

$$2KClO_3 \xrightarrow[\triangle]{催化剂} 2KCl+3O_2$$

若无催化剂，高温时歧化成$KClO_4$和 KCl：

$$4KClO_3 \xrightarrow{\triangle} 3KClO_4+KCl$$

600℃以上，$KClO_4$分解，放出全部的氧：

$$KClO_4 \longrightarrow KCl+2O_2$$

故$KClO_3$在高温时是很强的氧化剂，还须指出，$KClO_3$对热的稳定性虽然比较高，但与有机物或可燃物混合，受热特别是受到撞击极易发生燃烧或爆炸。在工业上$KClO_3$用于制造火柴、烟火及炸药等。$KClO_3$有毒，内服2～3g 就会致命。

目前工业上制备$KClO_3$以电解法为主。如氯碱工业的电解，但电解反应是在无隔膜的电解槽中进行。阳极区产生Cl_2(不放出)；阴极区产生H_2(放出)和 NaOH。

d. 高氯酸及其盐

$HClO_4$与水能以任意比例混合，是无机酸中最强的酸。工业级含量在60%以上，试

剂级含量为70%～72%。$HClO_4$ 广泛用作分析试剂，还用于电镀、医药、人造金刚石的提纯等。

无水高氯酸($HClO_4$)为无色透明的发烟液体，是一种极强的氧化剂，木片纸张与之接触即着火，遇有机物极易引起爆炸，并有极强的腐蚀性。但 $HClO_4$ 的氧化性在冷的稀溶液中则很弱。

$HClO_4$ 可由 $KClO_4$ 与浓 H_2SO_4 复分解制得，再在低于92℃下真空精馏出 $HClO_4$：

$$KClO_4+H_2SO_4(浓)\longrightarrow KHSO_4+HClO_4$$

高氯酸盐多是无色晶体，它们的溶解度颇为特殊。例如 K^+，Rb^+，Cs^+的硫酸盐、硝酸盐等都是可溶的，而这些离子的高氯酸盐却难溶。基于此分析化学中用高氯酸定量测定 K^+，Rb^+，Cs^+。

高氯酸盐的水溶液几乎没有氧化性，但固体盐在高温下能分解出氧，有强氧化性：

$$KClO_4\xrightarrow{\triangle}KCl+2O_2\uparrow$$

9.2.2 氧和硫

1. 氧及其化合物

a. 氧

氧是地壳中含量最多的元素，有^{16}O，^{17}O，^{18}O 三种同位素，能形成 O_2 和 O_3 两种单质。

O_2 是无色、无臭的气体，常温下1L水中可溶解49mL氧气。

氧的用途广泛，主要用于助燃和呼吸。切割、焊接金属的氧炔焰温度高达3000℃；液态氧、氢的剧烈燃烧可使火箭飞向太空；木屑、煤粉浸泡在液氧中制成的“液态炸药”使用方便，成本低廉；富氧空气在医疗急救、登山、高空飞行中普遍使用。

O原子的价电子构型为$2s^22p^4$，2个氧原子结合成1个氧分子(O_2)，根据价键理论的电子配对法则来看，O_2 分子中应有双键存在。但从氧的分子光谱得知，它应有2个自旋平行的未成对电子，故从新的价键理论推断，O_2 分子的结构简式应为

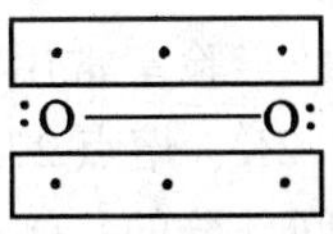

式中，[· · ·]表示由3个电子构成的 π 键，称为3电子 π 键。简式表明 O_2 分子中存在三键，即一个 σ 键和两个3电子 π 键。每个3电子 π 键中有1个未成对电子，2个 π 键则有2个未成对电子，并且自旋平行，致使 O_2 表现出顺磁性。

3电子 π 键比2电子 π 键弱得多，键能约为其1/2，故 O_2 的化学性质比较活泼。在适当条件下氧能与某些单质直接化合，也能将许多氢化物、硫化物或低价化合物氧化。

工业上制取氧气多用分离液态空气或电解水的方法，前者可以得到99.5%的液氧，以15MPa的压力压入钢瓶。实验室常用 $KClO_3$ 或 $KMnO_4$ 等含氧化合物的热分解法制备。

b. 臭氧

臭氧是浅蓝色气体，有特殊的鱼腥臭味。O_3 是 O_2 的同素异形体。空气中放电，例如

雷击、闪电或电焊时，都会有部分氧气转变成臭氧。

离地面20~40km的高空处，存在较多的臭氧，称为臭氧层。其中的O_3是由太阳的紫外辐射引发O_2分子解离成的O原子与O_2分子作用形成的：

$$O_2 \xrightarrow{h\nu} 2O$$

$$O + O_2 \longrightarrow O_3$$

生成的O_3在紫外辐射的作用下能重新分解为O和O_2，保证O_3在臭氧层的平衡，也避免了过多的太阳紫外线到达地球表面，减弱了它对地球生物的伤害。研究表明，能使臭氧层遭到破坏的污染物很多，例如NO，CO，SO_2，H_2S和CCl_2F_2，其中NO和CCl_2F_2被公认为是最大的臭氧消耗剂。

O_3是比O_2更强的氧化剂，比较它们的标准电极电势：

酸性溶液 $O_2 + 4H^+ + 4e^- \longrightarrow 2H_2O$ $E^{\ominus} = +1.229V$

$O_3 + 2H^+ + 2e^- \longrightarrow O_2 + H_2O$ $E^{\ominus} = +2.07V$

碱性溶液 $O_2 + 2H_2O + 4e^- \longrightarrow 4OH^-$ $E^{\ominus} = +0.401V$

$O_3 + H_2O + 2e^- \longrightarrow O_2 + 2OH^-$ $E^{\ominus} = +1.24V$

一般条件下，O_3能氧化许多不活泼的单质如Hg，Ag，S等，而O_2则不能。例如，在臭氧的作用下，润湿的硫磺能被氧化成H_2SO_4：

$$S + 3O_3 + H_2O \longrightarrow H_2SO_4 + 3O_2$$

金属银被氧化成黑色的过氧化银：

$$2Ag + 2O_3 \longrightarrow Ag_2O_2 + 2O_2$$

碘遇淀粉呈蓝色，因此浸过KI的淀粉试纸可用来检出臭氧：

$$2KI + O_3 + H_2O \longrightarrow I_2 + O_2 + 2KOH$$

臭氧可用作纸浆、棉麻、油脂、面粉等的漂白剂，饮水的消毒剂以及废水、废气的净化。在化工制备上，用臭氧氧化代替催化氧化和高温氧化，能简化工艺流程，提高产率。近年来，臭氧还被用于洗涤衣物，能起到杀菌、除臭、节省洗涤剂和减少污水的作用。

c. 过氧化氢

过氧化氢(H_2O_2)，俗称双氧水，是实验室常用的重要化学试剂。能和水以任意比例混合。纯品为无色黏稠液体，沸点423.2K、熔点272.6K。

H_2O_2的结构是H—O—O—H，中间部分的—O—O—称为过氧键。2个H原子和O原子并非在同一平面上，而具立体结构，如图9-1所示。H_2O_2中的氧均采取不等性sp^3杂化。

H_2O_2分子间由于存在氢键而有缔合作用，其缔合程度大于水，密度约是水的1.5倍。H_2O_2的主要性质如下：

(1)热稳定性差。H_2O_2中过氧键—O—O—的键能较小，不稳定，可按下式分解(此反应室温下不明显，150℃以上剧烈)：

$$2H_2O_2 \longrightarrow 2H_2O + O_2$$

浓度高于65%的H_2O_2和有机物接触时，容易发生爆炸。光照、加热或在碱性溶液中分解加速，故常用棕色瓶储存，放置阴凉处。微量的Mn^{2+}，Cr^{3+}，Fe^{3+}，Fe^{2+}，MnO_2等对

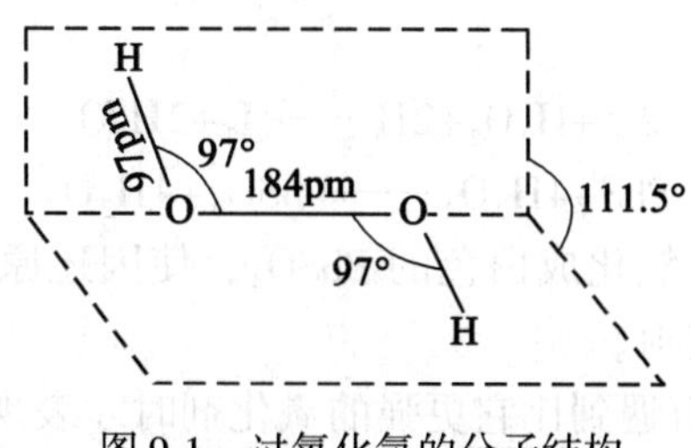

图 9-1　过氧化氢的分子结构

H_2O_2 的分解有催化作用，所以 H_2O_2 的生产中需尽量防止这些重金属离子，特别是 Fe^{2+} 的污染。然而微量锡酸钠、焦磷酸钠或8-羟基喹啉等能增加它的稳定性，可被用作稳定剂。

（2）弱酸性。H_2O_2 是一种极弱的酸：

$H_2O_2 \longrightarrow H^+ + HO_2^-$；$K_1^{\ominus} = 2.2\times10^{-12}$（25℃），$K_2^{\ominus}$ 更小，约为 10^{-25}

由于它的弱酸性，H_2O_2 可与金属氢氧化物作用而生成金属过氧化物，例如：

$$H_2O_2 + Ba(OH)_2 \longrightarrow BaO_2 + 2H_2O$$

（3）氧化性和还原性。H_2O_2 中氧的氧化值为-1，这种中间氧化态预示它既具有氧化性又具有还原性。其还原产物和氧化产物分别为 H_2O（或 OH^-）和 O_2，不会给介质带入杂质，是一种理想的氧化剂或还原剂。氧的元素电势图如下：

$E_A^{\ominus}/V$　　$O_2 \xrightarrow{+0.682} H_2O_2 \xrightarrow{+1.776} H_2O$　（$O_2 \xrightarrow{+1.229} H_2O$）

$E_B^{\ominus}/V$　　$O_2 \xrightarrow{-0.076} HO_2^- \xrightarrow{+0.88} H_2O$　（$O_2 \xrightarrow{+0.401} H_2O$）

从元素电势图看，无论哪种介质，$E_{右}^{\ominus}$ 都远大于 $E_{左}^{\ominus}$，故 H_2O_2 歧化的趋势很大，但因歧化反应的速率很小，因此温度不高时，H_2O_2 的浓度很大甚至纯态都还能稳定存在。酸性介质中，H_2O_2 似应为很强的氧化剂，甚至应该可以氧化 Mn^{2+} 为 MnO_2 或 MnO_4^-，实际不然。因为

$$H_2O_2 + Mn^{2+} \longrightarrow MnO_2 + 2H^+$$

由于 $E_A^{\ominus}(MnO_2/Mn^{2+}) = 1.23V$，$E_A^{\ominus}(O_2/H_2O_2) = 0.682V$，所以生成的 MnO_2 反过来又可氧化 H_2O_2 并生成 O_2：

$$MnO_2 + H_2O_2 + 2H^+ \longrightarrow Mn^{2+} + O_2 + 2H_2O$$

这种 Mn^{2+} 的先氧化后还原的反应，使其穿梭于 Mn^{2+} 和 MnO_2 两种氧化态之间，并保持反应前后的形态不变，因此，Mn^{2+} 实际是作为催化剂，催化了 H_2O_2 的歧化反应：

$$2H_2O_2 \longrightarrow 2H_2O + O_2$$

分析这类反应后发现，电极电势处在1.776V和0.682V之间的电对的还原态多半是 H_2O_2 歧化反应的有效催化剂，如 MnO_4^-/MnO_2，PbO_2/Pb^{2+}，甚至非金属电对 Cl_2/Cl^-，Br_2/Br^- 等的还原态，在酸性介质中大多会或快或慢地发生先氧化后还原的催化作用，所以实际上它们不会被 H_2O_2 所氧化，因而在化学工作中也往往不把 H_2O_2 作为强氧化剂看

待。对于那些 $E_A^{\ominus}<0.682V$ 的电对的还原态与 H_2O_2 发生的氧化还原反应还是很容易进行的。

$$2I^- + H_2O_2 + 2H^+ \longrightarrow I_2 + 2H_2O$$

$$PbS + 4H_2O_2 \longrightarrow PbSO_4 + 4H_2O$$

后一反应能使黑色的 PbS 氧化成白色的 $PbSO_4$，使因还原而变黑的艺术品得以变白，常被用于修复早期的油画和壁画。

H_2O_2 的还原性较弱，只有遇到比它更强的氧化剂时才表现出来。

$$2MnO_4^- + 5H_2O_2 + 6H^+ \longrightarrow 2Mn^{2+} + 5O_2 + 8H_2O$$

$$MnO_2 + H_2O_2 + 2H^+ \longrightarrow Mn^{2+} + O_2 + 2H_2O$$

$$Cl_2 + H_2O_2 \longrightarrow 2HCl + O_2$$

第一个反应可用来测定 H_2O_2 的含量；第二个反应用于清洗附有 MnO_2 污迹的器皿；最后一个反应用以除去残留氯。

H_2O_2 的主要用途是基于它的氧化性。浓度为3%的 H_2O_2 在医药上用作消毒剂；在纺织上用作漂白剂和脱氯剂。H_2O_2 浓溶液和蒸气对人体都有较强的刺激作用和烧蚀性；30%的 H_2O_2 接触皮肤时，会使皮肤变白并有刺痛感；H_2O_2 蒸气对眼睛黏膜有强烈的刺激作用。人体若接触浓的 H_2O_2，须立即用大量水冲洗。

d. 氧化物

氧化物是存在极为广泛的一类化合物，几乎所有的元素都能直接或间接的形成氧化物。以下讨论二元氧化物的两种性质。

(1)键型与结构。氧化物的键型可分为离子型、共价型和过渡型。由于氧的电负性很大，变形性又不太大，故多数金属氧化物都是由离子键形成的离子化合物，其固体属离子晶体，具有较高的熔点、沸点和硬度。对于金属性不强的金属的氧化物如 PbO，SnO 等虽主要表现为共价性，但因晶体为层状结构而具有较高的熔点。氧化值很高的过渡金属氧化物如 CrO_3，Mn_2O_7 等多为比较典型的分子晶体，熔点、沸点均较低。非金属氧化物都是共价键，多数也为熔点、沸点较低的分子晶体；少数非金属氧化物为巨型分子(如 SiO_2 为原子晶体，B_2O_3 为层状晶体，SeO_2 为链状晶体)，它们也都有相当高的熔点、沸点。

(2)酸碱性。按酸碱性，氧化物可分为以下4类：

①酸性氧化物。与碱反应生成盐和水，如 B_2O_3，CO_2，SiO_2，SO_3，P_4O_{10} 等。

②碱性氧化物。与酸反应生成盐和水，如 Na_2O，CaO 等。

③两性氧化物。与酸或碱反应都生成盐和水，如 BeO，ZnO，Al_2O_3，Cr_2O_3 等。

④不成盐氧化物。与酸和碱皆不反应，如 CO，N_2O 等。

在周期表中，元素氧化物的酸碱性呈现以下递变规律：

①同周期元素最高氧化值的氧化物从左往右，碱性递减，酸性递增；

②同族元素，相同氧化值的氧化物从上往下，酸性递减，碱性递增(这一规律在 d 区表现不明显)；

③同一元素，不同氧化值的氧化物，其氧化值从低到高，碱性递减，酸性递增。

2. 硫及其化合物

S 原子的价层电子构型为 $3s^23p^4$，能形成−2，+2，+4，+6 等多种氧化值的化合物。

硫在地壳中的含量只有0.052%，居元素丰度第16位，但在自然界的分布很广。它的矿物常以3种形态存在，即单质硫、硫化物和硫酸盐，其中以硫化物矿为主。已知有闪锌矿（ZnS）、方铅矿（PbS）、黄铁矿（FeS_2）、辉锑矿（Sb_2S_3）等数十种。硫酸盐矿有石膏（$CaSO_4$）、天青石（$SrSO_4$）、重晶石（$BaSO_4$）等。单质硫的矿床常蕴藏在火山附近。

a. 单质硫

硫有3种常见的同素异形体：斜方硫（菱形硫）、单斜硫和弹性硫。天然硫即斜方硫，为柠檬黄色固体，它在95.5℃以上逐渐转变为颜色较深的单斜硫：

$$\text{斜方硫} \xrightleftharpoons{95.5℃} \text{单斜硫}$$

斜方硫和单斜硫都是分子晶体，且每个分子都是由8个S原子组成的环状结构。由于S_8分子间只有微弱的范德华力，故这两种硫的熔点都比较低。它们都不溶于水，而易溶于CS_2和CCl_4等有机溶剂。

将加热至约200℃的熔融硫迅速倒入冷水中，得到棕黄色玻璃状弹性硫。弹性硫不溶于任何溶剂，在空气中可以缓慢地转为晶态硫，室温下需要1年时间才能转变完全。

硫的化学性质与氧相比较，氧化性较弱，但在一定条件下也能与许多金属和非金属作用，形成硫化物。

$$2Al+3S \xrightarrow{\triangle} Al_2S_3$$

$$C+2S \xrightarrow{\triangle} CS_2$$

硫还能与热的浓H_2SO_4和HNO_3反应（表现出还原性）：

$$S+2H_2SO_4(\text{浓}) \xrightarrow{\triangle} 3SO_2+2H_2O$$

$$S+2HNO_3 \xrightarrow{\triangle} H_2SO_4+2NO$$

硫在碱性溶液中也可发生歧化反应：

$$3S+6NaOH \xrightarrow{\triangle} 2Na_2S+Na_2SO_3+3H_2O$$

单质硫可从天然矿床或硫化物中制得，工业上从黄铁矿提取硫的反应为

$$3FeS_2+12C+8O_2 \longrightarrow Fe_3O_4+12CO+6S$$

世界上每年消耗大量的硫，大部分用于制备H_2SO_4。橡胶工业，造纸工业，火柴、烟火、硫化物、硫酸盐生产中也消耗可观的硫。在漂染工业、农药的生产中也用到硫。

b. 硫化氢和硫化物

（1）硫化氢。

H_2S是无色有臭蛋味的有毒气体，分子结构与H_2O相似呈V形，也是极性分子，但其极性比H_2O弱，熔点、沸点比水低得多。H_2S能溶于水，20℃时1体积水能溶解2.6体积的H_2S，大约浓度为$0.1mol \cdot L^{-1}$。完全干燥的H_2S气体很稳定，不易和空气中的O_2作用。其水溶液的稳定性却显著下降，在空气中很快析出游离硫，而使溶液变浑浊：

$$2H_2S+O_2 \longrightarrow 2S\downarrow +2H_2O$$

H_2S的水溶液称为氢硫酸，它是二元弱酸

$$H_2S \longrightarrow H^++HS^-;\ K_1^{\ominus}=1.32\times10^{-7}$$

$$HS^- \longrightarrow H^++S^{2-};\ K_2^{\ominus}=7.10\times10^{-15}$$

从上述两步平衡关系可以得出：

$$K_1^{\ominus} \cdot K_2^{\ominus} = 9.37 \times 10^{-22}$$

氢硫酸溶液中 S^{2-} 浓度的大小，在很大程度上取决于溶液的酸度。在酸性溶液中通入 H_2S，它只能供给极低浓度的 S^{2-}。但在碱性溶液中，它则可供给较高浓度的 S^{2-}。金属硫化物在水中的溶解度差异甚大，通过 H^+ 浓度的改变对 S^{2-} 浓度的控制作用，可以达到各种金属硫化物的分级沉淀，使其得以分离。

由于 H_2S 中硫的氧化值为-2，所以 H_2S 是还原剂。由标准电极电势可看出，在碱性溶液中还原性更强一些：

酸性溶液　$S+2H^++2e^- \longrightarrow H_2S$；$E^{\ominus}=+0.141V$

碱性溶液　$S+2e^- \longrightarrow S^{2-}$；$E^{\ominus}=-0.508V$

S^{2-} 被氧化成单质 S，但遇强氧化剂时也可生成 S(Ⅳ)或 S(Ⅵ)的化合物。例如：

$$3H_2SO_4(浓)+H_2S \longrightarrow 4SO_2+4H_2O$$

$$4Cl_2+H_2S+4H_2O \longrightarrow H_2SO_4+8HCl$$

实验室制备少量 H_2S，常利用以下反应：

$$FeS+2HCl \longrightarrow FeCl_2+H_2S$$

工业上需要大量 H_2S 时，用金属硫化物(多用 Na_2S)与非氧化性酸(HCl 或稀 H_2SO_4)作用来制取。大量 H_2S 则是石油炼制工业在加工高含硫原油过程中的副产品，可通过适度的催化氧化从中回收大量硫磺。

(2)硫化物。

金属和硫直接反应或氢硫酸和金属盐溶液反应可制得金属硫化物。因 S^{2-} 半径大于 O^{2-}，因此 S^{2-} 变形性大于 O^{2-}，S^{2-} 与金属离子间作用力较强，所以金属硫化物溶解度多数较小。根据硫化物的溶解性大致可分为五种情况。

①碱金属硫化物可溶于水，碱土金属硫化物能溶于水，但溶解度不大，溶于水后溶液呈碱性。

$$Na_2S+H_2O \rightleftharpoons NaHS+NaOH$$

$$2CaS+2H_2O \rightleftharpoons Ca(HS)_2+Ca(OH)_2$$

可溶性硫化物主要表现为还原性。

②完全水解的硫化物，如 Al_2S_3，Cr_2S_3 等。

$$Al_2S_3+6H_2O \longrightarrow 2Al(OH)_3+3H_2S\uparrow$$

③不溶于水而溶于 HCl 的硫化物，如 MnS，FeS，NiS，CoS，ZnS 等溶度积常数较大的硫化物，溶于 HCl 后生成氯化物及 H_2S。例如：

$$FeS+2H^+ \longrightarrow Fe^{2+}+H_2S$$

对于溶度积较小的硫化物，如 PbS 可使用提高酸度(加浓 HCl)的方法，高浓度的 H^+ 能使 S^{2-} 的浓度显著降低；高浓度的 Cl^- 又使金属离子 M^{2+} 的浓度降低，从而使硫化物溶解。例如：

$$PbS+2H^++4Cl^- \longrightarrow [PbCl_4]^{2-}+H_2S$$

④不溶于 HCl 而溶于 HNO_3 的硫化物，如 CuS，Bi_2S_3 等溶度积常数更小的硫化物，

利用浓 HCl 降低 S^{2-} 和 M^{2+} 浓度的办法已不能满足要求，所以需用 HNO_3 将 S^{2-} 氧化，从而使其溶解。例如：

$$3CuS+8HNO_3 \longrightarrow 3Cu(NO_3)_2+3S\downarrow+2NO\uparrow+4H_2O$$

⑤溶于王水的硫化物，像 HgS 这样溶度积常数特别小的硫化物，通过王水的酸效应、氧化效应和配位效应使之溶解。

$$3HgS+2HNO_3+12HCl \longrightarrow 3[HgCl_4]^{2-}+6H^++3S\downarrow+2NO\uparrow+4H_2O$$

HgS 除了能溶于王水，还能溶于 Na_2S 溶液，是因为生成了配合物：

$$HgS+Na_2S \longrightarrow Na_2[HgS_2]$$

硫化物在酸中的溶解情况与其溶度积的大小有关。以 MS 型硫化物为例，若要使其溶解，必须使 $Q_i<K_{sp}$，势必要求降低 S^{2-} 或 M^{2+} 的浓度。使 S^{2-} 浓度降低的办法有两种：一是提高溶液的酸度，抑制 H_2S 的解离；二是采用氧化剂，将 S^{2-} 氧化。降低 M^{2+} 浓度的办法，可加入配位剂与 M^{2+} 配合。表 9-12 列出了常见金属硫化物的溶解性。

表 9-12　　**金属硫化物的颜色和溶解性**

溶于水的硫化物			不溶于水而溶于稀酸的硫化物			不溶于水和稀酸的硫化物		
化学式	颜色	溶度积	化学式	颜色	溶度积	化学式	颜色	溶度积
						SnS_2	深棕	2.5×10^{-27}
			MnS	肉红	2.5×10^{-10}	CdS	黄	8.0×10^{-27}
Na_2S	白	—	FeS	黑	6.3×10^{-18}	PbS	黑	8.0×10^{-32}
K_2S	白	—	NiS(α)	黑	3.0×10^{-19}			
BaS	白	—	CoS(α)	黑	4.0×10^{-21}	CuS	黑	6.3×10^{-36}
			ZnS	白	2.5×10^{-24}	Ag_2S	黑	6.3×10^{-50}
						HgS	黑	1.6×10^{-52}

许多硫化物具有特殊的颜色，同一种硫化物，由于制备时的工艺条件不同，也可能有不同的颜色。这与硫化物的结构、颗粒大小以及存在某种微量杂质等因素有关。

常见的金属硫化物不少于 20 种，它们有广泛的用途。Na_2S 在工业上称为硫化碱，价格比较便宜，常代替 NaOH 作为碱使用，也是生产硫化染料的重要原料。Ca，Sr，Ba，Zn，Cd 等的硫化物，以及硒化物、氧化物，都是很好的发光材料(需要某些微量重金属离子作激活剂)，广泛用于夜光仪表和电视机中。CdS 和 ZnS 还作为换能器材料用在微声技术中。BaS，CaS，PbS，CdS 和 HgS 等在颜料、染料、农药、医药、焰火、橡胶及半导体工业等方面各有应用。

c. 硫的氧化物和含氧酸

(1)二氧化硫和亚硫酸

SO_2 是无色有强烈刺激性的气味，易液化，液态 SO_2 用作制冷剂，能使系统的温度降至-50℃。

SO_2 易溶于水，常温下 1L 水能溶 40L SO_2，相当于 10% 的溶液。若加热可将溶解的

SO_2 完全赶出。SO_2 溶于水生成不稳定的亚硫酸（H_2SO_3），H_2SO_3 只能在水溶液中存在，游离态的 H_2SO_3 尚未制得。H_2SO_3 是二元中强酸，分两步解离：

$$H_2SO_3 \rightleftharpoons H^+ + HSO_3^-;\ K_1^\ominus = 1.3\times10^{-2}$$
$$HSO_3^- \rightleftharpoons H^+ + SO_3^{2-};\ K_2^\ominus = 6.1\times10^{-8}$$

因此，它能形成正盐和酸式盐，如 Na_2SO_3 和 $NaHSO_3$。

SO_2 既有氧化性又有还原性，但以还原性为主。其电对的标准电极电势为

酸性溶液：

$$H_2SO_3 + 4H^+ + 4e^- \longrightarrow S + 3H_2O;\qquad E^\ominus = +0.45V$$
$$SO_4^{2-} + 4H^+ + 2e^- \longrightarrow H_2SO_3 + H_2O;\qquad E^\ominus = +0.17V$$

碱性溶液：

$$SO_4^{2-} + H_2O + 2e^- \longrightarrow SO_3^{2-} + 2OH^-;\qquad E^\ominus = -0.93V$$

SO_2 或 H_2SO_3 能将 MnO_4^-，Cl_2，Br_2 分别还原为 Mn^{2+}，Cl^- 和 Br^-，碱性或中性介质中，SO_3^- 更易于被氧化，其氧化产物一般都是 SO_4^{2-}：

$$2MnO_4^- + 5SO_3^{2-} + 6H^+ \longrightarrow 2Mn^{2+} + 5SO_4^{2-} + 3H_2O$$
$$Cl_2 + SO_3^{2-} + H_2O \longrightarrow 2Cl^- + SO_4^{2-} + 2H^+$$

后一反应在织物漂白工艺中，用作脱氯剂。

酸性介质中，与较强还原剂相遇时，SO_2 或 H_2SO_3 才能表现出氧化性，例如：

$$H_2SO_3 + 2H_2S \longrightarrow 3S\downarrow + 3H_2O$$

SO_2 来自硫或黄铁矿（FeS_2）在空气中的燃烧，工业上主要用于生产 H_2SO_4，也是制备亚硫酸盐的基本原料，在漂染、消毒、制冷等方面有广泛应用。

（2）三氧化硫和硫酸

三氧化硫　SO_2 与 O_2 在下述的条件下制得 SO_3

$$2SO_2 + O_2 \xrightleftharpoons[450℃]{V_2O_5} 2SO_3$$

纯净的 SO_3 是易挥发的无色固体，熔点 16.8℃，沸点 44.8℃。它极易与水化合，生成 H_2SO_4，并放出大量热：

$$SO_3 + H_2O \longrightarrow H_2SO_4 \qquad \Delta_r H_m^\ominus = -133kJ\cdot mol^{-1}$$

因此，SO_3 在潮湿空气中易形成酸雾。

硫酸

①硫酸的性质。纯浓 H_2SO_4 是无色透明的油状液体，市售 H_2SO_4 有含量为 92% 和 98% 两种规格，工业品因含杂质而发浑或呈浅黄色。

吸水性和溶解热　浓 H_2SO_4 有强烈的吸水作用，同时放出大量的热。H_2SO_4 和水能形成一系列水合物，有一水、二水和六水等。它不仅能吸收游离水，还能从含有 H 和 O 元素的有机物（如棉布、糖、油脂）中按 H_2O 的组成夺取水。例如：

$$xC_{12}H_{22}O_{11} + 11H_2SO_4(\text{浓}) \longrightarrow 12xC + 11H_2SO_4\cdot xH_2O$$

因此，浓 H_2SO_4 能使有机物炭化。H_2SO_4 基于其吸水性，可用作干燥剂。

配制 H_2SO_4 溶液时，需将浓 H_2SO_4 慢慢注入水中，并不断搅拌，因为浓 H_2SO_4 稀释

时会放出大量的热。浓 H_2SO_4 能严重灼伤皮肤，万一误溅，应先用软布或纸轻轻沾去，再用大量水冲洗，最后用 2% 小苏打水或稀氨水浸泡片刻。

氧化性　浓 H_2SO_4 属于中等强度的氧化剂，但在加热的条件下，几乎能氧化所有的金属和一些非金属。它的还原产物一般是 SO_2，若遇活泼金属，会析出 S，甚至生成 H_2S。例如：

$$Cu+2H_2SO_4(\text{浓})\longrightarrow CuSO_4+SO_2+2H_2O$$

$$3Zn+4H_2SO_4(\text{浓})\longrightarrow 3ZnSO_4+S+4H_2O$$

$$4Zn+5H_2SO_4(\text{浓})\longrightarrow 4ZnSO_4+H_2S+4H_2O$$

$$C+2H_2SO_4(\text{浓})\xrightarrow{\triangle}CO_2+2SO_2+2H_2$$

冷的浓 H_2SO_4 与活泼金属铁和铝并无作用，这是由于金属表面生成了致密的氧化物薄膜，保护了内部金属不继续与酸作用，这种状态称为“钝态”，所以常用铁罐储运浓 H_2SO_4（含量必须在 92.5% 以上）。

酸性　H_2SO_4 是二元强酸，第一步完全解离，第二步部分解离，HSO_4^- 只相当于中强酸。

$$H_2SO_4^-\longrightarrow H^++HSO_4^-$$

$$HSO_4^-\rightleftharpoons H^++SO_4^{2-};\ K_2^{\ominus}=1.2\times10^{-2}$$

H_2SO_4 具有较高的沸点（98.3% H_2SO_4 的沸点为 338℃），因此能与氯化物或硝酸盐作用，并生成易挥发的 HCl 和 HNO_3：

$$NaCl(s)+H_2SO_4(\text{浓})\xrightarrow{\triangle}NaHSO_4+HCl$$

②硫酸的生产与用途。生产 H_2SO_4 的主要原料有硫、黄铁矿和冶炼厂的烟道气等。

H_2SO_4 的生产以接触法为主。此法主要分为三个阶段：熔烧黄铁矿或硫燃烧得到 SO_2；在 V_2O_5 催化下将 SO_2 氧化为 SO_3；用 98.3% 的浓 H_2SO_4 吸收 SO_3 得发烟硫酸，加稀酸调整浓度到 98%，即得市售品。不能直接用水吸收 SO_3，否则会形成难溶于水的 H_2SO_4 酸雾，并随尾气排出；而用浓 H_2SO_4 吸收，因水蒸气压力低，不会形成酸雾。

H_2SO_4 主要用于生产化肥，同时也广泛用于无机化工、有机化工、轻工、纺织、冶金、石油、医药及国防等领域。

d. 发烟硫酸和焦硫酸

含有过量 SO_3 的浓 H_2SO_4 称为发烟硫酸（$H_2SO_4\cdot xSO_3$），常有两种规格：一种含 $SO_3$20% ~25%，另一种含 $SO_3$40% ~50%。H_2SO_4 和 SO_3 的物质的量之比为 1 ∶ 1（含 45% SO_3）时，这种发烟硫酸称为焦硫酸（$H_2SO_4\cdot SO_3$ 或 $H_2S_2O_7$）。其凝固点为 35℃，常温下是无色晶体。

发烟硫酸比 H_2SO_4 有更强的氧化性，主要用作有机合成的磺化剂以及硝化反应中的脱水剂。

e. 硫的含氧酸盐

硫的含氧酸盐种类繁多，其相应的含氧酸除 H_2SO_4 和焦硫酸外，多数只能存在溶液中，但盐比较稳定。表 9-13 中列出了一些主要类型的酸和盐。

表 9-13　　　　**硫的含氧酸及其盐**

氧化值	酸的名称	化学式	结构式	存在形式(代表物)
+2	硫代硫酸	$H_2S_2O_3$	$HO-\underset{\downarrow \atop O}{\overset{S \atop \uparrow}{S}}-OH$	盐 $Na_2S_2O_3$
+3	连二亚硫酸	$H_2S_2O_4$	$HO-\overset{O \atop \uparrow}{S}-\overset{O \atop \uparrow}{S}-OH$	盐 $Na_2S_2O_4$
+4	亚硫酸	H_2SO_3	$HO-\overset{O \atop \uparrow}{S}-OH$	酸溶液，盐 Na_2SO_3
+4	焦亚硫酸	$H_2S_2O_5$	$HO-\underset{\downarrow \atop O}{S}-O-\overset{O \atop \uparrow}{S}-OH$	酸溶液，盐 $Na_2S_2O_5$
+6	硫酸	H_2SO_4	$HO-\underset{\downarrow \atop O}{\overset{O \atop \uparrow}{S}}-OH$	酸，盐 Na_2SO_4
+6	焦硫酸	$H_2S_2O_7$	$HO-\underset{\downarrow \atop O}{\overset{O \atop \uparrow}{S}}-O-\underset{\downarrow \atop O}{\overset{O \atop \uparrow}{S}}-OH$	酸，盐 $Na_2S_2O_7$
+7	过二硫酸	$H_2S_2O_8$	$HO-\underset{\downarrow \atop O}{\overset{O \atop \uparrow}{S}}-O-O-\underset{\downarrow \atop O}{\overset{O \atop \uparrow}{S}}-OH$	酸，盐 $Na_2S_2O_8$

由于含氧酸的组成和结构不同，有"焦"、"代"、"连"、"过"等类型，其他无机含氧酸也是如此。所谓"焦"酸，是指两个含氧酸分子失去 1 分子水所得产物，"代酸"是氧原子被其他原子所代替的含氧酸，"连"酸是指中心原子互相连在一起的含氧酸，"过"酸是指含有过氧基(—O—O—)的含氧酸。

下面讨论硫的几种重要的含氧酸盐。

(1)硫酸盐

①硫酸盐的溶解性。多数硫酸盐易溶于水，只有 $CaSO_4$，$SrSO_4$，$PbSO_4$，Ag_2SO_4 难溶或微溶。$BaSO_4$ 不仅难溶于水，也不溶于酸和王水。因此，Ba^{2+} 和 SO_4^{2-} 能生成稳定的白色沉淀：

$$Ba^{2+}+SO_4^{2-} \longrightarrow BaSO_4$$

借此反应可以鉴定或分离 SO_4^{2-} 或 Ba^{2+}。

②硫酸盐的热稳定性。硫酸盐的热稳定性与相应阳离子的电荷、半径及电子构型有关，分解温度差别很大。一般地说，ⅠA 和ⅡA 族元素的硫酸盐对热很稳定，加热到 1000℃也不分解；过渡元素硫酸盐在高温下可以分解，例如：

$$CuSO_4 \xrightarrow{\sim 760℃} CuO+SO_3$$

$(NH_4)_2SO_4$ 只需加热至 100℃便可分解，甚至在常温下也能嗅到氨味：

$$(NH_4)_2SO_4 \longrightarrow NH_4HSO_4+NH_3$$

③硫酸盐的水合作用。许多硫酸盐从溶液中析出时都带有结晶水，例如 $CuSO_4 \cdot 5H_2O$，$ZnSO_4 \cdot 7H_2O$ 等。这类硫酸盐受热时会逐步失去其结晶水，成为无水盐。制备水合硫酸盐通常是在室温下晾干，以免脱去结晶水。

④硫酸复盐。硫酸盐的另一特征是容易形成复盐，例如：

$K_2SO_4 \cdot Al_2(SO_4)_3 \cdot 24H_2O$，$(NH_4)_2SO_4 \cdot FeSO_4 \cdot 6H_2O$ 等，将两种硫酸盐按比例混合，即可得到硫酸复盐。

⑤酸式硫酸盐。H_2SO_4 是二元酸，除生成正盐外，还能形成酸式盐，例如 $NaHSO_4$，$KHSO_4$ 等。它们都可溶于水，并呈酸性，"洁厕净"的主要成分即 $NaHSO_4$。

酸式硫酸盐受热可以生成焦硫酸盐：

$$2KHSO_4 \xrightarrow{\triangle} K_2S_2O_7+H_2O$$

焦硫酸盐极易吸潮，遇水又水解成酸式硫酸盐，故需密闭保存。$K_2S_2O_7$用作分析试剂和助熔剂。某些金属氧化物矿如 Al_2O_3，Cr_2O_3 等，它们既不溶于水，也不溶于酸、碱溶液，但可与 $K_2S_2O_7$共熔，生成可溶性硫酸盐：

$$Al_2O_3+3K_2S_2O_7 \longrightarrow Al_2(SO_4)_3+3K_2SO_4$$
$$Cr_2O_3+3K_2S_2O_7 \longrightarrow Cr_2(SO_4)_3+3K_2SO_4$$

(2)过硫酸盐

过硫酸的分子中含有过氧基(—O—O—)，可以看成是过氧化氢分子中的 H 被—SO_3H 所取代的衍生物。单取代物 H—O—O—SO_3H(H_2SO_5)称为过一硫酸，双取代物 HO_3S—O—O—SO_3H($H_2S_2O_8$)称为过二硫酸。两者都不稳定，常用的是它们的盐，如 $K_2S_2O_8$或 $(NH_4)_2S_2O_8$。

$(NH_4)_2S_2O_8$为白色结晶，干燥制品较稳定，潮湿状态或在水溶液中易水解：

$$(NH_4)_2S_2O_8+2H_2O \longrightarrow 2NH_4HSO_4+H_2O_2$$

工业上利用该反应制备 H_2O_2。

$(NH_4)_2S_2O_8$受热按下式分解：

$$2(NH_4)_2S_2O_8 \xrightarrow{\triangle} 2(NH_4)_2SO_4+2SO_3+O_2$$

过硫酸盐是强氧化剂：

$$S_2O_8^{\ 2-}+2e^- \longrightarrow 2SO_4^{2-} \qquad E^{\ominus}=+2.0V$$

它能在 Ag^+催化下，将 Mn^{2+}氧化成 MnO_4^-：

$$2Mn^{2+}+5S_2O_8^{2-}+8H_2O \xrightarrow{Ag^+} 2MnO_4^-+10SO_4^{2-}+16H^+$$

此反应在钢铁分析中用来测定锰的含量。

(3)硫的几种低氧化态含氧酸盐

所谓低氧化态是指含氧酸盐中硫的氧化值低于6，如亚硫酸盐、连二亚硫酸盐和硫代硫酸盐等，它们都是以SO_2为原料制得的。这类化合物都具有还原性，是工业上重要的还原剂。

亚硫酸钠(Na_2SO_3)　向Na_2CO_3溶液中通入SO_2，由于H_2CO_3是比H_2SO_3更弱的酸，所以能发生复分解反应得到Na_2SO_3：

$$Na_2CO_3+SO_2 \longrightarrow Na_2SO_3+CO_2\uparrow$$

若SO_2用量不足，会生成$NaHCO_3$；若SO_2过量，则生成$NaHSO_3$，它们给分离提纯带来麻烦。为保证产物单一，应该使SO_2的通入量恰到好处，关键是在反应终点时控制溶液呈弱酸性($pH=6\sim7$)。溶液经冷却，若在33℃以上，即得无水Na_2SO_3晶体；在33℃以下得二水合物$Na_2SO_3\cdot 2H_2O$晶体。

比较下列电极电势，可以看出，Na_2SO_3的还原性比H_2SO_3的强得多：

$$SO_4^{2-}+4H^++2e^- \longrightarrow H_2SO_3+H_2O;\quad E^{\ominus}=+0.17V$$

$$SO_4^{2-}+H_2O+2e^- \longrightarrow SO_3^{2-}+2OH^-;\quad E^{\ominus}=-0.92V$$

Na_2SO_3水溶液很容易被氧化：

$$2Na_2SO_3+O_2 \longrightarrow 2Na_2SO_4$$

所以在实际工作中使用的Na_2SO_3溶液，其有效成分含量几乎是逐日下降。如果要求准确度高，须在使用前重新测定其含量。

在Na_2SO_3的悬浮液中通入SO_2即得焦亚硫酸钠($Na_2S_2O_5$)，焦亚硫酸钠也是工业上常用的还原剂。

硫代硫酸钠($Na_2S_2O_3$)　在沸腾的Na_2SO_3碱性溶液中加入硫磺粉，便得$Na_2S_2O_3$：

$$Na_2SO_3+S \xrightarrow{\triangle} Na_2S_2O_3$$

$Na_2S_2O_3$在中性和碱性溶液中很稳定，在酸性溶液中由于生成不稳定的$H_2S_2O_3$而分解：

$$S_2O_3^{2-}+2H^+ \longrightarrow S\downarrow+SO_2+H_2O$$

$Na_2S_2O_3$还原I_2生成连四硫酸钠($Na_2S_4O_6$)的反应是定量进行的：

$$I_2+2Na_2S_2O_3 \longrightarrow 2NaI+Na_2S_4O_6$$

它是定量测定碘的重要试剂，在分析化学中用于碘量法测定。

9.2.3　氮、磷、砷

1. 氮及其化合物

氮和磷位于元素周期系的ⅤA族，是典型的非金属元素。

a. 氮气

N_2是无色、无臭、无味的气体，主要存在于大气中。它虽是典型的非金属元素，但在常温下化学性质远不如同周期的F_2和O_2活泼。例如N_2与H_2必须在高温、高压下，并辅以催化剂，才能合成 NH_3。钙、镁、锶、钡这些活泼金属，也只有在加热下才能与 N_2 作用。

N_2 的这种高度化学稳定性与其分子结构有密切关系。N 原子的价层电子构型是 $2s^22p^3$，两个 N 原子以三键结合成为 N_2 分子，其中包含一个 σ 键和 2 个 π 键(见图 9-2)，因此 N_2 具有很高的解离能($941.7kJ \cdot mol^{-1}$)。

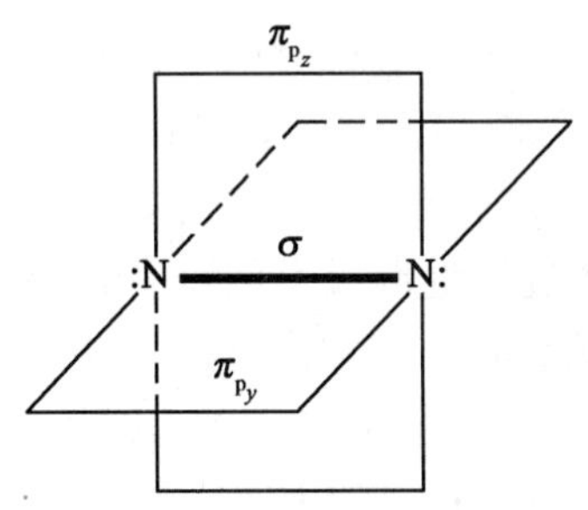

图 9-2　N_2 的分子结构

实验证明，3000℃时，N_2 只有 0.1% 解离。基于这种稳定性，氮气常用作保护气体。氮气除了大量用于化学工业外，在电子、机械、钢铁(如氮化热处理)、食品(防腐)工业等方面均有应用。

工业上用的氮气主要由液态空气经分馏制得。目前利用膜分离和吸附纯化等新技术与低温技术结合，除了能制得高纯度的 N_2 外，还能制取 H_2，O_2，He 及 CO_2 等其他工业气体。若采用高性能的碳分子筛吸附技术，所得氮气的纯度能达到 99.999%。

实验室中常用加热 $NaNO_2$ 和 NH_4Cl 的饱和溶液来制取 N_2：

$$NH_4Cl+NaNO_2 \longrightarrow NH_4NO_2+NaCl$$

$$NH_4NO_2 \longrightarrow N_2\uparrow +2H_2O$$

使空气中的氮气转化为可利用的氮化合物，称为固氮。自然界的某些微生物(大豆、花生等豆科植物的“根瘤菌”)，在常温、常压下有固定空气中的氮的功能。据估算，世界化肥工业每年的固氮量，大约仅为生物固氮量的 1/40，目前人们正在积极探索仿生物固氮的方法。

b. 氨与铵盐

(1)氨

氨是无色、有臭味的气体。常压下冷至-33℃，或 25℃加压到 990kPa，氨即凝聚为液体(液氨)。在使用液氨钢瓶时，减压阀不能用铜制品，因铜会迅速被氨腐蚀。

NH_3 分子呈三角锥形，为强极性分子，极易溶于水。氨溶于水时放热，在制备氨水时，需同时冷却以利吸收。氨溶于水后溶液体积显著增大，故氨水越浓，密度反而越小。

氨的化学反应主要有以下三方面：

①氧化反应。NH_3 分子中 N 的氧化值为-3，只具有还原性。NH_3 经催化氧化，可得到 NO，这是制硝酸的基础反应。

NH_3 很难在空气中燃烧，但能在纯氧中燃烧，生成 N_2：

$$4NH_3+3O_2 \xrightarrow{\text{燃烧}} 2N_2\uparrow+6H_2O$$

氨在空气中的爆炸极限体积分数为 16% ~27%，氨气爆炸事故也曾发生，因此要注意防止明火。

氨和氯或溴会发生强烈反应。用浓氨水检查氯气或液溴管道是否漏气，就利用了氨的还原性。

②配位反应。氨分子中的氮原子上有孤对电子，倾向于与别的分子或离子形成配位键。如 NH_3 与酸中的 H^+ 反应，生成 NH_4^+。NH_3 还能和许多金属离子配位形成氨合离子，例如，$[Cu(NH_3)_4]^{2+}$，$[Ag(NH_3)_2]^+$等。

氨易溶于水，这和氨与水通过氢键形成氨的水合物有关。已确定的水合物有 $NH_3\cdot H_2O$ 和 $2NH_3\cdot H_2O$。氨溶于水后，在生成水合物的同时，发生部分电离而使氨水显碱性：

$$NH_3+H_2O \rightleftharpoons NH_4+OH^-$$

③取代反应。NH_3 遇活泼金属，其中的 H 可被取代。例如，氨和金属钠生成氨基钠的反应(金属铁催化)：

$$2NH_3+2Na \longrightarrow 2NaNH_2+H_2$$

除氨基($-NH_2$)化合物外，还有亚氨基($=NH$)和氮($\equiv N$)化合物，如亚氨基银(Ag_2NH)和氮化锂(Li_3N)等。这类反应只能在液氮中进行。

氨是氮的重要化合物，主要用于化肥的生产，如$(NH_4)_2SO_4$，NH_4NO_3，NH_4HCO_3，尿素等，氨本身也是一种化肥。大量的氨还用来生产 HNO_3。

工业上制氨是由氮气和氢气直接合成：

$$N_2(g)+3H_2(g) \rightleftharpoons 2NH_3(g);\quad \Delta_r H_m^\ominus=-92.38\text{kJ}\cdot\text{mol}^{-1}$$

氨的合成是一个体积缩小的放热反应，增大压力和降低温度对氨的生成有利。但是增大压力，需要具有足够机械强度的设备，而且这种材质要不为氢气所穿透。另外，降低温度不仅达不到所要求的反应速率，且催化剂往往需要在一定的温度下才有较高的催化活性。所以，综合两方面的考虑，目前我国多采用中温、中压的催化合成法：

$$N_2+3H_2 \xrightarrow[\text{铁催化剂}]{2.03\times10^4\text{kPa},\ 500℃} 2NH_3$$

实验室需要少量的氨气时，常用碱分解铵盐制得。例如：

$$2NH_4Cl+Ca(OH)_2 \longrightarrow CaCl_2+2NH_3+2H_2O$$

(2)铵盐

铵盐多是无色晶体，易溶于水，有热稳定性低、易水解的特征。

①热稳定性。不少铵盐在常温或温度不高的情况下即可分解，其分解产物取决于对应酸的特点。对应的酸有挥发性时，分解生成 NH_3 和相应的挥发性酸，例如：

$$NH_4Cl \xrightarrow{\triangle} NH_3\uparrow+HCl\uparrow$$

$$NH_4HCO_3 \longrightarrow NH_3\uparrow+CO_2\uparrow+H_2O$$

对应的酸难挥发时，分解过程中只有 NH_3 挥发，而酸式盐或酸残留在容器中，例如：

$$(NH_4)_2SO_4 \xrightarrow{100℃} NH_3+NH_4HSO_4$$

对应的酸有氧化性时，分解的同时 NH_4^+ 被氧化，生成 N_2，N_2O 等，例如：

$$NH_4NO_3 \xrightarrow{300℃} N_2O\uparrow + 2H_2O\uparrow + \frac{1}{2}O_2 \qquad (爆炸)$$

对于这一类铵盐，无论制备、储存或是运输，都应格外小心，避免高温、撞击，以防爆炸。

②水解性。由于组成铵盐的碱($NH_3 \cdot H_2O$)是弱碱，故铵盐在溶液中都有不同程度的水解作用。若是强酸组成的铵盐，如 NH_4Cl，$(NH_4)_2SO_4$，NH_4NO_3 等，其水溶液显酸性：

$$NH_4^+ + H_2O \rightleftharpoons NH_3 + H_3O^+$$

这一反应常用来鉴定 NH_4^+，也是从其溶液中分离出 NH_3 的有效方法。

另一些弱酸的铵盐如$(NH_4)_2CO_3$，$(NH_4)_2S$，它们在溶液中会强烈水解，水解度高达90%以上。

常见的铵盐有 NH_4NO_3，$(NH_4)_2SO_4$，NH_4HCO_3，NH_4Cl 等，它们都是化学肥料，而 NH_4NO_3 易发生爆炸；$(NH_4)_2SO_4$ 易使土壤板结；NH_4HCO_3 易挥发；NH_4Cl 易使土壤“盐碱化”。我国氮肥的主要品种有 NH_4HCO_3 和尿素，它们约占化肥总量的80%，其余是磷肥和钾肥。但化肥的大量施用却会造成水质的富营养化污染，使藻类与浮游生物迅速繁殖。

c. 硝酸和硝酸盐

(1)硝酸

硝酸是一种重要的无机酸，在硝酸分子中，3 个氧原子围绕着氮原子分布在同一平面上，呈平面三角形。其中的氮原子采用 sp^2 杂化轨道分别于一个羟基氧和两个氧原子形成 3 个 σ 键，氮原子中未参与杂化的 p 轨道中的两个电子与两个非羟基氧在 O—N—O 间形成大 π 键。硝酸分子中存在分子内氢键，使之形成多原子环状结构。

①硝酸的品种。

硝酸　密度为 $1.39 \sim 1.42 g \cdot cm^{-3}$，含 HNO_3 65% ~68%。为无色透明液体，受热或经日光照射，或多或少按下式分解：

$$4HNO_3 \xrightarrow{热或光} 4NO_2 + O_2\uparrow + 2H_2O$$

因含有少量 NO_2 而致使 HNO_3 有时呈浅黄色。

发烟硝酸　密度在 $1.5 g \cdot cm^{-3}$ 以上，含 HNO_3 约98%。由于含有 NO_2 而呈黄色。这种硝酸有挥发性，逸出的 HNO_3 蒸气与空气中的水分形成的酸雾似发烟，故称发烟硝酸。

若纯硝酸(100% HNO_3)中溶有过量的 NO_2，呈红棕色，即为红色发烟硝酸。它比普通硝酸具有更强的氧化性，可作火箭燃料的氧化剂，多用于军工方面。

实验室一般使用含量为65%左右的 HNO_3，工业上使用发烟硝酸，因为它氧化力强，制备无机盐时发烟硝酸能直接溶解许多金属；有机合成(如硝化反应)更需要发烟硝酸。此外，发烟硝酸与金属作用时，所含 NO_2 还具有催化加速作用。发烟硝酸可用铝罐贮运，对金属铝有钝化作用。

②硝酸的化学性质。

酸性　HNO_3 是强酸，具有强酸的一切性质，能与氢氧化物、碱性及两性氧化物发生作用，能从弱酸盐中置换出弱酸等。

由于 HNO_3 是氧化剂，当它与某些低氧化态的氧化物发生中和作用时，同时伴有氧化作用。例如：

$$3FeO+10HNO_3 \longrightarrow 3Fe(NO_3)_3+NO\uparrow+5H_2O$$

氧化性在常见的无机酸中，HNO_3 的最为突出。浓硝酸能氧化 C，S，P，I_2 等非金属，例如：

$$3C+4HNO_3(\text{浓}) \longrightarrow 3CO_2+4NO+2H_2O$$

$$3I_2+10HNO_3(\text{发烟}) \longrightarrow 6HIO_3+10NO+2H_2O$$

后一反应可用来制备碘酸。

③硝酸的制备。目前工业上制备 HNO_3 的主要方法是氨的催化氧化法。将氨和空气的混合气体通过灼热(800℃)的铂网，NH_3 被氧化成 NO。随后进一步和空气中的 O_2 反应生成 NO_2。NO_2 遇水发生歧化反应而得 HNO_3。反应如下：

$$4NH_3+5O_2 \xrightarrow[\text{Pt-Rh}]{800℃} 4NO+6H_2O$$

$$2NO+O_2 \longrightarrow 2NO_2$$

$$3NO_2+H_2O \longrightarrow 2HNO_3+NO\uparrow$$

前两步反应进行得相当完全，第三步生成物中的 NO 可回到第二步循环使用。最后排放的尾气中还含有少量的 NO，它和 NO_2 都有毒，是大气的重要污染源。

这样制得的 HNO_3 其浓度仅有50% ~55%。让它和浓 H_2SO_4(脱水剂)混合后加热，将挥发出来的 HNO_3 蒸气冷凝，便可制得浓 HNO_3。

(2)硝酸盐

多数硝酸盐为无色晶体，易溶于水。固体硝酸盐在常温下比较稳定，受热能分解。有些带结晶水的硝酸盐受热时先失去结晶水，同时熔化或水解，最后才分解。

无水硝酸盐受热分解一般有以下三种形式：

①活泼金属(比 Mg 活泼的碱金属和碱土金属)的硝酸盐分解时放出 O_2，并生成亚硝酸盐：

$$2NaNO_3 \xrightarrow{\triangle} 2NaNO_2+O_2\uparrow$$

②活泼性较小的金属(在金属活动顺序表中处在 Mg 与 Hg 之间)的硝酸盐，分解时得到相应的氧化物，NO_2 和 O_2：

$$2Pb(NO_3)_2 \xrightarrow{\triangle} 2PbO+4NO_2\uparrow+O_2\uparrow$$

③活泼性更小的金属(活泼性比 Hg 差)的硝酸盐，则生成金属单质，NO_2 和 O_2：

$$2AgNO_3 \xrightarrow{\triangle} 2Ag+2NO_2\uparrow+O_2\uparrow$$

几乎所有的硝酸盐受热分解都有氧气放出，所以硝酸盐在高温下大多是供氧剂。它与可燃物混合在一起时，受热会迅猛燃烧甚至爆炸。基于这种性质，硝酸盐可以用来制造焰火及黑火药，储存、使用时需注意安全。

d. 亚硝酸和亚硝酸盐

亚硝酸(HNO_2)是一种较弱的酸，$K_a^\ominus=7.2\times10^{-4}$，它只能以冷的稀溶液存在，浓度稍大或微热，立即分解：

$$2HNO_2 \longrightarrow H_2O + NO\uparrow + NO_2\uparrow$$

HNO_2 虽不稳定，但它的盐却相当稳定。$NaNO_2$ 和 KNO_2 是两种常用的盐。在工业上，生产 HNO_3 或硝酸盐时所排放的尾气中常含有 NO 和 NO_2，用碱液吸收就能得到亚硝酸盐。这两种亚硝酸盐广泛用于偶氮染料、硝基化合物的制备，还用作媒染剂、漂白剂、金属热处理剂、电镀缓蚀剂等，也是食品工业如鱼、肉加工的发色剂。

亚硝酸盐中，N 的氧化值为+3，处于 N 的中间氧化态，所以既有氧化性又有还原性。有关的电极电势值为

$$HNO_2 + H^+ + e^- \longrightarrow NO + H_2O;\ E^{\ominus} = +1.00V$$

$$NO_3^- + 3H^+ + 2e^- \longrightarrow HNO_2 + H_2O;\ E^{\ominus} = +0.94V$$

可见，在酸性溶液中 HNO_2 以氧化性为主。例如，与 I^-，Fe^{2+}的反应：

$$2I^- + 2HNO_2 + 2H^+ \longrightarrow I_2 + 2NO + 2H_2O$$

$$Fe^{2+} + HNO_2 + H^+ \longrightarrow Fe^{3+} + NO + H_2O$$

前一反应能定量进行，可用来测定亚硝酸盐的含量。

当亚硝酸盐遇到强氧化剂时，可被氧化成硝酸盐。例如：

$$5KNO_2 + 2KMnO_4 + 3H_2SO_4 \longrightarrow 2MnSO_4 + 5KNO_3 + K_2SO_4 + 3H_2O$$

$$KNO_2 + Cl_2 + H_2O \longrightarrow KNO_3 + 2HCl$$

固体亚硝酸盐与有机物接触，易引起燃烧和爆炸。

2. 磷及其化合物

a. 单质磷

单质磷的同素异形体有多种，常见的是白磷和红磷。白磷见光逐渐变为黄色，故又叫黄磷。其性质差异甚大，见表 9-14。

表 9-14　**白磷和红磷性质比较**

白磷	红磷
白色或黄色透明蜡状固体	暗红色固体
化学性质活泼	比较稳定
在空气中自燃(40℃)	热至 400℃才能燃烧
暗处发光	不发光
需存储在水中	一般密闭保存
易溶于 CS_2	不溶于 CS_2
剧毒	无毒
磷蒸气迅速冷却得到	白磷在高温下缓慢转化得到
价格较低	价格较高

经测定，白磷的相对分子质量相当于 P_4，通常简写成 P。

单质磷的用途广泛，白磷主要用于制备纯度较高的 P_4O_{10}，H_3PO_4，PCl_3，$POCl_3$（三氯氧磷），P_4S_{10}（供制备农药用）等，少量用于生产红磷，军事上用它制作磷燃烧弹、烟幕弹等。红磷是生产安全火柴和有机磷的主要原料。

工业上制备单质磷是以磷矿石为原料，通常是将磷酸钙矿石、砂（SiO_2）和煤按一定比例混合后在电弧炉中熔烧而得：

$$2Ca_3(PO_4)_2+6SiO_2+10C \xrightarrow{>1300℃} 6CaSiO_3+10CO\uparrow+P_4$$

将生成的磷蒸气 P_4（高于 800℃时，部分地分解成 P_2）导入水中，即凝结成白磷。

b. 磷的氧化物

常见磷的氧化物有六氧化四磷（P_4O_6）和十氧化四磷（P_4O_{10}），它们分别是磷在空气不足和充足情况下燃烧后的产物，其结构都与 P_4 的四面体结构有关（见图 9-3），有时简写成 P_2O_3 和 P_2O_5。

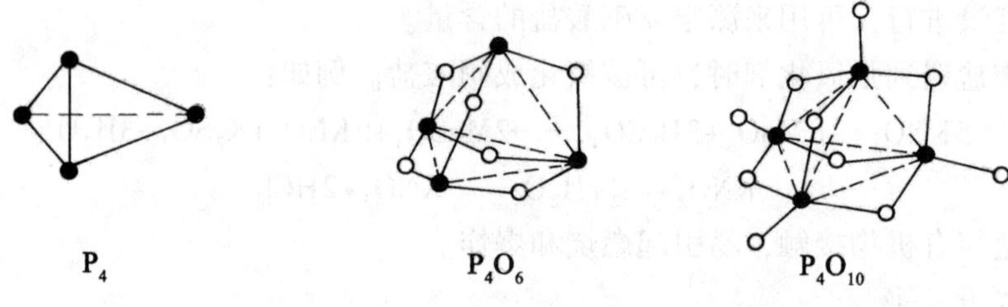

图 9-3 P_4，P_4O_6，P_4O_{10}的分子结构

六氧化四磷是有滑腻感的白色固体，气味似蒜，在 24℃时熔融为易流动的无色透明液体。能逐渐溶于冷水而生成亚磷酸：

$$P_4O_6+6H_2O(冷)\longrightarrow 4H_3PO_3$$

在热水中则剧烈地发生歧化反应，生成磷酸和大蒜味、剧毒的膦（PH_3）：

$$P_4O_6+6H_2O(热)\longrightarrow 3H_3PO_4+PH_3\uparrow$$

十氧化四磷为白色雪花状晶体，即磷酸酐，工业上俗称无水磷酸。358.9℃升华，极易吸潮。它能侵蚀皮肤和黏膜。P_4O_{10} 常用作半导体掺杂剂、脱水及干燥剂、有机合成缩合剂、表面活性剂等，也是制备高纯磷酸和制药工业的原料。P_4O_{10} 有很强的吸水性，是一种重要的干燥剂。

P_4O_{10} 与水反应剧烈，放出大量的热，它与水作用后主要生成 $(HPO_3)_n$ 的混合物，其转变成 H_3PO_4 的速率很低，只有在 HNO_3 存在下煮沸 P_4O_{10} 的水溶液，才能较快地实现这种转变：

$$P_4O_{10}+6H_2O\longrightarrow 4H_3PO_4$$

c. 磷的含氧酸及其盐

(1) 磷的含氧酸

磷有多种含氧酸，其中比较重要的列于表 9-15 中。

表 9-15　**磷的各种含氧酸盐**

氧化值	名称及化学式	结构式	酸性强弱
+1	次磷酸 (H_3PO_2)	H–P(H)(OH)→O	一元酸 $K^{\ominus}=1.0\times10^{-2}$
+3	亚磷酸 (H_3PO_3)	H–P(OH)(OH)→O	二元酸 $K_1^{\ominus}=6.3\times10^{-2}$
+5	磷酸 (H_3PO_4)	HO–P(OH)(OH)→O	三元酸 $K_1^{\ominus}=7.1\times10^{-3}$
	焦磷酸 ($H_4P_2O_7$)	HO–P(OH)(→O)–O–P(OH)(→O)–OH	四元酸 $K_1^{\ominus}=3.0\times10^{-2}$
	偏磷酸 (HPO_3)	HO–P(→O)(→O)	一元酸 $K^{\ominus}=1.0\times10^{-1}$

磷的氧化值为+5 的含氧酸又有正、焦、偏之分，它们都能由 P_4O_{10} 和不等量的水作用得到：

$$P_4O_{10}+2H_2O \longrightarrow 4HPO_3$$
$$P_4O_{10}+4H_2O \longrightarrow 2H_4P_2O_7$$
$$P_4O_{10}+6H_2O \longrightarrow 4H_3PO_4$$

可见，H_3PO_4 的含水量最大。所以，由 H_3PO_4 加热脱水，又能相继制得其他两种酸：

$$2H_3PO_4 \xrightarrow{250℃} H_4P_2O_7+H_2O\uparrow$$
$$4H_3PO_4 \xrightarrow{300℃} (HPO_3)_4+4H_2O\uparrow$$

磷酸(H_3PO_4)　市售 H_3PO_4 含量一般为 83%，为无色透明的黏稠液体，体积质量 $1.6g\cdot cm^{-3}$。当 H_3PO_4 含量高达 88% 以上时，在常温下即凝结为固体。100% H_3PO_4 为无色透明的晶体，熔点 42.35℃，易溶于水。

H_3PO_4 无氧化性、无挥发性，属中强酸。它的特点是 PO_4^{3-} 有较强的配位能力，能与许多金属离子形成可溶性的配合物。例如，含有 Fe^{3+} 的溶液常呈黄色，加入 H_3PO_4 后黄色立即消失，这是由于生成了 $[Fe(HPO_4)]^+$，$[Fe(HPO_4)_2]^-$ 等无色配离子之故。

工业品 H_3PO_4 一般以磷灰石为原料，用 76% 左右的 H_2SO_4 进行复分解制得

$$Ca_3(PO_4)_2+3H_2SO_4 \longrightarrow 3CaSO_4+2H_3PO_4$$

试剂品 H_3PO_4 则多以白磷为原料，在充足的空气中燃烧得到 P_4O_{10}，用水吸收，再经过除杂等工序而得。

H_3PO_4 是重要的无机酸，大量用于生产各种磷肥。此外，还用在电镀、塑料、有机合成(作催化剂)、食品(酸性调味剂)等工业。H_3PO_4 也是制备某些医药及磷酸盐的原料。

亚磷酸(H_3PO_3)　二元中强酸，分子中有 1 个 H 原子直接与 P 原子相连，故该 H 原子不会解离。受热发生歧化反应，生成 H_3PO_4 和 PH_3：

$$4H_3PO_3 \xrightarrow{\triangle} 3H_3PO_4 + PH_3\uparrow$$

H_3PO_3 具有相当强的还原性，放置时能逐渐被氧化成 H_3PO_4；在溶液中能将不活泼金属的离子还原为金属单质：

$$H_3PO_3 + CuSO_4 + H_2O \longrightarrow Cu\downarrow + H_3PO_4 + H_2SO_4$$

$$H_3PO_3 + HgCl_2 + H_2O \longrightarrow Hg\downarrow + H_3PO_4 + 2HCl$$

(2)磷酸盐

H_3PO_4 可以形成 1 种正盐和 2 种酸式盐，例如：

一取代酸式盐	二取代酸式盐	三取代盐
磷酸二氢钠　NaH_2PO_4	磷酸氢二钠　Na_2HPO_4	磷酸钠　Na_3PO_4
磷酸二氢铵　$NH_4H_2PO_4$	磷酸氢二铵　$(NH_4)_2HPO_4$	磷酸铵　$(NH_4)_3PO_4$
磷酸二氢钙　$Ca(H_2PO_4)_2$	磷酸氢钙　$CaHPO_4$	磷酸钙　$Ca_3(PO_4)_2$

磷酸盐在水中的溶解度差异很大，正盐和二取代酸式盐中除了 Na^+，K^+，NH_4^+ 盐外大多难溶于水；一取代酸式盐均易溶于水。

可溶性磷酸盐在溶液中有不同程度的水解作用，PO_4^{3-} 和其他多元弱酸根一样，分步水解，其中第一步水解是主要的。例如 Na_3PO_4 的水解反应：

$$PO_4^{3-} + H_2O \rightleftharpoons HPO_4^{2-} + OH^-$$

因此，Na_3PO_4 溶液有很强的碱性。

HPO_4^{2-} 有解离和水解双重作用：

$$HPO_4^{2-} \rightleftharpoons H^+ + PO_4^{3-};\ K_3^{\ominus} = 4.2\times10^{-13}$$

$$HPO_4^{2-} + H_2O \rightleftharpoons H_2PO_4^- + OH^-$$

由于解离常数值较小，故 Na_2HPO_4 以水解反应为主，溶液呈弱碱性。

$H_2PO_4^-$ 也有解离和水解双重作用：

$$H_2PO_4^- \rightleftharpoons H^+ + HPO_4^{2-};\ K_2^{\ominus} = 6.3\times10^{-8}$$

$$H_2PO_4^- + H_2O \rightleftharpoons H_3PO_4 + OH^-$$

此时，解离作用占优势，故 NaH_2PO_4 溶液呈弱酸性。

在工农业和日常生活中，磷酸盐有着广泛的用途。KH_2PO_4 是重要的磷钾肥，Na_3PO_4 常被用作锅炉除垢剂、金属防护剂、橡胶乳汁凝固剂、织物丝光增强剂，以及洗衣粉的添加剂。检测表明，含磷洗涤剂的使用以及流失的磷肥是造成江、湖水质富营养化的磷污染的主要来源，推广使用无磷洗涤剂、合理使用磷肥是减少磷污染的有效措施。

d. 磷的氢化物

磷和氟、氯、溴、碘都能生成相应的化合物，并且大多有重要用途。

三氯化磷(PCl_3)　无色透明液体，在空气中发烟，有刺激性，能刺激眼结膜，并引起咽喉疼痛、支气管炎等。用作半导体掺杂源、有机合成的氯化剂和催化剂、光导纤维材料及医药工业原料等。

PCl_3 可由干燥的氯气和过量的磷反应制得

$$2P+3Cl_2 \longrightarrow 2PCl_3$$

$$2P+5Cl_2 \longrightarrow 2PCl_5$$

$$3PCl_5+2P \longrightarrow 5PCl_3$$

PCl_3 极易水解：

$$PCl_3+3H_2O \longrightarrow H_3PO_3+3HCl$$

上述反应被用于制备 H_3PO_3。因此制备 PCl_3 时，一切原料、设备、容器都须经过严格干燥，以防水解。

五氯化磷(PCl_5)　白色或淡黄色结晶，易潮解，在空气中发烟，易分解为 PCl_3 和 Cl_2。有类似 PCl_3 的刺激性气味，有毒和腐蚀性。用作氯化剂和催化剂、分析试剂，也用于医药、染料、化纤等工业。

PCl_5 由 PCl_3 和过量的氯气作用而制得

$$PCl_3+Cl_2 \longrightarrow PCl_5$$

PCl_5 和 PCl_3 相似，也容易水解。若水量不足，则生成氯氧化磷和氯化氢：

$$PCl_5+H_2O \longrightarrow POCl_3+2HCl$$

在过量的水中则完全水解：

$$POCl_3+3H_2O \longrightarrow H_3PO_4+3HCl$$

3. 砷及其化合物

a. 砷的单质

As 原子的次外层有 18 个电子，与同族次外层为 8 个电子的氮、磷不同。As 是亲硫元素，在自然界主要以硫化物矿存在，如雄黄(As_4S_4)、雌黄(As_2S_3)等。

As 与ⅢA 族元素生成的金属间化合物，如砷化镓(GaAs)、砷化铟(InAs)等都是优良的半导体材料，广泛用于激光和光能转换等方面。As 和其他金属形成的合金也有较大应用价值。

As 的化学性质不太活泼，但与卤素中的氯能直接作用。在常见无机酸中只有 HNO_3 和它有显著的化学反应：

$$3As+5HNO_3+2H_2O \longrightarrow 3H_3AsO_4+5NO\uparrow$$

b. 砷的化合物

砷的化合物多数有毒，故它们的应用日趋减少，逐渐被其他无毒化合物所取代。常见的砷化物有 As_2O_3 和 Na_3AsO_3。

三氧化二砷(As_2O_3)　俗称砒霜，白色粉末，微溶于水，剧毒(对人的致死量为 0.1 ~ 0.2g)。除用作防腐剂、农药外，也用作玻璃、陶瓷工业的去氧剂和脱色剂。

As_2O_3 的特征性质是两性和还原性。

两性表现在 As_2O_3 既可与酸作用，也可与碱作用：

$$AS_2O_3+6HCl \longrightarrow 2AsCl_3+3H_2O$$

$$As_2O_3+6NaOH \longrightarrow 2Na_3AsO_3+3H_2O$$

砷在酸、碱性介质中的元素电势图如下：

$$E_A^{\ominus}/V \qquad H_3AsO_4 \xrightarrow{0.56} H_3AsO_3 \xrightarrow{0.247} As \xrightarrow{-0.60} AsH_3$$

$$E_B^{\ominus}/V \qquad AsO_4^{3-} \xrightarrow{-0.68} AsO_3^{3-} \xrightarrow{-0.675} As \xrightarrow{-1.43} AsH_3$$

可以看出，在碱性介质中 AsO_3^{3-} 有较强的还原性，可将 I_2 还原为 I^-；在酸性介质中 H_3AsO_4 有一定的氧化性，又可将 I^- 氧化为 I_2。即

$$AsO_3{}^{3-}+I_2+2OH^- \longrightarrow AsO_4{}^{3-}+2I^-+H_2O \qquad (1)$$

$$H_3AsO_4+2I^-+2H^+ \longrightarrow H_3AsO_3+I_2+H_2O \qquad (2)$$

对比 $E_A^{\ominus}(H_3AsO_4/H_3AsO_3)$ 和 $E^{\ominus}(I_2/I^-)$，两者的差值仅为 0.025V，因而上述反应是一个典型的随 pH 改变而变向的可逆反应。酸性较强时（$pH<0.42$），H_3AsO_4 可以氧化 I^- 为 I_2；酸性较弱或中性、弱碱性时，I_2 则可以氧化 $AsO_3{}^{3-}$（或 $HAsO_3^{2-}$，$H_2AsO_3^-$）成 $AsO_4{}^{3-}$（或 $HAsO_4^{2-}$，$H_2AsO_4^-$）。由于 $pH>9$ 时，I_2 即发生歧化，故反应(1)控制 pH 为 5～8。此条件下，反应可定量进行，并应用于分析化学中测定 $AsO_3{}^{3-}$。

工业上制 As_2O_3，是将 As_2S_3 矿（含 $As_2S_3$24%～30%）粉碎，经焙烧、除尘、沉降等过程而得

$$2As_2S_3+9O_2 \xrightarrow{550℃} 2As_2O_3+6SO_2$$

粗品 As_2O_3 经升华（除去 Sb 和 Fe 等杂质）即得纯品。

亚砷酸钠（Na_3AsO_3） 为白色粉末，易溶于水，溶液呈碱性。工业品常染上蓝色，以警惕其毒性。可用于皮革防腐剂、有机合成的催化剂等。它可由以下反应制得

$$As_2O_3+6NaOH \longrightarrow 2Na_3AsO_3+3H_2O$$

产品中主要杂质有 Sb_2O_3，可通过控制 NaOH 的用量（pH＝8～9），酸性较弱的 Sb_2O_3 不被溶解，过滤除去。再补加 NaOH，达到要求的碱度，蒸发浓缩，冷却结晶即得。

9.2.4 碳、硅、硼

1. 碳及其化合物

碳只占地壳总质量的 0.4%，但全世界已经发现的化合物种类达 2000 万种，其中绝大多数是碳的化合物（不含碳的化合物不超过 10 万种，仅是它的百分之几）。碳有 ^{12}C，^{13}C，^{14}C 三种主要的同位素，IUPAC 于 1961 年将 ^{12}C 原子质量的 1/12 确定为原子质量的相对标准。

碳原子的价电子构型为 $2s^22p^2$，根据它的原子结构和电负性（2.60），可知它得电子和失电子的倾向都不强，因此经常形成共价化合物，其中碳的氧化值大多为+4。

金刚石和石墨是人们熟知的碳的两种同素异形体，过去认为无定形碳是另一种同素异形体，现已确证它只不过是微晶形石墨。自然界有金刚石矿和石墨矿，由于金刚石的特殊

性能和用途，人们很早就尝试用石墨作原料以人工合成金刚石来弥补天然储量和产量的不足。但在解决合成条件、设备和催化剂等一系列难题上经历了漫长的探索过程，直到1954年才首次获得成功。

金刚石硬度大，被大量用于切削和研磨材料；石墨导电性能良好，又具化学惰性，耐高温，广泛用作电极和高转速轴承的高温润滑剂。活性炭是经过加工后的碳单质，因其表面积很大，有很强的吸附能力，用于化工、制糖工业的脱色剂，以及气体和水的净化剂。

近年发展起来的碳纤维，密度小，强度高（抗拉强度和比强度分别是钢的4倍和12倍），抗腐蚀（长期在王水中使用亦不被腐蚀），耐高、低温性能好（-180℃时仍很柔软；2000℃时仍可保持原有强度），线膨胀系数和导热系数均小，导电性能优良，可与铜媲美，因而它在国防工业和科技研究中起着重要作用，也为宇航工业提供了优异材料。

碳的第三种同素异形体是20世纪80年代中期发现的C_n原子簇（$40<n<200$）。其中C_{60}是最稳定的分子，它是由60个碳原子构成的近似于足球的32面体，即由12个正五边形和20个正六边形组成，如图9-4所示。因为这类球形碳分子具有烯烃的某些特点，所以被称为球烯。20世纪90年代以来，球烯化学得到蓬勃发展，由于合成方法的改进，C_{60}与钾、铷、铯化合后得到的超导体展示出潜在的应用价值。

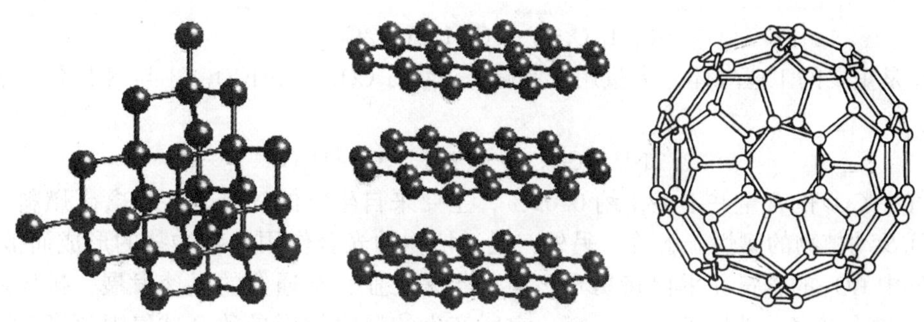

图9-4　C的三种同素异形体

a. 碳的氧化物

一氧化碳（CO）　CO是无色、无臭的有毒气体，它是煤炭及烃类燃料在空气不充分条件下燃烧产生的。当空气中CO的体积分数达到0.1%时，就会引起中毒，它和血红蛋白中的Fe^{2+}的结合力比O_2大210倍，使人的心、肺和脑组织受到严重损伤，甚至导致死亡。

在工业上，CO有很多用途。多数工业燃料中都含有CO，如水煤气、发生炉煤气、干馏煤气等燃气中CO都占有相当比例。

CO也是冶炼金属的重要还原剂，例如：

$$FeO+CO \xrightarrow{\triangle} Fe+CO_2$$

CO具有加合性，在一定条件下能以C原子上的孤对电子配位，与金属单质作用生成金属羰基化合物，如$[Ni(CO)_4]$，$[Fe(CO)_5]$等。

实验室一般用HCOOH通过浓硫酸脱水得到少量CO：

$$HCOOH \xrightarrow[\triangle]{浓硫酸} CO\uparrow + H_2O$$

二氧化碳(CO_2)　CO_2 是无色、无臭的气体，易液化，常温加压成液态，储存在钢瓶中。液态 CO_2 汽化时能吸收大量的热，可使部分 CO_2 被冷却为雪花状固体，称为“干冰”。干冰是分子晶体，熔点很低，在-78.5℃升华，是低温制冷剂，广泛用于化学与食品工业。又因为 CO_2 不助燃，可用来做灭火器。但金属镁可在 CO_2 气体中燃烧：

$$CO_2 + 2Mg \longrightarrow 2MgO + C$$

CO_2 微溶于水，20℃时 1L 水中约溶解 0.9LCO_2，溶解的 CO_2 只有部分生成 H_2CO_3，饱和的 CO_2 水溶液 pH 为 4 左右。经测定溶于水的 CO_2 仅有 1/600 生成弱酸 H_2CO_3。H_2CO_3 很不稳定，只能在水溶液中存在，是二元弱酸：

$$H_2CO_3 \rightleftharpoons H^+ + HCO_3^-；\ K_1^{\ominus} = 4.4\times10^{-7}$$

$$HCO_3^- \rightleftharpoons H^+ + CO_3^{2-}；\ K_2^{\ominus} = 4.7\times10^{-11}$$

实验室常由盐酸和 $CaCO_3$ 作用来制备 CO_2：

$$CaCO_3 + 2HCl \longrightarrow CaCl_2 + CO_2\uparrow + H_2O$$

工业上，CO_2 主要来自煅烧石灰石或发酵工业的副产品：

$$CaCO_3 \xrightarrow{\triangle} CaO + CO_2\uparrow$$

$$C_6H_{12}O_6 \xrightarrow{发酵} 2C_2H_5OH + 2CO_2\uparrow$$

CO_2 是重要的工业气体，大量用于制碱工业(Na_2CO_3，$NaHCO_3$)，与 NH_3 作用还能制备尿素：

$$2NH_3 + CO_2 \longrightarrow (NH_2)_2CO + H_2O$$

大气中 CO_2 的含量并不多，约 0.03%，主要来自生物的呼吸、各种含碳燃料和有机物的燃烧及动植物的腐烂分解等。另外，通过植物的光合作用与碳酸盐的形成而被消耗。所以大气中 CO_2 的含量几乎保持恒定。但近年来工业、交通业的迅速发展，排放到大气中的 CO_2 越来越多，破坏了生态平衡，它所产生的温室效应导致全球气温逐渐升高。长此下去，将会产生许多不良后果。

b. 碳酸盐

H_2CO_3 能形成正盐和酸式盐，它们的溶解性和热稳定性有着显著差异。

(1)溶解性。多数碳酸盐难溶于水，常用的 Na_2CO_3，K_2CO_3，$(NH_4)_2CO_3$ 易溶于水。难溶的碳酸盐其相应的酸式盐通常比正盐的溶解度大一些。

(2)酸碱性。由于 H_2CO_3 是弱酸，故易溶的碳酸盐会发生水解反应，碱金属碳酸盐都显碱性。例如 Na_2CO_3 俗称纯碱，与水反应为

$$CO_3^{2-} + H_2O \rightleftharpoons HCO_3^- + OH^-$$

因为 Na_2CO_3 的水解作用，水溶液中总有较多的 OH^- 离子，当加入金属阳离子的时候，可能发生下面几种情况：

①若金属氢氧化物的溶解度小于碳酸盐，则得到氢氧化物沉淀而不是碳酸盐，并且放出 CO_2。

$$2FeCl_3 + 3Na_2CO_3 + 3H_2O \rightleftharpoons 2Fe(OH)_3\downarrow + 6NaCl + 3CO_2\uparrow$$

$Al_2(SO_4)_3$、$Cr_2(SO_4)_3$ 与 Na_2CO_3 作用也有类似反应。

②若金属氢氧化物的溶解度和碳酸盐差不多，则得碱式碳酸盐沉淀（如 Bi^{3+}，Hg^{2+}，Cu^{2+}，Mg^{2+}），例如：

$$2MgCl_2+2Na_2CO_3+H_2O \rightleftharpoons Mg(OH)_2 \cdot MgCO_3\downarrow+4NaCl+CO_2\uparrow$$

③若金属碳酸盐溶解度小于氢氧化物，反应生成正盐（如 Ca^{2+}，Sr^{2+}，Ag^{+}，Cd^{2+}，Mn^{2+}，Pb^{2+}等），例如：

$$BaCl_2+Na_2CO_3 \rightleftharpoons BaCO_3\downarrow+2NaCl$$

(3)热稳定性。多数碳酸盐的热稳定性较差，分解产物通常是金属氧化物和 CO_2。比较其热稳定性，大致有以下规律：

碳酸<酸式碳酸盐<碳酸盐

例如：

$$H_2CO_3 \xrightarrow{\text{常温}} H_2O+CO_2\uparrow$$

$$2NaHCO_3 \xrightarrow{150℃} Na_2CO_3+H_2O+CO_2\uparrow$$

$$Na_2CO_3 \xrightarrow{>1800℃} Na_2O+CO_2\uparrow$$

对不同金属离子的碳酸盐，其热稳定性表现为

铵盐<过渡金属盐<碱土金属盐<碱金属盐

例如：

$$(NH_4)_2CO_3 \xrightarrow{58℃} 2NH_3+CO_2\uparrow+H_2O$$

$$ZnCO_3 \xrightarrow{350℃} ZnO+CO_2\uparrow$$

$$CaCO_3 \xrightarrow{910℃} CaO+CO_2\uparrow$$

c. 碳化物

碳和电负性较小的元素所形成的二元化合物称为碳化物，有离子型、共价型和金属型三类。

离子型碳化物是由碳和周期表中ⅠA，ⅡA，ⅢA 族的金属形成。如 CaC_2，Al_4C_3，它们遇水易水解并生乙炔或甲烷：

$$CaC_2+2H_2O \longrightarrow Ca(OH)_2+C_2H_2\uparrow$$

$$Al_4C_3+12H_2O \longrightarrow 4Al(OH)_3+3CH_4\uparrow$$

共价型碳化物中具有代表性的是碳化硅（SiC），俗称金刚砂。它的结构和硬度与金刚石相似，为原子晶体，熔点高、硬度大，用来制造砂轮、磨石等。

金属型碳化物是由碳和过渡元素中半径较大的ⅣB，ⅤB，ⅥB 族金属所形成的间隙化合物，此时碳原子钻入金属晶格的空隙之中。它的熔点高、硬度大、导电性能好。如碳化钨、碳化钛用来制造高速切削工具，热硬性好，使用温度可高达1000℃。

2. 硅的化合物

硅在地壳中的含量极其丰富，约占地壳总质量的1/4，仅次于氧。岩石、砂砾、泥土、砖瓦、水泥、玻璃、搪瓷等都是硅的化合物。

硅和碳的性质相似，可以形成氧化值为+4 的共价化合物。硅和氢形成的一系列硅氢化合物，称为硅烷，如甲硅烷（SiH_4）、乙硅烷（Si_2H_6）等。

单质硅在自然界中不存在，由石英砂和焦炭在电弧炉中反应生成粗硅：

$$SiO_2+2C \xrightarrow{\text{电弧炉}} Si+2CO$$

粗硅氯化制得 $SiCl_4$，经蒸馏提纯，用氢气还原得到纯硅：

$$SiCl_4+2H_2 \longrightarrow Si+4HCl$$

纯硅经区域熔炼等物理方法提纯为 9 个 9(即 99.9999999%)以上的高纯硅，杂质含量不超过十亿分之一，然后在单晶炉中拉制成单晶硅。单晶硅和掺杂单晶硅是单质半导体中性能最好的，也是应用最广的半导体，极大地影响着信息、空间、海洋、能源、新材料等高科技领域。

a. 二氧化硅

在自然界中，SiO_2 遍布于岩石、土壤及许多矿石中，有晶形和非晶形两种。石英是常见的 SiO_2 天然晶体，无色透明的石英就叫水晶。硅藻土是天然无定形 SiO_2，为多孔性物质，工业上常用作吸附剂以及催化剂的载体。

SiO_2 与 CO_2 的化学组成相似，但结构和物理性质迥然不同。CO_2 是分子晶体；SiO_2 是原子晶体(见图 9-5)。每个硅原子位于 4 个氧原子的中心，并分别与氧原子以单键相连，氧原子又分别与别的硅原子相连，由此形成立体的硅氧网格晶体。所以 SiO_2 与干冰不同，它的熔、沸点都很高。

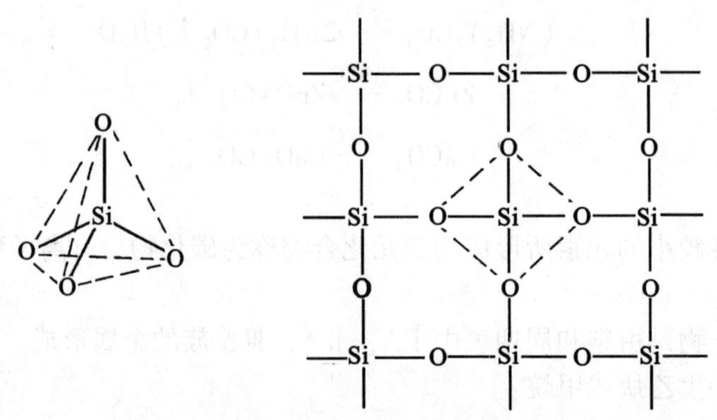

图 9-5　二氧化硅的晶体结构示意图

石英在 1600℃时，熔化成黏稠液体，当急剧冷却时，由于黏度大，不易结晶，而形成石英玻璃。它的热膨胀系数小，能耐温度的剧变，故用于制造耐高温的高级玻璃仪器。石英玻璃虽有较高的耐酸性，但能被 HF 所腐蚀而生成 SiF_4。SiO_2 是酸性氧化物，能与热的浓碱液作用生成硅酸盐：

$$SiO_2+2NaOH \xrightarrow{\triangle} Na_2SiO_3+H_2O$$

$$SiO_2+Na_2CO_3 \xrightarrow{\triangle} Na_2SiO_3+CO_2$$

以 SiO_2 为主要原料的玻璃钢，广泛用于飞机、汽车、船舶、建筑和家具等行业，以取代各种合金材料。石英光纤(SiO_2)具有极高的透明度，在现代通信中靠光脉冲传送信息，性能优异，应用广泛。

b. 硅酸

硅酸是 SiO_2 的水合物(但不能由 SiO_2 与 H_2O 作用制得，因 SiO_2 不溶于水)，它有多种组成，如偏硅酸(H_2SiO_3)、正硅酸(H_4SiO_4)、焦硅酸($H_6Si_2O_7$)等，可用 $x SiO_2 \cdot y H_2O$ 表示，习惯上常用简单的偏硅酸代表硅酸。

硅酸($K_1^{\ominus}=1.7\times10^{-10}$，$K_2^{\ominus}=1.6\times10^{-12}$)是比 H_2CO_3 还弱的二元酸，溶解度很小，很容易被其他的酸(甚至碳酸、醋酸)从硅酸盐中析出：

$$SiO_3^{2-}+CO_2+H_2O \longrightarrow H_2SiO_3\downarrow+CO_3^{2-}$$

$$SiO_3^{2-}+2HAc \longrightarrow H_2SiO_3\downarrow+2Ac^-$$

开始析出的单分子硅酸可溶于水，所以并不沉淀。随后逐步聚合成多硅酸后才生成硅酸溶胶或凝胶。在浓度较大的 Na_2SiO_3 溶液中加入 H_2SO_4 或 HCl，则得到硅酸凝胶，经洗涤、干燥就成硅胶。

硅胶是白色稍透明的固体物质，有许多极细小的孔隙，吸附能力很强，是优良的干燥剂。它能耐强酸，广泛用于气体干燥或吸收、液体脱水和色层分析等，也用作催化剂或催化剂载体。

硅酸浸以 $CoCl_2$ 溶液，经烘干后，就制成变色硅胶。这种硅胶的颜色变化可以指示其吸湿程度，因无水 Co^{2+} 呈蓝色，水合钴离子 $[Co(H_2O)_6]^{2+}$ 呈粉红色。在使用过程中，当硅胶由蓝色变为粉红色时，说明已吸足了水，不再有吸湿能力。吸水的硅胶经加热脱水后又变为蓝色，重新恢复了吸湿能力。

c. 硅酸盐

硅酸盐在自然界分布很广，种类繁多、结构复杂，大多是硅铝酸盐，均难溶于水。常见的天然硅酸盐有：高岭土、白云母、正长石、石棉和泡沸石。高岭土是黏土的基本成分，纯高岭土是制造瓷器的原料。正长石、云母和石英是构成花岗岩的主要成分。

将石英砂与纯碱按一定比例($Na_2O : SiO_2$ 为 1 : 3.3)混匀、加热熔融即得 Na_2SiO_3 熔体。Na_2SiO_3 颇有实用价值，它呈玻璃状，能溶于水，有水玻璃之称，工业上称为泡花碱，因常含有铁一类的杂质而呈浅绿色。将玻璃状固体 Na_2SiO_3 破碎后，于一定压力下用水蒸气溶解成黏稠液体，即为商品水玻璃。用作黏合剂、木材及织物的防火处理、肥皂的填充剂和发泡剂等。

3. *硼的化合物*

硼在自然界中主要以含氧化合物的形式存在，如硼酸(H_3BO_3)和硼砂($Na_2B_4O_7 \cdot 10H_2O$)。硼在地壳中的丰度虽小，却有富集的矿床，是我国的丰产元素。

单质硼有无定形和晶形两种。硼的熔点、沸点很高，晶体硼的莫氏硬度为 9.5，仅次于金刚石。硼与氮的化合物为 BN，结构、性质和用途与石墨相似，被称为白石墨。

硼的价层电子构型为 $2s^22p^1$。B 原子的半径小，电离能又大，所以主要以共价键和其他原子相连。有氧化物、氢化物、卤化物和氮化物等。B 原子与 Al 一样，价层的 4 个轨道上只有 3 个电子，以 sp^2 杂化后形成的 BF_3，BCl_3 等化合物称为缺电子化合物，它们容易和其他分子或离子的孤对电子形成配合物。例如：

$$BF_3+:NH_3 \longrightarrow [F_3B:NH_3]$$

$$BF_3+:F^- \longrightarrow [BF_4]^-$$

a. 氧化硼和硼酸

三氧化二硼(B_2O_3) 是白色固体，也称硼酸酐或硼酐，常见的有无定形和晶体两种，晶体比较稳定。将硼酸加热到熔点以上即得 B_2O_3：

$$2H_3BO_3 \longrightarrow B_2O_3+3H_2O$$

氧化硼用于制造抗化学腐蚀的玻璃和某些光学玻璃。熔融的 B_2O_3 能和许多金属氧化物作用，显出各种特征颜色，它们常用于搪瓷、珐琅工业的彩绘装饰中。硼纤维是具有多种优良性能的新型材料。硼的含氧酸包括偏硼酸(HBO_2)、硼酸(H_3BO_3)和四硼酸($H_2B_4O_7$)等多种。硼酸脱水后得到偏硼酸，进一步脱水得到硼酐。反之，将硼酐、偏硼酸溶于水，又重新生成 H_3BO_3。

工业上，H_3BO_3 是由 H_2SO_4 或 HCl 分解硼砂矿而制得

$$Na_2B_4O_7+H_2SO_4+5H_2O \longrightarrow 4H_3BO_3+Na_2SO_4$$

H_3BO_3 是无色、微带珍珠光泽的片状晶体，具有层状晶体结构。晶体内各片层之间容易滑动，所以 H_3BO_3 可用作润滑剂。

H_3BO_3 微溶于冷水，易溶于热水。它是一元弱酸($K_a^{\ominus}=5.8\times10^{-10}$)。它在水中所表现出来的酸性并非来自硼酸本身解离出的 H^+，而是由 H_3BO_3 中 B 原子接受 H_2O 所解离出来的 OH^-，形成配离子$[B(OH)]_4^-$，从而使溶液中 H^+浓度增大的结果。这种解离方式正好表现了硼化合物的缺电子特点。

H_3BO_3 在医药上用作防腐、消毒剂，还大量用在玻璃、陶瓷和搪瓷工业中。

b. 硼砂

硼砂$[Na_2B_4O_5(OH)_4\cdot 8H_2O$，常写为 $Na_2B_4O_7\cdot 10H_2O]$又称四硼酸钠，是硼的含氧酸盐中最重要的一种。为白色透明晶体，易风化。硼砂在水中的溶解度随温度升高而明显增大，所以常采用重结晶法精制。

硼砂的水解反应如下：

$$[B_4O_5(OH)_4]^{2-}+5H_2O \rightleftharpoons 4H_3BO_3+2OH^- \rightleftharpoons 2H_3BO_3+2B(OH)_4^-$$

从上式可以看出，加酸则平衡右移，可由硼砂制得 H_3BO_3；反之，加碱则平衡左移，又可由 H_3BO_3 制得硼酸盐。

硼砂受热时先失去部分结晶水成为蓬松状物质，体积膨胀；热至 350～400℃时，脱水成为无水盐 $Na_2B_4O_7$；在 878℃时熔融，冷后成为玻璃状体。Fe，Co，Ni，Mn 等金属氧化物能与其作用并显出不同颜色。如 $2NaBO_2\cdot Co(BO_2)_2$ 为蓝色，$2NaBO_2\cdot Mn(BO_2)_2$ 为绿色。分析化学上利用这一性质初步检验某些金属离子，叫做硼砂珠试验。

硼砂主要用在玻璃和搪瓷工业。它在玻璃中可增加紫外线的透射率，提高玻璃的透明度和耐热性能。在搪瓷制品中，可使瓷釉不易脱落并使其具有光泽。在焊接金属时用硼砂作助熔剂，是由于它能溶解金属氧化物。硼砂还是医药上的防腐剂和消毒剂。在实验室中，常用硼砂配制缓冲溶液，另外硼砂也可作为标定酸浓度的基准物。

9.2.5 p 区主要金属元素

1. 铝及其化合物

铝广泛存在于地壳中，是蕴藏最丰富的金属元素。铝主要以铝矾土($Al_2O_3\cdot xH_2O$)矿

物存在，铝矾土是冶炼金属铝的重要原料。

a. 铝的性质

纯铝是银白色的轻金属，无毒，富有延展性，具有很高的导电性、传热性和抗腐蚀性，无磁性，不发生火花放电。在金属中，铝的导电、传热能力仅次于银和铜，延展性仅次于金。铝及其合金能被铸、辗、锻、拉，易于制成管、棒、线、板或箔。

铝的性能优良，价格便宜，在宇航工业、电力工业、房屋建筑和运输、包装等方面被广泛应用。铝的抗腐蚀性来自表面致密、惰性的氧化层，经过阳极处理的铝具有更好的保护作用和抗磨损性。Al-Li 合金密度小，刚性强，在航空、航天、导弹、火箭等方面占有重要地位。

铝的化学性质活泼，其标准电极电势 $E^{\ominus}=-1.66\text{V}$，在不同温度下能与 O_2，Cl_2，Br_2，I_2，N_2，P 等非金属直接化合。铝的典型化学性质是缺电子性、亲氧性和两性。

缺电子性　Al 原子的价层电子结构是 $3s^2 3p^1$，当它与其他原子形成共价键时，铝的 4 条价层轨道中只有 3 条用来成键，还剩有 1 条空轨道，所以 Al(Ⅲ)的化合物为缺电子化合物，这种化合物有很强的接受电子对的能力。例如 $AlCl_3$ 分子聚合成 Al_2Cl_6，在每个 $AlCl_3$ 分子中的 Al 原子存在空轨道，Cl 原子上有孤对电子，具备形成配位键的条件，因此将两个分子结合在一起。这种二聚分子具有桥式结构，2 个 Al 原子各以其 4 条 sp^3 杂化轨道分别和 4 个 Cl 原子形成共用 1 条棱边的双四面体：

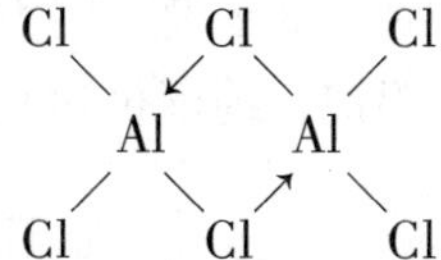

Al 缺电子化合物的这一特征，使其也可以发生下列反应：

$$AlF_3+HF \longrightarrow H[AlF_4]$$

亲氧性　铝与空气接触很快失去光泽，表面生成氧化铝薄膜(约 10^{-6}cm 厚)，此膜可阻止铝继续被氧化。铝遇发烟硝酸，被氧化成“钝态”，因此工业上常用铝罐储运发烟硝酸。这层膜遇稀酸则遭破坏，会导致罐体泄漏。

铝的亲氧性可以从 Al_2O_3 有非常高的生成焓看出：

$$2Al(s)+\frac{3}{2}O_2(g) \longrightarrow Al_2O_3(s)\text{；}\ \Delta_f H_m^{\ominus}=-1669.7\text{kJ}\cdot\text{mol}^{-1}$$

此值比一般金属氧化物的生成焓大得多，对比如下：

氧化物	CaO	MgO	Fe_2O_3	Cr_2O_3	Al_2O_3
生成焓/$\text{kJ}\cdot\text{mol}^{-1}$	−635.5	−601.83	−822.2	−1129	−1669.7

此外，铝还能从许多金属氧化物中夺取氧，在冶金工业上常用作还原剂。例如，将铝粉和 Fe_2O_3(或 Fe_3O_4)粉末按一定比例混合，用引燃剂点燃，反应立即猛烈进行，同时放出大量的热：

$$Fe_2O_3+2Al \longrightarrow Al_2O_3+2Fe\text{；}\ \Delta_r H_m^{\ominus}=-853.8\text{kJ}\cdot\text{mol}^{-1}$$

温度上升到3000℃，此时被还原出来的铁得以熔化，常用于野外焊接铁轨。此外一些难熔金属如Cr，Mn，V等可利用铝还原它们的氧化物而制得，这种方法称为铝热冶金法(或铝热还原法)。

两性　在周期表中铝位于典型金属和非金属元素的交界，是典型的两性金属。既能溶于强酸，也能直接溶于强碱，并放出H_2：

$$2Al+6H^+ \longrightarrow 2Al^{3+}+3H_2$$

$$2Al+OH^-+6H_2O \longrightarrow 2[Al(OH)_4]^-+3H_2$$

b. 铝的冶炼

金属铝的生产包括从铝矾土中提取Al_2O_3，以及电解Al_2O_3。

铝矾土的化学成分为$Al_2O_3 \cdot xH_2O$，在加压下用碱液溶解铝矾土，经过滤除去杂质，往滤液中通入CO_2，析出$Al(OH)_3$，灼烧得Al_2O_3，主要反应为

$$Al_2O_3+2NaOH+3H_2O \longrightarrow 2Na[Al(OH)_4]$$

$$2Na[Al(OH)_4]+CO_2 \longrightarrow 2Al(OH)_3\downarrow+Na_2CO_3+H_2O$$

$$2Al(OH)_3 \xrightarrow{\triangle} Al_2O_3+3H_2O$$

电解Al_2O_3，用冰晶石(Na_3AlF_6，2%～8%)和CaF_2(约10%)作助熔剂，石墨作阳极，电解槽的铁质槽壳作阴极。电解反应如下：

$$2Al_2O_3 \xrightarrow[1000℃]{电解} 4Al+3O_2\uparrow$$

电解得到的铝为液态，定时放出铸成铝锭，纯度可达99%左右。

c. 氧化铝和氢氧化铝

(1)氧化铝。

氧化铝为白色无定形粉末，它是离子晶体，熔点高，硬度大。根据制备方法不同，又有多种变体。常见的有α-Al_2O_3和γ-Al_2O_3。

α-Al_2O_3即自然界存在的刚玉，属六方紧密堆集构型的晶体，其中Al^{3+}和O^{2-}两种离子间的吸引力很强，晶格能很大，故熔点高达2050℃，硬度达8.8。天然品因含少量杂质而显不同颜色，所谓宝石就是这类矿石。红宝石是刚玉中含有少量Cr(Ⅲ)，蓝宝石是含有微量Fe(Ⅱ)，Fe(Ⅲ)或Ti(Ⅳ)的氧化铝。

α-Al_2O_3耐酸、耐碱、耐磨、耐高温，故有多种用途。人造刚玉用作机器轴承、钟表轴承(俗称“钻”)、磨料、抛光剂等，也是优良的耐火材料。掺入0.05% Cr^{3+}作激发离子的α-Al_2O_3激光器已得到广泛应用。

将金属铝在氧气中燃烧，或者高温灼烧$Al(OH)_3$，$Al(NO_3)_3$或$Al_2(SO_4)_3$，都能制得α-Al_2O_3。人造宝石是将铝矾土在电炉中熔融制得。

γ-Al_2O_3是在450℃左右加热分解$Al(OH)_3$或铝铵矾制得，又称活性氧化铝，具有酸碱两性。它是多孔性物质，有很大的表面积，故它常用作吸附剂或催化剂载体。

(2)氢氧化铝

氢氧化铝$Al(OH)_3$为白色无定形粉末，广泛用于医药、玻璃、陶瓷工业中，是一种两性物质，既能溶于酸，又能溶于碱。

对于$Al(OH)_3$与酸性溶液的反应：

$$Al(OH)_3(s)+3H^+ \rightleftharpoons Al^{3+}+3H_2O$$

$Al(OH)_3$ 在不同 pH 的酸性溶液中的溶解度是不同的，其溶解状态为 Al^{3+}，溶解度即 $c(Al^{3+})$。

对于 $Al(OH)_3$ 与碱性溶液的反应：

$$Al(OH)_3(s)+OH^- \rightleftharpoons [Al(OH)_4]^-$$

$Al(OH)_3$ 在不同 pH 的碱性溶液中的溶解度也是不同的，其溶解状态为 $[Al(OH)_4]^-$，溶解度即 $c([Al(OH)_4]^-)$（见表 9-16）。

表 9-16　**与 $Al(OH)_3$ 平衡的 Al^{3+}，$[Al(OH)_4]^-$ 浓度和 pH 的关系**

$c(Al^{3+})/(mol\cdot L^{-1})$	10^{-1}	10^{-2}	10^{-3}	10^{-4}	10^{-5}
pH	3.4	3.7	4.0	4.4	4.7
$c([Al(OH)_4]^-)/(mol\cdot L^{-1})$	10^{-1}	10^{-2}	10^{-3}	10^{-4}	10^{-5}
pH	12.9	11.9	10.9	9.9	8.9

以表中离子浓度为纵坐标，pH 为横坐标，可以绘制 $Al(OH)_3$ 的溶解度 s-pH 图（见图 9-6）。

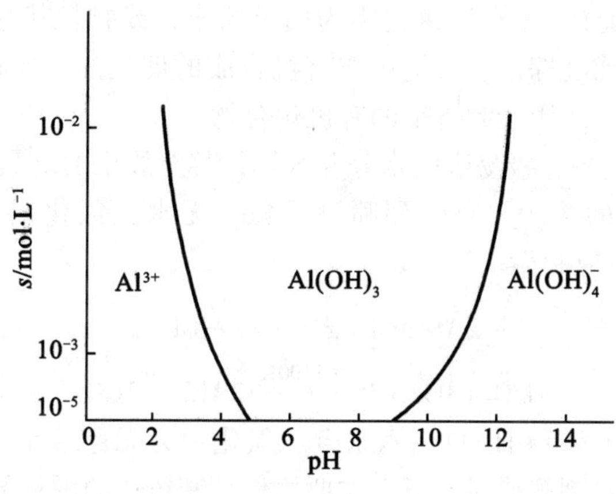

图 9-6　$Al(OH)_3$ 的 s-pH

从图 9-6 的左侧看，当 $c(Al^{3+})=10^{-2}mol\cdot L^{-1}$ 时，$Al(OH)_3$ 开始沉淀的 pH 为 3.7。当 pH=4.7 时，$Al(OH)_3$ 沉淀完全[即 $c(Al^{3+})=10^{-5}mol\cdot L^{-1}$]。

从图 9-6 的右侧看，当 $c([Al(OH)_4]^-)=10^{-2}mol\cdot L^{-1}$ 时，$Al(OH)_3$ 开始沉淀的 pH 为 11.9，当 pH=8.9 时，沉淀完全，即 $c([Al(OH)_4]^-)=10^{-5}mol\cdot L^{-1}$。或者说，向 $[Al(OH)_4]^-$ 溶液中加酸，也会有 $Al(OH)_3$ 开始沉淀；pH=8.9 时沉淀完全。若继续加酸，当 pH=4.7 时，$Al(OH)_3$ 又开始以 Al^{3+} 形式溶解。

可见，固体 $Al(OH)_3$ 只能在 pH=4.7～8.9 的范围内稳定存在。当 pH<4.7 或 pH>8.9 时，部分 $Al(OH)_3$ 溶解并分别形成 Al^{3+} 或 $[Al(OH)_4]^-$ 的溶液。

$Al(OH)_3$沉淀在放置过程中，往往发生脱水、聚合等作用，结构发生变化后，其溶解度随之变小，需用强酸、强碱才能溶解。某些情况下，甚至在较高浓度的强酸、强碱中也无明显的溶解现象。

$Al(OH)_3$的生产过程充分应用了金属铝和$Al(OH)_3$的两性特征。通常采用碱法，将金属铝与按化学计量的NaOH反应生成$NaAlO_2$，然后加入弱酸性物质(通CO_2或加入NH_4HCO_3)，适当降低溶液的碱度，使pH进入图9-6曲线中部$Al(OH)_3$的沉淀区。主要反应为

$$2Al+2NaOH+2H_2O \longrightarrow 2NaAlO_2+3H_2\uparrow$$

$$2NaAlO_2+CO_2+3H_2O \longrightarrow 2Al(OH)_3\downarrow+Na_2CO_3$$

或

$$2NaAlO_2+NH_4HCO_3+2H_2O \longrightarrow 2Al(OH)_3\downarrow+NH_3\uparrow+Na_2CO_3$$

d. 铝盐

(1)铝的卤化物

在铝的卤化物中，除AlF_3是离子化合物外，其余都是共价化合物。这是因为Al^{3+}的电荷高，半径小，具有强极化力的缘故。熔点、沸点较低的卤化物很容易由金属铝和氯、溴、碘直接合成得到。通过蒸气密度的测定表明，$AlCl_3$，$AlBr_3$，AlI_3都是双聚分子。400℃时，氯化铝以双聚分子Al_2Cl_6存在，800℃时双聚分子才完全分解为单分子。

三氯化铝是铝的重要化合物，它有无水物和水合结晶两种。

无水三氯化铝($AlCl_3$)　无水三氯化铝为白色粉末，或颗粒状结晶，工业级$AlCl_3$因含有杂质铁等而呈淡黄或红棕色。大量用作有机合成的催化剂，如石油裂解、合成橡胶、树脂及洗涤剂等的合成。还用于制备铝的有机化合物。

无水$AlCl_3$露置空气中，极易吸收水分并水解，甚至放出HCl气体。它在水中溶解并水解的同时，放出大量的热，并有强烈喷溅现象。无水三氯化铝只能用干法合成，或Al_2O_3和C与Cl_2共同反应制得

$$2Al+3Cl_2(g) \xrightarrow{\triangle} 2AlCl_3$$

$$Al_2O_3+3C+3Cl_2 \xrightarrow{1100K} 2AlCl_3+3CO$$

六水合三氯化铝($AlCl_3\cdot 6H_2O$)　六水合三氯化铝为无色结晶，工业级$AlCl_3\cdot 6H_2O$呈淡黄色，吸湿性强，易潮解同时水解。主要用作精密铸造的硬化剂、净化水的凝聚剂以及木材防腐及医药等方面。

由金属铝或煤矸石(含$Al_2O_3$35%以上)与盐酸作用，所得溶液经除去杂质后，蒸发浓缩、冷却即析出六水合三氯化铝结晶。反应式如下：

$$2Al+6HCl \longrightarrow 2AlCl_3+3H_2$$

$$Al_2O_3+6HCl \longrightarrow 2AlCl_3+3H_2O$$

(2)硫酸铝和矾

硫酸铝{$Al_2(SO_4)_3$}　无水硫酸铝为白色粉末，从饱和溶液中析出的白色针状结晶为$Al_2(SO_4)_3\cdot 18H_2O$。受热时会逐渐失去结晶水，至250℃失去全部结晶水。约600℃时即分解成Al_2O_3。

$Al_2(SO_4)_3$易溶于水，同时水解而呈酸性。反应式如下：

$$[Al(H_2O)_6]^{2+}+H_2O \rightleftharpoons [Al(H_2O)_5OH]^{2+}+H_3O^+$$

或

$$Al^{3+}+H_2O \rightleftharpoons [Al(OH)]^{2+}+H^+$$

$[Al(OH)]^{2+}$进一步水解：

$$[Al(OH)]^{+}+H_2O \rightleftharpoons [Al(OH)_2]^{+}+H^+$$

$$[Al(OH)_2]^{+}+H_2O \rightleftharpoons Al(OH)_3+H^+$$

$Al(OH)_3$ 为胶体，它能以细密分散态沉积在棉纤维上，并可牢固地吸附染料，因此铝盐是优良的媒染剂，也常用作水净化的凝聚剂和造纸工业的胶料等。

$Al_2(SO_4)_3$ 可用于灭火器中，$Al_2(SO_4)_3$ 的饱和溶液装在泡沫灭火器的内筒，将 $NaHCO_3$ 溶液装入外筒，使用时发生如下反应：

$$Al^{3+}+3HCO_3^- \rightleftharpoons Al(OH)_3+3CO_2\uparrow$$

纯品 $Al_2(SO_4)_3$ 可以用纯铝和 H_2SO_4 相互作用制得

$$2Al+3H_2SO_4 \longrightarrow Al_2(SO_4)_3+3H_2$$

H_2SO_4 与 Al 反应不像盐酸那样顺利，通常要将 H_2SO_4 适当稀释，把铝锭刨成铝花，并适当加热。

矾　$Al_2(SO_4)_3$ 与钾、钠、铵的硫酸盐形成的复盐称为矾。广义地说，组成为 $M_2^{(I)}SO_4 \cdot M_2^{(III)}(SO_4)_3 \cdot 24H_2O$的化合物均为矾，其中 M(Ⅰ)可以是 K^+，Na^+或 NH_4^+，M(Ⅲ)可以是 Al^{3+}，Cr^{3+}或 Fe^{3+}等。铝钾矾是铝矾中最为常见的。

铝钾矾$\{K_2SO_4 \cdot Al_2(SO_4)_3 \cdot 24H_2O\}$俗称明矾，易溶于水，水解生成 $Al(OH)_3$ 或碱式盐的胶状沉淀。明矾被广泛用于水的净化、造纸业的上浆剂，印染业的媒染剂，以及医药上的防腐、收敛和止血剂等。

2. 锡、铅

a. 锡、铅的单质

Sn 在自然界主要以锡石(SnO_2)存在，Pb 主要以方铅矿(PbS)存在。它们在自然界的矿藏集中，并且容易冶炼，早在公元前两三千年就为人们所熟知。

锡是银白色金属，质软，熔点低。虽然它的延性不佳，但富有展性。锡箔曾经是优良的包装材料，现已为铝箔所取代。锡在空气中不易被氧化，能长期保持其光泽。马口铁(将锡镀在铁上)耐腐蚀，价格便宜，又无毒，故食品工业的罐头盒多由它制成。锡有三种同素异形体，即灰锡(α-Sn)、白锡(β-Sn)及脆锡(γ-Sn)。它们在不同温度下可以互相转变：

$$\text{灰锡}(\alpha\text{-Sn}) \xrightleftharpoons{13.2℃} \text{白锡}(\beta\text{-Sn}) \xrightleftharpoons{161℃} \text{脆锡}(\gamma\text{-Sn})$$

常见的为白锡，虽然它在 13.2℃以下会转变成灰锡，但是这种转变十分缓慢，所以能稳定存在。但如果温度过低，达到-48℃时其转变速率急剧增大，顷刻间白锡变成粉末状的灰锡。锡制品处在极端寒冷的地方会遭到毁坏，这种现象称为“锡疫”。

铅也是很软的重金属，用手指甲就能在铅上刻痕。新切开的断面很亮，但不久就会形成一层碱式碳酸铅而变暗，它能保护内层金属不被氧化。铅能挡住 X 射线和核裂变射线，可制作铅玻璃、铅围裙和放射源容器等防护用品。在化学工业中常用铅作反应器的衬里。

锡、铅大量用于制造合金，除焊锡、保险丝等低熔点合金由锡、铅制成外，以往大量使用的铅字合金由 Pb，Sb，Sn 组成；青铜为 Cu，Sn 合金；蓄电池的极板为 Pb，Sb 合金等。铅及铅的化合物都是有毒物质，并且进入人体后不易排出而导致积累性中毒，所以食具、水管等不可用铅制造。

Sn，Pb 为周期表中的ⅣA 族元素，原子的价层电子构型分别为 $5s^25p^2$，$6s^26p^2$。锡和铅属于中等活泼金属，与卤素、硫等非金属可以直接化合；与酸、碱反应的现象和产物列于表 9-17。

表 9-17 **锡、铅与酸碱的反应**

酸、碱	锡	铅
HCl	与稀盐酸作用缓慢，与浓盐酸在加热下有可观的反应速率 $Sn+2HCl(浓)\xrightarrow{\triangle}SnCl_2+H_2\uparrow$	能反应，但因生成难溶的 $PbCl_2$ 覆盖表面，致使反应不久即终止
H_2SO_4	与稀硫酸较难作用，与较浓硫酸作用，生成 Sn(Ⅱ)盐： $Sn+2H_2SO_4\longrightarrow SnSO_4+SO_2\uparrow+2H_2O$ 与浓硫酸在加热下，生成 Sn(Ⅳ)盐： $Sn+4H_2SO_4(浓)\xrightarrow{\triangle}Sn(SO_4)_2+2SO_2\uparrow+4H_2O$	能与稀硫酸反应，但因生成难溶的 $PbSO_4$ 覆盖层，致使反应终止。 能与热的浓硫酸反应： $Pb+3H_2SO_4(浓)\xrightarrow{\triangle}Pb(HSO_4)_2+SO_2\uparrow+2H_2O$
HNO_3	与冷的稀硝酸作用生成 Sn(Ⅱ)盐： $4Sn+10HNO_3\longrightarrow 4Sn(NO_3)_2+NH_4NO_3+3H_2O$ 与浓硝酸生成 Sn(Ⅳ)化合物： $3Sn+4HNO_3(浓)\longrightarrow 3SnO_2\cdot 2H_2O+4NO\uparrow$	与稀、浓硝酸都能反应： $3Pb+8HNO_3\longrightarrow 3Pb(NO_3)_2+2NO\uparrow+4H_2O$ $Pb+4HNO_3(浓)\longrightarrow Pb(NO_3)_2+2NO_2\uparrow+2H_2O$
NaOH	与浓碱加热下能作用： $Sn+2NaOH(浓)\xrightarrow{\triangle}Na_2SnO_2+H_2\uparrow$	与热、浓碱液能反应： $Pb+2NaOH(浓)\xrightarrow{\triangle}Na_2PbO_2+H_2\uparrow$

b. 锡、铅的化合物

(1)概述

Sn，Pb 有+2，+4 氧化值的化合物，在某些性质方面存在递变规律：

①锡、铅氧化物及其水合物的酸碱性　锡、铅的氧化物有 SnO，SnO_2，PbO 及 PbO_2。在 Sn(Ⅱ)或 Sn(Ⅳ)的盐溶液中加入 NaOH 生成 $Sn(OH)_2$ 或 $Sn(OH)_4$ 的白色胶状沉淀。它们都是两性物质，前者以碱性为主，后者以酸性为主。

$$Sn(OH)_2+2HCl\longrightarrow SnCl_2+2H_2O$$

$$Sn(OH)_2+2NaOH\longrightarrow Na_2[Sn(OH)_4]$$

$Sn(OH)_4$，$Pb(OH)_2$，$Pb(OH)_4$ 也有类似反应，$Sn(OH)_4$ 的酸性较强(但仍为弱酸)，$Pb(OH)_2$ 的碱性较强(仍为弱碱)。

②锡、铅化合物的氧化还原性　锡、铅在酸、碱性介质中的元素电势图如下：

$$E_A^\ominus/V \quad Sn^{4+} \xrightarrow{0.154} Sn^{2+} \xrightarrow{-0.136} Sn$$

$$PbO_2 \xrightarrow{1.455} Pb^{2+} \xrightarrow{-0.126} Pb$$

$$E_B^\ominus/V \quad [Sn(OH)_6]^{2-} \xrightarrow{-0.93} [Sn(OH)_4]^{2-} \xrightarrow{-0.91} Sn$$

$$PbO_2 \xrightarrow{0.247} PbO \xrightarrow{-0.58} Pb$$

由此可见，无论在酸性还是碱性介质中，Sn(Ⅱ)都是典型的还原剂，借此性质可用于鉴定 Sn^{2+}，Hg^{2+}和 Bi(Ⅲ)。例如：

$$2HgCl_2+Sn^{2+} \longrightarrow Hg_2Cl_2\downarrow +Sn^{4+}+2Cl^-$$

$$Hg_2Cl_2+Sn^{2+} \longrightarrow 2Hg\downarrow +Sn^{4+}+2Cl^-$$

由生成白色丝状的 Hg_2Cl_2 沉淀和黑色高分散 Hg，可以鉴定 Hg^{2+}和 Sn^{2+}的存在。Sn(Ⅱ)在碱性介质中的还原性更强，可发生以下反应：

$$2Bi(OH)_3+3SnO_2^{2-}+6H_2O \longrightarrow 2Bi\downarrow +3[Sn(OH)_6]^{2-}$$

此法可作为 Bi(Ⅲ)的鉴定反应，反应时碱性要足够强，生成的高分散 Bi 呈黑色。

Pb(Ⅳ)是强氧化剂，在酸性溶液中使用，效果显著。它能把 Mn(Ⅱ)氧化成 Mn(Ⅶ)；与浓 H_2SO_4 作用放出 O_2；与盐酸作用放出 Cl_2。反应式如下：

$$2Mn^{2+}+5PbO_2+4H^+ \longrightarrow 2MnO_4^-+5Pb^{2+}+2H_2O$$

$$4H_2SO_4(浓)+2PbO_2 \longrightarrow 2Ph(HSO_4)_2+O_2+2H_2O$$

$$4HCl+PbO_2 \longrightarrow PhCl_2+Cl_2\uparrow +2H_2O$$

综上所述，锡和铅的氧化物、氢氧化物的酸碱性及其+2，+4 氧化值化合物氧化还原性的递变规律可归纳如下：

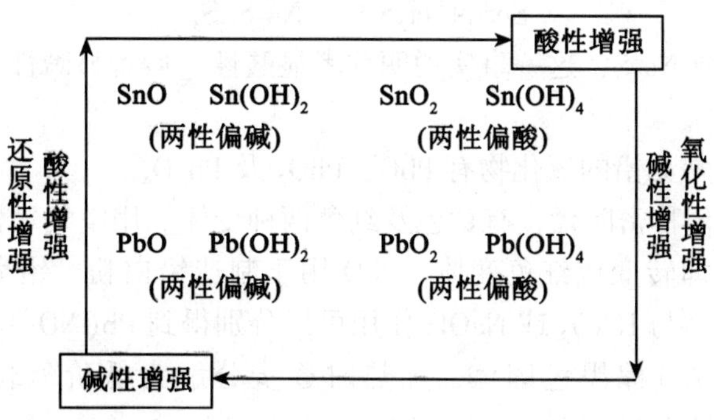

(2)锡的化合物

①氯化物。氯化亚锡($SnCl_2 \cdot 2H_2O$)　氯化亚锡为无色晶体，熔点仅 37.7℃。在熔化的同时，被自身的结晶水所水解，生成碱式盐和盐酸。在空气中逐渐被氧化成不溶性的氯氧化物。$SnCl_2$ 溶于水并随即水解：

$$SnCl_2+H_2O \longrightarrow Sn(OH)Cl\downarrow +HCl$$

在配制其溶液时，需要加盐酸以抑制水解，还需要加少量金属锡粒，以防氧化。

$SnCl_2$ 是有机合成中重要的还原剂，也是常用的分析试剂。制取 $SnCl_2$ 多采用下述方法：将锡花浸入水中，加入少量盐酸后通入氯气，停止通气后，保持锡过量(以确保无 $SnCl_4$ 存在)，最终得到 $SnCl_2$ 浓溶液。经冷却、结晶，即得 $SnCl_2 \cdot 2H_2O$。有时溶液的酸度过高，生成易溶的 H_2SnCl_4，晶体难以析出，倘遇此情况，可将其返回原反应容器，作为盐酸继续此制备反应。

上述方法不需要加热，氯气又比盐酸便宜，经济效益很好。但是氯气有毒，生产时要注意严密，确保安全。

四氯化锡($SnCl_4$)　无水四氯化锡(又名氯化高锡)为无色液体，在潮湿空气中因水解产生锡酸，并释出 HCl 而呈现白烟。

$SnCl_4$ 常由氯气和金属锡直接合成。在一密闭铁制容器中将锡加热熔融后，通入氯气，此时氧化-还原反应交替进行：

$$Sn+2Cl_2 \longrightarrow SnCl_4$$

$$SnCl_4+Sn \longrightarrow 2SnCl_2$$

$$SnCl_2+Cl_2 \longrightarrow SnCl_4$$

由于 $SnCl_4$ 分子的共价性远比 $SnCl_2$ 显著，它的沸点(114℃)比 $SnCl_2$ 的沸点(623℃)低得多，反应释放的热足以使 $SnCl_4$ 挥发。制得的 $SnCl_4$ 中或多或少地含有 $SnCl_2$ 和游离 Cl_2，经过精馏可将其除尽。

无水四氯化锡有毒并有腐蚀性，工业上用作媒染剂和有机合成的氯化催化剂，在电镀锡和电子工业等方面也有应用。

②锡的硫化物。分别向 Sn(Ⅱ)和 Sn(Ⅳ)盐溶液中通入 H_2S，得到 SnS(暗棕色)和 SnS_2(黄色)沉淀。SnS_2 能溶于碱或碱金属硫化物(如 Na_2S)：

$$SnS_2+NaOH \longrightarrow Na_2SnO_3+Na_2SnS_3+H_2O$$

$$SnS_2+Na_2S \longrightarrow Na_2SnS_3$$

SnS 则不溶于 NaOH 或 Na_2S，这一事实说明前者显酸性，后者显碱性。

(3)铅的化合物

①铅的氧化物。常见铅的氧化物有 PbO，PbO_2 及 Pb_3O_4。

氧化铅(PbO)　俗称密陀僧，有黄色及红色两种变体。用空气氧化熔融的铅得到黄色变体，在水中煮沸立即转变成红色变体。PbO 用于制造铅白粉、铅皂，在油漆中作催干剂。PbO 是两性物质，与 HNO_3 或 NaOH 作用可以分别得到 $Pb(NO_3)_2$ 和 Na_2PbO_2。

二氧化铅(PbO_2)　棕黑色固体，加热时逐步分解为低价氧化物(Pb_2O_3，Pb_3O_4，PbO)和氧气。PbO_2 具有强氧化性，在酸性介质中可将 Cl^- 氧化为 Cl_2；将 Mn^{2+} 氧化为 MnO_4^-；PbO_2 遇有机物易引起燃烧或爆炸，与硫、磷等一起摩擦可以燃烧。PbO_2 是铅蓄电池的阳极材料，也是火柴制造业的原料。

工业上用 PbO 在碱性溶液中通入氯气制取 PbO_2：

$$PbO+2NaOH+Cl_2 \xrightarrow{70\sim93℃} PbO_2+2NaCl+H_2O$$

四氧化三铅(Pb_3O_4)　俗称铅丹，是鲜红色固体，它可以看做正铅酸的铅盐 $Pb_2(PbO_4)$或复合氧化物 $2PbO \cdot PbO_2$。铅丹的化学性质稳定，常用作防锈漆；水暖管工使用的红油也含有铅丹。Pb_3O_4 与热的稀 HNO_3 作用，只能溶出总铅量的 2/3：

$$Pb_3O_4+4HNO_3 \longrightarrow 2Pb(NO_3)_2+PbO_2+2H_2O$$

②铅盐。通常指Pb(Ⅱ)盐，多数难溶，广泛用作颜料或涂料，如$PbCrO_4$是一种常用的黄色颜料(铬黄)；$Pb_2(OH)_2CrO_4$为红色颜料；$PbSO_4$配制白色油漆；PbI_2配制黄色颜料。可溶性的铅盐有两种：$Pb(NO_3)_2$和$Pb(Ac)_2$，其中$Pb(NO_3)_2$是制备难溶铅盐的原料。例如：

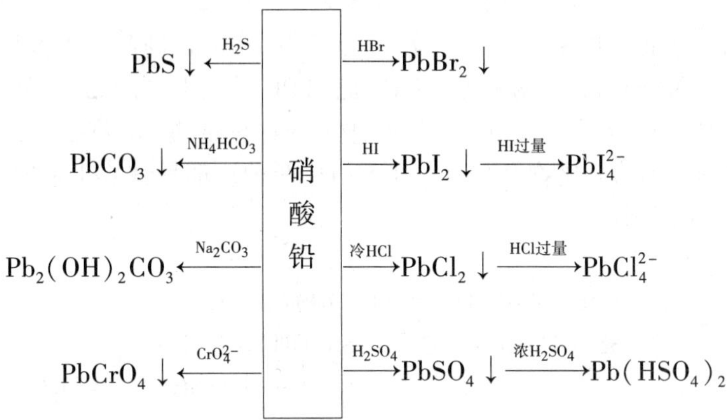

3. 锑、铋的化合物

a. 概述

Sb，Bi的价层电子构型为ns^2np^3，能形成+3和+5氧化值的化合物。

(1)锑、铋化合物的氧化还原性。从元素电势图可以看出+5氧化值化合物的氧化性按Sb，Bi的顺序递增：

$$E_A^{\ominus}/V \qquad Sb_2O_5 \xrightarrow{0.70} SbO^+ \xrightarrow{0.15} Sb$$

$$Bi_2O_5 \xrightarrow{1.60} BiO^+ \xrightarrow{0.32} Bi$$

$NaBiO_3$在HNO_3中能将Mn^{2+}氧化为MnO_4^-：

$$5NaBiO_3+2Mn^{2+}+14H^+ \longrightarrow 2MnO_4^-+5Na^++5Bi^{3+}+7H_2O$$

(2)氧化物和氢氧化物的酸碱性。Sb，Bi都有氧化值为+3和+5的两个系列氧化物。Sb(Ⅲ)的氧化物和氢氧化物是两性物质，而Bi_2O_3和$Bi(OH)_3$却只表现出碱性，它们只溶于酸而不与碱作用。Sb(Ⅴ)，Bi(Ⅴ)的氧化物和氢氧化物都是两性偏酸的化合物。

(3)硫化物的难溶性和酸碱性。往+3，+5氧化值Sb，Bi[Bi(Ⅴ)除外]的盐或含氧酸盐的酸性溶液中通入H_2S，可以生成有色的M_2S_3和M_2S_5硫化物沉淀[Bi(Ⅴ)不能生成Bi_2S_5]，它们均难溶于6mol·L^{-1}HCl中。这些硫化物在医药、橡胶、颜料、火柴及焰火等工业中有广泛应用。

Sb的硫化物亦表现出两性。

b. 锑的化合物

常见的锑的化合物为氯化物和氧化物。

(1)锑的氯化物。锑的氯化物有$SbCl_3$和$SbCl_5$遇水都会发生强烈水解。$SbCl_3$为白色固体，熔点79℃，烧蚀性极强，有毒。用作有机合成的催化剂、织物阻燃剂、媒染剂及医药等。$SbCl_5$为无色液体，熔点3.5℃，在空气中发烟，主要用作有机合成的氯化催化剂。

锑的氯化物都是由氯气和金属锑直接合成的。Cl_2 是强氧化剂，不仅能将 Sb 氧化成 $SbCl_3$，还能进一步将 $SbCl_3$ 氧化成 $SbCl_5$。而 Sb 又是还原剂，能将 $SbCl_5$ 还原成 $SbCl_3$。所以反应会出现氧化还原的反复过程：

$$Sb \xrightarrow[\text{氧化}]{Cl_2} SbCl_5 \xrightarrow[\text{还原}]{Sb} SbCl_3 \xrightarrow[\text{氧化}]{Cl_2} SbCl_5 \xrightarrow[\text{还原}]{Sb} SbCl_3$$

结果所得产品是 $SbCl_3$ 和 $SbCl_5$ 的混合物。为了获得 $SbCl_3$ 纯品，需保持 Sb 过量，使产物以 $SbCl_3$ 为主。因杂质 $SbCl_5$ 的沸点(79℃)比 $SbCl_3$ 的沸点(223.5℃)低得多，经分馏即可除去。如想获得 $SbCl_5$ 纯品，只需往 $SbCl_3$ 中通入计算量的 Cl_2 即可。

(2)锑的氧化物。锑的氧化物有 Sb_2O_3 和 Sb_2O_3 两种，都是微溶于水的白色粉末，分别由 $SbCl_3$ 和 $SbCl_5$ 水解制得。

$SbCl_3$ 分三步水解：

$$SbCl_3+H_2O \rightleftharpoons Sb(OH)Cl_2+HCl$$

$$Sb(OH)Cl_2+H_2O \rightleftharpoons Sb(OH)_2Cl+HCl$$

$$Sb(OH)_2Cl \longrightarrow SbOCl\downarrow + H_2O$$

$$2SbOCl+2H_2O \rightleftharpoons 2SbO(OH)+2HCl$$

$$2SbO(OH) \longrightarrow Sb_2O_3 + H_2O$$

为了使水解平衡彻底向右移动，以期获得纯净的 Sb_2O_3(不含水解中间产物)，根据水解平衡移动原理，采取措施如下：

①水量要大(将 $SbCl_3$ 徐徐加入大量水中)。

②反应后期，加入少量氨水，与生成物中的 HCl 中和，促使平衡彻底向右移动。

c. 铋的化合物

Bi(Ⅲ)的化合物有氧化物、铋盐和铋氧盐，如硝酸铋、硝酸氧铋等。Bi(Ⅴ)的化合物主要有铋酸钠。

硝酸铋{$Bi(NO_3)_3\cdot 5H_2O$}　硝酸铋为无色晶体，75.5℃时溶于自身的结晶水中，同时水解为碱式盐，配制它的溶液时可使用 $3mol\cdot L^{-1}$ HNO_3 来溶解硝酸铋晶体。$Bi(NO_3)_3$ 是铋化合物的基础，它由金属铋与浓 HNO_3 作用制取：

$$Bi+6HNO_3(\text{浓}) \longrightarrow Bi(NO_3)_3+3NO_2\uparrow+3H_2O$$

产品中的杂质 Fe^{3+} 可通过控制溶液的 pH 分离，当 pH=1~2 时，Bi^{3+} 完全水解成 $BiONO_3$，此时 Fe^{3+} 不水解，通过过滤使两者分离。将 $BiONO_3$ 再用 HNO_3 溶解，复得 $Bi(NO_3)_3$。

铋酸钠($NaBiO_3$)　亦称偏铋酸钠，是黄色或褐色无定形粉末，难溶于水，强氧化剂。$NaBiO_3$ 遇酸易分解为 Bi_2O_3，并放出 O_2；在酸性介质中表现出强氧化性，它能氧化盐酸放出 Cl_2，氧化 H_2O_2 放出 O_2，甚至能把 Mn^{2+} 氧化成 MnO_4^-：

$$6HCl+NaBiO_3 \longrightarrow BiCl_3+NaCl+Cl_2\uparrow+3H_2O$$

$$2H_2O_2+2NaBiO_3+4H_2SO_4 \longrightarrow Bi_2(SO_4)_3+2O_2\uparrow+Na_2SO_4+6H_2O$$

$$4MnSO_4+10NaBiO_3+14H_2SO_4 \longrightarrow 5Bi_2(SO_4)_3+4NaMnO_4+3Na_2SO_4+14H_2O$$

后一反应常用来检验 Mn^{2+} 的存在，因为所生成的高锰酸根(MnO_4^-)即使微量，也能使溶液呈紫红色。

在碱性溶液中，用 NaClO 氧化 $Bi(NO_3)_3$，即可制得铋酸钠。为保证产品质量，必须彻底洗除 Cl^-。

$$Bi(NO_3)_3+NaClO+4NaOH \longrightarrow NaBiO_3\downarrow+3NaNO_3+NaCl+2H_2O$$

【阅读材料9】

土壤污染

土壤是陆地表面能够生长植物的疏松表层，是地球上生物赖以生存、生长及活动的不可缺少的重要物质。地球上所有的土壤都是由岩石风化而成的。土壤由矿物质、有机物(主要是有机物质和土壤微生物)、水分和空气组成。所以，土壤组成是一个十分复杂的系统。从生态学的观点看，土壤是物质的分解者(主要是土壤微生物)的栖息场所，是物质循环的主要环节。从环境污染的观点看，土壤既是污染的场所，也是缓和和减少污染的场所，防治土壤污染具有十分重要的意义。

土壤污染是指进入土壤中的有害、有毒物质超出土壤的自净能力，导致土壤的物理、化学和生物性质发生改变。自然的干燥土壤中的元素多数是以化合物形式存在的。例如，黏土、砂土、有机物等。当排入土壤中的污染物质超过了土壤环境的自净化能力，将影响土壤的正常功能或用途，甚至引起生态变异或生态平衡的破坏，从而使作物产量和质量下降，最终影响人体健康。土壤污染比较隐蔽，不易直观觉察，往往是通过农产品质量和人体健康才最终反映出来。土壤一旦被污染后很难恢复，有时只能被迫改变用途或放弃。

土壤污染来自多方面：第一，土壤被当做生活垃圾、工矿业废渣等堆积、填埋的处理场所；第二，生活污水和工业废水常未经无害处理，而直接灌溉土地；第三，气体中污染物受重力作用沉降，或随雨雪落入地表渗入土壤之内。通过这些污染途径，会在土壤中留下了各种污染物质，造成土壤的污染。主要有：

(1)农药及其他有机物。为了提高农作物产量，越来越多的农药用于农作物生产，其中包括杀虫剂、除草剂、杀菌剂、选种剂等。我国使用的农药有90多种，对居民健康危害较大的是有机磷农药、有机氯农药及某些含金属的化肥。农药的主要害处是农作物吸收了土壤中的农药，会累积在农产品中，进而通过食物链影响到人类和其他生物的健康。农药在杀死害虫的同时，也还会杀害有益的生物，对生态平衡造成破坏。此外，如洗涤剂、多氯联苯、酚和油类等有机物质也会造成土壤的污染，其累积、分解和转化作用与农药相似。

(2)重金属污染。土壤本身原含有一定量的重金属元素，但当进入土壤的重金属元素累积的浓度超过一定限度，对作物的生长或人畜的生活产生了危害，就造成了重金属污染，它主要来自于大气和污水。其中尤为值得关注的是汞、砷、镉、铜等元素造成的污染。

(3)垃圾和其他废弃物。随着人类生产生活的进步，废弃物的量也同步增长。大量垃圾及固体废弃物堆积于地上，其中不少物质会挥发或散逸进入土壤，其危害难以估计。因此，现在对于废弃物，必须妥善处理安置，以免造成祸患。

(4)病原微生物。主要来自含病原体的人畜粪便、垃圾、生活污水、医院污水、工业废水的污染。凡直接施用未经无害化处理的人畜粪肥或利用污水灌溉或利用其底泥施肥，都会使土壤受到病原体的污染。能污染土壤的肠道细菌有沙门菌、志贺菌、伤寒杆菌、霍乱弧菌等。

(5)放射性物质。放射性污染主要来自两个方面：一是核武器的试验和使用；二是和平利用核能中放射性废水、废气、废渣的排放。土壤对放射性污染是不能自行消除的，只能靠其自然衰变到稳定。污染土壤的放射物中，半衰期最长的放射性元素是锶-90(^{90}Sr)，半衰期为28年；和铯-137(^{137}Cs)，半衰期为30年，都可在土壤中蓄积，并被植物吸收。若放射性物质进入人体，会通过内照射对人体组织产生损伤，或引起恶性肿瘤，或引起白血病，或使其他器官病变。放射性污染已成为关系到人体健康的重大问题。

治理已遭受污染的土壤需要依据具体情况选用相应的方法，比如，对小面积被污染的土壤可采取刮除表土以除去污染物的方法；也可以通过某些对特定金属有强吸收功能的植物来去除土壤中的重金属元素。防治土壤污染，还是应以避免污染为上策。合理地利用土地，对促进生产和保护生态意义极为重要。

◎ 思考题

1. 试说明氢在下列物质中的价键情况与氧化值：

HF　　NaOH　　NaH　　H_2

2. 试解释以下事实：

(1)电解熔盐制备金属钠，所需原料都必须经过严格干燥；

(2)盛 NaOH 溶液的玻璃瓶不能用玻璃塞。

3. 由 Na_2O_2 结构式说明它不是一般的二氧化物，并指出它有哪些特性和用途。

4. 工业级 NaCl 和 Na_2CO_3 中都含有杂质 Ca^{2+}，Mg^{2+}，Fe^{3+}，通常可采用沉淀法除去。试问为什么在 NaCl 溶液中除加 NaOH 外还要加 Na_2CO_3；在 Na_2CO_3 溶液中还要加 NaOH？

5. 简要说明卤素与水作用有何不同。

6. 在氢卤酸中氢氟酸有哪些特殊性？

7. 由氯气与金属直接合成氯化物，应具备哪些条件？

8. 溴能从碘化物中置换出碘，碘又能从溴酸钾中置换出溴，这两个反应是否有矛盾，为什么？

9. 试比较：

(1)从 F 到 I，氢卤酸酸性强弱的递变情况；

(2)从 Cl 到 I，氧化值为+5 的卤酸酸性强弱的递变情况；

(3)氧化值从+1 到+7 的氯的含氧酸酸性强弱的递变情况。

10. 制备 H_2SO_4 时不能直接用水吸收 SO_3，这是为什么？

11. 从安全的角度出发，浓 H_2SO_4 有哪些性质需要特别重视？

12. 简要回答下列问题：

(1) H_2S 水溶液为什么容易变浑？

(2) FeS 与酸作用制备 H_2S，试问 HCl，H_2SO_4，HNO_3 是否都可以作为酸使用？

13. 解释下列现象：

(1) CO_2 是气体，而 SiO_2 是固体；

(2) PCl_5是固体，而 PCl_3 是气体；

(3) H_2O 是液体，而 H_2S 是气体；

(4) NaH_2PO_4 溶液呈酸性，而 Na_2HPO_4 溶液呈碱性。

14. 能否由 $AlCl_3 \cdot 6H_2O$ 加热脱水而制得无水 $AlCl_3$；反之，能否由无水 $AlCl_3$ 制得六水合物？为什么？

15. PbO_2 是由 Cl_2 氧化 PbO 制得的，而 PbO_2 又能将盐酸氧化放出 Cl_2，两者有无矛盾？试用有关电对的电极电势予以说明。

16. 由 As_2O_3 与 HCl 反应可制得 $AsCl_3$；反之，由 $AsCl_3$ 水解又可制得 As_2O_3。欲得到某一种纯品，应如何操作？

17. $SbCl_5$中含有 $SbCl_3$，或 $SbCl_3$ 中含有 $SbCl_5$，如何才能得到两者的纯品？

18. 填空题：

(1)锂、钠、钾、钙4种金属相比较，在水溶液中还原性最强的是________。

(2)钾、铷、铯在空气中燃烧的主要产物是________。

(3)锂的化合物与ⅠA族其他元素化合物的性质________，而与ⅡA族镁的化合物的性质________，这种现象被称为________。

(4) Na_2O_2 被用作潜水密闭舱的供氧剂，这是利用________性质，它所依据的化学反应式是________________。

(5)碱土金属碳酸盐的分解温度随 Be—Mg—Ca—Sr—Ba 的次序递增，这是因为________________。

19. 选择题：

(1)熔盐电解是制备活泼金属的一种重要方法。下列4种化合物中，不能用作熔盐电解原料的是(　　)。

A. NaOH　　B. KCl　　C. $CaSO_4$　　D. Al_2O_3

(2)与碱土金属相比，碱金属表现出(　　)。

A. 较大的硬度　　B. 较高的熔点

C. 较小的离子半径　　D. 较低的电离能

(3)在水中 Li 的还原性比 Na 强，这是因为(　　)。

A. Li 的电离能比 Na 小　　B. Li 的电负性比 Na 大

C. Li 的半径比 Na 大　　D. Li^+的水合能比 Na^+大

(4)常温下，下列金属不与水反应的是(　　)。

A. Na　　B. Rb　　C. Ca　　D. Mg

(5) Na_2CO_3 溶液与 $CuSO_4$ 溶液反应，主要产物为(　　)。

A. $CuCO_3+CO_2$　　B. $Cu(OH)_2+CO_2$

C. $Cu_2(OH)_2CO_3+CO_2$　　D. $Cu_2(OH)_2SO_4+CO_2$

(6)有关元素氟、氯、溴、碘的共性，错误的描述是(　　)。

A. 都可生成共价化合物　　B. 都可作为氧化剂使用

C. 都可生成离子化合物　　D. 都可溶于水放出氧气

(7)下列各组一元酸，酸性强弱顺序正确的是(　　)。

A. $HClO>HClO_3>HClO_4$　　B. $HClO>HClO_4>HClO_3$

C. $HClO_4>HClO>HClO_3$　　D. $HClO_4>HClO_3>HClO$

(8)实验室制备氯气时需要净化，下列物质盛装在洗气瓶中，氯气按题示通过，正确的洗气试剂和洗气方式是(　　)。

A. NaOH，H_2SO_4　　B. H_2SO_4，NaOH

C. H_2O，H_2SO_4　　D. H_2SO_4，H_2O

(9)实验室制备卤化氢，正确的叙述是(　　)。

A. 直接合成法不只限于生产 HCl，其他卤化氢也可以用直接合成法生产

B. 浓 H_2SO_4 与卤化物发生复分解反应可以制取所有的卤化氢

C. 非金属卤化物水解制取卤化氢只限于 HBr 和 HI，这是因为氟、氯的非金属化合物不能发生水解

D. 将水滴在红磷和碘的固态混合物上，HI 会顺利地产生

(10)下列各对含氧酸，酸性强弱关系错误的是(　　)。

A. $H_2SiO_3>H_3PO_4$　　B. $H_2SO_4>H_2SO_3$

C. $H_3AsO_4>H_3AsO_3$　　D. $HClO_4>HClO$

(11)下列碳酸盐中，对热最不稳定的是(　　)。

A. $CaCO_3$　　B. $ZnCO_3$　　C. Na_2CO_3　　D. K_2CO_3

(12)下列各组化合物中，不能共存于同一溶液的是(　　)。

A. NaOH，Na_2S　　B. $Na_2S_2O_3$，H_2SO_4

C. $SnCl_2$，HCl　　D. KNO_2，KNO_3

(13)在水溶液中下列说法不正确的是(　　)。

A. 主族金属离子都能与 CO_3^{2-} 生成碳酸盐

B. 主族金属离子都能与 SO_4^{2-} 生成硫酸盐

C. 主族金属离子都能与 NO_3^- 生成硝酸盐

D. 主族金属离子都能与 Cl^- 生成碳酸盐

(14)下列化合物，不属于多元酸的是(　　)。

A. H_3AsO_4　　B. H_3PO_4　　C. H_3BO_3　　D. H_4SiO_4

(15)下列化合物，属于缺电子化合物的是(　　)。

A. BCl_3　　B. $H[BF_4]$

C. $Na_3[AlF_6]$　　D. $Na[Al(OH)_4]$

(16)将 H_2O_2 加到用 H_2SO_4 酸化的 $KMnO_4$ 溶液中，放出氧气，H_2O_2 的作用是(　　)。

A. 氧化 $KMnO_4$　　B. 氧化 H_2SO_4

C. 还原 $KMnO_4$　　D. 还原 H_2SO_4

(17)关于 PCl_3，下列说法错误的是(　　)。

A. 分子空间构型为平面三角形

B. 在潮湿的空气中不能稳定存在

C. 遇干燥氧气，生成氯氧化磷($POCl_3$)

D. 遇干燥氯气，生成 PCl_5

(18)下列硫化物中，难溶于水的白色沉淀是(　　)。

A. PbS　　B. ZnS　　C. Ag_2S　　D. K_2S

(19)五瓶固体试剂，分别为 Na_2SO_4，Na_2SO_3，$Na_2S_2O_8$，Na_2S 和 $Na_2S_2O_3$，如果只用一种试剂便可将其一一鉴别开来，可用(　　)。

A. NaOH　　B. $NH_3 \cdot H_2O$　　C. HCl　　D. $BaCl_2$

(20)下列有关铝的化学性质的描述，错误的是(　　)。

A. 铝是亲氧元素

B. 是易挥发的白色固体

C. 由 $E^{\ominus}(Al^{3+}/Al) = -1.66V$，可知铝不能与水和空气接触。

D. 硬铝是含 95% 的 Al-Mg-Mn-Cu 合金，大量用于飞机制造业

(21)有关 $AlCl_3$ 的描述，下列说法错误的是(　　)。

A. 像 AlF_3 一样是离子化合物

B. 是易挥发的白色固体

C. 是缺电子的共价化合物

D. 无水 $AlCl_3$ 可溶于苯，其化学式为 Al_2Cl_6

(22)配制 $SnCl_2$ 溶液时，必须加入(　　)。

A. 足够量的水　　B. 盐酸　　C. 碱溶液　　D. 氯气

(23)下列金属离子的溶液在空气中放置时，易被氧化变质的是(　　)。

A. Pb^{2+}　　B. Sn^{2+}　　C. Sb^{3+}　　D. Bi^{3+}

(24)下列硫化物不溶于 Na_2S 溶液的是(　　)。

A. As_2S_3　　B. Sb_2S_3　　C. Bi_2S_3　　D. SnS_2

20. 是非题：

(1)在所有物质中，氢气的原子最简单、最小，故氢气的熔点、沸点也最低。(　　)

(2)如果完全按电负性来判断化合物中元素氧化态的正或负，那么ⅥA 和ⅤA 族的非金属元素在它们的氢化物中不可能呈负氧化态。(　　)

(3)ClO^-，ClO_2^-，ClO_3^-，ClO_4^- 的氧化性依次增强。(　　)

(4)大多数非金属卤化物都能水解生成氢卤酸。(　　)

(5)卤素含氧酸中卤素的氧化值越高，该含氧酸的酸性就越强。(　　)

(6)同一金属的高氧化态的卤化物较之低氧化态的卤化物，其键型含更多离子键成分，熔、沸点也较高。(　　)

(7)O_2 的沸点为-183℃，N_2 的沸点为-195℃，分馏液态空气制备单一气体时，首先汽化的是 O_2。(　　)

(8)钻石特别坚硬的原因是碳原子间都以共价键结合，但它的热力稳定性却比石墨要差一些。(　　)

(9)SiO_2 是 H_4SiO_4 的酸酐，因此可以用 SiO_2 与 H_2O 作用制得硅酸。(　　)

(10)硼酸是一元酸，因为在水溶液中它只解离出一个 H^+。(　　)

(11)所有的非金属卤化物都能水解生成氢卤酸。 ( )

(12)王水的强氧化性来自 HCl 与 HNO_3 作用生成物(Cl_2 等)的氧化性。 ( )

(13)H_2O_2 与 $K_2Cr_2O_7$不能在水溶液中共存。 ( )

(14)浓 HNO_3 的酸性比稀 HNO_3 强；浓 HNO_3 的氧化性比稀 HNO_3 强；HNO_3 的酸性比 HNO_2 强；NO_2 的氧化性比 HNO_3 的强。 ( )

(15)非金属单质不具有金属键的结构，所以熔点比较低，硬度比较小，都是绝缘体。 ( )

(16)在 CO 中由于配键的形成，使碳原子负电荷偏多，加强了 CO 与金属的配位能力，所以 CO 与金属原子能形成羰基化合物。 ( )

(17)氧化性 $SnO_2>PbO_2$ ( )

还原性 $SnCl_2>PbCl_2$ ( )

碱　性 $Sb(OH)_3>Bi(OH)_3$ ( )

(18)用酸溶解金属铝时，铝块越纯溶解速率就越慢。 ( )

(19)p 区金属元素的硫化物都能溶于 HNO_3。 ( )

(20)在水溶液中，Sn，Pb，Bi 较低氧化态的阳离子都是可以存在的，而它们较高氧化态的阳离子并非都存在。 ( )

习　题

1. 用化学反应式表示卤素与水作用的类型。

2. 根据电极电势解释下列事实：

(1)工业溴中含有游离氯，在蒸馏时加入少量 KBr 即可除去；

(2)NaClO 需在碱性条件下制备，在酸性条件下使用；

(3)在消石灰中通入氯气可得漂白粉，而在漂白粉中加入盐酸，又可得到氯气。

3. 试解释以下现象：

(1)浓 HCl 在空气中发烟。

(2)工业盐酸呈黄色(怎样除去?)。

(3)车间正在使用氯气罐，常见到外壁结一层白霜。

(4)I_2 难溶于水而易溶于 KI 溶液。

4. 用反应式说明下列现象：

(1)金属铝既能溶于酸，又能溶于碱；

(2)Al_2S_3 遇水能放出有臭味的气体；

(3)在 $Na[Al(OH)_4]$溶液中加入 NH_4Cl，有 NH_3 放出；

(4)泡沫灭火器中装的药剂为 $Al_2(SO_4)_3$ 和 $NaHCO_3$，遇水即产生泡沫。

5. 现有一瓶失去标签的试剂，可能是 NaCl，NaBr 或 NaI，请用两种方法加以鉴别。

6. 下列各对物质在酸性溶液中能否共存，为什么？

(1)$FeCl_3$ 与 KI　　(2)KI 与 KIO_3

(3)$FeCl_3$ 与溴水　　(4)NaBr 与 $NaBrO_3$

7. 下列几种气体需要干燥：HF，HCl，HI 和 Cl_2。现有浓 H_2SO_4、生石灰、无水 $CaCl_2$ 等干燥剂，如何选用？为什么？

8. 润湿的 KI-淀粉试纸遇到 Cl_2 显蓝紫色，但该试纸继续与 Cl_2 接触，蓝紫色又会褪色去，用相关的反应式解释上述现象。

9. 向含有 Br^- 和 Cl^- 的混合溶液滴加 $AgNO_3$ 溶液（设不改变原溶液体积）：

(1) 当 AgCl 开始沉淀时，溶液中 $c(Br^-)/c(Cl^-)$ 的值为多大？

(2) 若改为 I^- 和 Cl^- 混合溶液，同样情况下溶液中 $c(I^-)/c(Cl^-)$ 的值又为多大？

10. 盐酸与金属铁作用只能得到 $FeCl_2$，而氯气与铁作用得到 $FeCl_3$。联系有关电对的标准电极电势予以解释。

11. 完成下列反应方程式：

(1) $TiCl_4+Na \longrightarrow$

(2) $Na_2O_2+H_2O \longrightarrow$

(3) $Na_2O_2+CO_2 \longrightarrow$

(4) $NH_4HCO_3+NaCl \longrightarrow$

(5) $SrSO_4+Na_2CO_3 \longrightarrow$

(6) $BaSO_4+C \xrightarrow{\triangle}$

(7) $Al_2O_3+NaOH+H_2O \longrightarrow$

(8) $Na[Al(OH)_4]+CO_2 \longrightarrow$

(9) $Sn+HNO_3$(浓) $\longrightarrow$

(10) $PbO_2+Mn^{2+}+H^+ \longrightarrow$

(11) $As_2S_3+NaOH \longrightarrow$

(12) $As_2S_3+Na_2S \longrightarrow$

(13) $Bi(NO_3)_3+H_2O \longrightarrow$

(14) $H_2O_2+Cl_2 \longrightarrow$

(15) $H_2O_2+I^-+H^+ \longrightarrow$

(16) $SO_2+MnO_4^-+H^+ \longrightarrow$

(17) $Na_2S_2O_3+I_2 \longrightarrow$

(18) $AlCl_3+Na_2S+H_2O \longrightarrow$

(19) $AlCl_3+K_2S_2O_7 \xrightarrow{\triangle}$

(20) $Mn^{2+}+S_2O_8^{2-}+H_2O+MnO_4^- \xrightarrow{Ag^+}$

(21) $NH_4HCO_3 \longrightarrow$

(22) $FeO+HNO_3 \longrightarrow$

(23) $Pb(NO_3)_3 \xrightarrow{\triangle}$

(24) $KNO_2+KMnO_4+H_2SO_4 \longrightarrow$

(25) $PCl_5+H_2O \longrightarrow$

12. 如何区别下列各组物质：

(1) Na_2CO_3，NH_4HCO_3，NaOH

(2) CaO，$CaCO_3$，$CaSO_4$

13. 现有5种白色固体，它们分别为 $MgCO_3$，$BaCO_3$，Na_2CO_3，$CaCl_2$ 和 Na_2SO_4。试设法加以鉴别，写出反应式并简要说明。

14. 有一份白色固体混合物，其中可能含有 KCl，$MgSO_4$，$BaCl_2$ 和 $CaCO_3$。根据下列实验现象判断混合物中有哪几种化合物：

(1) 混合物溶于水，得透明澄清的溶液；

(2) 对溶液做焰色反应，透过钴玻璃观察到紫色；

(3) 往溶液中加碱，呈白色胶状沉淀。

15. 商品 NaOH 中常含有 Na_2CO_3 杂质，怎样用最简单的方法加以检验？如果用该 NaOH 配制溶液，如何将其中的 Na_2CO_3 除去？

16. 盛 $Ba(OH)_2$ 溶液的瓶子在空气中放置一段时间后，其内壁会蒙上一层白色薄膜，这层白色薄膜是何物？欲将其从瓶壁洗去应该用下列哪种物质？试说明理由。

A. 水　　　B. 稀 HCl　　　C. 稀 H_2SO_4　　　D. 浓 NaOH

17. 工业级 NaCl 中含有少量泥沙和杂质离子 Ca^{2+}，Mg^{2+}，SO_4^{2-}，试设计，一简明分离方案，写出步骤、所需试剂及有关反应式。

18. 以下各组物质既有联系又有区别，试选用最简单的方法加以鉴别：

(1) KNO_3 和 KNO_2　　　(2) SO_2 和 SO_3

(3) NaH_2PO_4 和 Na_2HPO_4　　　(4) Na_2SO_3 和 $Na_2S_2O_3$

(5) N_2 和 CO　　　(6) H_3PO_3 和 H_3PO_4

19. 试用化学方法(以化学反应式表示)区别 PCl_3，PCl_5。

20. $SnCl_2$ 中含有杂质 $SnCl_4$，$SnCl_4$ 中含有杂质 $SnCl_2$，如何将其中的杂质除去。

21. 下列情况是否矛盾，为什么？写出有关的离子反应式。

(1) Cl_2 可氧化 Bi(Ⅲ)成为 Bi(Ⅴ)，而 Bi(Ⅴ)又能将 Cl^- 氧化成 Cl_2。

(2) I_2 可氧化 As(Ⅲ)成为 As(Ⅴ)，而 As(Ⅴ)又能将 I^- 氧化成 I_2。

22. 写出下列离子检验的反应式，并指出发生的现象。

(1) 用 $SnCl_2$ 检验 Hg^{2+} 的存在；

(2) 用 $NaBiO_3$ 检验 Mn^{2+} 的存在。

23. 有一红色粉末 X，加 HNO_3 得棕色沉淀物 A，沉淀分离后的溶液 B 中加入 K_2CrO_4 得黄色沉淀 C；往 A 中加入浓 HCl 则有气体 D 放出；气体 D 通入加了 NaOH 的溶液 B，可得到 A。试判断 X，A，B，C，D 各为何物，并写出相关的反应式。

24. 某固体盐 A，加水溶解时生成白色沉淀 B；往其中加盐酸，沉淀 B 消失得一无色溶液，再加入 NaOH 的溶液得白色沉淀 C：继续加入 NaOH 使之过量，沉淀 C 溶解得溶液 D；往 D 中加入 $BiCl_3$ 溶液得黑色沉淀 E 和溶液 F。如果往沉淀 B 的盐酸溶液中逐滴加入 $HgCl_2$ 溶液，先得到一种呈白色丝光状沉淀 G，而后变为黑色的沉淀 H。试判断 A ~ H 各为何物并写出相关反应的反应式。

25. 有棕黑色粉末 A，不能溶于水。加入 B 溶液后加热生成气体 C 和溶液 D；将气体 C 通入 KI 溶液得到棕色溶液 E。取少量溶液 D 以 HNO_3 酸化后与 $NaBiO_3$ 粉末作用，得紫色溶液 F；往 F 中滴加 Na_2SO_3 则紫色褪去；接着往该溶液中加入 $BaCl_2$ 溶液，则生成难溶于酸的白色沉淀 G。试推断 A，B，C，D，E，F，G 各为何物，写出相关的反应方程式。

26. 一种无色的钠盐晶体 A，易溶于水，向所得的水溶液中加入稀 HCl，有淡黄色沉淀 B 析出，同时放出刺激性气体 C；C 通入 $KMnO_4$ 酸性溶液，可使其褪色；C 通入 H_2S 溶液又生成 B；若通氯气于 A 溶液中，再加入 Ba^{2+}，则产生不溶于酸的白色沉淀 D。试根据以上反应的现象推断 A，B，C，D 各为何物？写出有关的反应式。

27. 一种白色固体 A，加入无色油状液体的酸 B，可得紫黑色固体 C；C 微溶于水，但加入 A 时 C 的溶解度增大，并成黄棕色溶液 D。将 D 分成两份：其一加入无色溶液 E，其二通入足量气体 G，都能褪色成无色透明溶液，溶液 E 与酸产生淡黄色沉淀 F，同时产生气体 G。试推断 A，B，C，D，E，F，G 各为何物？写出有关的反应式。

28. 有两种白色晶体 A 和 B，它们均为钠盐且溶于水。A 的水溶液呈中性，B 的水溶液呈碱性。A 溶液与 $FeCl_3$ 溶液作用呈棕褐色浑浊，与 $AgNO_3$ 溶液作用出现黄色沉淀。晶体 B 与浓 HCl 反应产生黄绿色气体，该气体同冷 NaOH 溶液作用得到 B 的溶液。向 A 溶液中滴加 B 溶液时，溶液开始呈棕褐色，若继续加过量 B 溶液，则溶液的棕褐色消失。问 A 和 B 各为何物？写出上述有关的反应式。

第10章 副族元素选述

【学习目标】

(1)掌握铜、银、锌、汞单质的性质和用途。

(2)了解铜、银、锌、汞的氧化物、氢氧化物及其重要盐类的性质。

(3)了解铬、锰、铁、钴、镍的单质及其重要化合物的性质和用途。

(4)了解 Cu(Ⅰ)、Cu(Ⅱ);Hg(Ⅰ)、Hg(Ⅱ)之间的相互转化。

(5)了解铬(Ⅲ、Ⅵ)、锰(Ⅳ、Ⅵ、Ⅶ)化合物的性质和相互转化。

过渡元素包括ⅠB~ⅧB族元素，即d区和ds区元素。它们位于周期表中部，处在主族金属元素(s区)和主族非金属元素(p区)之间，故称过渡元素。它们都是金属元素，也称过渡金属。其中ds区元素与别的d区元素在结构上的主要区别在于原子的$(n-1)$d能级已经充满，它们在化合物中多为18电子构型，与典型的过渡金属相比存在较大的不同。

通常按周期把过渡元素分成以下三个系列：

第一过渡系　第4周期从Sc到Zn

第二过渡系　第5周期从Y到Cd

第三过渡系　第6周期从Lu到Hg

过渡元素有许多共同性质，f区元素(镧系和锕系元素)为内过渡元素，在本书内不做介绍。

10.1 d区、ds区元素通性

1. 原子的电子层结构

过渡元素原子的价层电子构型为$(n-1)d^{1\sim10}ns^{1\sim2}$。随着核电荷的增加，电子依次填充在次外层的d轨道上，它对核的屏蔽作用比外层电子的大，致使有效核电荷增加不多。故同周期元素的原子半径从左到右只略有减小[至ⅠB，ⅡB因$(n-1)$d亚层填满而略有增大]，不如电子填充在最外层的主族元素减小的那样明显。

就同族的过渡元素而言，其原子半径自上而下也增加不大。特别由于“镧系收缩”的影响，导致第二和第三过渡系元素的原子半径十分接近。

2. 氧化值

过渡元素有多种氧化值。由于过渡元素外层的s电子与次外层d电子的能级相近，因此除s电子外，d电子也能部分或全部作为价电子参与成键，形成多种氧化值。

不少过渡元素的氧化值呈连续变化。例如，Mn 有+2，+3，+4，+6，+7 等。而主族元素的氧化值通常是跳跃式的变化。大多过渡元素的最高氧化值等于它们所在族数，这一点和主族元素相似。

3. 单质的物理性质

过渡金属体积质量、硬度、熔点和沸点一般都比较高(ⅡB 族元素除外)。例如，单质中体积质量最大的是第三过渡系中的锇、铱、铂，都在 $20g \cdot cm^{-3}$ 以上。其中锇的体积质量是所有元素中最大的($22.48g \cdot cm^{-3}$)，熔点最高的是钨(3370℃)，硬度最大的是铬(9)。这种现象与过渡元素的原子半径较小，晶体中除 s 电子外还有 d 电子参与成键等因素有关。

4. 单质的化学性质

过渡元素具有金属的一般化学性质，但彼此的活泼性差别较大。第一过渡系都是比较活泼的金属，它们的标准电极电势都是负值(Cu 除外)，第二、三过渡系较不活泼。它们的化学活性分为五类列于表 10-1。

表 10-1　**过渡元素单质的化学活性分类**

化学活性分类	金属			可以作用的介质
	第一过渡系	第二过渡系	第三过渡系	
(1)很活泼金属	Sc	Y	Lu	H_2O
(2)活泼金属	V，Cu 除外	Cd	—	非氧化性酸
(3)不活泼金属	V，Cu	Mo，Tc，Pd，Ag	Re，Hg	HNO_3，浓硫酸
(4)极不活泼金属	—	Zr	Hf，Pt，Au	王水
(5)惰性金属	—	Nb	Ta，W	HNO_3+HF
	—	Ru，Rh	Os，Ir	NaOH+氧化剂

5. 配位性

过渡元素易形成配合物。由于过渡元素的离子或原子具有$(n-1)$d ns np 或 ns np nd 构型，就它们的离子而言，其中的 ns，np，nd 轨道是空的，$(n-1)$d 轨道也是部分空或全空，这种构型具备了接受配体孤对电子并形成外轨或内轨配合物的条件。另外过渡元素的离子半径较小，并有较大的有效核电荷，故对配体有较强的吸引力。除离子外，过渡元素的原子也有空的 np 轨道和部分$(n-1)$d 轨道，同样能接受配体的孤对电子，而形成一些特殊的配合物。

6. 水合离子的颜色

过渡元素的水合离子往往具有颜色(见表 10-2)。据研究，这种现象与许多过渡金属离子具有未成对的 d 电子有关。其中 Cu^+，Ag^+，Zn^{2+}，Cd^{2+}，Hg^{2+} 等离子没有未成对的 d 电子，所以都是无色的。

表 10-2　　过渡元素水合离子的颜色

未成对的 d 电子数	水合离子的颜色
0	Ag^+，Zn^{2+}，Cd^{2+}，Sc^{3+}，Ti^{4+}等均无色
1	Cu^{2+}(天蓝色)，Ti^{3+}(紫色)
2	Ni^{2+}(绿色)，V^{3+}(绿色)
3	Cr^{3+}(蓝紫色)，Co^{2+}(粉红色)
4	Fe^{2+}(浅绿色)
5	Mn^{2+}(浅粉色)

10.2　d 区 元 素

10.2.1　铬及其化合物

1. 铬

铬是周期系ⅥB 族第一种元素，主要矿物是铬铁矿($FeO \cdot Cr_2O_3$)。炼合金钢用的铬常由铬铁提供，铬铁是用铬铁矿与碳在电炉中反应制得的：

$$FeO \cdot Cr_2O_3+4C \xrightarrow{\triangle} Fe+2Cr+4CO$$

铬原子的价层电子构型是 $3d^54s^1$，能形成多种氧化值(如+1，+2，+3，+4，+5，+6)的化合物，其中以氧化值+3，+6 两类化合物最为常见和重要。

铬与铝相似，易在表面形成一层氧化膜而钝化。未钝化的铬可以与 HCl，H_2SO_4 等作用，甚至可以从锡、镍、铜的盐溶液中将它们置换出来；有钝化膜的铬在冷的 HNO_3、浓 H_2SO_4，甚至王水中皆不溶解。

铬具有银白色光泽，是最硬的金属，主要用于电镀和冶炼合金钢。在汽车、自行车和精密仪器等器件表面镀铬，可使器件表面光亮、耐磨、耐腐蚀。把铬加入钢中，能增强耐磨性、耐热性和耐腐蚀性，还能增强钢的硬度和弹性，故铬可用于冶炼多种合金钢。含 Cr 在 12% 以上的钢称为不锈钢，是广泛使用的金属材料。

铬是人体必需的微量元素，但铬(Ⅵ)化合物有毒。

2. 铬的氧化物和氢氧化物

铬的氧化物有 CrO，Cr_2O_3 和 CrO_3，对应水合物为 $Cr(OH)_2$，$Cr(OH)_3$ 和含氧酸 H_2CrO_4，$H_2Cr_2O_7$等。它们的氧化态从低到高，其碱性依次减弱，酸性依次增强。

a. 三氧化二铬和氢氧化铬

三氧化二铬(Cr_2O_3)　Cr_2O_3 为绿色晶体，不溶于水，具有两性，溶于酸形成 Cr(Ⅲ)盐，溶于强碱形成亚铬酸盐(CrO_2^-)：

$$Cr_2O_3+3H_2SO_4 \longrightarrow Cr_2(SO_4)_3+3H_2O$$

$$Cr_2O_3+2NaOH \longrightarrow 2NaCrO_2+H_2O$$

Cr_2O_3 可由$(NH_4)_2Cr_2O_7$加热分解制得

$$(NH_4)_2Cr_2O_7 \xrightarrow{\triangle} Cr_2O_3+N_2\uparrow+4H_2O$$

Cr_2O_3 常用作媒染剂、有机合成的催化剂以及油漆的颜料(铬绿)，也是冶炼金属铬和制取铬盐的原料。

氢氧化铬$[Cr(OH)_3]$　在铬(Ⅲ)盐中加入氨水或 NaOH 溶液，即有灰蓝色的$Cr(OH)_3$胶状沉淀析出：

$$Cr_2(SO_4)_3+6NaOH \longrightarrow 2Cr(OH)_3\downarrow+3Na_2SO_4$$

$Cr(OH)_3$ 具有明显的两性，在溶液中存在两种平衡：

$$\underset{(紫色)}{Cr^{3+}}+3OH^- \rightleftharpoons \underset{(乌绿色)}{Cr(OH)_3} \rightleftharpoons H^++\underset{(绿色)}{Cr(OH)_4^-}$$

向 $Cr(OH)_3$ 沉淀中加酸或加碱都会使其溶解：

$$Cr(OH)_3+3HCl \longrightarrow CrCl_3+3H_2O$$

$$Cr(OH)_3+NaOH \longrightarrow NaCr(OH)_4$$

它的溶解度与溶液的酸碱性有密切关系。

b. 三氧化铬(CrO_3)

CrO_3 为暗红色的针状晶体，易潮解，有毒，超过熔点即分解释出 O_2。CrO_3 为强氧化剂，遇有机物易引起燃烧或爆炸。

CrO_3 可由固体 $Na_2Cr_2O_7$和浓 H_2SO_4 经复分解制得

$$Na_2Cr_2O_7+2H_2SO_4(浓) \longrightarrow 2CrO_3\downarrow+2NaHSO_4+H_2O$$

CrO_3 溶于碱生成铬酸盐：

$$CrO_3+2NaOH \longrightarrow Na_2CrO_4+H_2O$$

CrO_3 被称为铬(Ⅵ)酸的酐(铬酐)。它遇水能形成铬(Ⅵ)的两种酸：H_2CrO_4 和其二聚体 $H_2Cr_2O_7$。前者在水中的解离为

$$H_2CrO_4 \rightleftharpoons H^++HCrO_4^-;\ K_1^\ominus=4.1 \qquad (1)$$

$$HCrO_4^- \rightleftharpoons H^++CrO_4^{2-};\ K_2^\ominus=1.3\times10^{-6} \qquad (2)$$

后者是强酸，第一步几乎完全离解，第二步离解常数为 0.85。铬(Ⅵ)的两种酸在水中互成平衡，即

$$2HCrO_4^- \rightleftharpoons Cr_2O_7^{2-}+H_2O;\ K_3^\ominus=1.58\times10^2 \qquad (3)$$

(3)-2×(2)得

$$2CrO_4^{2-}+2H^+ \rightleftharpoons Cr_2O_7^{2-}+H_2O;\ K^\ominus=10^{14}$$

由上式可知：酸性溶液中，$C(Cr_2O_7^{2-})$大，颜色呈橙红；碱性溶液中，CrO_4^{2-} 占优势，溶液呈黄色；中性溶液中，$c(Cr_2O_7^{2-})/[c(CrO_4^{2-})]^2$ 的值为 1，两者的浓度相等，呈橙色。由于分子、分母的指数不同，pH 改变对两者浓度的影响也就不同。当 pH 约为 5.5 时，CrO_4^{2-} 占两者浓度的千分之一；而 $Cr_2O_7^{2-}$ 占千分之一时，pH 约为 10.0。考虑到两种酸的第一步离解均较大，当酸有一定浓度时，其 pH 都远小于 5.5，故 CrO_3 溶于水后主要应形成 $Cr_2O_7^{2-}$或 $HCr_2O_7^-$，而不是 CrO_4^{2-}，$HCrO_4^-$ 或 H_2CrO_4。

3. 铬(Ⅲ)盐

常见的铬(Ⅲ)盐有三氯化铬($CrCl_3 \cdot 6H_2O$，绿色或紫色)、硫酸铬[$Cr_2(SO_4)_3 \cdot 18H_2O$，紫色]以及铬钾矾[$KCr(SO_4)_2 \cdot 12H_2O$，蓝紫色]，它们都易溶于水，水合离子$[Cr(H_2O)_6]^{3+}$不仅存在于溶液中，也存在于上述化合物的晶体中。

Cr^{3+}除了与H_2O形成配合物外，与Cl^-，NH_3，CN^-，SCN^-，$C_2O_4^{2-}$等都能形成配合物，例如，$[CrCl_6]^{3-}$，$[Cr(NH_3)_6]^{3+}$，$[Cr(CN)_6]^{3-}$等，配位数一般为6。

三氯化铬($CrCl_3 \cdot 6H_2O$)　暗绿色晶体，易潮解，在工业上用作催化剂、媒染剂和防腐剂等。制备时，在铬酐的水溶液中慢慢加入浓HCl进行还原，当有氯气味时说明反应已经开始：

$$2CrO_3+H_2O \longrightarrow H_2Cr_2O_7$$

$$H_2Cr_2O_7+12HCl \longrightarrow 2CrCl_3+3Cl_2\uparrow+7H_2O$$

由于$E^{\ominus}$值相近，上述氧化还原反应不容易进行彻底，需加入乙醇或蔗糖等有机物促进反应进行。

铬酸为强氧化剂，能引起有机物剧烈分解甚至着火。这里的Cl^-和H_2O都是Cr^{3+}的配体，根据结晶条件(溶剂和结晶温度等)的不同，Cl^-和H_2O两种配体分布在配离子内界和外界的数目也不同，从而得到颜色各异的不同变体：

$[Cr(H_2O)_4Cl_2]Cl$	$[Cr(H_2O)_5Cl]Cl_2 \cdot H_2O$	$[Cr(H_2O)_6]Cl_3$
暗绿色	淡绿色	紫色

4. 铬酸盐和重铬酸盐

与铬酸、重铬酸对应的是铬酸盐和重铬酸盐，它们的钠、钾、铵盐都是可溶的，其颜色与其酸根一致。铬酸盐和重铬酸盐的性质差异主要表现在以下两个方面：

a. 氧化性

Cr(Ⅵ)盐只有在酸性时，或者说以$Cr_2O_7^{2-}$的形式存在时，才表现出强氧化性。由下面铬的元素电势图能明显地看出这一点：

$$E_A^{\ominus}/V \qquad Cr_2O_7^{2-} \xrightarrow{+1.33} Cr^{3+} \xrightarrow{-0.41} Cr^{2+} \xrightarrow{-0.91} Cr \qquad (Cr^{3+} \xrightarrow{-0.74} Cr)$$

$$E_B^{\ominus}/V \qquad CrO_4^{2-} \xrightarrow{-0.12} Cr(OH)_3 \xrightarrow{-1.1} Cr(OH)_2 \xrightarrow{-1.4} Cr \qquad (Cr(OH)_3 \xrightarrow{-1.3} Cr)$$

所以，当以Cr(Ⅵ)为氧化剂时，需选用重铬酸盐，即要使反应在酸性溶液中进行。例如：

$$K_2Cr_2O_7+6FeSO_4+7H_2SO_4 \longrightarrow Cr_2(SO_4)_3+3Fe_2(SO_4)_3+K_2SO_4+7H_2O$$

$$K_2Cr_2O_7+3Na_2SO_3+4H_2SO_4 \longrightarrow Cr_2(SO_4)_3+3Na_2SO_4+K_2SO_4+4H_2O$$

$$K_2Cr_2O_7+4HCl \longrightarrow 2CrCl_3+3Cl_2\uparrow+2KCl+7H_2O$$

元素电势图还表明，在碱性条件下Cr(Ⅵ)的氧化性极弱，而Cr(Ⅲ)的还原性却相当强，此时，Cl_2，Br_2和H_2O_2等氧化剂均可将Cr(Ⅲ)氧化为CrO_4^{2-}。

b. 溶解度

重铬酸盐大多易溶于水，而铬酸盐中除 K^+，Na^+，NH_4^+盐外，一般都难溶于水。当向重铬酸盐溶液中加入可溶性 Ba^{2+}，Pb^{2+}或 Ag^+盐时，将促使 $Cr_2O_7^{2-}$朝 CrO_4^{2-} 方向转化，而生成相应的铬酸盐沉淀：

$$Cr_2O_7^{2-}+2Ba^{2+}+H_2O \longrightarrow 2BaCrO_4\downarrow+2H^+$$

$$Cr_2O_7^{2-}+4Ag^{+}+H_2O \longrightarrow 2Ag_2CrO_4\downarrow+2H^+$$

上述反应都有 H^+生成，这是 $Cr_2O_7^{2-}+H_2O \rightleftharpoons 2CrO_4^{2-}+2H^+$平衡向右转化的必然结果。

对于溶度积较小的铬酸盐如 $BaCrO_4$($K_{sp}^{\ominus}=1.2\times10^{-10}$)，只须控制溶液的 pH 为 3～4，沉淀就能完全；对于溶度积较大的铬酸盐，如 $SrCrO_4$($K_{sp}^{\ominus}=2.2\times10^{-5}$)，则需降低溶液酸度(适当加碱)，方能保证必需的 CrO_4^{2-} 浓度，使 $SrCrO_4$ 沉淀完全。

钾和钠的铬酸盐是重要的化工原料和化学试剂，讨论如下。

(1)性质与用途

铬酸钠(Na_2CrO_4)和铬酸钾(K_2CrO_4)都是黄色结晶，前者容易潮解。这两种铬酸盐的水溶液都显碱性。

重铬酸钠($Na_2Cr_2O_7$)和重铬酸钾($K_2Cr_2O_7$)都是橙红色晶体，前者易潮解，它们的水溶液都显酸性，都是强氧化剂，在鞣革、电镀等工业中广泛应用。由于 $K_2Cr_2O_7$无吸潮性，又易用重结晶法提纯，故用它作分析化学中的基准试剂。

但是 $Na_2Cr_2O_7$比较便宜，溶解度也比较大(常温下，饱和溶液含 $Na_2Cr_2O_7$在 65% 以上，$K_2Cr_2O_7$仅 10%)。若工业上用重铬酸盐量较大，要求纯度不高时，宜选用 $Na_2Cr_2O_7$。

$Cr_2O_7^{2-}$与 H_2O_2 的特征反应可用于 Cr(Ⅵ)或 H_2O_2 的鉴别：

$$Cr_2O_7^{2-}+4H_2O_2+2H^+ \xrightarrow{\text{乙醚}} 2CrO_5+5H_2O$$

CrO_5被称为过氧化铬，在室温下不稳定，需加入乙醚使其稳定，它在乙醚中呈蓝色，微热或放置稍久即分解为 Cr^{3+}和 O_2。

(2)制备

工业上生产铬酸盐是以铬铁矿为原料，与 Na_2CO_3 混合，高温焙烧得到铬酸钠：

$$4Fe(CrO_2)_2+8Na_2CO_3+7O_2 \xrightarrow{\triangle} 8Na_2CrO_4+2Fe_2O_3+8CO_2$$

经水浸、除渣，溶液调 pH 至 7～8，滤去 Fe_2O_3 和杂质，反应后的水解产物 $Al(OH)_3$，H_2SiO_3 等沉淀后，蒸发、冷却得 $Na_2CrO_4\cdot2H_2O$ 晶体。若制备 $Na_2Cr_2O_7$，只需加入 H_2SO_4 酸化即可：

$$2Na_2CrO_4+H_2SO_4 \longrightarrow Na_2Cr_2O_7+Na_2SO_4+H_2O$$

K_2CrO_4 的工业制法与钠盐相似，只是在分解铬铁矿时，将 Na_2CO_3 改为 K_2CO_3 即可。$K_2Cr_2O_7$也可由 $Na_2Cr_2O_7$与 KCl 进行复分解制得

$$Na_2Cr_2O_7+2KCl \longrightarrow K_2Cr_2O_7+2NaCl$$

上述两种生成物的分离也是利用溶解度的不同，见图 10-1。

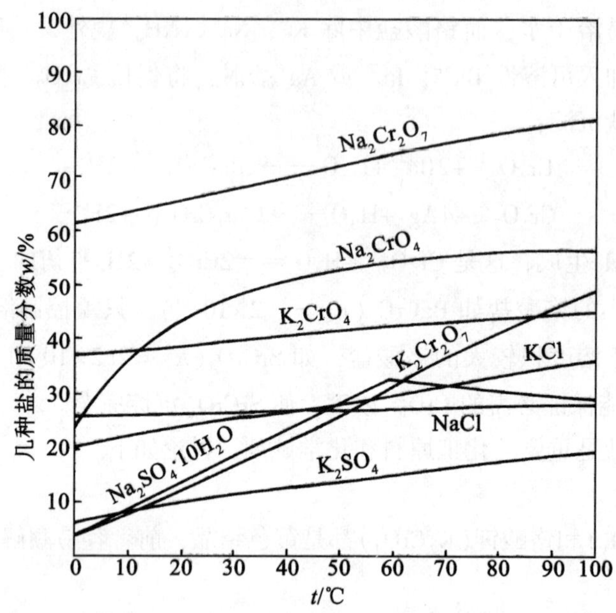

图 10-1　几种盐的溶解度与温度的关系

10.2.2　锰及其化合物

1. 锰单质

锰是周期表ⅦB 族第一种元素，它主要以氧化物形式存在，如软锰矿（$MnO_2 \cdot xH_2O$）。

锰是似铁的灰色金属，表面容易生锈而变暗黑。纯锰用途不大，但它却是制造合金的重要材料。高锰钢既坚硬、又强韧，是轧制铁轨和架设桥梁的优良材料。锰钢制造的自行车，质量轻、强度大。Mn 与 Al，Fe 制成的合金钢是一种超低温合金钢，其强度、韧性都十分优异，可用于液化天然气、液氮的储存和运输。

锰也是人体必需的微量元素，在心脏及神经系统中，起着举足轻重的作用。

锰属于活泼金属，在空气中锰表面生成的氧化物膜，可以保护金属内部不受侵蚀。粉末状的锰能彻底被氧化，有时甚至能起火，并生成 Mn_3O_4（是 $MnO \cdot Mn_2O_3$ 的混合氧化物，类似于 Fe_3O_4）。锰能分解冷水：

$$Mn+2H_2O \longrightarrow Mn(OH)_2\downarrow +H_2\uparrow$$

锰和卤素，S，C，N，Si 等非金属能直接化合生成 MnX_2，MnS，Mn_3N_2 等。

锰溶于一般的无机酸，生成 Mn(Ⅱ)盐，与冷的浓 H_2SO_4 作用缓慢。在有氧化剂存在下，金属锰可以与熔融碱作用生成 K_2MnO_4：

$$2Mn+4KOH+3O_2 \longrightarrow 2K_2MnO_4+2H_2O$$

锰原子的价层电子构型是 $3d^54s^2$，最高氧化值为+7，还有+6，+4，+3，+2 等，其中以+2，+4，+7 三种氧化值的化合物最为重要。

(1)锰的氧化物和氢氧化物的酸碱性

锰的氧化物以及对应的水合物，随着锰的氧化值的升高和离子半径的减小，碱性逐渐减弱，酸性逐渐增强。

锰的氧化物和氢氧化物的酸碱性

锰的氧化物以及对应的水合物，随着锰的氧化值的升高和离子半径的减小，碱性逐渐减弱，酸性逐渐增强。

碱性逐渐增强 ←

MnO	Mn_2O_3	MnO_2	MnO_3	Mn_2O_7
(绿色)	(棕色)	(黑色)		(暗红色油状)
$Mn(OH)_2$	$Mn(OH)_3$	$Mn(OH)_4$	H_2MnO_4	$HMnO_4$
(白色)	(棕色)	(棕黑色)	(绿色)	(紫红色)

→ 酸性逐渐增强

(2)锰化合物的氧化还原性

具有多种氧化态的锰，在一定的条件下可以相互转变。因此，氧化还原性也是锰化合物的特征性质，锰的元素电势图如图 10-2 所示。

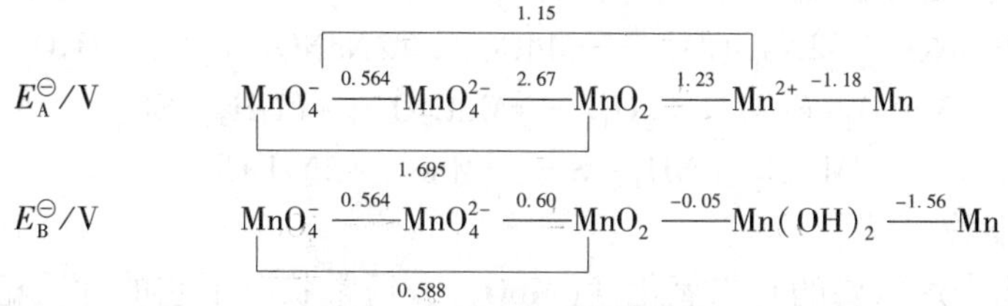

$E_A^{\ominus}/V$　$MnO_4^- \xrightarrow{0.564} MnO_4^{2-} \xrightarrow{2.67} MnO_2 \xrightarrow{1.23} Mn^{2+} \xrightarrow{-1.18} Mn$（$MnO_4^- \to MnO_2$：1.695；$MnO_4^{2-} \to Mn^{2+}$：1.15）

$E_B^{\ominus}/V$　$MnO_4^- \xrightarrow{0.564} MnO_4^{2-} \xrightarrow{0.60} MnO_2 \xrightarrow{-0.05} Mn(OH)_2 \xrightarrow{-1.56} Mn$（$MnO_4^- \to MnO_2$：0.588）

图 10-2　锰的元素电势图

2. 锰(Ⅱ)化合物

锰(Ⅱ)化合物有氧化锰(MnO)、氢氧化锰及 Mn(Ⅱ)盐，其中以 Mn(Ⅱ)盐最为常见，如 $MnCl_2$，$MnSO_4$，$Mn(NO_3)_2$，$MnCO_3$，MnS 等。Mn^{2+}的价层电子构型为 $3d^5$，属于 d 能级半充满的稳定状态，故这类化合物是相当稳定的，但是 Mn(Ⅱ)的稳定性还与介质的酸碱性有关系。

与锰的其他氧化态相比，Mn^{2+}在酸性溶液中最稳定，它既不易被氧化，也不易被还原。欲使 Mn^{2+}氧化，必须选用强氧化剂，如 $NaBiO_3$，PbO_2，$(NH_4)_2S_2O_8$等。例如：

$$2Mn^{2+}+5NaBiO_3+14H^+ \longrightarrow 2MnO_4^-+5Bi^{3+}+5Na^++7H_2O$$

反应产物 MnO_4^- 即使在很稀的溶液中，也能显出它特征的红色。因此，上述反应可用来鉴定溶液中 Mn^{2+}的存在。

在 Mn(Ⅱ)盐溶液中加入 NaOH 或氨水，都能生成白色 $Mn(OH)_2$ 沉淀：

$$Mn^{2+}+2OH^- \longrightarrow Mn(OH)_2\downarrow$$

$$Mn^{2+}+2NH_3\cdot H_2O \longrightarrow Mn(OH)_2\downarrow+2NH_4^+$$

从锰的元素电势图可知，在碱性介质中，Mn(Ⅱ)极易被氧化，故 $Mn(OH)_2$ 不能稳定存在，甚至溶解在水中的少量氧也能使它氧化，沉淀很快由白色变成褐色的水合二氧化锰：

$$2Mn(OH)_2+O_2 \longrightarrow 2MnO(OH)_2$$

这个反应在水质分析中用于测定水中的溶解氧。反应原理是：在经吸氧后的 $MnO(OH)_2$ 中加入适量 H_2SO_4 使其酸化后，和过量的 KI 溶液作用，I^- 被氧化而析出 I_2，再用标准 $Na_2S_2O_3$ 溶液滴定 I_2，经换算就可得知水中的氧含量。

锰盐比较容易制备，金属锰与 HCl，H_2SO_4 甚至 HAc 都能顺利作用而得到相应的锰盐，同时放出 H_2。由于锰盐属弱碱盐，在溶液中有水解性质，因此制备锰盐时，在使溶液蒸发、浓缩过程中，必须保持溶液有足够的酸度，防止 Mn^{2+} 水解成不稳定的 $Mn(OH)_2$，经氧化、脱水等过程而出现"黑渣"(MnO_2)：

$$Mn^{2+}+2H_2O \longrightarrow Mn(OH)_2+2H^+$$

$$2Mn(OH)_2+O_2 \longrightarrow 2MnO(OH)_2$$

$$MnO(OH)_2 \xrightarrow{\triangle} MnO_2+H_2O$$

像 $Mn(Ac)_2$ 这类弱酸弱碱盐，更易水解，且 HAc 具有挥发性，故在蒸发过程中需不时补加 HAc，以抑制水解：

$$Mn(Ac)_2+2H_2O \rightleftharpoons Mn(OH)_2+2HAc$$

难溶的锰盐常由复分解反应制得。例如：

$$Mn(NO_3)_2+2NaHCO_3 \longrightarrow MnCO_3\downarrow+2NaNO_3+CO_2\uparrow+H_2O$$

$$MnSO_4+(NH_4)_2C_2O_4 \longrightarrow MnC_2O_4\downarrow+(NH_4)_2SO_4$$

$$MnCl_2+(NH_4)_2S \longrightarrow MnS\downarrow+2NH_4Cl$$

3. 锰(Ⅳ)化合物

锰(Ⅳ)化合物中最重要的是二氧化锰(MnO_2)，通常状况下它的性质稳定，应具有两性性质，但在酸碱介质中易被还原或氧化，不稳定。如 MnO_2 在酸性介质中有强氧化性，和浓 HCl 作用有氯气生成，和浓 H_2SO_4 作用有氧气放出：

$$MnO_2+4HCl \longrightarrow MnCl_2+Cl_2\uparrow+2H_2O$$

$$2MnO_2+2H_2SO_4 \longrightarrow 2MnSO_4+O_2\uparrow+2H_2O$$

前一反应常用在实验室制备少量氯气。但 MnO_2 和稀 HCl 不发生反应，因为 $E^\ominus(MnO_2/Mn^{2+})=1.23V$，小于 $E^\ominus(Cl_2/Cl^-)=1.36V$。$MnO_2$ 还能氧化 H_2O_2 和 Fe^{2+} 等：

$$MnO_2+H_2O_2+H_2SO_4 \longrightarrow MnSO_4+O_2\uparrow+2H_2O$$

$$MnO_2+2FeSO_4+2H_2SO_4 \longrightarrow MnSO_4+Fe_2(SO_4)_3+2H_2O$$

MnO_2 制备有干法和湿法两种。干法由灼烧 $Mn(NO_3)_2$ 制取：

$$Mn(NO_3)_2 \xrightarrow{\triangle} MnO_2+2NO_2\uparrow$$

湿法利用了 Mn(Ⅶ) 和 Mn(Ⅱ) 的逆歧化反应。

$$E_A^\ominus/V \qquad MnO_4^- \xrightarrow{1.695} MnO_2 \xrightarrow{1.23} Mn^{2+}$$

$E^\ominus_{左}>E^\ominus_{右}$，$MnO_4^-$ 和 Mn^{2+} 会发生逆歧化反应并生成 MnO_2，制备 MnO_2 正是利用了这一性质。由 $KMnO_4$ 和 $MnSO_4$ 或 $Mn(NO_3)_2$ 作用都能得到 MnO_2：

$$2KMnO_4+3MnSO_4+2H_2O \longrightarrow 5MnO_2+K_2SO_4+2H_2SO_4$$

$$2KMnO_4+3Mn(NO_3)_2+2H_2O \longrightarrow 5MnO_2+2KNO_3+4HNO_3$$

MnO_2 用途很广，大量用于制造干电池以及玻璃、陶瓷、火柴、油漆等工业，也是制备其他锰化合物的主要原料。

4. 锰(Ⅶ)化合物

锰(Ⅶ)化合物中，最重要的是高锰酸钾($KMnO_4$)，为暗紫色晶体，有光泽。由于 $E_A^{\ominus}(MnO_4^-/MnO_2)=1.695V$，大于 $E_A^{\ominus}(O_2/H_2O)=1.229V$，故溶液中的 MnO_4^- 有可能把 H_2O 氧化为 O_2，反应式如下：

$$4MnO_4^-+4H^+\longrightarrow 4MnO_2+2H_2O+3O_2\uparrow$$

光对此反应有催化作用，故固体 $KMnO_4$ 及其溶液都需保存在棕色瓶中。

$KMnO_4$ 是常用的强氧化剂，它的热稳定性较差，热至200℃以上就能分解并放出 O_2：

$$2KMnO_4\xrightarrow{\triangle}K_2MnO_4+MnO_2+O_2\uparrow$$

$KMnO_4$ 与有机物或易燃物混合，易发生燃烧或爆炸。它无论在酸性、中性或碱性溶液中都能发挥氧化作用，即使稀溶液也有强氧化性，这是其他氧化剂少有的特点。随着介质酸碱性不同，其还原产物有以下三种。

(1)在酸性溶液中，MnO_4^- 被还原成 Mn^{2+}。例如：

$$2MnO_4^-+5SO_3^{2-}+6H^+\longrightarrow Mn^{2+}+5SO_4^{2-}+3H_2O$$

$$MnO_4^-+5Fe^{2+}+8H^+\longrightarrow Mn^{2+}+5Fe^{3+}+4H_2O$$

如果 MnO_4^- 过量，将进一步和它自身的还原产物 Mn^{2+} 发生逆歧化反应而出现 MnO_2 沉淀，紫红色随即消失：

$$2MnO_4^-+3Mn^{2+}+2H_2O\longrightarrow 5MnO_2\downarrow+4H^+$$

(2)在中性或弱碱性溶液中，被还原成 MnO_2。例如：

$$2MnO_4^-+3SO_3^{2-}+H_2O\longrightarrow 2MnO_2+3SO_4^{2-}+2OH^-$$

(3)在强碱性溶液中，被还原成锰酸根(MnO_4^{2-})：

$$2MnO_4^-+SO_3^{2-}+2OH^-\longrightarrow 2MnO_4^{2-}+SO_4^{2-}+H_2O$$

如果 MnO_4^- 的量不足，还原剂过剩，则生成物中的 MnO_4^{2-} 会继续氧化 SO_3^{2-}，其还原产物仍是 MnO_2：

$$2MnO_4^-+SO_3^{2-}+H_2O\longrightarrow MnO_2\downarrow+SO_4^{2-}+2OH^-$$

工业上制取 $KMnO_4$ 常以 MnO_2 为原料，分两步氧化。首先在强碱性介质中将它氧化成锰酸钾，氧化剂是空气中的 O_2(实验室则用 $KClO_3$)，MnO_2 与 KOH 混合，经加热、搅拌、水浸得绿色 K_2MnO_4 溶液；而后对其进行电解氧化，则 MnO_4^{2-} 转化为紫色的 $KMnO_4$，经蒸发、冷却、结晶得紫黑色晶体。反应式如下：

$$2MnO_2+4KOH+O_2\xrightarrow{\triangle}2K_2MnO_4+2H_2O$$

$$2K_2MnO_4+2H_2O\xrightarrow{电解}\underset{(阳极)}{2KMnO_4}+2KOH+\underset{(阴极)}{H_2\uparrow}$$

$KMnO_4$ 用途广泛，是常用的化学试剂。在医药上用作消毒剂。0.1%的稀溶液常用于水果和茶杯的消毒，5%溶液可治烫伤，还用作油脂及蜡的漂白剂。

10.2.3 铁系元素

1. 铁、钴、镍的单质

位于周期表ⅧB族的铁(Fe)、钴(Co)、镍(Ni)三种元素，它们性质相似，合称为铁系元素。它们都是具有光泽的白色金属，密度大，熔点高，表现出明显的磁性。铁、镍有很好的延展性，而钴则较硬而脆。

铁系元素原子的价层电子构型为$3d^{6\sim8}4s^2$，可以失去电子呈现+2，+3氧化值。其中，Fe^{3+}比Fe^{2+}稳定，Co^{2+}比Co^{3+}稳定，而Ni通常只有+2氧化值，这与它们原子半径大小和电子构型有关。

铁系元素属于中等活泼金属，在高温下能和O，S，Cl等非金属作用。Fe可溶于HCl、稀H_2SO_4和HNO_3，但冷而浓的H_2SO_4，HNO_3会使其钝化。Co，Ni在HCl和稀H_2SO_4中的溶解比Fe缓慢，钴和镍遇冷HNO_3也会钝化。浓碱能缓慢侵蚀铁，钴、镍在浓碱中比较稳定，镍质容器可盛熔融碱。

铁矿主要有磁铁矿(Fe_3O_4)、赤铁矿(Fe_2O_3)、褐铁矿($Fe_2O_3 \cdot H_2O$)等。无论在工农业、国防工业以及日常生活中，钢铁制品无处不在。铁有生铁、熟铁之分，它们的含碳量不同。钢铁耐腐蚀性差，在钢中加入Cr，Ni，Mn，Ti等制成的合金钢、不锈钢，大大改善了普通钢的性质。Ni含量不同的各种钢有耐高、低温，耐腐蚀等多种优良性能，因而有着广泛应用。Ni-Ti系合金是很好的形状记忆合金，用在卫星天线、热致机械和医疗等方面。刀具黏结通常使用金属钴，Co-Cr合金还因有较宽频率的吸收特性而成为隐形材料。

2. 铁系元素的氧化物和氢氧化物

a. 氧化物

铁系元素可形成如下的氧化物，它们有不同的颜色：

FeO	CoO	NiO	Fe_2O_3	Co_2O_3	Ni_2O_3
(黑色)	(灰绿色)	(暗绿色)	(砖红色)	(黑褐色)	(黑色)

Fe_2O_3俗称铁红，可作红色颜料、抛光粉和磁性材料。工业上常用草酸亚铁焙烧制取Fe_2O_3，反应过程如下：

$$FeC_2O_4 \xrightarrow{\triangle} FeO+CO_2\uparrow+CO\uparrow$$

$$6FeO+O_2 \longrightarrow 2Fe_3O_4$$

$$4Fe_3O_4+O_2 \xrightarrow{600℃} 6Fe_2O_3$$

Fe_2O_3是难溶于水的两性氧化物，但以碱性为主。当它与酸作用时，生成Fe(Ⅲ)盐。例如：

$$Fe_2O_3+6HCl \longrightarrow 2FeCl_3+3H_2O$$

Fe_2O_3与NaOH，Na_2CO_3或Na_2O这类碱性物质共熔，即生成铁(Ⅲ)酸盐。例如：

$$Fe_2O_3+Na_2CO_3 \longrightarrow 2NaFeO_2+CO_2$$

Co_2O_3及Ni_2O_3也是难溶于水的两性偏碱氧化物，它们与MnO_2相似，有强氧化性，与酸作用时，得不到Co(Ⅲ)和Ni(Ⅲ)盐，而是得到Co(Ⅱ)和Ni(Ⅱ)盐。

Fe_3O_4是黑色的强磁性物质，被称为磁性氧化铁，X射线结构研究表明，Fe_3O_4实际上是一种铁(Ⅲ)酸盐 $Fe^{II}(Fe^{III}O_2)_2$。

FeO，NiO，CoO 的纳米材料具有良好的热、电性能，可制成多种温度传感器。Fe_3O_4 的纳米材料，因其优异的磁性能和较宽频率范围的强吸收性，而成为磁记录材料和战略轰炸机、导弹的隐形材料。

b. 氢氧化物

在隔绝空气的情况下，向 Fe^{2+}，Co^{2+}，Ni^{2+} 的溶液中加入碱就能分别生成白色的 $Fe(OH)_2$、粉红色的 $Co(OH)_2$ 和绿色的 $Ni(OH)_2$ 沉淀。

$$M^{2+}+2OH^- \longrightarrow M(OH)_2\downarrow$$

白色的 $Fe(OH)_2$ 极易被空气中的 O_2 氧化为棕红色的 $Fe(OH)_3$；粉红色的 $Co(OH)_2$ 也可以被空气中的 O_2 氧化为棕黑色的 $Co(OH)_3$，但因 $Co(OH)_2$ 还原性较弱，反应较慢；$Ni(OH)_2$ 不能被空气中的 O_2 所氧化，只是在强碱性并加入较强氧化剂的条件下，才能使其氧化成黑色的 $Ni(OH)_3$ 或 $NiO(OH)$：

$$2Ni(OH)_2+ClO^- \longrightarrow 2NiO(OH)+Cl^-+H_2O$$

新沉淀的 $Fe(OH)_3$ 有较明显的两性，能溶于强碱溶液：

$$Fe(OH)_3+3OH^- \longrightarrow [Fe(OH)_6]^{3-}$$

沉淀放置稍久后则难以显示酸性，只能与酸反应生成 Fe(Ⅲ)盐，例如：

$$Fe(OH)_3+3H^+ \longrightarrow Fe^{3+}+3H_2O$$

$Co(OH)_3$ 和 $Ni(OH)_3$ 也是两性偏碱性，但由于它们在酸性介质中有很强的氧化性，它们与非还原性酸(如 H_2SO_4，HNO_3)作用时氧化 H_2O 放出 O_2，而与浓 HCl 作用时，则将其氧化并放出 Cl_2：

$$2Co(OH)_3+6HCl \longrightarrow 2CoCl_2+Cl_2\uparrow+6H_2O$$

3. 铁盐

a. 铁(Ⅱ)盐

常见的铁(Ⅱ)盐有硫酸亚铁($FeSO_4\cdot 7H_2O$，绿矾)，氯化亚铁($FeCl_2\cdot 4H_2O$)、硫化亚铁(FeS)等。由于亚铁盐有一定的还原性，不易稳定存在，并且其稳定性随溶液的酸碱性而异。因此，当用铁屑或铁块与 HCl 或 H_2SO_4 作用制备 $FeCl_2$ 或 $FeSO_4$ 时，需注意以下几点：

(1)始终保持金属铁过量。为了防止溶液中出现 Fe^{3+} 需加入过量的铁。一旦出现 Fe^{3+}，金属铁立即将其还原为亚铁：

$$2Fe^{3+}+Fe \longrightarrow 3Fe^{2+}$$

此外，铁是活泼金属，能从溶液中将 Cu^{2+}，Pb^{2+} 等重金属离子(由原料铁带入)置换出来，从而使溶液得以纯化。

(2)为防止 Fe^{2+} 的水解，制备过程中要始终保持溶液的酸性(随时补加酸)。$FeSO_4\cdot 7H_2O$ 从溶液中的析出温度范围为 $-1.8\sim56.6$℃，即使在冬天制备，冷却结晶温度也不得低于 -1.8℃，否则冰和盐将同时析出，给后面的干燥操作带来麻烦，并将引起水解、氧化，而使产品变质。

(3)为防止 Fe^{2+} 及水解产物 $Fe(OH)_2$ 的氧化。制得的亚铁盐固体，需先用酸化的水淋洗，再用少量的酒精洗涤，并使之迅速干燥。干燥后的固体虽比在溶液中的盐稳定，久置空气中也会被缓慢氧化，生成黄色或铁锈色的碱式铁(Ⅲ)盐：

$$2FeSO_4+\frac{1}{2}O_2+H_2O \longrightarrow 2Fe(OH)SO_4$$

将亚铁盐转化为复盐则会稳定得多，如实验室常用的硫酸亚铁铵(摩尔盐)[$FeSO_4 \cdot (NH_4)_2SO_4 \cdot 6H_2O$]，比 $FeSO_4 \cdot 7H_2O$ 稳定，不易被氧化，在化学分析中经常用来配制Fe(Ⅱ)的标准溶液，作为还原剂标定 $KMnO_4$ 等溶液。

b. 铁(Ⅲ)盐

铁系元素中，由于 Co^{3+} 和 Ni^{3+} 具有强氧化性，所以只有 Fe^{3+} 才能形成稳定的可溶性盐。

(1)Fe(Ⅲ)盐易水解，其水解产物一般近似地认为是氢氧化铁：

$$Fe^{3+}+3H_2O \rightleftharpoons Fe(OH)_3+3H^+$$

实际上，它的水解比较复杂，只有在强酸性[$c(H^+)=1.0mol \cdot L^{-1}$]的条件下，Fe(Ⅲ)盐溶液才是清亮的。此时铁离子基本上以水合离子$[Fe(H_2O)_6]^{3+}$的形式存在。当离子浓度为 $1mol \cdot L^{-1}$ 时，pH=1.8 即开始水解；pH=3.3 时，水解完全。Fe(Ⅲ)的水解是逐级进行的：

$$[Fe(H_2O)_6]^{3+} \rightleftharpoons [FeOH(H_2O)_5]^{2+}+H^+$$

$$[FeOH(H_2O)_5]^{2+} \rightleftharpoons [Fe(OH)_2(H_2O)_4]^{+}+H^+$$

所产生的羟基离子会进一步缩合为二聚离子，还可形成多聚离子，甚至形成胶体溶液的胶核，溶液的颜色由黄色加深至红棕色。当pH=4～5时，即形成水合三氧化二铁沉淀。新沉淀的 $Fe_2O_3 \cdot xH_2O$ 易溶于酸，经放置后就难溶了。

(2)Fe(Ⅲ)盐的氧化性。尽管它的氧化性比较弱，但在酸性溶液中仍能氧化一些还原性较强的物质。例如：

$$2FeCl_3+2KI \longrightarrow 2FeCl_2+I_2+2KCl$$

$$2FeCl_3+H_2S \longrightarrow 2FeCl_2+S+2HCl$$

工业上常用浓的 $FeCl_3$ 溶液在铁制品上刻蚀字样，或在铜板上腐蚀出印刷电路，就是利用 Fe^{3+} 的氧化性：

$$2FeCl_3+Fe \longrightarrow 3FeCl_2$$

$$2FeCl_3+Cu \longrightarrow 2FeCl_2+CuCl_2$$

无水三氯化铁($FeCl_3$)　是重要的Fe(Ⅲ)盐，无水 $FeCl_3$ 可由铁屑和氯气直接合成：

$$2Fe+3Cl_2 \longrightarrow 2FeCl_3$$

此反应为放热反应，所生成的 $FeCl_3$ 由于升华而分离出。

六水合三氯化铁($FeCl_3 \cdot 6H_2O$)　制备时首先用铁屑和盐酸作用得到 $FeCl_2$，然后再将 $FeCl_2$ 氧化成 $FeCl_3$。可供选用的氧化剂有 Cl_2，H_2O_2 和 HNO_3，反应式如下：

$$2FeCl_2+Cl_2 \longrightarrow 2FeCl_3$$

$$2FeCl_2+2HCl+H_2O_2 \longrightarrow 2FeCl_3+2H_2O$$

$$FeCl_2+HCl+HNO_3 \longrightarrow FeCl_3+NO_2\uparrow+H_2O$$

表面上看，氯气是理想的氧化剂，既价廉又不带入其他杂质，但其反应速率太低，氯气难被吸收而造成公害；H_2O_2 虽是较好的氧化剂，但成本高，故多选用 HNO_3(此时要对 NO_2 进行吸收)作氧化剂。

4. 钴盐和镍盐

钴(Ⅱ)盐和镍(Ⅱ)盐最为常见，它们有氯化物、硫酸盐、硝酸盐、碳酸盐、硫化物等。

氯化钴($CoCl_2 \cdot 6H_2O$)　是重要的钴(Ⅱ)盐，因所含结晶水的数目不同而呈现多种颜色。随着温度上升，所含结晶水逐渐减少，颜色随之变化：

$$\underset{\text{粉红}}{CoCl_2 \cdot 6H_2O} \xrightarrow{52.3℃} \underset{\text{红紫}}{CoCl_2 \cdot 2H_2O} \xrightarrow{90℃} \underset{\text{蓝紫}}{CoCl_2 \cdot H_2O} \xrightarrow{120℃} \underset{\text{蓝}}{CoCl_2}$$

这种性质可用来指示硅胶干燥剂的吸水情况。$[Co(H_2O)_6]^{3+}$在溶液中显粉红色，用这种稀溶液在白纸上写的字几乎看不出字迹。将此白纸烘热脱水即显出蓝色字迹，吸收空气中潮气后字迹再次隐去，所以 $CoCl_2$ 溶液被称为隐显墨水。

常见的镍盐有 $NiCl_2 \cdot 6H_2O$(绿色)，$Ni(NO_3)_2 \cdot 6H_2O$(碧绿色)和 $NiSO_4 \cdot 7H_2O$(绿色)等，前两者可由 Ni 与浓 HCl 或 HNO_3 制得。Ni 与 H_2SO_4 的反应特别缓慢，通常需加入 HNO_3 或 H_2O_2 帮助溶解：

$$3Ni+3H_2SO_4+2HNO_3 \longrightarrow 3NiSO_4+2NO\uparrow+4H_2O$$

$$Ni+H_2SO_4+H_2O_2 \longrightarrow NiSO_4+2H_2O$$

5. 铁系元素的配位化合物

铁系元素的电子层结构决定了它们很容易结合配体形成配合物。它们的中心离子大多发生 sp^3d^2 或 d^2sp^3 杂化，形成配位数为 6 的八面体配合物，也可以发生 sp^3，dsp^2 杂化形成配位数为 4 的四面体或平面正方形配合物。其中较为重要的配合物有：

a. 氨合物

Fe^{2+}，Fe^{3+}水解倾向剧烈，难以形成稳定的氨合物。Co^{2+}的溶液于 NH_4^+存在下加入过量氨水，生成$[Co(NH_3)_6]^{2+}$(土黄色)，在空气中能被氧化成稳定的$[Co(NH_3)_6]^{3+}$(淡红棕色)：

$$4[Co(NH_3)_6]^{2+}+O_2+2H_2O \longrightarrow 4[Co(NH_3)_6]^{3+}+4OH^-$$

Ni^{2+}在过量氨水中生成$[Ni(NH_3)_6]^{2+}$(蓝紫色)，稳定性比$[Co(NH_3)_6]^{2+}$高。

b. 氰合物

铁、钴、镍和 CN^-都能形成稳定的配合物，它们都属于内轨配合物。

Fe(Ⅱ)盐与 KCN 溶液作用，首先析出白色氰化亚铁沉淀，随即溶解而形成六氰合铁(Ⅱ)酸钾($K_4[Fe(CN)_6]$)，简称亚铁氰化钾(黄血盐)：

$$Fe^{2+} \xrightarrow{KCN} Fe(CN)_2\downarrow \xrightarrow{\text{过量 KCN}} [Fe(CN)_6]$$

往黄血盐溶液中通入氯气或加入 $KMnO_4$ 溶液，可将$[Fe(CN)_6]^{4-}$氧化成$[Fe(CN)_6]^{3-}$：

$$2K_4[Fe(CN)_6]+Cl_2 \longrightarrow 2K_3[Fe(CN)_6]+2KCl$$

六氰合铁(Ⅲ)酸钾($K_3[Fe(CN)_6]$)，简称铁氰化钾(赤血盐)。

在含有 Fe^{2+}的溶液中加入铁氰化钾，或在含有 Fe^{3+}的溶液中加入亚铁氰化钾，都有蓝色沉淀形成：

$$K^++Fe^{2+}+[Fe(CN)_6]^{3-} \longrightarrow \underset{\text{(滕氏蓝)}}{KFe[Fe(CN)_6]\downarrow}$$

$$K^+ + Fe^{3+} + [Fe(CN)_6]^{4-} \longrightarrow KFe[Fe(CN)_6]\downarrow$$

（普鲁士蓝）

以上两个反应可用来鉴定 Fe^{2+} 和 Fe^{3+} 的存在。研究表明，这两种蓝色沉淀的组成和结构相同，都是 $K[Fe^{II}(CN)_6Fe^{III}]$，被广泛用于油墨和油漆制造业。

Co^{2+} 的配合物 $[Co(CN)_6]^{4-}$ 也容易被空气氧化成 $[Co(CN)_6]^{3-}$（黄色）。

Ni^{2+} 和 CN^- 则生成稳定的 $[Ni(CN)_4]^{2-}$（杏黄色），其构型为平面正方形。

c. 硫氰配合物

Fe^{3+} 与 SCN^- 能形成血红色的异硫氰酸根合铁配离子：

$$Fe^{3+} + nSCN^- \longrightarrow [Fe(NCS)_n]^{3-n} \qquad (n=1\sim6)$$

Co^{2+} 和 SCN^- 生成 $[Co(NCS)_4]^{2-}$（蓝色），在水溶液中不太稳定，稀释时变成 $[Co(H_2O)_6]^{2+}$（粉红色）。$[Co(NCS)_4]^{2-}$ 在丙酮或戊醇中比较稳定，故常用这类溶剂抑制离解或进行萃取，可用此法对 Co^{2+} 含量做比色测定。Ni^{2+} 的硫氰配合物更不稳定。

d. 羰基化合物

铁系元素的单质能与 CO 配合，形成羰基化合物，如 $[Fe(CO)_5]$，$[Co_2(CO)_8]$，$[Ni(CO)_4]$ 等。其中铁、钴、镍的氧化值为零，这些羰基化合物一般熔、沸点较低，容易挥发，且热稳定性较差，容易分解析出单质。

10.3 ds 区元素

ds 区元素包括ⅠB 族（铜副族）元素和ⅡB 族（锌副族）元素的六种金属元素。

10.3.1 铜副族元素

1. 铜副族元素的通性和单质

周期表第ⅠB 族，包括铜、银、金三种元素，通常称为铜副族。价电子构型为 $(n-1)d^{10}ns^1$。与同周期的ⅠA 族元素相比，ⅠB 族元素的有效核电荷大，原子半径小；对最外层 s 电子的吸引力强，电离能大，金属活泼性差。

自然界的铜、银主要以硫化矿存在，如辉铜矿（Cu_2S）、黄铜矿（$CuFeS_2$），孔雀石 $\{Cu_2(OH)_2CO_3\}$，闪银矿（Ag_2S）等。金主要以单质形式分散于岩石或沙砾中。

铜族元素有+1，+2，+3 三种氧化值，铜族高氧化值的离子，由于其外层有成单 d 电子，都有颜色，如 Cu^{2+} 为蓝色，Au^{3+} 为红黄色。其单质也有特征颜色：Cu（紫红）、Ag（白）、Au（黄）。

铜、银、金都有很好的延展性、导电性和传热性。在所有金属中银的导电性、传热性都居于首位，用于高级计算器及精密电子仪表中。金是金属中延展性最强的，例如 1g 纯金能抽成 2km 长的金丝，展压成 0.1μm 的金箔。铜的导电能力虽然次于银，但比银便宜得多。目前世界上一半以上的铜用在电器、电机和电信工业上。铜以各种合金的形式，如黄铜（Cu-Zn）、青铜（Cu-Sn）、蒙乃尔合金（Cu-Ni）等，在高强度铸件、高导电性零件等精密仪器中广泛使用，在国防工业、航天工业方面都是不可缺少的材料。

铜族元素的化合物多为共价型，易形成配位化合物。

铜只有在加热的条件下，才能和氧生成黑色的 CuO：

$$2Cu+O_2 \xrightarrow{\triangle} 2CuO$$

但铜与含有 CO_2 的潮湿空气接触，表面易生成一层"铜绿"，其主要成分为 $Cu(OH)_2 \cdot CuCO_3$。而银、金不和氧反应。银与硫有较强的亲和作用，当和含 H_2S 的空气接触时即逐渐变暗：

$$4Ag+2H_2S+O_2 \longrightarrow 2Ag_2S+2H_2O$$

铜副族元素在高温下也不能与氢气、氮气和碳反应。与卤素作用情况不同：铜在常温下就有反应，而银反应较慢，金只是在加热下才能反应。它们不能从非氧化性稀酸中置换出氢气，铜和银能溶于 HNO_3，金只溶于王水。

铜、银、金都易形成配合物，用氰化物从 Ag，Au 的硫化物矿或砂金中提取银和金，就利用这一性质。例如：

$$2Ag_2S+10NaCN+O_2+2H_2O \longrightarrow 4Na[Ag(CN)_2]+4NaOH+2NaCNS$$

$$2Au+4NaCN+\frac{1}{2}O_2+2H_2O \longrightarrow 2Na[Au(CN)_2]+2NaOH$$

然后加入锌粉，金、银即被置换出来：

$$2Na[Ag(CN)_2]+Zn \longrightarrow Na_2[Zn(CN)_4]+2Ag$$

2. 铜的化合物

铜通常有+1 和+2 两种氧化值的化合物。在固态时，Cu(Ⅰ)化合物比较稳定。自然界存在的辉铜矿(Cu_2S)、赤铜矿(Cu_2O)都是 Cu(Ⅰ)化合物。在溶液中，Cu(Ⅱ)化合物比较稳定，这种现象一方面由于 Cu 的价电子层结构为 $3d^{10}4s^1$，而 3d 和 4s 的能量相差不大，Cu 除了能失去 $4s^1$ 电子外，还能再失去 $3d^{10}$的一个电子，形成 Cu^{2+}；另外，Cu^{2+}有较大的水合热($2119kJ \cdot mol^{-1}$)，在水溶液中可形成稳定的$[Cu(H_2O)_4]^{2+}$配离子。

在溶液中，Cu(Ⅰ)易歧化分解为 Cu 和 Cu(Ⅱ)，铜的元素电势图为

$E_A^\ominus/V$　　$Cu^{2+}\xrightarrow{+0.159}Cu^+\xrightarrow{+0.52}Cu$

$E_右^\ominus>E_左^\ominus$，表明 Cu^+有歧化反应的倾向：

$$2Cu^+ \longrightarrow Cu^{2+}+Cu$$

此反应的平衡常数较大$[1.3\times10^6(20℃)]$，因此 Cu^+的歧化分解也较彻底。

在生产实践中，制得的亚铜化合物必须迅速从溶液中滤出并立即干燥，然后密闭包装，才能保持它的稳定性。然而要完全隔绝潮气并不容易，故亚铜化合物往往不能长久保存。

a. 铜(Ⅰ)化合物

氧化亚铜(Cu_2O)　为暗红色固体，有毒，不溶于水，对热稳定，但在潮湿空气中缓慢被氧化成 CuO。Cu_2O 是制造玻璃和搪瓷的红色颜料。此外，还用作船舶底漆及农业上的杀虫剂。

Cu_2O 为碱性氧化物，能溶于稀 H_2SO_4，但立即歧化分解：

$$Cu_2O+H_2SO_4 \longrightarrow CuSO_4+Cu+H_2O$$

Cu_2O 溶于氨水和氢卤酸时，分别形成稳定的无色配合物，如$[Cu(NH_3)_2]^+$，

$[CuX_2]^-$，$[CuX_3]^{2-}$等。

氯化亚铜(CuCl)　CuCl 是最重要的亚铜盐，它是有机合成的催化剂和还原剂；石油工业的脱硫剂和脱色剂；肥皂、脂肪等的凝聚剂；还用作杀虫剂和防腐剂。CuCl 能吸收 CO 而生成 CuCl · CO，故在分析化学上作为 CO 的吸收剂等。

CuCl 难溶于水，在潮湿空气中迅速被氧化，由白色变成绿色。它能溶于氨水、浓 HCl 及 NaCl，KCl 溶液，并生成相应的配合物。

CuCl 是共价化合物，其熔体导电性差。通过对其蒸气相对分子量的测定，证实它的分子式应是 Cu_2Cl_2，通常将其化学式写为 CuCl。

在 CuCl 的制备过程中，应用了配位平衡、氧化还原平衡、沉淀平衡的原理。用 SO_2 还原 $CuSO_4$ 制备 CuCl，主要发生了以下三步反应：

合成　硫酸铜与过量的食盐作用：

$$CuSO_4+4NaCl \longrightarrow Na_2[CuCl_4]+Na_2SO_4$$

还原　将 SO_2 通入上述溶液中：

$$2Na_2[CuCl_4]+SO_2+2H_2O \longrightarrow CuCl\downarrow +NaH[CuCl_3]+2NaCl+2HCl+NaHSO_4$$

分解　将上述溶液加入到大量水中，让配合物转化为沉淀物：

$$NaH[CuCl_3] \longrightarrow NaCl+HCl+CuCl\downarrow$$

b. 铜(Ⅱ)化合物

(1)氧化铜和氢氧化铜

氧化铜(CuO)　黑色粉末，难溶于水。它是偏碱性氧化物，溶于稀酸：

$$CuO+2H^+ \longrightarrow Cu^{2+}+H_2O$$

由于配合作用，也溶于 NH_4Cl 或 KCN 等溶液。

由 $Cu(NO_3)_2$ 或 $Cu_2(OH)_2CO_3$ 受热分解都能制得 CuO：

$$2Cu(NO_3)_2 \xrightarrow{\triangle} 2CuO+4NO_2\uparrow +O_2\uparrow$$

$$Cu_2(OH)_2CO_3 \xrightarrow{\triangle} 2CuO+CO_2\uparrow +H_2O\uparrow$$

后一反应可以避免 NO_2 对空气的污染，更适合于工业生产。

目前，工业上生产 CuO 常利用废铜料，先制成 $CuSO_4$，再由金属铁还原得到比较纯净的铜粉，铜粉经焙烧得 CuO：

$$Cu+2H_2SO_4 \longrightarrow CuSO_4+SO_2\uparrow +2H_2O$$

$$CuSO_4+Fe \longrightarrow FeSO_4+Cu\downarrow$$

$$2Cu+O_2 \xrightarrow{450℃} 2CuO$$

氢氧化铜{$Cu(OH)_2$}　$Cu(OH)_2$ 为浅蓝色粉末，难溶于水。60～80℃时逐渐脱水而变成 CuO，颜色变暗。$Cu(OH)_2$ 稍有两性，易溶于酸，只溶于较浓的强碱，生成四羟基合铜(Ⅱ)配离子：

$$Cu(OH)_2+2OH^- \longrightarrow [Cu(OH)_4]^{2-}$$

$Cu(OH)_2$ 易溶于氨水，生成深蓝色的四氨合铜(Ⅱ)配离子$[Cu(NH_3)_4]^{2+}$。

向 $CuSO_4$ 或其他可溶性铜盐的冷溶液中加入适量的 NaOH 或 KOH，即析出浅蓝色的 $Cu(OH)_2$ 沉淀：

$$CuSO_4+2NaOH \longrightarrow Cu(OH)_2\downarrow +Na_2SO_4$$

新沉淀出的 $Cu(OH)_2$ 极不稳定，稍受热(超过 30℃)即迅速分解而变暗：

$$Cu(OH)_2 \xrightarrow{\triangle} CuO+H_2O$$

(2)铜(Ⅱ)盐

可溶的有 $CuSO_4$，$Cu(NO_3)_2$，$CuCl_2$ 等；难溶的有 CuS，$Cu_2(OH)_2CO_3$ 等。

Cu^{2+} 的价层电子构型是 $3d^94s^0$，这种结构并不稳定，所以简单的 Cu^{2+} 不易存在。形成配离子后则不同，$CuSO_4\cdot 5H_2O$ 的化学式其实是 $[Cu(H_2O)_4]SO_4\cdot H_2O$，是一种配合物，$Cu^{2+}$ 在各种溶液中都以配离子的形式存在。除了 $[Cu(H_2O)_4]^{2+}$(蓝色)外，还有存在于过量氨水中的 $[Cu(NH_3)_4]^{2+}$(深蓝色)，在浓 HCl 或氯化物中的 $[CuCl_4]^{2-}$(土黄色)等。

硫酸铜($CuSO_4\cdot 5H_2O$)　蓝色晶体，又名胆矾或蓝矾。在空气中慢慢风化，表面上形成白色粉状物。加热至 250℃左右失去全部结晶水而成为无水 $CuSO_4$(白色粉末)，极易吸水，吸水后又变成蓝色的水合物。故无水 $CuSO_4$ 可用来检验有机物中的微量水分，也可用作干燥剂。

工业用的 $CuSO_4$ 常由废铜在 600～700℃进行焙烧，使其生成 CuO，再在加热下溶于 H_2SO_4 即得

$$2Cu+O_2 \xrightarrow{600\sim700℃} 2CuO$$

$$CuO+H_2SO_4 \longrightarrow CuSO_4+H_2O$$

所得粗品用重结晶法提纯。

硫酸铜有多种用途，如作媒染剂、船舶油漆、电镀剂、杀菌及防腐剂。$CuSO_4$ 溶液有较强的杀菌能力，可防止水中藻类生长。它和石灰乳混合制得的“波尔多”液能消灭树木的害虫。

氯化铜($CuCl_2\cdot 2H_2O$)　$CuCl_2\cdot 2H_2O$ 为绿色晶体，在湿空气中潮解，在干燥空气中也易风化。无水 $CuCl_2$ 为棕黄色固体，它是共价化合物。

$CuCl_2$ 既易溶于水，也易溶于乙醇、丙酮等有机溶剂。$CuCl_2$ 的浓溶液中由于含有 $[CuCl_4]^{2-}$ 和 $[Cu(H_2O)_4]^{2+}$ 两种配离子，所以通常为黄绿色或绿色。它的稀溶液则为浅蓝色，此时水分子取代了 $[CuCl_4]^{2-}$ 中的 Cl^-，形成 $[Cu(H_2O)_4]^{2+}$：

$$\underset{(黄色)}{[CuCl_4]^{2-}}+4H_2O \rightleftharpoons \underset{(蓝色)}{[Cu(H_2O)_4]^{2+}}+4Cl^-$$

碱式碳酸铜{$Cu(OH)_2\cdot CuCO_3\cdot xH_2O$}　碱式碳酸铜为孔雀绿色的无定形粉末。按 $CuO:CO_2:H_2O$ 的比值不同而有多种组成。铜生锈后的“铜绿”就是这类化合物。碱式碳酸铜是有机合成的催化剂、种子杀虫剂、饲料中铜的添加剂，也可用作颜料、烟火等。

3. 银的化合物

银通常形成氧化值为+1 的化合物。

在常见银的化合物中，只有 $AgNO_3$ 易溶于水。银的化合物都有不同程度的感光性。例如 AgCl，$AgNO_3$，Ag_2SO_4，AgCN 等都是白色结晶，见光变成灰黑或黑色。AgBr，AgI，Ag_2CO_3 等为黄色结晶，见光也变灰或变黑。故银盐一般都用棕色瓶盛装，瓶外裹上黑纸则更好。

银和许多配体易形成配合物。常见的配体有 NH_3，CN^-，SCN^-，$S_2O_3^{2-}$ 等，这些配合物可溶于水，因此难溶的银盐可与上述配体作用而溶解。从平衡常数的大小可以看出，AgCl 能较好地溶于浓氨水，而 AgBr，AgI 却难溶于氨水中。同理可说明 AgBr 易溶于 $Na_2S_2O_3$ 溶液中，而 AgI 易溶于 KCN 溶液中。

硝酸银($AgNO_3$)　是最重要的可溶性银盐，不仅因为它在感光材料、制镜、保温瓶、电镀、医药、电子等工业中用途广泛，还因为它容易制得，且是制备其他银化合物的原料。由 $AgNO_3$ 制备各种银化合物的方法如下：

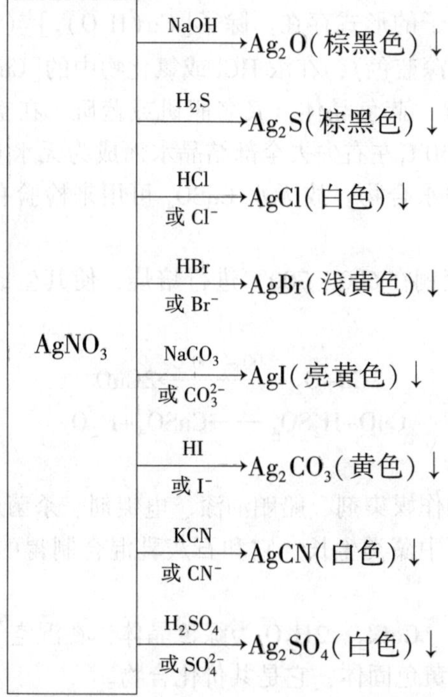

$AgNO_3$ 在干燥空气中比较稳定，潮湿状态下见光容易分解，并因析出单质银而变黑：

$$2AgNO_3 \xrightarrow{\text{光}} 2Ag + 2NO\uparrow + 2O_2\uparrow$$

$AgNO_3$ 具有氧化性，遇微量有机物即被还原成单质银。皮肤或衣服沾上 $AgNO_3$ 后逐渐变成紫黑色。它有一定的杀菌能力，对人体有烧蚀作用。含银氨配离子的溶液能把醛和某些糖类氧化：

$$2[Ag(NH_3)_2]^+ + HCHO + 3OH^- \longrightarrow HCOO^- + 2Ag + 4NH_3 + 2H_2O$$

工业上利用这类反应来制镜或在暖水瓶的夹层中镀银。

氧化银(Ag_2O)　在 $AgNO_3$ 溶液中加入 NaOH，首先析出极不稳定的白色 AgOH 沉淀，AgOH 立即脱水转为棕黑色的 Ag_2O：

$$AgNO_3 + NaOH \longrightarrow AgOH\downarrow + NaNO_3$$

$$2AgOH \longrightarrow Ag_2O + H_2O$$

Ag_2O 具有较强的氧化性，与有机物摩擦可引起燃烧，能氧化 CO，H_2O_2，本身被还原为单质银：

$$Ag_2O+CO \longrightarrow 2Ag+CO_2\uparrow$$

$$Ag_2O+H_2O_2 \longrightarrow 2Ag+O_2\uparrow +H_2O$$

Ag_2O 与 MnO_2，Co_2O_3，CuO 的混合物在室温下，能将 CO 迅速氧化为 CO_2，因此被用于防毒面具中。

Ag_2O 与 NH_3 作用，易生成配合物$[Ag(NH_3)_2]OH$，该配合物暴露在空气中易分解为黑色的易爆物 AgN_3。凡是接触过$[Ag(NH_3)_2]^+$的器皿、用具，用后必须立即清洗干净。

氯化银(AgCl)　由 $AgNO_3$ 和盐酸(或其他可溶性氯化物)反应制得。银是贵重金属，合成时通常让 Cl^- 过量，使 AgCl 尽量沉淀完全。但由于发生了下面的配合作用，AgCl 会溶解在过量的 Cl^- 中：

$$AgCl(s)+Cl^- \longrightarrow [AgCl_2]^-$$

Cl^- 过量越多，AgCl 的溶解度越大(见图 10-3)，故 HCl 或氯化物的投料量也不宜过多。

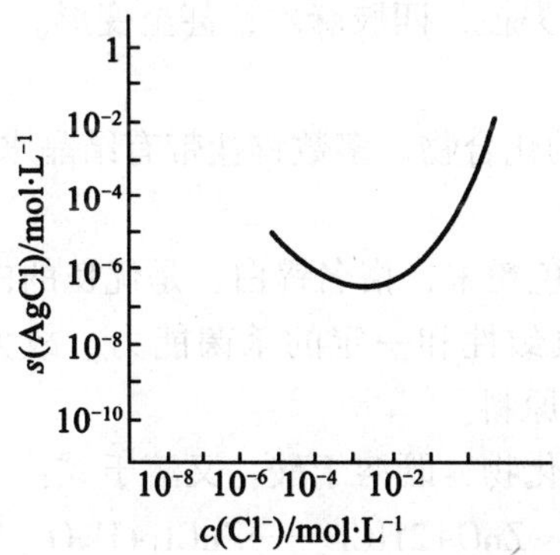

图 10-3　AgCl 溶解度和 Cl^- 浓度的关系

AgBr 和 AgI 的制备方法同上，但是它们的感光性更强，需在暗室里操作。

10.3.2　锌副族元素

1. 锌副族元素的通性和单质

ⅡB 族包括锌、镉、汞三种元素，称为锌副族。锌族元素在自然界主要以硫化物形式存在(即亲硫元素)，如闪锌矿(ZnS)、辰砂(HgS)等，镉通常与锌共生。

Zn，Cd，Hg 都是银白色金属，Zn 略带蓝色。它们的熔、沸点都比较低，Hg 是常温下唯一的液态金属，它们与周期表 p 区元素中的 Sn，Pb，Sb，Bi 等合称低熔点金属。

锌副族元素的价电子构型为$(n-1)d^{10}ns^2$，其外层也只有 2 个电子，与ⅡA 族碱土金属相似，但因其次外层的电子排布不同，表现出的金属活泼性相差甚远。不过 Zn，Cd，Hg 的活泼性要比ⅠB 族 Cu，Ag，Au 强得多。

铜副族与锌副族元素的金属活泼次序是：

$$Zn>Cd>H>Cu>Hg>Ag>Au$$

锌是活泼金属，能与许多非金属直接化合。它易溶于酸，也能溶于碱，是一种典型的两性金属。新制得的锌粉能与水作用，反应相当激烈，甚至能自燃。锌在潮湿空气中会被氧化并在表面形成一层致密的碱式碳酸锌薄膜，能保护内层不再被氧化。常说的“铅丝”实际上是镀锌的铁丝。锌还是人体必需的微量元素。

镉的活泼性比锌差，镀镉材料比镀锌材料更耐腐蚀和耐高温，故镉也是常用的电镀材料。镉的金属粉末常被用来制作镉镍蓄电池，它具有体积小、质量轻、寿命长等优点。镉对人体有害无益，镉积累在肾、肝中，会使其功能衰退；取代骨髓中的钙，会引起骨质疏松、软化和疼痛。

汞有史以来就为人们所熟悉和利用。汞的流动性好，不湿润玻璃，并且在 0～200℃体积膨胀系数十分均匀，适于制造温度计及其他控制仪表。汞的体积质量($13.6g \cdot cm^{-3}$)是常温下液体中最大的，常用于血压计、气压表及真空封口中。汞能溶解许多金属，形成液态或固态合金，叫做汞齐。汞齐在化工和冶金中都有重要用途。例如，钠汞齐与水反应，缓慢放出氢气，是有机合成的还原剂。在冶金工业中，曾利用汞溶解金属来提炼某些贵重金属。汞若进入人体，能积累在中枢神经、肝及肾内，引起头痛、震颤、食欲不振、睡眠不宁，严重时还会使语言失控，四肢麻木，甚至变形。

2. 锌的化合物

锌主要形成氧化值为+2 的化合物。多数锌盐带有结晶水，形成配合物的倾向也很大。

a. 氧化锌和氢氧化锌

氧化锌(ZnO)　ZnO 为白色粉末，俗名锌白，是优良的白色颜料，也是橡胶制品的增强剂。由于 ZnO 无毒，具有收敛性和一定的杀菌能力，故大量用作医用橡皮软膏。ZnO 又是制备各种锌化合物的基本原料。

ZnO 不溶于水，是两性氧化物，既溶于酸，又溶于碱：

$$ZnO+2HCl \longrightarrow ZnCl_2+H_2O$$

$$ZnO+2NaOH \longrightarrow Na_2ZnO_2+H_2O$$

制备 ZnO 的方法很多，例如：

金属锌氧化法　金属锌经加热熔融(熔点 419℃)后，吹入空气：

$$2Zn+O_2 \longrightarrow 2ZnO$$

反应放出大量的热，使生成的 ZnO 升华。该反应一旦发生，则外界无须再提供能量。

碱式碳酸锌热分解法　由锌盐与$(NH_4)_2CO_3$ 或 Na_2CO_3 等可溶性的碳酸盐合成碱式碳酸锌，然后加热分解它，即得 ZnO：

$$ZnCO_3 \cdot 2Zn(OH)_2 \cdot 2H_2O \xrightarrow{\triangle} 3ZnO+CO_2\uparrow+4H_2O\uparrow$$

氢氧化锌$\{Zn(OH)_2\}$　白色粉末，不溶于水，具有明显的两性，在溶液中有两种离解方式：

$$\underset{\text{(碱式离解)}}{Zn^{2+}+2OH^-} \rightleftharpoons Zn(OH)_2 \rightleftharpoons \underset{\text{(酸式离解)}}{2H^+ + [Zn(OH)_4]^{2-}}$$

与 $Al(OH)_3$ 相似，在酸性溶液中，平衡向左移动。当溶液酸度足够大时，得到锌盐；在碱性溶液中，平衡向右移动。当碱度足够大时，得到锌酸盐。

b. 锌盐

(1)锌与非金属直接化合　除了 ZnO 外，还有一些不带结晶水的无水盐可由直接法合成。

氯化锌($ZnCl_2$) 白色固体，在水中溶解度较大，吸水性很强。无水 $ZnCl_2$ 在有机合成中常用作脱水剂，也可作催化剂。可由金属锌和氯气直接合成：

$$Zn+Cl_2 \longrightarrow ZnCl_2$$

(2)锌与酸作用。上述无水氯化锌，也可由锌与盐酸作用，制成 $ZnCl_2$ 溶液，再加热蒸发、浓缩，然后灼热至完全除去水分制得。

由于 $ZnCl_2$ 浓溶液能形成配位酸，而有显著的酸性：

$$ZnCl_2+H_2O \longrightarrow H[ZnCl_2(OH)]$$

它能溶解金属氧化物，例如：

$$2H[ZnCl_2(OH)]+FeO \longrightarrow Fe[ZnCl_2(OH)]_2+H_2O$$

所以 $ZnCl_2$ 可用作焊药，清除金属表面的氧化物，并且不会损害金属表面。

锌是活泼金属，不仅能溶于 HCl、H_2SO_4 等强酸，甚至可溶于 HAc。例如制取 $Zn(Ac)_2$：

$$Zn+2HAc \longrightarrow Zn(Ac)_2+H_2$$

$Zn(Ac)_2$ 是弱酸弱碱盐，极易水解，并析出碱式盐：

$$ZnAc_2+H_2O \longrightarrow Zn(OH)Ac\downarrow +HAc$$

硫酸锌($ZnSO_4 \cdot 7H_2O$) 俗称皓矾，大量用于制备锌钡白(立德粉)。锌钡白是 ZnS 和 $BaSO_4$ 的混合物，它由 $ZnSO_4$ 和 BaS 经复分解而得。

$$Zn^{2+}+SO_4^{2-}+Ba^{2+}+S^{2-} \longrightarrow ZnS\cdot BaSO_4\downarrow$$

这种白色颜料遮盖力强，而且无毒，所以大量用于油漆工业。$ZnSO_4$ 还广泛用作木材防腐剂和媒染剂。

(3)氧化锌、锌盐与酸或其他盐作用。常以 ZnO，$ZnCO_3$ 等为原料，利用中和、复分解反应制备所需要的锌盐。例如：

$$ZnO+2HCl \longrightarrow ZnCl_2+H_2O$$

$$3ZnSO_4+3Na_2CO_3+2H_2O \longrightarrow ZnCO_3\cdot 2Zn(OH)_2\downarrow +2CO_2\uparrow +3Na_2SO_4$$

$$ZnSO_4+H_2S \longrightarrow ZnS\downarrow +H_2SO_4$$

最后一反应需适当加碱，调节溶液 pH，以便使反应完成。因为有 H_2SO_4 生成，持续进行时溶液的酸度会不断增大，从而抑制 H_2S 的离解，$ZnSO_4$ 不能充分利用，沉淀难以完全。

3. 汞的化合物

汞有氧化值为+1 和+2 两类化合物，Hg(Ⅰ)的化合物通常称为亚汞化合物。Hg_2Cl_2 的分子结构是 Cl—Hg—Hg—Cl，故亚汞离子不是 Hg^+ 而是 ${Hg_2}^{2+}$。汞的元素电势图如下：

$$E_A^{\ominus}/V \qquad Hg^{2+}\xrightarrow{0.920}Hg_2^{2+}\xrightarrow{0.789}Hg$$

由于 $E_{右}^{\ominus}<E_{左}^{\ominus}$，${Hg_2}^{2+}$ 在溶液中不会歧化分解成 Hg^{2+} 和 Hg。相反，Hg^{2+} 与 Hg 发生逆歧化反应而生成 ${Hg_2}^{2+}$ 的倾向则稍大。

$$Hg^{2+}+Hg \rightleftharpoons {Hg_2}^{2+}$$

实验表明，在溶液中只要有 Hg 存在，就会将 Hg^{2+} 还原成 ${Hg_2}^{2+}$，这就是由金属汞和汞(Ⅱ)盐制备汞(Ⅰ)盐的基础。

a. 氧化汞

根据制备方法不同，氧化汞有两种不同颜色的变体。它们都不溶于水，有毒！500℃时分解为金属汞和氧气。一种是黄色氧化汞，体积质量为11.03g·cm^{-3}；另一种是红色氧化汞，体积质量为11.00~11.29g·cm^{-3}。前者受热即变成红色，两者的晶体结构相同，只是晶粒大小不同，黄色细小。

黄色 HgO 可由湿法制得，即反应在溶液中进行。在 $HgCl_2$ 或 $Hg(NO_3)_2$ 溶液中加入 NaOH 即得黄色 HgO：

$$HgCl_2+2NaOH \longrightarrow HgO\downarrow+2NaCl+H_2O$$

红色 HgO 可由干法制得。通常由 $Hg(NO_3)_2$ 加热分解：

$$2Hg(NO_3)_2 \xrightarrow{300\sim330℃} 2HgO+4NO_2\uparrow+O_2\uparrow$$

操作时必须严格控制温度，否则氧化汞会进一步分解成金属汞。无论黄色或红色的 HgO，都不溶于碱(即使是浓碱)中。

b. 氯化汞($HgCl_2$)

氯化汞又称升汞，白色(略带灰色)针状结晶或颗粒粉末。熔点低，易汽化。内服0.2~0.4g就能致命。但少量使用，有消毒作用。例如1∶1000的稀溶液可用于消毒外科手术器械。

$HgCl_2$ 的需要量较大，主要用作有机合成的催化剂(如氯乙烯的合成)，其他如干电池、染料、农药等中也有应用。医药上用它作防腐、杀菌剂。

$HgCl_2$ 为共价化合物，氯原子和汞原子以共价键结合成直线形分子 Cl—Hg—Cl。它稍溶于水，但在水中的离解度很小：

$$HgCl_2 \rightleftharpoons HgCl^++Cl^-;\ K_1^{\ominus}=3.2\times10^{-7}$$

$$HgCl^+ \rightleftharpoons Hg^{2+}+Cl^-;\ K_2^{\ominus}=1.8\times10^{-7}$$

因此 $HgCl_2$ 有假盐之称。它在水中稍有水解，与氨水作用，产生氨基氯化汞白色沉淀：

$$HgCl_2+2NH_3 \longrightarrow Hg(NH_2)Cl\downarrow+NH_4^++Cl^-$$

但在含有过量 NH_4Cl 的氨水中，$HgCl_2$ 也可与 NH_3 形成配合物：

$$HgCl_2+2NH_3 \xrightarrow{NH_4Cl} [Hg(NH_3)_2Cl_2]$$

$$[Hg(NH_3)_2Cl_2]+2NH_3 \xrightarrow{NH_4Cl} [Hg(NH_3)_4]Cl_2$$

$HgCl_2$ 在酸性溶液中是较强的氧化剂。当与适量 $SnCl_2$ 作用时，生成白色丝状的 Hg_2Cl_2；$SnCl_2$ 过量时，Hg_2Cl_2 会进一步被还原为金属汞，沉淀变黑：

$$2HgCl_2+Sn^{2+}+4Cl^- \longrightarrow Hg_2Cl_2\downarrow+[SnCl_6]^{2-}$$

$$Hg_2Cl_2+Sn^{2+}+4Cl^- \longrightarrow 2Hg\downarrow+[SnCl_6]^{2-}$$

分析化学常用上述反应鉴定 Hg^{2+} 或 Sn^{2+}。

氯化亚汞(Hg_2Cl_2)　又称甘汞，是微溶于水的白色粉末，无毒，味略甜。

Hg_2Cl_2 可由固体 $HgCl_2$ 和金属汞研磨而得

$$HgCl_2+Hg \longrightarrow Hg_2Cl_2$$

Hg_2Cl_2 不如 $HgCl_2$ 稳定，见光易分解(上式的逆过程)，故应保存在棕色瓶中。

Hg_2Cl_2 与氨水反应可生成氨基氯化汞和汞：

$$Hg_2Cl_2+2NH_3 \longrightarrow Hg(NH_2)Cl\downarrow +Hg\downarrow +NH_4Cl$$

白色的氨基氯化汞和黑色的金属汞微粒混在一起，使沉淀呈黑灰色。这个反应可用来鉴定 Hg_2^{2+} 的存在。但在 NH_4^+ 存在下，Hg_2Cl_2 与氨水作用得 $[Hg(NH_3)_4]^{2+}$ 和 Hg。

Hg_2Cl_2 常用于制作甘汞电极。

c. 硝酸汞和硝酸亚汞

$Hg(NO_3)_2$ 和 $Hg_2(NO_3)_2$ 都可由金属汞和 HNO_3 作用制得，主要在于两种原料的比例不同。使用 65% 过量的浓 HNO_3，在加热下反应，得到 $Hg(NO_3)_2$：

$$Hg+4HNO_3(浓) \longrightarrow Hg(NO_3)_2+2NO_2\uparrow +2H_2O$$

用冷的稀 HNO_3 与过量 Hg 作用则得 $Hg_2(NO_3)_2$：

$$6Hg+8HNO_3(稀) \longrightarrow 3Hg_2(NO_3)_2+2NO\uparrow +4H_2O$$

$Hg(NO_3)_2$ 也可由 HgO 溶于 HNO_3 制得

$$HgO+2HNO_3 \longrightarrow Hg(NO_3)_2+H_2O$$

将 $Hg(NO_3)_2$ 溶液与金属汞一起振荡也可得 $Hg_2(NO_3)_2$：

$$Hg(NO_3)_2+Hg \longrightarrow Hg_2(NO_3)_2$$

$Hg(NO_3)_2$ 易溶于水，是常用的化学试剂，也是制备其他含汞化合物的主要原料。

【阅读材料 10】

化学在可持续发展中的作用与地位

科学技术的社会功能在于为整个社会的运行和发展服务，科学技术进步的成果，终将被社会所吸收并转化为社会经济的发展，科学技术是第一生产力；同时，科学技术发展的社会动力来源于社会的需求，社会大系统创造了科学技术的社会条件。化学学科也正是如此，它既是关于自然的科学，又是服务于人类发展的科学。现代化学的迅速发展对人类社会物质和精神文明的发展有极大的积极作用，现代化学正成为“一门满足社会需要的中心科学”之一。与此同时，化学反应，化学工业以及化工技术也对人类生存环境造成了负面影响，促使人类对当今化学的作用给予正确的评价和认识，对今后化学的发展进行理性的思考。因此，可持续发展必然会对今后化学的发展产生深刻的影响和推动。

1. 现代化学促进人类社会不断发展

人类生存的需要是历史发展的首要前提。科学技术的进步推动了社会物质生产的发展，归根结底是以不断满足人类物质生活的需要为目的。现代化学为推动人类物质生活改善作出了极大地贡献，促进了人类社会不断地向前发展。主要表现在以下几个方面：

a. 提高粮食产量和有效控制人口

目前全世界人口正以指数级比例迅速膨胀，世界人口已达 60 多亿，为此每年农业需提供 25 ~ 30 亿吨粮食。为了保证达到粮食供给这一目标，在注重发展生物科学技术的同时，必须依赖于化肥和农药的生产，这在很大程度上将依赖现代化学技术的贡献。事实已经证明，合理使用化肥和农药将直接有利于粮食产量的提高。资料表明，20 世纪 60 年代初，印度的粮食80%被害虫和老鼠吃掉，而今天这损失已降至20%以下甚至更低。为了满足人们的需求，农业化学家们通过研制土壤营养剂，植物生长剂，成功实现了无土栽培技术，使人们能不受气候影响，一年四季随时吃到可口的蔬菜和水果。生长调节剂的使用促进了植物生根、成长和提前开花结果以及培养出无籽果实，有很大的经济意义。此外，化学也为粮食储藏和食品加工提供了丰富多样的保护剂、防腐剂、助味剂等添加剂，天然有机化学、味道化学、食品化学正发挥越来越大的作用。可以说，现代农业生产已离不开化学了。

在控制人口增长方面，化学技术也发挥了重要的作用。例如，各种有效的避孕药及计生用具的研发与生产，为控制人口增长速度起到了积极的作用。

b. 提供现代化的材料和新能源

现代化学为不断提高生活质量和扩展消费生活方式提供着各种各样的新材料。例如，世界棉花产量已远远不能满足人类衣着的需要，合成纤维的崛起正弥补了这方面的不足；塑料不仅在建筑材料、结构材料等方面有着广泛的用途，而且已进入人类生活的方方面面；钢铁、冶金、煤炭、汽车、机械、航天、信息、轻纺、食品及医药等各种轻、重工业更离不开化学；在新能源开发中，包括太阳能和核能的开发利用，化学技术都起着至关重要的作用。如何提高现有能源的利用率和开发节能新技术，是当前解决能源问题的重要内容之一，这其中，化学的作用都是不可缺少的。这些例子表明，现代化学在材料、能源领域中占有非常显著的重要地位。美国曾在20世纪后期组织了众多杰出的化学家，对美国化学学科的今后发展前景进行调研分析，出版了名为《化学中的机会》的详细报告，作为美国政府决策的依据。书中明确指出"化学在满足国家能源需求方面，将仍起中心学科的作用"；"化学是一门满足社会需要的中心科学，它对人类努力去开发新材料至关重要"。

c. 化学是研究生命活动规律和提高人体素质的重要手段

人体内的新陈代谢和生命活动是由一系列复杂化学反应引起的，人的生老病死，乃至人的精神、情绪无不与化学物质的作用有关。现代化学为在分子水平上研究生命现象提供了基础，进而促进了医药学的发展，提高了控制和战胜疾病的能力，如人工合成抗菌素药物，大大地降低了人的死亡率。通过化学疗法使癌症患者的癌细胞得到有效控制，延长患者的寿命。因此，现代化学的发展极大地提高了人体健康素质和寿命，并对研究人体的生命过程具有重大的理论意义和实际意义。

2. 化学对人类生存环境的负面影响及正确认识

现代化学极大地推动了社会的进步，是人类实现发展必不可少的，但同时也带来了各种公害和环境问题，反过来制约了发展。如何处理好化学与可持续发展的关系，这是当代社会密切关注的重大问题，也是现代化学和环境科学所面临的新课题。

因此，当代的化学科技工作者，应增强环境保护意识，走发展化学的高技术之路，加强化工生产过程的工艺改造，寻找新的反应方式和新的原料，尽量将废物减少到最低程度，努力实现与环境协调发展。可以预料，随着社会需求的不断增长，随着科学的进步和化学自身的发展，现代化学必将步入可持续发展的崭新阶段，化学将对人类可持续发展做出更大的贡献。

◎ **思考题**

1. 试解释 Cu(Ⅰ)，Cu(Ⅱ)两类化合物在固态和溶液中有不同的稳定性，并举出实例。

2. 氯化铜结晶为绿色，其在浓 HCl 溶液中为黄色，在稀的水溶液中又为蓝色，这是为什么？

3. 试比较 Zn，Cd，Hg 氧化物、氢氧化物酸碱性的递变规律。何者具有两性？其单质都具有两性吗？

4. 在 Cu^{2+}，Ag^{+}，Zn^{2+}，Cd^{2+}，Hg^{2+}和 Hg_2^{2+} 的溶液中，分别加入适量的 NaOH 溶液，问各有什么物质生成？写出有关的离子反应方程式。

5. 简要回答下列问题：

(1)如何区别 K_2CrO_4 和 $K_2Cr_2O_7$？

(2)根据使用情况如何选用 $Na_2Cr_2O_7$和 $K_2Cr_2O_7$？

6. 为什么铬与酸反应不形成 Cr^{2+}而形成 Cr^{3+}；要想使 Cr^{3+}还原为 Cr^{2+}而不是 Cr，需选择什么样的还原剂？

7. 蒸发 $CoCl_2$ 溶液时，在蒸发容器壁边有蓝色物质出现，当用水冲洗时，又变成粉红色，试解释原因。

8. 在含有 $Co(OH)_2$ 沉淀的溶液中，不断通入氯气，会生成 CoO(OH)与浓 HCl 作用又会放出氯气，如何解释？

9. 试剂生产车间存有一桶母液呈蓝绿色，可能是铜盐或镍盐，如何鉴别？

10. 简要回答下列问题：

(1)配制 $FeSO_4$ 溶液时，为什么要加 H_2SO_4 和铁钉？

(2)由 Fe 和 HNO_3 制备 $Fe(NO_3)_3$ 时，应采取哪种加料方式？为什么？

(3)制备 $Fe(NO_3)_3$ 时，HNO_3 是否越浓越好？为什么？

11. 某化学实验室的废液中含有 $AgNO_3$ 或 AgCl 等，请设计一个方案从中回收银。

12. 是非题：

(1)“真金不怕火炼”，说明金的熔点在金属中是最高的。　(　　)

(2)将铜嵌在铁器中，可以保护铁，使它们延缓腐蚀的破坏。　(　　)

(3)铜副族元素和碱金属元素的原子最外层都只有 1 个电子，所以都只能形成+1 氧化值的化合物。　(　　)

(4)AgO 在酸性溶液中是氧化性仅次于 F_2 和 O_3 的强氧化剂，它溶于 HNO_3 溶液时，能放出氧气[$E^{\ominus}(Ag^{2+}/Ag)=1.98V$]。　(　　)

(5)$Zn(OH)_2$ 的溶解度随着溶液 pH 的升高逐渐降低。　(　　)

(6)氧化性　　$Fe(OH)_3>Co(OH)_3$　(　　)

还原性　　$FeCl_2>NiCl_2$　(　　)

配合物稳定　　$[Co(NH_3)_6]^{2+}>[Ni(NH_3)_6]^{2+}$　(　　)

(7)在所有的金属单质中，熔点最高的是过渡元素，熔点最低的也是过渡元素。　(　　)

(8)溶液中新沉淀出来的 $Fe(OH)_3$，既能溶于稀 HCl 溶液，也能溶于浓 NaOH 溶液。 (　　)

(9)第一过渡系金属的 M(Ⅱ)，M(Ⅲ)：(A)其无水氯化物固体都属离子晶体；(B)在水溶液中，M(Ⅱ)，M(Ⅲ)均可形成水合离子 $[M(H_2O)_6]^{2+}$，$[M(H_2O)_6]^{3+}$。 (　　)

(10)镍的精制可以用电解法，也可以用使其生成羰基化合物再分解的方法。从纯度的要求出发，前者较好。 (　　)

13. 选择题：

(1)下列元素的电子构型中外层 4s 半满，次外层全充满的是(　　)。

A. Hg　　B. Ag　　C. K　　D. Cu

(2)下列离子能与 I^- 发生氧化还原反应的有(　　)。

A. Zn^{2+}　　B. Hg^{2+}　　C. Cu^{2+}　　D. Ag^+

(3)久置的 $[Ag(NH_3)_2]^+$ 强碱性溶液，因能产生 AgN_3(极不稳定)而有爆炸的危险，欲破坏可向溶液中加入某种试剂，下列四种溶液中，不能起到破坏 $[Ag(NH_3)_2]^+$ 作用的是(　　)。

A. 氨水　　B. HCl　　C. H_2S　　D. $Na_2S_2O_3$

(4)难溶于水的白色硫化物是(　　)。

A. CaS　　B. ZnS　　C. CdS　　D. HgS

(5)室温下，锌粒不能从下列物质中置换出氢气的是(　　)。

A. HCl 溶液　　B. NaOH 溶液　　C. 稀 H_2SO_4　　D. 水

(6)下列硫化物不溶于 HNO_3 的是(　　)

A. ZnS　　B. CuS　　C. CdS　　D. HgS

(7)现有 5 种硝酸盐溶液；$Cu(NO_3)_2$，$AgNO_3$，$Hg(NO_3)_2$，$Hg_2(NO_3)_2$ 和 $Cd(NO_3)_2$，往这些溶液中分别滴加下列哪一种试剂即可将它们区别开来？(　　)。

A. H_2SO_4　　B. HNO_3　　C. HCl　　D. 氨水

(8)在水溶液中，Cu(Ⅱ)可以转化为 Cu(Ⅰ)，但需要具备一定的条件，对该条件简述得最全面的是(　　)。

A. 有还原剂存在即可。

B. 有还原剂存在，同时反应中 Cu(Ⅰ)能生成沉淀。

C. 有还原剂存在，同时反应中 Cu(Ⅰ)能生成配合物。

D. 有还原剂存在，同时反应中 Cu(Ⅰ)能生成沉淀或配合物

(9)下列元素中价电子构型中 3d 和 4s 均为半充满的是(　　)。

A. K　　B. Ag　　C. Cr　　D. Cu

(10)下列氢氧化物最易脱水的是(　　)。

A. $Fe(OH)_3$　　B. $Hg(OH)_2$　　C. $Fe(OH)_2$　　D. $Cr(OH)_3$

(11)下列物质加入 HCl，能产生黄绿色有刺激性气味的气体是(　　)。

A. $Ni(OH)_3$　　B. $Fe(OH)_3$　　C. $Al(OH)_3$　　D. $Cr(OH)_3$

(12)$CrCl_3$ 溶液与下列物质作用时，既生成沉淀又生成气体的是(　　)。

A. Na_2S　　B. $BaCl_2$　　C. H_2O_2　　D. $AgNO_3$

(13)下列溶液中可以与 MnO_2 作用的是(　　)。

A. 稀 HCl　B. 稀 H_2SO_4　C. 浓 H_2SO_4　D. 浓 NaOH

(14)下列物质最不易被空气中的 O_2 所氧化的是(　　)。

A. $MnSO_4$　B. $Ni(OH)_2$

C. $Fe(OH)_2$　D. $[Co(NH_3)_6]^{2+}$

(15)将 H_2S 通入下列离子的溶液中，无硫化物沉淀生成的是(　　)。

A. Mn^{2+}　B. Fe^{2+}

C. Ni^{2+}　D. $[Ag(NH_3)_2]^+$

(16)下列氢氧化物溶于浓 HCl 的反应，不仅仅是酸碱反应的是(　　)。

A. $Fe(OH)_3$　B. $Co(OH)_3$　C. $Cr(OH)_3$　D. $Mn(OH)_3$

(17)下列元素属于稀土元素的是(　　)。

A. Tb　B. Te　C. Tc　D. Tl

(18)以下分析报告是四种酸性未知液的定性分析结果，你认为合理的是(　　)。

A. H^+，NO_2^-，MnO_4^-，CrO_4^{2-}

B. Fe^{2+}，Mn^{2+}，SO_4^{2-}，Cl^-

C. Fe^{3+}，Ni^{2+}，I^-，Cl^-

D. Fe^{2+}，SO_4^{2-}，Cl^-，$Cr_2O_7^{2-}$

习　题

1. 完成并配平下列反应方程式：

(1) $Cu+O_2+CO_2+H_2O \longrightarrow$　(2) Cu_2O+HCl(稀)$\longrightarrow$

(3) $CuSO_4+KI \longrightarrow$　(4) $AgNO_3+NaOH \longrightarrow$

(5) $[Ag(CN)_2]^-+Zn \longrightarrow$　(6) $Ag_2O+H_2O_2 \longrightarrow$

(7) $HgCl_2+SnCl_2$(过量)$\longrightarrow$　(8) $Hg(NO_3)_2+K$(过量)$\longrightarrow$

(9) $Hg_2(NO_3)_2+NH_3 \longrightarrow$　(10) $Hg_2(NO_3)_2+NaOH \longrightarrow$

(11) $Fe(CrO_2)_2+Na_2CO_3+O_2 \longrightarrow$　(12) $Cr_2O_7^{2-}+H_2S \longrightarrow$

(13) $Mn(NO_3)_2 \xrightarrow{\triangle}$　(14) $MnO_2+KOH+O_2 \xrightarrow{\triangle}$

(15) $Fe^{3+}+Cu \longrightarrow$　(16) $Fe^{3+}+[Fe(CN)_6]^{4-} \longrightarrow$

(17) $Fe^{3+}+H_2S \longrightarrow$　(18) $Co(OH)_2+O_2 \longrightarrow$

(19) $Ni+CO \xrightarrow{60℃}$　(20) $Ni^{2+}+NH_3$(过量)$\longrightarrow$

2. 就下列两个可逆反应

$$2Cu^+ \rightleftharpoons Cu^{2+}+Cu$$

$$Hg_2^{2+} \rightleftharpoons Hg^{2+}+Hg$$

(1)运用元素电势图的数据，说明上述反应在标准状态时反应进行的方向；

(2)当 Hg^{2+}，Hg_2^{2+} 和 Hg 处于平衡，Hg^{2+}浓度为 $0.10 mol \cdot L^{-1}$时，Hg_2^{2+} 浓度是否小于 $1.0\times10^{-5} mol \cdot L^{-1}$？

3. 汞与 HNO_3 作用，为什么既能得到 $Hg(NO_3)_2$，又能得到 $Hg_2(NO_3)_2$？

4. 已知 $E^{\ominus}(Au^+/Au)=1.68V$，求 $E^{\ominus}([Au(CN)]^-/Au]$ 值，并据此解释下面反应的进行[设空气中 $p(O_2)=21kPa$，溶液的 pH=12.00]：

$$2Au+4NaCN+\frac{1}{2}O_2+H_2O \longrightarrow 2Na[Au(CN)_2]+2NaOH$$

5. 选用适当的配位剂，分别溶解下列物质，并写出反应式：

Cu_2O　CuCl　$Zn(OH)_2$　Ag_2O　$Cu(OH)_2$　HgI_2　HgO　AgBr

6. 将 $K_2Cr_2O_7$ 溶液中加入下列各组物质溶液中，会发生什么反应(用反应式表示)？

(1)浓 HCl　　(2)NaOH

(3)浓 H_2SO_4　　(4) $Na_2SO_3+H_2SO_4$

(5) $BaCl_2$　　(6) $FeSO_4+H_2SO_4$

7. 设计分离下列各物质的实验方案：

(1) Cu^{2+} 和 Zn^{2+}　　(2) Zn^{2+} 和 Al^{3+}

(3) Ag^+，Pb^{2+} 和 Hg^{2+}　　(4) Zn^{2+}，Cd^{2+} 和 Hg^{2+}

8. 用适当方法区别下列各组物质：

(1)锌盐和铝盐　　(2)升汞和甘汞

(3)锌盐和镉盐　　(4)氯化银和氯化汞

9. 用 $NaBiO_3$ 检验溶液中的 Mn^{2+} 时：

(1)为什么用 H_2SO_4 而不用 HCl 酸化溶液？

(2)为什么含有 Mn^{2+} 的样品不宜多取，而 $NaBiO_3$ 必须加够？

10. 解释下列实验现象，并写出相关的反应式：

(1) $Fe_2(SO_4)_3$ 溶液与 Na_2CO_3 溶液作用，得不到 $Fe_2(CO_3)_3$；

(2)在水溶液中有 Fe^{3+} 与 KI 作用，不能制得 FeI_3；

(3)向 Fe^{3+} 溶液中加入 KSCN 后出现红色，若再向溶液中加入 Fe 粉或 NH_4F 晶体，红色又消失；

(4)向 $CoCl_2$ 溶液中加入 NaOH 溶液，先析出粉红色沉淀，沉淀很快转变为灰绿色至褐色。

11. 某一化合物 A 溶于水得一浅蓝色溶液，在 A 溶液中加入 NaOH 溶液可得浅蓝色沉淀 B。B 能溶于 HCl 溶液，也能溶于氨水；A 溶液中通入 H_2S，有黑色沉淀 C 生成；C 难溶于 HCl 溶液而易溶于热浓 HNO_3 中。在 A 溶液中加入 $Ba(NO_3)_3$ 溶液，无沉淀生成，而加入 $AgNO_3$ 溶液时有白色沉淀 D 生成；D 也能溶于氨水。试判断 A，B，C，D 各为何物，写出有关的反应式。

12. 有一无色溶液：

(1)加入氨水时有白色沉淀生成；

(2)加入稀碱时有黄色沉淀生成；

(3)若滴加 KI 溶液，则先析出橘红色沉淀，当 KI 过量时，橘红色沉淀消失；

(4)若往此无色溶液中加入两滴汞并振荡，汞逐渐消失，仍变为无色溶液，此时加入氨水得灰黑色沉淀。

问此无色溶液中含有哪种化合物？写出有关反应式。

13. 往 $AgNO_3$ 溶液（$0.1mol \cdot L^{-1}$）中加入 NaCl 溶液（$0.1mol \cdot L^{-1}$）得白色沉淀，再加入 $2mol \cdot L^{-1}$ 氨水，沉淀溶解；往该溶液中加入 KBr 溶液（$0.1mol \cdot L^{-1}$），生成浅黄色沉淀，此沉淀溶于 $2mol \cdot L^{-1}$ $Na_2S_2O_3$ 溶液；再加入 KI 溶液（$0.1mol \cdot L^{-1}$），又生成黄色沉淀，此沉淀能被 $0.1mol \cdot L^{-1}$ KCN 溶液溶解；再加入 Na_2S 溶液（$0.1mol \cdot L^{-1}$）又得黑色沉淀。试用反应式表示上述反应过程。

14. 某亮黄色溶液 A，加入稀 H_2SO_4 转变为橙色溶液 B，加入浓 HCl 又转变为绿色溶液 C，同时放出能使淀粉-KI 试纸变色的气体 D。另外，绿色溶液 C 加入 NaOH 溶液即生成灰蓝色沉淀 E，经灼烧后 E 转变为绿色固体 F。试判断上述 A，B，C，D，E，F 各是何物。

15. 某深绿色固体 A 可溶于水，其水溶液中通入 CO_2 即得棕黑色沉淀 B 和紫红色溶液 C。B 与浓 HCl 共热时放出黄绿色气体 D，溶液近乎无色，将此溶液和 C 的溶液混合，又得沉淀 B。将气体 D 通入溶液 A，则得 C。试判断 A 是哪种钾盐。写出相关的反应式。

16. 分析一种含铬配合物 A，已知其质量分数为：Cr 19.5%，Cl 40%，H 4.5%，O 36%；它的相对分子质量为 266.5。现进行下列实验：

（1）取 0.533g A 溶于 100mL $0.2mol \cdot L^{-1}$ HNO_3，加入过量 $AgNO_3$，得到 AgCl 0.287g；

（2）取 1.06gA 在干燥空气中加热到 100℃，失去 0.144g 水。

试推断 A 的化学式及配合物的结构式。

附表

附表 1　弱酸和弱碱的离解常数

(一)弱酸的离解常数(298.15K)

弱　酸	离解常数 $K_a^{\ominus}$			
H_3AlO_3	$K_1^{\ominus}=6.3\times10^{-12}$			
H_3AsO_4	$K_1^{\ominus}=6.0\times10^{-3}$；	$K_2^{\ominus}=1.0\times10^{-7}$；	$K_3^{\ominus}=3.2\times10^{-12}$	
H_3AsO_3	$K_1^{\ominus}=6.6\times10^{-10}$			
H_3BO_3	$K_1^{\ominus}=5.8\times10^{-10}$			
$H_2B_4O_7$	$K_1^{\ominus}=1\times10^{-4}$；	$K_2^{\ominus}=1\times10^{-9}$		
HBrO	$K_1^{\ominus}=2.0\times10^{-9}$			
H_2CO_3	$K_1^{\ominus}=4.4\times10^{-7}$；	$K_2^{\ominus}=4.7\times10^{-11}$		
HCN	$K_1^{\ominus}=6.2\times10^{-10}$			
H_2CrO_4	$K_1^{\ominus}=4.1$；	$K_2^{\ominus}=1.3\times10^{-6}$		
HClO	$K_1^{\ominus}=2.8\times10^{-8}$			
HF	$K_1^{\ominus}=6.6\times10^{-4}$			
HIO	$K_1^{\ominus}=2.3\times10^{-11}$			
HIO_3	$K_1^{\ominus}=0.16$			
H_5IO_6	$K_1^{\ominus}=2.8\times10^{-2}$；	$K_2^{\ominus}=5.0\times10^{-9}$		
H_2MnO_4		$K_2^{\ominus}=7.1\times10^{-11}$		
HNO_2	$K_1^{\ominus}=7.2\times10^{-4}$			
HN_3	$K_1^{\ominus}=1.9\times10^{-5}$			
H_2O_2	$K_1^{\ominus}=2.2\times10^{-12}$			
H_2O	$K_1^{\ominus}=1.8\times10^{-16}$			
H_3PO_4	$K_1^{\ominus}=7.1\times10^{-3}$；	$K_2^{\ominus}=6.3\times10^{-8}$；	$K_3^{\ominus}=4.2\times10^{-13}$	
$H_4P_2O_7$	$K_1^{\ominus}=3.0\times10^{-2}$；	$K_2^{\ominus}=4.4\times10^{-3}$；	$K_3^{\ominus}=2.5\times10^{-7}$；	$K_4^{\ominus}=5.6\times10^{-10}$
$H_5P_3O_{10}$	$K_3^{\ominus}=1.6\times10^{-3}$；	$K_4^{\ominus}=3.4\times10^{-7}$；	$K_5^{\ominus}=5.8\times10^{-10}$	
H_3PO_3	$K_1^{\ominus}=6.3\times10^{-2}$；	$K_2^{\ominus}=2.0\times10^{-7}$		
H_2SO_4		$K_2^{\ominus}=1.0\times10^{-2}$		
H_2SO_3	$K_1^{\ominus}=1.3\times10^{-2}$	$K_2^{\ominus}=6.1\times10^{-3}$		
$H_2S_2O_3$	$K_1^{\ominus}=0.25$；	$K_2^{\ominus}=3.2\times10^{-2}\sim2.0\times10^{-2}$		
$H_2S_2O_4$	$K_1^{\ominus}=0.45$；	$K_2^{\ominus}=3.5\times10^{-3}$		
H_2Se	$K_1^{\ominus}=1.3\times10^{-4}$；	$K_2^{\ominus}=1.0\times10^{-11}$		

续表

弱　酸	离解常数 $K_a^{\ominus}$			
* H_2S	$K_1^{\ominus}=1.32\times10^{-7}$；	$K_2^{\ominus}=7.10\times10^{-15}$		
H_2SeO_4		$K_2^{\ominus}=2.2\times10^{-2}$		
H_2SeO_3	$K_1^{\ominus}=2.3\times10^{-3}$；	$K_2^{\ominus}=5.0\times10^{-9}$		
* HSCN	$K_1^{\ominus}=1.41\times10^{-1}$			
H_2SiO_3	$K_1^{\ominus}=1.7\times10^{-10}$；	$K_2^{\ominus}=1.6\times10^{-12}$		
$HSb(OH)_6$	$K_1^{\ominus}=2.8\times10^{-3}$			
H_2TeO_3	$K_1^{\ominus}=3.5\times10^{-3}$；	$K_2^{\ominus}=1.9\times10^{-8}$		
H_2Te	$K_1^{\ominus}=2.3\times10^{-3}$；	$K_2^{\ominus}=1.0\times10^{-11}\sim10^{-12}$		
H_2WO_4	$K_1^{\ominus}=3.2\times10^{-4}$	$K_2^{\ominus}=2.5\times10^{-5}$		
NH_4^+	$K_1^{\ominus}=5.8\times10^{-10}$			
$H_2C_2O_4$(草酸)	$K_1^{\ominus}=5.4\times10^{-2}$；	$K_2^{\ominus}=5.4\times10^{-5}$		
HCOOH(甲酸)	$K_1^{\ominus}=1.77\times10^{-4}$			
$CH_3(COOH)$(醋酸)	$K_1^{\ominus}=1.75\times10^{-5}$			
$ClCH_2COOH$(氯代醋酸)	$K_1^{\ominus}=1.4\times10^{-3}$			
CH_2CHCO_2H(丙烯酸)	$K_1^{\ominus}=5.5\times10^{-5}$			
$CH_3COOH_2CO_2H$(乙酰醋酸)	$K_1^{\ominus}=2.6\times10^{-4}$(316.15K)			
$H_3C_6H_5O_7$(柠檬酸)	$K_1^{\ominus}=7.4\times10^{-4}$；	$K_2^{\ominus}=1.73\times10^{-5}$；	$K_3^{\ominus}=4\times10^{-7}$	
H_4Y(乙二胺四乙酸)	$K_1^{\ominus}=10^{-2}$；	$K_2^{\ominus}=2.1\times10^{-3}$；	$K_3^{\ominus}=6.9\times10^{-7}$；	$K_4^{\ominus}=5.9\times10^{-11}$

(二)弱碱的离解常数(298.15K)

弱　酸	离解常数 $K_b^{\ominus}$
$NH_3\cdot H_2O$	1.8×10^{-5}
$NH_2—NH_2$(联氨)	9.8×10^{-7}
NH_2OH(羟胺)	9.1×10^{-9}
$C_6H_5NH_2$(苯胺)	4×10^{-10}
C_5H_5N(吡啶)	1.5×10^{-9}
$(CH_2)_6N_4$(六次甲基四胺)	1.4×10^{-9}

注：①本表及后面附表 2、3 的数据主要取自 Lange's Handbook of Chemistry，13th ed. 1985。

②本表中前面有 * 符号的数据取自同一手册的 11 版。

附表2 溶度积常数(298.15K)

化合物	$K_{sp}^{\ominus}$	化合物	$K_{sp}^{\ominus}$
AgAc	4.4×10^{-3}	$Ba(NO_3)_2$	4.5×10^{-3}
Ag_3AsO_4	1.0×10^{-22}	$BaHPO_4$	3.2×10^{-7}
AgBr	5.0×10^{-13}	$Ba_3(PO_4)_2$	3.4×10^{-23}
AgCl	1.8×10^{-10}	$Ba_2P_2O_7$	3.2×10^{-11}
Ag_2CO_3	8.1×10^{-12}	$BaSO_4$	1.1×10^{-10}
Ag_2CrO_4	1.1×10^{-12}	$BaSO_3$	8×10^{-7}
AgCN	1.2×10^{-16}	BaS_2O_3	1.6×10^{-5}
$Ag_2Cr_2O_7$	2.0×10^{-7}	$BeCO_3\cdot4H_2O$	1×10^{-3}
$Ag_2C_2O_4$	3.4×10^{-11}	$Be(OH)_2$(不定形)	1.6×10^{-22}
$Ag_4[Fe(CN)_6]$	1.6×10^{-41}	$Bi(OH)_3$	4×10^{-31}
AgOH	2.0×10^{-8}	BiI_3	8.1×10^{-19}
$AgIO_3$	3.0×10^{-8}	Bi_2S_3	1×10^{-97}
AgI	8.3×10^{-17}	BiOBr	3.0×10^{-7}
Ag_2MoO_4	2.8×10^{-12}	BiOCl	1.8×10^{-31}
$AgNO_2$	6.0×10^{-4}	$BiONO_3$	2.82×10^{-3}
Ag_3PO_4	1.4×10^{-16}	$CaCO_3$	2.8×10^{-9}
Ag_2SO_4	1.4×10^{-5}	$CaC_2O_4\cdot H_2O$	4×10^{-9}
Ag_2SO_3	1.5×10^{-14}	$CaCrO_4$	7.1×10^{-4}
Ag_2S	6.3×10^{-50}	CaF_2	5.3×10^{-9}
AgSCN	1.0×10^{-12}	$Ca(OH)_2$	5.5×10^{-6}
$AlAsO_4$	1.6×10^{-16}	$CaHPO_4$	1×10^{-7}
$Al(OH)_3$(无定形)	1.3×10^{-33}	$Ca_3(PO_4)_2$	2.0×10^{-29}
$AlPO_4$	6.3×10^{-19}	$CaSiO_3$	2.5×10^{-8}
Al_2S_3	2×10^{-7}	$CaSO_4$	9.1×10^{-6}
AuCl	2.0×10^{-13}	$CdCO_3$	5.2×10^{-12}
$AuCl_3$	3.2×10^{-25}	$Cd(OH)_2$(新鲜)	2.5×10^{-14}
AuI	1.6×10^{-23}	CdS	8.0×10^{-27}
AuI_3	1×10^{-46}	CeF_3	8×10^{-16}
$BaCO_3$	5.1×10^{-9}	$Ce(OH)_3$	1.6×10^{-20}
BaC_2O_4	1.6×10^{-7}	$Ce(OH)_4$	2×10^{-28}
$BaCrO_4$	1.2×10^{-10}	Ce_2S_3	6.0×10^{-11}
$Ba_2[Fe(CN)_6]\cdot6H_2O$	3.2×10^{-8}	$Co(OH)_2$(新鲜)	1.6×10^{-15}
BaF_2	1.0×10^{-6}	$Co(OH)_3$	1.6×10^{-44}
$Ba(OH)_2$	5×10^{-3}	α-CoS	4.0×10^{-21}

续表

化　合　物	$K_{sp}^{\ominus}$	化　合　物	$K_{sp}^{\ominus}$
β-CoS	2.0×10^{-25}	$K_2Na[Co(NO_2)_6]\cdot H_2O$	2.2×10^{-11}
$Cr(OH)_3$	6.3×10^{-31}	$K_2[PtCl_6]$	1.1×10^{-5}
CuBr	5.3×10^{-9}	K_2SiF_6	8.7×10^{-7}
CuCl	1.2×10^{-6}	Li_2CO_3	2.5×10^{-2}
CuCN	3.2×10^{-20}	LiF	3.8×10^{-3}
CuI	1.1×10^{-12}	Li_3PO_4	3.2×10^{-9}
CuOH	1×10^{-14}	$MgCO_3$	3.5×10^{-8}
Cu_2S	2.5×10^{-48}	MgF_2	6.5×10^{-9}
CuSCN	4.8×10^{-15}	$Mg(OH)_2$	1.8×10^{-11}
$CuCO_3$	1.4×10^{-10}	$Mg_3(PO_4)_2$	$10^{-28}\sim10^{-27}$
$CuCrO_4$	3.6×10^{-6}	$MnCO_3$	1.8×10^{-11}
$Cu_2[Fe(CN)_6]$	1.3×10^{-6}	$Mn(OH)_2$	1.9×10^{-13}
$Cu(OH)_2$	2.2×10^{-20}	MnS(无定形)	2.5×10^{-10}
CuC_2O_4	2.3×10^{-8}	MnS(晶体)	2.5×10^{-13}
$Cu_3(PO_4)_2$	1.3×10^{-37}	Na_3AlF_6	4.0×10^{-10}
$Cu_2P_2O_7$	8.3×10^{-16}	$NiCO_3$	6.6×10^{-9}
CuS	6.3×10^{-36}	$Ni(OH)_2$(新鲜)	2.0×10^{-15}
$FeCO_3$	3.2×10^{-11}	α-NiS	3.2×10^{-19}
$Fe(OH)_2$	8.0×10^{-16}	β-NiS	1.0×10^{-24}
$FeC_2O_4\cdot 2H_2O$	3.2×10^{-7}	γ-NiS	2.0×10^{-26}
$Fe_4[Fe(CN)_6]_3$	3.3×10^{-41}	$PbCO_3$	7.4×10^{-14}
$Fe(OH)_3$	4×10^{-38}	$PbCl_2$	1.6×10^{-5}
FeS	6.3×10^{-18}	$PbCrO_4$	2.8×10^{-13}
Hg_2CO_3	8.9×10^{-17}	PbC_2O_4	4.8×10^{-10}
$Hg_2(CN)_2$	5×10^{-40}	PbI_2	7.1×10^{-9}
Hg_2Cl_2	1.3×10^{-18}	$Pb(N_3)_2$	2.5×10^{-9}
Hg_2CrO_4	2.0×10^{-9}	$Pb(OH)_2$	1.2×10^{-15}
Hg_2I_2	4.5×10^{-29}	$Pb(OH)_4$	3.2×10^{-66}
$Hg_2(OH)_2$	2.0×10^{-24}	$Pb_3(PO_4)_2$	8.0×10^{-43}
$Hg(OH)_2$	3.0×10^{-26}	$PbSO_4$	1.6×10^{-8}
Hg_2SO_4	7.4×10^{-7}	PbS	8.0×10^{-28}
Hg_2S	1.0×10^{-47}	$Pt(OH)_2$	1×10^{-35}
HgS(红)	4×10^{-53}	$Sn(OH)_2$	1.4×10^{-28}
HgS(黑)	1.6×10^{-52}	$Sn(OH)_4$	1×10^{-56}

续表

化合物	$K_{sp}^{\ominus}$	化合物	$K_{sp}^{\ominus}$
SnS	1.0×10^{-25}	$Tl(OH)_3$	6.3×10^{-46}
$SrCO_3$	1.1×10^{-10}	Tl_2S	5.0×10^{-21}
$SrC_2O_4\cdot H_2O$	1.6×10^{-7}	$ZnCO_3$	1.4×10^{-11}
$SrCrO_4$	2.2×10^{-5}	$Zn(OH)_2$	1.2×10^{-17}
$SrSO_4$	3.2×10^{-7}	α-ZnS	1.6×10^{-24}
$TlCl_4$	1.7×10^{-4}	β-ZnS	2.5×10^{-22}
TlI	6.5×10^{-8}		

附表3 标准电极电势(298.15K)

电极反应			$E^{\ominus}/V$
氧化型		还原型	
$Li+e^-$	⇌	Li	−3.045
K^++e^-	⇌	K	−2.925
Rb^++e^-	⇌	Rb	−2.925
Cs^++e^-	⇌	Cs	−2.923
$Ra^{2+}+2e^-$	⇌	Ra	−2.92
$Ba^{2+}+2e^-$	⇌	Ba	−2.90
$Sr^{2+}+2e^-$	⇌	Sr	−2.89
$Ca^{2+}+2e^-$	⇌	Ca	−2.87
Na^++e^-	⇌	Na	−2.714
$La^{3+}+3e^-$	⇌	La	−2.52
$Mg^{2+}+2e^-$	⇌	Mg	−2.37
$Sc^{3+}+3e^-$	⇌	Sc	−2.08
$[AlF_6]^{3-}+3e^-$	⇌	$Al+6F^-$	−2.07
$Be^{2+}+2e^-$	⇌	Be	−1.85
$Al^{3+}+3e^-$	⇌	Al	−1.66
$Ti^{2+}+2e^-$	⇌	Ti	−1.63
$Zr^{4+}+4e^-$	⇌	Zr	−1.53
$[TiF_6]^{2-}+4e^-$	⇌	$Ti+6F^-$	−1.24
$[SiF_6]^{2-}+4e^-$	⇌	$Si+6F^-$	−1.2
$Mn^{2+}+2e^-$	⇌	Mn	−1.18
* $SO_4^{2-}+H_2O+2e^-$	⇌	$SO_3^{2-}+2OH^-$	−0.93
$TiO^{2+}+2H^++4e^-$	⇌	$Ti+H_2O$	−0.89

续表

电极反应			$E^{\ominus}/V$
氧化型		还原型	
$^{*}Fe(OH)_2+2e^-$	⇌	$Fe+2OH^-$	-0.887
$H_3BO_3+3H^++3e^-$	⇌	$B+3H_2O$	-0.87
$SiO_2(S)+4H^++4e^-$	⇌	$Si+2H_2O$	-0.86
$Zn^{2+}+2e^-$	⇌	Zn	-0.763
$^{*}FeCO_3+2e^-$	⇌	$Fe+CO_3^{2-}$	-0.756
$Cr^{3+}+3e^-$	⇌	Cr	-0.74
$As+3H^++3e^-$	⇌	AsH_3	-0.60
$^{*}2SO_3^{2-}+3H_2O+4e^-$	⇌	$S_2O_3^{2-}+6OH^-$	-0.58
$^{*}Fe(OH)_3+e^-$	⇌	$Fe(OH)_2+OH^-$	-0.56
$Ga^{3+}+3e^-$	⇌	Ga	-0.56
$Sb+3H^++3e^-$	⇌	$SbH_3(g)$	-0.51
$H_3PO_2+H^++e^-$	⇌	$P+2H_2O$	-0.51
$H_3PO_3+2H^++2e^-$	⇌	$H_3PO_2+H_2O$	-0.50
$2CO_2+2H^++2e^-$	⇌	$H_2C_2O_4$	-0.49
$^{*}S+2e^-$	⇌	S^{2-}	-0.48
$Fe^{2+}+2e^-$	⇌	Fe	-0.44
$Cr^{3+}+e^-$	⇌	Cr^{2+}	-0.41
$Cd^{2+}+2e^-$	⇌	Cd	-0.403
$Se+2H^++2e^-$	⇌	H_2Se	-0.40
$Ti^{3+}+e^-$	⇌	Ti^{2+}	-0.37
PbI_2+2e^-	⇌	$Pb+2I^-$	-0.365
$^{*}Cu_2O+H_2O+2e^-$	⇌	$2Cu+2OH^-$	-0.361
$PbSO_4+2e^-$	⇌	$Pb+SO_4^{2-}$	-0.3553
$In^{3+}+3e^-$	⇌	In	-0.342
Tl^++e^-	⇌	Tl	-0.336
$^{*}Ag(CN)_2^-+e^-$	⇌	$Ag+2CN^-$	-0.31
$PtS+2H^++2e^-$	⇌	$Pt+H_2S(g)$	-0.30
$PbBr_2+2e^-$	⇌	$Pb+2Br^-$	-0.280
$Co^{2+}+2e^-$	⇌	Co	-0.277
$H_3PO_4+2H^++2e^-$	⇌	$H_3PO_3+H_2O$	-0.276
$PbCl_2+2e^-$	⇌	$Pb+2Cl^-$	-0.268
$V^{3+}+e^-$	⇌	V^{2+}	-0.255
$VO_2^++4H^++5e^-$	⇌	$V+2H_2O$	-0.253

续表

电极反应			$E^{\ominus}/V$
氧化型		还原型	
$[SnF_6]^{2-}+4e^-$	⇌	$Sn+6F^-$	-0.25
$Ni^{2+}+2e^-$	⇌	Ni	-0.246
$N_2+5H^++4e^-$	⇌	$N_2H_5^+$	-0.23
$Mo^{3+}+3e^-$	⇌	Mo	-0.20
$CuI+e^-$	⇌	$Cu+I^-$	-0.185
$AgI+e^-$	⇌	$Ag+I^-$	-0.152
$Sn^{2+}+2e^-$	⇌	Sn	-0.136
$Pb^{2+}+2e^-$	⇌	Pb	-0.126
* $Cu(NH_3)_2^++e^-$	⇌	$Cu+2NH_3$	-0.12
* $CrO_4^{2-}+2H_2O+3e^-$	⇌	$CrO_2^-+4OH^-$	-0.12
$WO_3(cr)+6H^++6e^-$	⇌	$W+3H_2O$	-0.09
* $2Cu(OH)_2+2e^-$	⇌	$Cu_2O+2OH^-+H_2O$	-0.08
* $MnO_2+H_2O+2e^-$	⇌	$Mn(OH)_2+2OH^-$	-0.05
$[HgI_4]^{2-}+2e^-$	⇌	$Hg+4I^-$	-0.039
* $AgCN+e^-$	⇌	$Ag+CN^-$	-0.017
$2H^++2e^-$	⇌	$H_2(g)$	0.00
$[Ag(S_2O_3)_2]^{3-}+e^-$	⇌	$Ag+2S_2O_3^{2-}$	0.01
* $NO_3^-+H_2O+2e^-$	⇌	$NO_2^-+2OH^-$	0.01
$AgBr(s)+e^-$	⇌	$Ag+Br^-$	0.071
$S_4O_6^{2-}+2e^-$	⇌	$2S_2O_3^{2-}$	0.08
* $[Co(NH_3)_6]^{3+}+e^-$	⇌	$[Co(NH_3)_6]^{2+}$	0.1
$TiO^{2+}+2H^++e^-$	⇌	$Ti^{3+}+H_2O$	0.10
$S+2H^++2e^-$	⇌	$H_2S(aq)$	0.141
$Sn^{4+}+2e^-$	⇌	Sn^{2+}	0.154
$Cu^{2+}+e^-$	⇌	Cu^+	0.159
$SO_4^{2-}+4H^++2e^-$	⇌	$H_2SO_3+H_2O$	0.17
$[HgBr_4]^{2-}+2e^-$	⇌	$Hg+4Br^-$	0.21
$AgCl(s)+e^-$	⇌	$Ag+Cl^-$	0.2223
* $PbO_2+H_2O+2e^-$	⇌	$PbO+2OH^-$	0.247
$HAsO_2+3H^++3e^-$	⇌	$As+2H_2O$	0.248
$Hg_2Cl_2(s)+2e^-$	⇌	$2Hg+2Cl^-$	0.268
$BiO^++2H^++3e^-$	⇌	$Bi+H_2O$	0.32
$Cu^{2+}+2e^-$	⇌	Cu	0.337

续表

电极反应			$E^{\ominus}/V$
氧化型		还原型	
$^{*}Ag_2O+H_2O+2e^-$	⇌	$2Ag+2OH^-$	0.342
$[Fe(CN)_6]^{3-}+e^-$	⇌	$[Fe(CN)_6]^{4-}$	0.36
$^{*}ClO_4^-+H_2O+2e^-$	⇌	$ClO_3^-+2OH^-$	0.36
$^{*}[Ag(NH_3)_2]^++e^-$	⇌	$Ag+2NH_3$	0.373
$2H_2SO_3+2H^++4e^-$	⇌	$S_2O_3^{2-}+3H_2O$	0.40
$^{*}O_2+2H_2O+4e^-$	⇌	$4OH^-$	0.401
Ag_2CrO_4+2e	⇌	$2Ag+CrO_4^{2-}$	0.447
$H_2SO_3+4H^++4e^-$	⇌	$S+3H_2O$	0.45
Cu^++e^-	⇌	Cu	0.52
$TeO_2(s)+4H^++4e^-$	⇌	$Te+2H_2O$	0.529
$I_2(s)+2e^-$	⇌	$2I^-$	0.5345
$H_3AsO_4+2H^++2e^-$	⇌	$H_3AsO_3+H_2O$	0.560
$MnO_4^-+e^-$	⇌	MnO_4^{2-}	0.564
$^{*}MnO_4^-+2H_2O+3e^-$	⇌	MnO_2+4OH^-	0.588
$^{*}MnO_4^{2-}+2H_2O+2e^-$	⇌	MnO_2+4OH^-	0.60
$^{*}BrO_3^-+3H_2O+6e^-$	⇌	Br^-+6OH^-	0.61
$2HgCl_2+2e^-$	⇌	$Hg_2Cl_2(s)+2Cl^-$	0.63
$^{*}ClO_2^-+H_2O+2e^-$	⇌	ClO^-+2OH^-	0.66
$O_2(g)+2H^++2e^-$	⇌	$H_2O_2(aq)$	0.682
$[PtCl_4]^{2-}+2e^-$	⇌	$Pt+4Cl^-$	0.73
$Fe^{3+}+e^-$	⇌	Fe^{2+}	0.771
$Hg_2^{2+}+2e^-$	⇌	$2Hg$	0.793
Ag^++e^-	⇌	Ag	0.799
$NO_3^-+2H^++e^-$	⇌	NO_2+H_2O	0.80
$^{*}HO_2^-+H_2O+2e^-$	⇌	$3OH^-$	0.88
$^{*}ClO+H_2O+2e^-$	⇌	Cl^-+2OH^-	0.89
$2Hg^{2+}+2e^-$	⇌	Hg_2^{2+}	0.920
$NO_3^-+3H^++2e^-$	⇌	HNO_2+H_2O	0.94
$NO_3^-+4H^++3e^-$	⇌	$NO+2H_2O$	0.96
$HNO_2+H^++e^-$	⇌	$NO+H_2O$	1.00
$NO_2+2H^++2e^-$	⇌	$NO+H_2O$	1.03
$Br_2(l)+2e^-$	⇌	$2Br^-$	1.065
$NO_2+H^++e^-$	⇌	HNO_2	1.07

续表

电极反应			$E^{\ominus}/V$
氧化型		还原型	
$Cu^{2+}+2CN^{-}+e^{-}$	$\rightleftharpoons$	$Cu(CN)_2^{-}$	1.12
$^{*}ClO_2+e^{-}$	$\rightleftharpoons$	ClO_2^{-}	1.16
$ClO_4^{-}+2H^{+}+2e^{-}$	$\rightleftharpoons$	$ClO_3^{-}+H_2O$	1.19
$2IO_3^{-}+12H^{+}+10e^{-}$	$\rightleftharpoons$	I_2+6H_2O	1.20
$ClO_3^{-}+3H^{+}+2e^{-}$	$\rightleftharpoons$	$HClO_2+H_2O$	1.21
$O_2+4H^{+}+4e^{-}$	$\rightleftharpoons$	$2H_2O(l)$	1.229
$MnO_2+4H^{+}+2e^{-}$	$\rightleftharpoons$	$Mn^{2+}+2H_2O$	1.23
$^{*}O_3+H_2O+2e^{-}$	$\rightleftharpoons$	O_2+2OH^{-}	1.24
$ClO_2+H^{+}+e^{-}$	$\rightleftharpoons$	$HClO_2$	1.275
$2HNO_2+4H^{+}+4e^{-}$	$\rightleftharpoons$	N_2O+3H_2O	1.29
$Cr_2O_7^{2-}+14H^{+}+6e^{-}$	$\rightleftharpoons$	$2Cr^{3+}+7H_2O$	1.33
Cl_2+2e^{-}	$\rightleftharpoons$	$2Cl^{-}$	1.36
$2HIO+2H^{+}+2e^{-}$	$\rightleftharpoons$	I_2+2H_2O	1.45
$PbO_2+4H^{+}+2e^{-}$	$\rightleftharpoons$	$Pb^{2+}+2H_2O$	1.455
$Au^{3+}+3e^{-}$	$\rightleftharpoons$	Au	1.50
$Mn^{3+}+e^{-}$	$\rightleftharpoons$	Mu^{2+}	1.51
$MnO_4^{-}+8H^{+}+5e^{-}$	$\rightleftharpoons$	$Mn^{2+}+4H_2O$	1.51
$2BrO_3^{-}+12H^{+}+10e^{-}$	$\rightleftharpoons$	$Br_2(l)+6H_2O$	1.52
$2HBrO+2H^{+}+2e^{-}$	$\rightleftharpoons$	$Br_2(l)+2H_2O$	1.59
$H_5IO_6+H^{+}+2e^{-}$	$\rightleftharpoons$	$IO_3^{-}+3H_2O$	1.60
$2HClO+2H^{+}+2e^{-}$	$\rightleftharpoons$	Cl_2+2H_2O	1.63
$HClO_2+2H^{+}+2e^{-}$	$\rightleftharpoons$	$HClO+H_2O$	1.64
$Au^{+}+e^{-}$	$\rightleftharpoons$	Au	1.68
$NiO_2+4H^{+}+2e^{-}$	$\rightleftharpoons$	$Ni^{2+}+2H_2O$	1.68
$MnO_4^{-}+4H^{+}+3e^{-}$	$\rightleftharpoons$	MnO_2+2H_2O	1.695
$H_2O_2+2H^{+}+2e^{-}$	$\rightleftharpoons$	$2H_2O$	1.77
$Co^{3+}+e^{-}$	$\rightleftharpoons$	Co^{2+}	1.84
$Ag^{2+}+e^{-}$	$\rightleftharpoons$	Ag^{+}	1.98
$S_2O_8^{2-}+2e^{-}$	$\rightleftharpoons$	$2SO_4^{2-}$	2.01
$O_3+2H^{+}+2e^{-}$	$\rightleftharpoons$	O_2+H_2O	2.07
F_2+2e^{-}	$\rightleftharpoons$	$2F^{-}$	2.87
$F_2+2H^{+}+2e^{-}$	$\rightleftharpoons$	$2HF$	3.06

* 本表中凡前面有 * 符号的电极反应是在碱性溶液中进行，其余都在酸性溶液中进行。

附表4　配离子的稳定常数(298.15K)

化学式	稳定常数β	lgβ	化学式	稳定常数β	lgβ
* $[AgCl_2]^-$	1.1×10^5	5.04	$[Cu(NH_3)_2]^+$	7.4×10^{10}	10.87
* $[AgI_2]^-$	5.5×10^{11}	11.74	$[Cu(NH_3)_4]^{2+}$	4.3×10^{13}	13.63
$[Ag(CN)_2]^-$	5.6×10^{18}	18.74	$[Fe(C_2O_4)_3]^{3-}$	10^{20}	20
$[Ag(NH_3)_2]^+$	1.7×10^7	7.23	$[FeF_6]^{3-}$	$\sim2\times10^{15}$	~15.3
$[Ag(S_2O_3)_2]^{3-}$	1.7×10^{13}	13.22	$[Fe(CN)_6]^{4-}$	10^{35}	35
$[AlF_6]^{3-}$	6.9×10^{19}	19.84	$[Fe(CN)_6]^{3-}$	10^{42}	42
$[AuCl_4]^-$	2×10^{21}	21.3	$[Fe(NCS)_6]^{3-}$	1.3×10^9	9.10
$[Au(CN)_2]^-$	2.0×10^{38}	38.3	$[HgCl_4]^{2-}$	9.1×10^{15}	15.96
$[CdI_4]^{2-}$	2×10^6	6.3	$[HgI_4]^{2-}$	1.9×10^{30}	30.28
$[Cd(CN)_4]^{2-}$	7.1×10^{18}	18.85	$[Hg(CN)_4]^{2-}$	2.5×10^{41}	41.40
$[Cd(NH_3)_4]^{2+}$	1.3×10^7	7.12	$[Hg(NH_3)_4]^{2+}$	1.9×10^{19}	19.28
* $[Co(NCS)_4]^{2-}$	1.0×10^3	3.00	$[Hg(SCN)_4]^{2-}$	2×10^{19}	19.3
$[Co(NH_3)_6]^{2+}$	8.0×10^4	4.90	$[Ni(CN)_4]^{2-}$	10^{22}	22
$[Co(NH_3)_6]^{3+}$	4.6×10^{33}	33.66	* $[Ni(en)_3]^{2+}$	2.1×10^{18}	18.33
* $[CuCl_2]^-$	3.2×10^5	5.50	$[Ni(NH_3)_6]^{2+}$	5.6×10^8	8.74
$[Cu(Br_2)]^-$	7.8×10^5	5.89	$[Zn(CN)_4]^{2-}$	7.8×10^{16}	16.89
* $[CuI_2]^-$	7.1×10^8	8.85	$[Zn(en)_2]^{2+}$	6.8×10^{10}	10.83
$[Cu(CN)_2]^-$	1×10^{16}	16.0	$[Zn(NH_3)_4]^{2+}$	2.9×10^9	9.47
$[Cu(CN)_4]^{3-}$	1.0×10^{30}	30.00			
* $[Cu(en)_2]^{2+}$	1.0×10^{20}	20.00			

本书采用的配离子稳定常数，除另加说明外，均引自 W. M. Atimer, Oxidation Potentials, 2nd ed. (1952)；本表标有 * 符号的数据引自 J. A. Dean, "Lange's Handbook of Chemistry", Tab. 5—14, Tab. 5—15, 12th ed. (1979)；en 为乙二胺 $H_2N(CH_2)_2NH_2$ 的代用符号。

附表5　常见酸、碱水溶液的相对密度与其质量分数

(一)硫 酸 溶 液

d_4^{15}	ω/%	d_4^{15}	ω/%	d_4^{15}	ω/%	d_4^{15}	ω/%
1.000	0.06	1.040	5.96	1.080	11.60	1.120	17.01
1.010	1.57	1.050	7.37	1.090	12.99	1.130	18.31
1.020	3.03	1.060	8.77	1.100	14.35	1.140	19.61
1.030	4.49	1.070	10.19	1.110	15.71	1.150	20.91

续表

d_4^{15}	ω/%	d_4^{15}	ω/%	d_4^{15}	ω/%	d_4^{15}	ω/%
1.160	22.19	1.340	43.74	1.520	61.59	1.700	77.17
1.170	23.47	1.350	44.82	1.530	62.53	1.710	78.04
1.180	24.76	1.360	45.88	1.540	63.43	1.720	78.92
1.190	26.04	1.370	47.94	1.550	64.26	1.730	79.80
1.200	27.32	1.380	48.00	1.560	65.20	1.740	80.68
1.210	28.58	1.390	49.06	1.570	66.09	1.750	81.56
1.220	29.84	1.400	50.11	1.580	66.95	1.760	82.44
1.230	31.11	1.410	51.15	1.590	67.83	1.770	83.51
1.240	32.28	1.420	52.15	1.600	68.70	1.780	84.50
1.250	33.43	1.430	53.11	1.610	69.56	1.790	85.70
1.260	34.57	1.440	54.07	1.620	70.42	1.800	86.92
1.270	35.71	1.450	55.03	1.630	71.27	1.810	88.30
1.280	36.87	1.460	55.97	1.640	72.12	1.820	90.05
1.290	38.03	1.470	56.90	1.650	72.96	1.830	92.10
1.300	39.19	1.480	57.83	1.660	73.81	1.840	95.60
1.310	40.35	1.490	58.74	1.670	74.66	1.841	97.35
1.320	41.50	1.500	59.70	1.680	75.50	1.840	98.72
1.330	42.66	1.510	60.65	1.690	76.38	1.839	99.12

(二)硝酸溶液

d_4^{15}	ω/%	d_4^{15}	ω/%	d_4^{15}	ω/%
1.00	0.10	1.120	20.22	1.240	38.27
1.010	1.90	1.130	21.76	1.250	39.80
1.020	3.70	1.140	23.30	1.260	41.34
1.030	5.50	1.150	24.83	1.270	42.85
1.040	7.26	1.160	26.35	1.280	44.89
1.050	8.99	1.170	27.87	1.290	45.93
1.060	10.68	1.180	29.37	1.300	47.48
1.070	12.33	1.190	30.87	1.310	49.07
1.080	13.94	1.20	32.34	1.320	50.71
1.090	15.52	1.210	33.80	1.330	52.37
1.100	17.10	1.220	35.26	1.340	54.07
1.110	18.66	1.230	36.76	1.350	55.79

续表

d_4^{15}	ω/%	d_4^{15}	ω/%	d_4^{15}	ω/%
1.360	57.57	1.410	67.50	1.460	79.98
1.370	59.39	1.420	69.80	1.470	82.90
1.380	61.27	1.430	72.17	1.480	86.05
1.390	63.23	1.440	74.68	1.490	89.60
1.400	65.30	1.450	77.28	1.500	94.09

(三)盐 酸 溶 液

d_4^{15}	ω/%	d_4^{15}	ω/%	d_4^{15}	ω/%
1.000	0.16	1.070	14.17	1.140	27.66
1.005	1.15	1.075	15.16	1.145	28.61
1.010	2.14	1.080	16.15	1.150	29.57
1.015	3.12	1.085	17.13	1.155	30.55
1.020	4.13	1.090	18.11	1.160	31.52
1.025	5.16	1.095	19.06	1.165	32.49
1.030	6.15	1.100	20.01	1.170	33.46
1.035	7.16	1.105	20.97	1.175	34.42
1.040	8.16	1.110	21.92	1.180	35.38
1.045	9.17	1.115	22.86	1.185	36.31
1.050	10.17	1.120	23.82	1.190	37.23
1.055	11.18	1.125	24.78	1.195	38.17
1.060	12.19	1.130	25.75	1.200	39.11
1.065	13.19	1.135	26.70		

(四)氨　　水

d_{15}^{15}	ω/%	d_{15}^{15}	ω/%	d_{15}^{15}	ω/%
1.00	0.00	0.960	9.91	0.920	21.75
0.990	2.31	0.950	12.74	0.910	24.99
0.980	4.80	0.940	15.63	0.900	28.33
0.970	7.31	0.930	18.64	0.890	31.75

(五)苛性钾和苛性钠溶液(288.15K)

Be′	d	ω(KOH)/%	ω(NaOH)/%	Be′	d	ω(KOH)/%	ω(NaOH)/%
1	1.007	0.9	0.59	26	1.220	24.2	19.65
2	1.014	1.7	1.20	28	1.241	26.1	21.55
4	1.029	3.5	2.50	30	1.263	28.0	23.50
6	1.045	5.6	3.79	32	1.285	29.8	25.50
8	1.060	7.4	5.20	34	1.308	31.8	27.65
10	1.075	9.2	6.58	36	1.332	33.7	30.00
12	1.091	10.9	8.07	38	1.357	35.9	32.50
14	1.108	12.9	9.50	40	1.383	37.8	35.00
16	1.125	14.8	11.06	42	1.410	39.9	37.65
18	1.142	16.5	12.69	44	1.438	42.1	40.47
20	1.162	18.6	14.35	48	1.468	44.6	43.58
22	1.180	20.5	16.00	48	1.498	47.1	46.73
24	1.200	22.4	17.81	50	1.530	49.4	50.10

附表6 工业常用气瓶的标志*

气体	气瓶外壳颜色	字样	字样颜色
H_2	深绿	氢	红
O_2	天蓝	氧	黑
N_2	黑	氮	黄
He	灰	氦	绿
Cl_2	草绿	液氯	白
CO_2	铅白	液化二氧化碳	黑
SO_2	灰	液化二氧化硫	黑
NH_3	黄	液氨	黑
H_2S	白	液化硫化氢	红
HCl	灰	液化氯化氢	黑

* 摘引自：中华人民共和国劳动总局颁发《气瓶安全监察规程》(1979)。

附表7　常用的干燥剂

(一)普通干燥器内常用的干燥剂

干　燥　剂	吸收的溶剂
CaO	水、醋酸
$CaCl_2$(无色)	水、醇
硅胶	水
NaOH	水、醇、酚、醋酸、氯化氢
H_2SO_4	水、醇、醋酸
$P_2O_5(P_4O_{10})$	水、醇
石蜡刨片或橄榄油	醇、醚、石油醚、苯、甲苯、氯仿、四氯化碳

(二)干燥剂干燥后空气中的水的质量浓度ρ_{H_2O}

干　燥　剂	水的质量浓度ρ_{H_2O} / g/m^3	干　燥　剂	水的质量浓度ρ_{H_2O} / g/m^3
$P_2O_5(P_4O_{10})$	2×10^{-5}	硅胶	0.03
$Mg(ClO_4)_2$	0.0005	$CaBr_2$	0.14
BaO	0.00065	NaOH(熔融)	0.16
$Mg(ClO_4)_2\cdot3H_2O$	0.002	CaO	0.2
KOH(熔融)	0.002	H_2SO_4(95.1%)	0.3
H_2SO_4(100%)	0.003	$CaCl_2$(熔融)	0.36
Al_2O_3	0.003	$ZnCl_2$	0.85
$CaSO_4$	0.004	$ZnBr_2$	1.16
MgO	0.008	$CuSO_4$	1.4

附表8 常用的致冷剂

(一)盐-水致冷剂的致冷温度

(15℃下指定量的盐和100g水混合)

盐	最低温度 t/℃	混合盐	最低温度 t/℃
100gKCNS	-24	113gKCNS+5gNH_4NO_3	-32.4
133gNH_4SCN	-16	59gNH_4SCN+32gNH_4NO_3	-30.6
100gNH_4NO_3	-12	57gNH_4SCN+57g$NaNO_3$	-29.8
250g$CaCl_2$	-8	56gNH_4NO_3+55g$NaNO_3$	-23.8
30gNH_4Cl	-3	18gNH_4Cl+43g$NaNO_3$	-22.4
30gKCl	2	26gNH_4Cl+14gKNO_3	-17.8
30g$(NH_4)_2CO_3$	3	98gNH_4SCN+22gKNO_3	-13.8
16gKNO_3	5	88gNH_4NO_3+68g$NaNO_3$	-10.8
40gNa_2CO_3	6	32gNH_4Cl+21gKNO_3	-3.9
20g$Na_2SO_4\cdot 10H_2O$	8	26gNH_4Cl+57gKNO_3	-16

(二)盐-冰致冷剂的致冷温度

(指定量的盐和100g雪或碎冰混合)

盐	最低温度 t/℃	混合盐	最低温度 t/℃
51g$ZnCl_2$	-62	39.5gNH_4SCN+54.5g$NaNO_3$	-37.4
29.8g$CaCl_2$	-55	2gKNO_3+112gKSCN	-34.1
36g$CuCl_2$	-40	13gNH_4Cl+38gKNO_3	-31
39.5gK_2CO_3	-36.5	32gNH_4NO_3+59gNH_4SCN	-30.6
21.6g$MgCl_2$	-33.6	9gKNO_3+67gNH_4SCN	-28.2
39.4g$Zn(NO_3)_2$	-29	52gNH_4NO_3+55g$NaNO_3$	-25.8
23.3gNaCl	-21.13	9gKNO_3+67gNH_4SCN	-25
23.2g$(NH_4)_2SO_4$	-19.05	12gNH_4Cl+50.5g$(NH_4)_2SO_4$	-22.5
18.6gNH_4Cl	-15.8	18.8gNH_4Cl+44gNH_4NO_3	-22.1
19.75gKCl	-11.1	13.5gKNO_3+26gNH_4Cl	-17.8

附表 9　有害物质的排放标准

(一)工 业 废 气

有害物质	排放标准		有害物质	排放标准	
	排气管高度 h	排放量 m_h		排气管高度 h	排放量 m_h
	m	kg · h^{-1}		m	kg · h^{-1}
二氧化硫	30 45 60 80 100	34 66 110 190 280	氟化物(按氟计) 氯化氢	30 50 20 30 50	1.8 4.1 1.4 2.5 5.9
硫化氢	20 40 60 80 100 120	1.3 3.8 7.6 13 19 27	一氧化碳 硫酸(雾)	30 60 100 30 ~ 45 60 ~ 80	160 620 1700 260 600
氮氧化物(按 NO_2 计)	20 40 60 80 100	12 37 86 160 230	铅 汞	100 120 20 30	34 47 0.01 0.02

(二)工 业 废 水

有 害 物 质	最高允许排放浓度 ρ_B/mg · L^{-1}
汞及其无机化合物	0.05(按 Hg 计)
镉及其无机化合物	0.1(按 Cd 计)
六价铬化合物	0.5(按 Cr^{6+} 计)
砷及其无机化合物	0.5(按 As 计)
铅及其无机化合物	1.0(按 Pb 计)
硫化物	1
氰化物	0.5(按游离氰根计)
铜及其化合物	1(按 Cu 计)
锌及其化合物	5(按 Zn 计)
氟的无机化合物	10(按 F 计)
pH 值	6 ~ 9

* 本附录摘引自：中华人民共和国计委、建委、卫生部颁发，《工业“三废”排放标准》，GBJ4—1973。

附表 10　某些物质的商品名或俗名

商品名或俗名	学　名	化学式(或主要成分)
钢精	铝	Al
铝粉	铝	Al
刚玉	二氧化二铝	Al_2O_2
矾土	三氧化二铝	Al_2O_3
砒霜，白砒	三氧化二砷	As_2O_3
重土	氧化钡	BaO
重晶石	硫酸钡	$BaSO_4$
电石	碳化钙	$CaCO_2$
方解石，大理石	碳酸钙	$CaCO_3$
萤石，氟石	氟化钙	CaF_2
干冰	二氧化碳(固体)	CO_2
熟石灰，消石灰	氢氧化钙	$Ca(OH)_2$
漂白粉		$Ca(ClO)_2+CaCl_2 \cdot Ca(OH)_2 \cdot H_2O$
石膏	硫酸钙	$CaSO_4 \cdot 2H_2O$
胆矾，蓝矾	硫酸铜	$CuSO_4 \cdot 5H_2O$
绿矾，青矾	硫酸亚铁	$FeSO_4 \cdot 7H_2O$
双氧水	过氧化氢	H_2O_2
水银	汞	Hg
升汞	氯化汞	$HgCl_2$
甘汞	氯化亚汞	Hg_2Cl_2
三仙丹	氧化汞	HgO
朱砂，辰砂	硫化汞	HgS
钾碱	碳酸钾	K_2CO_3
红矾钾	重铬酸钾	$K_2Cr_2O_7$
赤血盐	(高)铁氰化钾	$K_3[Fe(CN)_6]$
黄血盐	亚铁氰化钾	$K_4[Fe(CN)_6]$
灰锰养	高锰酸钾	$KMnO_4$
火硝，土硝	硝酸钾	KNO_3
苛性钾	氢氧化钾	KOH
明矾，钾明矾	硫酸铝钾	$K_2SO_4 \cdot Al_2(SO_4)_3 \cdot 24H_2O$
苦土	氧化镁	MgO
泻盐	硫酸镁	$MgSO_4$
硼砂	四硼酸钠	$Na_2B_4O_7 \cdot 10H_2O$
苏打，纯碱	碳酸钠	Na_2CO_3

续表

商品名或俗名	学 名	化学式(或主要成分)
小苏打	碳酸氢钠	$NaHCO_3$
红矾钠	重铬酸钠	$Na_2Cr_2O_7$
烧碱，火碱，苛性钠	氢氧化钠	$NaOH$
水玻璃，泡花碱	硅酸钠	$xNa_2O \cdot ySiO_2$
硫化碱	硫化钠	$Na_2S \cdot 9H_2O$
海波，大苏打	硫代硫酸钠	$Na_2S_2O_3 \cdot 5H_2O$
保险粉	连二亚硫酸钠	$Na_2S_2O_4 \cdot 2H_2O$
芒硝，皮硝，元明粉	硫酸钠	$Na_2SO_4 \cdot 10H_2O$
铬钠矾	硫酸铬钠	$Na_2SO_4 \cdot Cr_2(SO_4)_3 \cdot 24H_2O$
硫铵	硫酸铵	$(NH_4)_2SO_4$
硇砂	氯化铵	NH_4Cl
铁铵矾	硫酸铁铵	$(NH_4)_2SO_4 \cdot Fe_2(SO_4)_3 \cdot 24H_2O$
铬铵矾	硫酸铬铵	$(NH_4)_2SO_4 \cdot Cr_2(SO_4)_3 \cdot 24H_2O$
铝铵矾	硫酸铝铵	$(NH_4)_2SO_4 \cdot Al_2(SO_4)_3 \cdot 24H_2O$
铅丹，红丹	四氧化三铅	Pb_3O_4
铬黄，铅铬黄	铬酸铅	$PbCrO_4$
铅白，白铅粉	碱式碳酸铅	$2PbCO_3 \cdot Pb(OH)_2$
锑白	三氧化二锑	Sb_2O_3
天青石	硫酸锶	$SrSO_4$
石英	二氧化硅	SiO_2
金刚砂	碳化硅	SiC
钛白	二氧化钛	TiO_2
锌白，锌氧粉	氧化锌	ZnO
皓矾	硫酸锌	$ZnSO_4 \cdot 7H_2O$

* 摘引自：王箴，《化工辞典》，第二版，化学工业出版社(1979)。

附表 11 主要的化学矿物

矿 类	矿物名称	主要成分	颜 色	工业品位	用 途
砷矿	雄黄	As_4S_4	橘红	As>70%	生产砷酸盐
	雌黄	As_2S_3	柠檬黄色	As_2S_3>95%	生产砷酸盐
	亚砷黄铁矿	$FeAsS$	无色		

续表

矿 类	矿物名称	主要成分	颜 色	工业品位	用 途
铝矿	铝土矿	$Al_2O_3 \cdot 2H_2O$	白、灰褐黄、淡红	$Al_2O_3$90% ~95%	生产铝化合物
	一水硬铝石	α-$Al_2O_3 \cdot H_2O$		$Al_2O_3$85%	生产铝化合物
	一水软铝石	γ-$Al_2O_3 \cdot H_2O$	无色或白色带黄	$Al_2O_3$85%	生产铝化合物
	三水铝矿	$Al_2O_3 \cdot 3H_2O$	白色、浅灰、浅绿或浅黄	$Al_2O_3$65.4%	生产铝化合物
	高岭土	$Al_2O_3 \cdot 2SiO_2 \cdot 2H_2O$	白灰、淡黄	Al_2O_3>15%	生产明矾、分子筛、硫酸铝等
钡矿	重晶石	$BaSO_4$	浅灰、浅红、浅黄	$BaSO_4$>90%	生产钡盐、锌钡台、作石油钻井调浆剂
	毒重石	$BaCO_3$	无色、淡灰、淡黄	$BaCO_3$75% ~80%	生产钡盐
石灰岩矿	石灰石	$CaCO_3$	灰白、灰黑、浅黄、淡红	$CaCO_3$>90%	生产碳酸盐、钙盐、石灰、建筑材料、用于石油钻井
	文石	$CaCO_3$			
镁矿	菱镁矿	$MgCO_3$	白、黄、灰褐	MgO>44%	生产镁盐、耐火材料
	白云石	$CaCO_3 \cdot MgCO_3$	白、黄、灰、白		生产镁盐
	水镁石	$Mg(OH)_2$			生产氧化镁
	硫酸镁	$MgSO_4 \cdot 7H_2O$			用于制革、造纸、印染
氟矿	萤石	CaF_2	白、绿、黄、棕、粉红、蓝紫		制取氟化氢
	冰晶石	Na_3AlF_6			炼铝助熔剂、玻璃、搪瓷
磷矿	氟磷灰石	$Ca_5(PO_4)_3F$	灰白、褐、绿	P_2O_5>30%	生产磷肥、磷酸盐
	磷块岩	$Ca_5(PO_4)_3F$	淡绿、淡红、蓝紫		生产磷肥、磷酸盐、直接作磷肥使用

续表

矿 类	矿物名称	主要成分	颜 色	工业品位	用 途
锰矿	菱锰矿	$MnCO_3$	粉红、褐、黑	$MnCO_3$>60%	生产锰盐和活性二氧化锰
	软锰矿	MnO_2	黑色	MnO_2>85%	生产锰盐和高锰酸钾
铬矿	铬铁矿	$Fe(CrO_2)_2$	黑色	Cr_2O_3>44%	生产铬酸酐、铬酸盐、重铬酸盐
钾矿	钾岩盐	KCl	白、灰、粉红、褐		生产钾的盐类
	钾石盐	KCl+NaCl			生产钾的盐类
	光卤石	$KCl \cdot MgCl_2 \cdot 6H_2O$	红、橙、黄		生产钾的盐类
	钾长石	$K_2O \cdot Al_2O_3 \cdot 6SiO_2$	浅玫瑰		生产钾肥
硼矿	方硼石（α、β）	$MgCl_2 \cdot 5MgO \cdot 7B_2O_3$	无色、白、黄、绿		生产硼砂、硼酸
	纤维硼镁石	$MgHBO_3$	白至黄	B_2O_3>10%	生产硼砂、硼酸
	硬硼钙石	$2CaO \cdot 3B_2O_3 \cdot 5H_2O$	无色、乳白、灰	B_2O_3>45%	生产硼砂、硼酸
	天然硼砂	$Na_2O \cdot 2B_2O_3 \cdot 10H_2O$	白、浅灰	B_2O_3>45%	生产硼砂、硼酸
	天然硼酸	H_3BO_3	无色至白色		生产硼砂、硼酸
钛矿	金红石	TiO_2	黄、赤褐、黑	TiO_2>85%	生产钛白、宝石、金属钛
	钛铁矿	$FeTiO_3$	黑色	TiO_2>35%	生产钛白、钛酸钡
硫酸盐矿	芒硝	$Na_2SO_4 \cdot 10H_2O$	无色、灰	Na_2SO_4>95%（干基）	生产硫化碱、泡花碱
及硫黄铁矿	石膏	$CaSO_4 \cdot 2H_2O$	无色、黑、红、褐、白色	$CaSO_4$>95%	染料、洗衣粉作建筑材料、制硫酸
	天青石	$SrSO_4$	白灰、天青	$SrSO_4$>65%	锶盐
	硫黄	S		S>90%	生产 Na_2SO_3、CS_2、H_2SO_4 等
	黄铁矿	FeS_2	金黄	S>35%	生产 Na_2SO_3、SO_2、H_2SO_4 等
	硫铁矿	$Fe_5S_6 \sim Fe_{16}S_{17}$			生产 Na_2SO_3、SO_2、H_2SO_4 等

续表

矿类	矿物名称	主要成分	颜色	工业品位	用途
硅石及硅酸盐矿	纤维蛇纹石 硅石	$H_4Mg_2Si_2O_3$ SiO_2	白色	SiO_2>96%	生产钙镁磷肥 耐火材料、泡花碱 生产黄磷辅料
	滑石	$H_2Mg_3Si_4O_{12}$	白、淡黄	$SiO_2$63.5% MgO31.7%	用作橡胶、塑料的材料
天然碱	晶碱石 天然碱石	$NaHCO_3 \cdot Na_2CO_3 \cdot 2H_2O$ $Na_2CO_3 \cdot 10H_2O$	无色、白、黄 白、浅黄	Na_2O>41%	制碱 制碱、水玻璃
钼矿	辉钼矿	MoS_2	铅灰色	MoS_2>75%	生产硫酸钼及钼盐
钨矿	黑钨矿 白钨矿	$(Fe, Mn)WO_4$ $CaWO_4$	黑灰、黄棕 白、灰白	WO_3>65%	生产钨酸钠 生产钨酸钠
铌钽矿	铌铁矿	$(Fe, Mn)(Nb, Ta)_2O_5$	铁黑色	$Ta_2O_3$1% ~40% $Nb_2O_5$40% ~75%	
	铁钽矿	$(Fe, Mn)(Nb, Ta)_2O_5$	铁灰色	$Ta_2O_5$42% ~84% $Nb_2O_5$3% ~40%	
	黄钽矿	$2CaO \cdot Ta_2O_5$及F、Na、Mg等		$Ta_2O_5$55% ~74% $Nb_2O_5$5% ~10%	
其他	锆英石	$ZnSiO_4$	浅黄、黄褐、紫		制取锆盐、耐火材料
	闪锌矿	ZnS	黄、褐黑		制取锌及锌盐
	独居石	$(Ge, Th, U)PO_4$	黄、黄绿	$ThO_2$4% ~20%	制取硝酸钍、氧化
	辰砂	HgS	大红		制汞、汞剂、汞盐
	镍黄铁矿	$(Ni, Fe)S$	黄铜色		炼镍、炼钢
	针硫镍矿	NiS	浅铜黄色		炼镍
	绿柱石	$Be_2Al_3(SiO_2)_6 \cdot \frac{1}{2}H_2O$	黄、微绿		炼铍、铍合金
	岩盐	NaCl	无色		
	天然硝石	$NaNO_3$	无色或白色		制硝酸盐、炸药

参 考 文 献

[1]胡伟光，张桂珍主编．无机化学[M]．2 版．北京：化学工业出版社，2007.
[2]高职高专编写组编．无机化学[M]．3 版．北京：高等教育出版社，2008.
[3]袁亚莉，周德凤主编．无机化学[M]．武汉：华中科技大学出版社，2007.
[4]大连理工大学无机化学教研室编．无机化学[M]．3 版．北京：高等教育出版社，1989.
[5]同济大学普通化学教研室编．普通化学[M]．北京：高等教育出版社，2004.
[6]牟文生，于永鲜，周硼编．无机化学基础教程[M]．大连：大连理工大学出版社.
[7]王元兰主编．无机化学[M]．北京：化学工业出版社，2008.
[8]张永安编．无机化学[M]．北京：北京师范大学出版社，2001.
[9]申泮文主编．无机化学[M]．北京：化学工业出版社，2002.
[10]天津大学无机化学教研室．无机化学[M]．3 版．北京：高等教育出版社，2002.